陈明达全集

【第六卷】营造法式大木作制度研究

陈明达 著

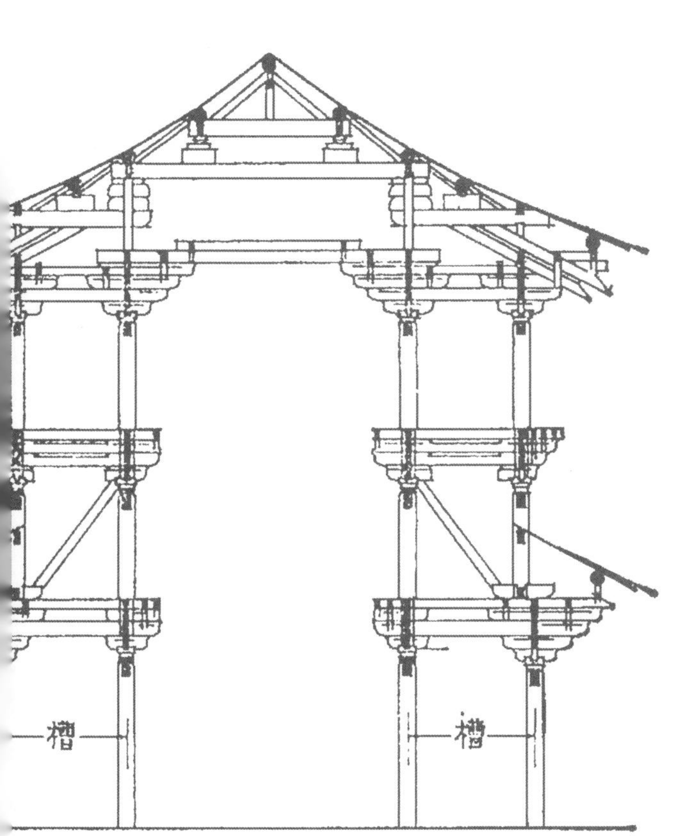

浙江摄影出版社

图书在版编目（CIP）数据

陈明达全集. 第六卷，营造法式大木作制度研究 / 陈明达著. -- 杭州 : 浙江摄影出版社，2023.1
ISBN 978-7-5514-3729-5

Ⅰ. ①陈… Ⅱ. ①陈… Ⅲ. ①陈明达（1914-1997）－全集②建筑史－中国－宋代 Ⅳ. ①TU-52②TU-092.44

中国版本图书馆CIP数据核字(2022)第207108号

第六卷　目录

整理说明及凡例

本书系陈明达先生的代表性学术专著，被公认为中国建筑历史与理论研究领域的突破性研究成果和学术名著。作者研究《营造法式》专题至本书完稿之际，已达四十七年（1932年至1979年），运用其搜集到的大量古建筑资料（实例、文献）和多年潜心研究的心得，将《营造法式》所蕴含的运用模数制进行建筑设计的方法条分缕析，基本理清，证明至少在北宋时期已经存在一整套建立在以材份为模数的基础上的设计方法，可以同时满足建筑设计和结构设计的要求，适应当时不同规模、等级的建筑物的设计要求，并达到一定程度的标准化。本书实证了北宋时期的科学技术水平以及运用这种科学技术所形成的中国独特的建筑美学体系。

本书于1981年由文物出版社初版，书名为《营造法式大木作研究》，1993年再版时有少量排字勘误，并改名为《营造法式大木作制度研究》。[①]

此次收录全集的文本为修订版本，系整理者以初版为底本，参阅再版本，根据作者在其自存本中的批注，并适当考虑当今出版物对著录规范等方面的要求所作的修订。书名采用再版之《营造法式大木作制度研究》，而非初版之《营造法式大木作研究》，系作者生前意见。需要说明一点：按现行规范，书名似应为《〈营造法式〉大木作制度研究》（本全集第七卷之《〈营造法式〉辞解》等即依照现行规范定名），但考虑到原著是按出版年代的惯例命名的（如梁思成著《营造法式注释（卷上）》），故仍沿用原版书名，以保存历史信息。

此次修订《营造法式大木作制度研究》之体例如下。

[①] 陈明达:《营造法式大木作研究》，文物出版社，1981；陈明达:《营造法式大木作制度研究》，文物出版社，1993。

一、初版、再版分上下册，上册为文本，下册为图版（49 帧，排序为图一至图四十九，活页套装），此修订本合编为一册。

二、本书有大量《营造法式》引文，初版、再版均未作注解，仅在正文内标示卷次。为方便阅读，本修订本主要依照浙江摄影出版社 2020 年版《营造法式（陈明达点注本）》对引文逐一作注解说明。另存一些有争议的文字与附图，则按照作者原稿提示，参考其他版本选定，如四库全书本《营造法式》、丁本《营造法式》等。

三、为便于读者阅读理解，此次根据各章文意，由整理者选配若干图纸、照片，对原著作必要的补充说明。新补图照列为插图插入各章文内，插图之序号编为“插图＋汉字数码”，如［插图一］［插图二一］等；原图版仍列全文之后，在正文内标注为“图版＋阿拉伯数码”，如［图版 1］［图版 21］等。

四、原书图版四十五至四十九为《营造法式》四库全书文津阁本所附大木作制度图样，颇漫漶不清。现将原书文津阁图样保留为插图，另选择较清晰的文渊阁本所对应之图样替换为修订本图版，并作补充说明，以供读者参阅。

五、初版各章内载关于《营造法式》各项制度及现存唐宋木结构建筑实例之数据共列表 38 例。之后，作者曾对这些列表作了修订和补充，编为《唐宋木结构建筑实测记录表》（共 8 例），发表于《建筑历史研究》（贺业钜等著，中国建筑工业出版社 1992 年出版）。此次根据这份修订后的列表，对表 31～38 作必要的修订。

六、初版按照当年的著录规范，引文出处一般在文内标示，并有作者较简略的注释。本修订版保留原作者注，标示为“作者原注”；此次修订，整理者按现行规范对引文重新加注，另有少量对原作的补充说明，均标示为脚注。

七、作者的初版自存本中留有大量批注，分文字修订和补充注释两类。现将“文字修订”加入正文中，括入“[　]”内以示与初版的区别；“补充注释”则标示以“作者补注”。

八、在用字方面，初版因适逢第二次汉字改革方案颁布试行（1977 年 12 月至 1986 年 6 月），有一些不规范文字，再版亦未予订正，如“榑”字排为“枟”字等；另外，作者生前曾有出版繁体字本的愿望。现在根据目前的文字规范要求，并考虑目前大部分读者对文字的接受程度，本修订版仍基本采用简体字，但专有名词保留部分繁体字以避

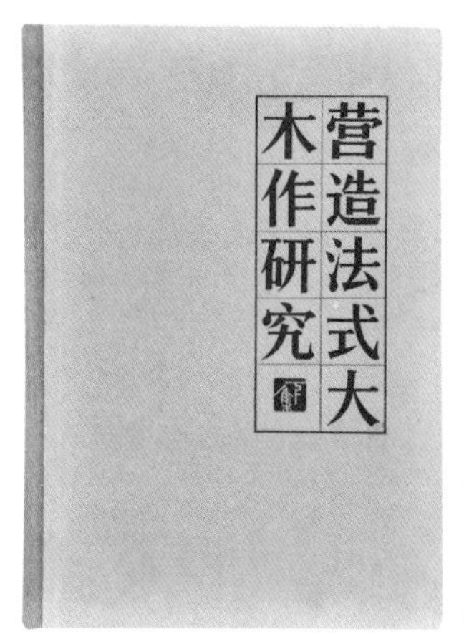

初版书影之一

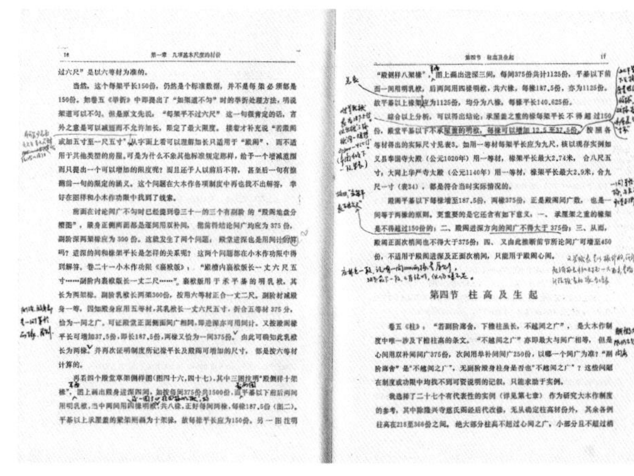

初版书影之二

免歧义，并适当选用与《营造法式》匹配的文字，如“平闇”不简化为“平暗”，“平棊”不简化为“平棋”，“鬭八藻井”之“鬭”不能混同“北斗”之“斗”，而“斗栱”之“斗”字则选取《营造法式》所用的“枓”字，等等。

九、初版英文梗概“A Study on the Structural Carpentry System According to *Ying Zao Fa Shi*”系孙增蕃先生所译本书“绪论”“总结”和“附录——宋营造则例大木作总则”等三部分之合集，今仍附于书末，并注明译文与中文文本的相应部分，供中外读者参阅。

此次修订由殷力欣主持，丁垚、肖旻、刘瑜、陈书砚、刘翔宇、刘江峰等先后参加了整理校订工作；邹其昌先生提供了《营造法式》四库全书文渊阁本的若干图样复制件；吴萌对初版之英文梗概作再次校订。特此说明。

整理者

绪　论

《营造法式》是我国现存古代科学著作中最早的一部建筑学著作[①]，完成于十一世纪最后一年，三年之后刊行全国。

这部三十六卷巨著的内容分为制度、功限、料例、图样四大部分，每一部分又分为壕寨、石作、大木作、小木作、雕作、旋作、锯作、竹作、瓦作、泥作、彩画作、砖作、窑作等十三个工种，分别论述。制度包含着建筑及结构设计规范、施工方法、工序和砖瓦、琉璃等建筑材料制造方法，功限是劳动定额，料例是材料定额及灰浆、颜料、琉璃釉料配合成分，图样是制度的形象说明。

［原］著者于卷首《总诸作看详》中叙述此书编写经过说："总三十六卷，计三百五十七篇，共三千五百五十五条。内四十九篇二百八十三条，系于经史等群书中检寻考究，至或制度与经传相合，或一物而数名各异，已于前项逐门看详立文外，其

[①]《营造法式》，宋代建筑典籍。作者李诫（1035—1110年），字明仲，郑州管城县（今郑州市管城区）人。宋哲宗元祐年间历任将作监主簿、丞、少监、将作监，监掌宫室、城郭、桥梁、舟车营缮事宜。于北宋绍圣四年（公元1097年）奉旨编修的《营造法式》，成书于北宋元符三年（公元1100年），崇宁二年（公元1103年）颁行，南宋绍兴十五年（公元1145年）重刊。后此书几近失传，近代朱启钤于1919年重新发现丁氏藏书楼藏本并石印重刊（世称"丁本"）；后又请陶湘等版本学家校雠诸多版本，于1925年刊行陶本《营造法式》，初版为线装刻本，图样部分附清末老工匠所作着色彩图，是目前建筑史学界普遍认可的较为权威的版本之一。之后，此版本又先后两次印行一种更为流通的印本（略去着色彩图，又称为"小陶本"），其完整信息为：[宋]李诫.《营造法式》(八册装订).上海：商务印书馆，1933年第一版；[宋]李诫.《营造法式》(四册装订).上海：商务印书馆，1954年重印本。另有《营造法式》四库全书抄本（分藏于文渊阁、文津阁和文溯阁，世称"四库本"）和《营造法式》故宫抄本（世称"故宫本"），也是很重要的版本。梁思成作《营造法式注释》、陈明达撰写本书，均博采诸多版本而以陶本为基础。

三百八篇，三千二百七十二条，系自来工作相传，并是经久可以行用之法。与诸作谙会经历造作工匠，详悉讲究规矩，比较诸作利害，随物之大小，有增减之法，各于逐项制度、功限、料例内创行修立，并不曾参用旧文，即别无开具看详。因依其逐作造作名件内，或有须于画图可见规矩者，皆别立图样，以明制度。”[①] 这就是说，除了卷一、二两卷《总释》是考证四十九个建筑名词的来历外，其余三十二卷的三百零八篇、三千二百多条，都是历来工匠相传，编写时又与熟练工匠详细讨论研究后，才定下来的制度。可见它是一部忠实记录当时建筑技术的著作，必然包含着十一世纪劳动人民在建筑上的创造、革新和设计、施工的经验，这对于研究古代建筑是十分宝贵的依据。尤其是我们已经从现存实物中，大致看出唐辽时期的建筑较明清时期的建筑，无论在外形、结构、风格上，都有极其重大的差别，而自北宋末至元代正处于这个转变的过程之中，《营造法式》恰巧完成于这个关键时期，它保留着一些唐辽建筑的遗迹，出现了一些明清建筑的萌芽，具有承前启后的性质，是研究八世纪以后建筑发展史的重要典籍。

《营造法式》虽于公元 1103 年、1145 年［（崇宁二年、绍兴十五年）］两次刊行，明代曾收入《永乐大典》，清代又曾收入《四库全书》，但流传极少，几乎被遗忘。到 1919 年据手抄本（即丁本）影印后，才受到国内外的重视，研究工作随之开始。早期研究多限于版本的考证、校订，校正了大部分文字讹误、脱漏，为后来的研究工作扫除了许多障碍，减省了许多时间。1931 年在朱启钤先生的倡议和梁思成先生、刘敦桢先生的具体指导下，才开始了对全书内容的研究。

开始，这部书对我们是个严重的难题，几乎每一行都无法通读，除了一般名词如柱、梁之类外，多是不知其物的怪名词。在这种情况下，只能利用书中的记录，排比各种构件的尺度关系，并与实例测绘相对照，在绘图板上把它们联系起来。几乎是一个名词一个名词地解决，逐步积累，慢慢地才能稍稍读懂一些。甚至原文本是叙述很明白、很具体的，只是由于我们缺乏感性认识、缺乏实践知识而看不懂。例如“卷杀”

[①] 李诫:《营造法式（陈明达点注本）》第一册《序目》，浙江摄影出版社，2020，第 41 ～ 42 页。本书中引文注释所标册数、页码，均指《营造法式（陈明达点注本）》。又，此书页码与陶本《营造法式》商务印书馆之 1954 年重印本相同。

的方法（即求曲线的方法），原文本是易懂的，可是由于我们对实物的考查不仔细，视而不见，在很长的时间中不能理解。及至经过反复探讨并在绘图板上“实践”后，才懂得了“卷杀”的方法，它不仅是合于几何原则的，而且是便于施工实践的。按照那个方法，不仅画出了合乎规定的曲线，同时也就画出了施工操作所需的墨线。这时候再反过来读原文，几乎自己也感觉到当初看不懂真是幼稚可笑。然而就是这样日积月累，才终于能从字面上通读全书的大部分。

自1931年至中华人民共和国成立以前，十余年间的研究工作是由梁思成先生、刘敦桢先生主持的，并由梁先生着手编写《营造法式注释》[1]。可惜在梁先生生前只完成了大木作制度以前的部分及小木作、彩画作的一小部分，是一憾事。至于其内容，大体都曾在过去的实物调查报告或有关论文中引用过，也曾扼要地、片断地在有关期刊上发表过[2]，有些学校曾作为教材选印过部分图样。所以其成果是研究中国建筑史者或考古学者早已熟知的了。总括过去的成果，基本上只是对原书中的专名、术语及尺度规定作出了解释，并用现代制图方法制成了部分图样。包括某些国外研究巨著，也只是达到这个程度。所以，梁先生在他的《营造法式注释》的“序”中说他做的“是一项翻译工作”（原注一），实质上只是逐条逐项从字面上作出翻译，还来不及作更深一步的研究，因此，不能理解当时全部建筑的设计方法和原则。或者说对原书中的总纲《大木作制度》第一篇《材》“凡构屋之制，皆以材为祖”[3]，并没有完全理解，以致不能知道房屋的用材等第，不知道如何决定间广等的材份数。这就是梁先生在同一序文中所说的：“须替它选定材的等第，并假设面阔、进深、柱高……的绝对尺寸。这一切原图中既未注明，‘制度’中也没有绝对规定。”（原注二）因此，曾经产生了举高的空间安放不下六椽、八椽栿等类疑难问题（在本文中解决了间、椽的材份数后，这类问题就不再存在了）。

当然，这种理解不深入、不透彻，是研究过程中一定阶段的必然现象。我们只能由浅入深逐步提高，才能接近完全、透彻。对一本这样难懂的古代典籍，第一步只能

---

[1] 梁思成:《营造法式注释（卷上）》，中国建筑工业出版社，1983；《梁思成全集》第七卷，中国建筑工业出版社，2001。

[2] 散见于《中国营造学社汇刊》第三至七卷。

[3] 李诫:《营造法式（陈明达点注本）》第一册卷四《大木作制度一·材》，第73页。

而且必须是翻译工作。如前所述，“翻译”工作所取得的成果，曾付出了长期辛勤的劳动，尤其是国外的著作，首先还要将难懂的中国古文翻译成他本国的文字，比我们更多了一道难关。我们不但不应当低估过去的成绩，而且应当十分尊重和珍视过去的成绩。如何尊重呢？这就是要在过去取得的成果的基础上要求提高，不能停止不前，要珍视我们先辈打下的基础，它为我们能够继续前进创造了有利条件。

过去的研究工作也确有缺点，这缺点并不反映在《营造法式》研究的本身中，而是反映在古代建筑史的研究中，主要是受形而上学烦琐考证的影响，不注意本质、只着重表面现象，造成了一些错误和混乱。把《法式》中本来都是有伸缩余地的标准制度或规定，看成不可变更的硬性规定，以之衡量实物，甚至用一些细微末节的规定去衡量实物，去找变化规律。例如把各种栱料的细部尺寸和外形轮廓与实物比较异同，以其异同作为建筑发展的本质表现。又如对《法式》的各种平面、断面图样没有全面理解，因而对实物的梁、柱构造形式，不能从整体上认识它的特点，不能理解柱子的平面布置与梁架构造的关系，以致在实物研究中，看到在《法式》中已有明确规定的构造形式不能认识，以为是一种新的创造，片面地以其柱子的平面布置命名为“减柱造”，等等。所以，这种只见树木不见森林、只注重表面现象不注意本质的形而上学方法，往往得出似是而非的结论，使人思想混乱，长期不能自拔。

总之，我们要肯定过去的成绩，同时要认真检查、改正过去的错误，并充实其不足之处。如果以为过去的成绩是充分的，对《营造法式》已经理解无余，那就要犯错误。我们已知的、可以肯定的，恐怕只有全书的一半或更少一点，艰难的工作还在后头。

1962—1963 年，我对山西应县佛宫寺释迦塔（原注三）进行了一次较详细的分析研究，发现整座塔各部分的尺度、整个结构构造都有一定的比例关系；间广、柱高、层高都有一定的规律。[插图一] 当时就联想到这种比例关系，是不是和古代的材份制有关？从《营造法式》中能不能找到解答或者找出导致解答的线索呢？又如铺作有时用下昂，有时用卷头，出跳有时须减短，昂上坐枓必须降低等，在《营造法式》中虽都有明文规定，但未做进一步解说。在释迦塔分析中却可以清楚地看到，这些做法都有明确的目的，并不是无意义的任意措施。许多现象，使我感到实物研究和《营造法式》

研究应是互相补充、互相促进的。另一方面也感到，如果《法式》是记录当时工匠历来相传的制度，就一定能通过那些个别的、局部的制度找出线索，使一些制度中未明文规定、未加说明的问题得到解释。因为来自实践的知识绝不是孤立的，它必定和整个建筑的制度相关联，必然要服从一个整体要求。即使是一项小构件的造作制度，至少也会反映出与之相连接的各个构件的某一侧面。只要认真探索，并随时与实物联系，必然可以提高认识。

自从中华人民共和国成立以来的二十多年中，党和国家对古代建筑的保护工作极为重视，进行了全国性的普查，掌握了全国现存古代建筑的情况；对一般古代建筑进行了普遍的保护、保养性的修缮，置于各地方文物部门管理之下；对于极重要的或损坏严重的古建筑，有计划地逐步彻底修理，其中有些是复原性的修理。这些巨大的工作，为研究古代建筑史提供了大量新资料，从而也为研究《营造法式》提供了大量实物参

插图一之① 应县木塔

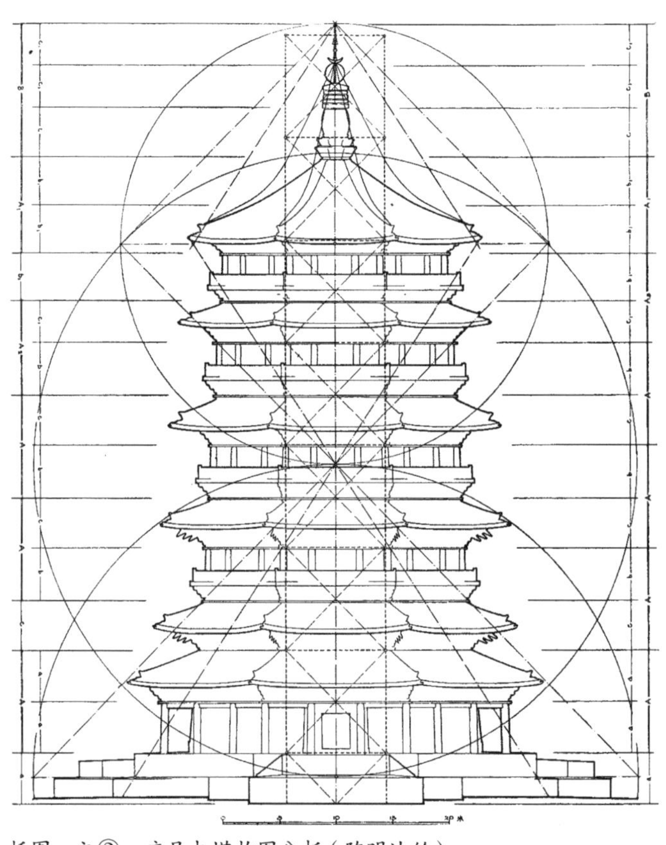

插图一之② 应县木塔构图分析（陈明达绘）

考资料，使它更有条件继续深入下去，在新的条件下逐步解决前所未能解决的问题。

由于上述种种原因，我深感已经到了对《营造法式》作进一步研究的时候，必须在过去的基础上再向前推进一步。由于大木作是古代建筑的主导部门，故选定先从大木作开始试作探讨。我的研究是过去研究的继续，也是在梁思成先生的《营造法式注释》的基础上的继续。因此，凡在《营造法式注释》中已经明确肯定了的问题，不再重复作解说，而只是着重于过去所未能解决或解释还不够明确的问题，以期对大木作制度有更进一步的了解，并且希望通过这一工作，对《营造法式》的评价、对研究我国古代建筑发展史，提供更切实的依据。但是个人的力量、条件是有限的，所以：一、不可能解决全部问题；二、必定会有错误，有认识不到之处，深盼读者多予指正、补充。

我深切地希望这个初步工作能为继续研究《营造法式》和中国古代建筑发展史开辟一条新途径而迈出第一步。

作者原注

一、《营造法式注释・序》，见清华大学营建系建筑史教研组编《建筑史论文集》第一辑，1964 年 5 月版。

二、《营造法式注释・序》，见清华大学营建系建筑史教研组编《建筑史论文集》第一辑，1964 年 5 月版。

三、陈明达《应县木塔》，文物出版社，1980 年第 2 版。

第一章　几项基本尺度的材份（原注一）

第一节　概述

《营造法式》（原注二）给我们的重要贡献之一，就是相当详细地记录、阐述了当时已通行的建筑和结构设计所应用的材份制，亦即古代的模数制。

《法式》卷四《大木作制度》第一条就开宗明义地说："凡构屋之制，皆以材为祖，材有八等，度屋之大小，因而用之。"[①] 它所规定的八个等级的材的截面尺寸和应用范围［图版1，表1］，清楚地指明了材的大小是与房屋的规模相适应的，在建造房屋之前，先要按照预定的大小决定取用某一等材。［插图二］[②] 接着又说："各以其材之广分为十五分，以十分为其厚。凡屋宇之高深，名物之短长，曲直举折之势，规矩绳墨之宜，皆以所用材之分以为制度焉。"[③] 进一步说明"材"是标准方料的截面，它的高、宽比是3∶2，把材高分为十五份，其厚即为十份。房屋的规模，各部分的比例，各个构件的长短、截面大小，各种外观形象等，全部是用"份"的倍数规定的。所以"份"是模数，各等材有一定的份值［表1］。

在这样严密的规定下，按理在建造房屋时只需要提出所需规模大小，就能够确定应该用几等材，然后按照建筑形式和结构［形式以及各项结构］构件等的规定份数，

---

① 李诫:《营造法式（陈明达点注本）》第一册卷四《大木作制度一・材》，第73页。

② 初版图版集中编为下编，本次修订，将原图版随文插入。又，作者对原图版多有批注，此次将有作者批注手迹者附后，供读者参阅。按作者曾有补绘若干图的计划，惜因年事渐高未能实现，故原图版目录下留其批注手迹一条："此图［版］缺吴殿纵断面、厦两头转角等图，以致转角构造不明，是最大疏忽。"

③ 同上书，第75页。

表 1　材等及应用范围

材等	截面（寸） 15×10（份）	份值（寸）	应用范围
一等材	9.00×6.00	0.60	殿身九间至十一间
二等材	8.25×5.50	0.55	殿身五间至七间
三等材	7.50×5.00	0.50	殿身三间至五间，堂七间。余屋以三等材为祖计之
四等材	7.20×4.80	0.48	殿三间，厅堂五间
五等材	6.60×4.40	0.44	殿小三间，厅堂大三间
六等材	6.00×4.00	0.40	亭榭，小厅堂
七等材	5.25×3.50	0.35	小殿，亭榭，营房屋
八等材	4.50×3.00	0.30	殿内藻井，小亭榭

就可以知道各种详细具体尺寸和形象，使全部设计、工料预算、施工等工作都能迅速顺利完成。这就是“以材为祖”的重要含义，由此可以看出材份制是当时建筑实践的基本制度。

但是，在《法式》第四、五两卷中，对大木作的各个部分、各种构件［虽然都严密地规定了份数］——即“名物之短长”，而对于房屋的最基本的尺度——间广、椽架平长、柱高、檐出等——即“屋宇之高深”——却缺少明确的材份规定。这是不是当时的实际情况呢？不是的，因为没有这些规定，只有“名物之短长”，材份制就不完善，意义就不大。比如只规定了梁的截面大小，而不规定其长度，无论从建筑或结构的角度看，这个截面规定都是无意义的。况且原书中明白交代“度屋之大小”决定材等，已经将房屋大小和材等联系起来。接着又说“凡屋宇之高深……皆以所用材之分以为制度焉”，这个屋宇之高深必然包含了间广、椽架平长和柱高——即房屋的长、宽、高三项基本尺度，所以原书缺乏这些规定，［似乎］是一项重大的遗漏。

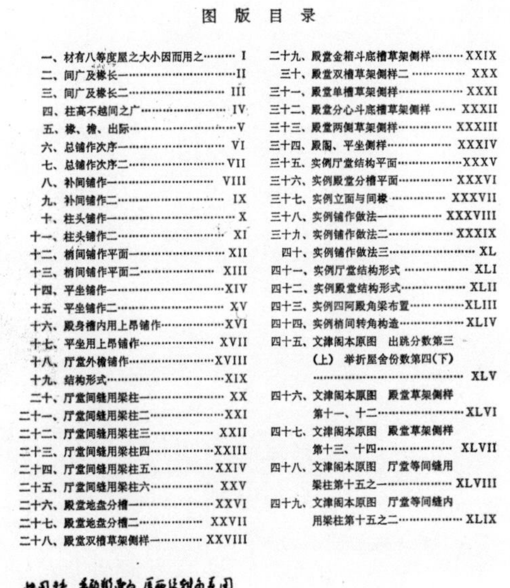
图　版　目　录

插图二　《营造法式大木作研究》初版之图版目录及作者批注

产生这样的缺点，估计是当时房屋大小已经有一套合于材份的习惯数字，是工匠甚至社会上所熟知的，因而没有想到要明确写出来。又加以编辑原书的目的为“关防工料”，编者只着重于编制预算、核算工料的需要，而忽视了设计的需要。不管是什么原因造成这个缺点，对我们深入理解《法式》的全部内容是一个重要的障碍，是必须首先解决的问题。幸而由于核算工料与设计的密切关系，这才在某些地方附带地流露出一些信息，可以从中探索到这些未经原书明文规定的制度，主要是卷四、五大木作制度中提出的间广、椽架平长等的具体尺寸。这一章的主要目的，就是研究这类尺寸的来历与材份的关系，看看是否能把它们还原成材份数。总计这类尺寸有间广、椽架平长、柱高及生起、椽子间距、檐出、出际及脊槫增长等七项。兹先摘录前三项原文如下。

卷四《总铺作次序》：“凡于阑额上坐栌枓安铺作者，谓之补间铺作。当心间须用补间铺作两朵，次间及梢间各用一朵。其铺作分布，令远近皆匀。（若逐间皆用双补间，则每间之广丈尺皆同。如只心间用双补间者，假如心间用一丈五尺，则次间用一丈之类。或间广不匀，即每补间铺作一朵，不得过一尺。）”[①]（原注三）

卷五《椽》：“用椽之制：椽每架平不过六尺，若殿阁或加五寸至一尺五寸……”[②]

卷五《柱》：“若厅堂等屋内柱，皆随举势定其短长，以下檐柱为则。（若副阶、廊舍，下檐柱虽长，不越间之广。）至角则随间数生起角柱，若十三间殿堂，则角柱比平柱生高一尺二寸，十一间生高一尺，九间生高八寸，七间生高六寸，五间生高四寸，三间生高二寸。）”[③]

这三条包括了间广一丈或一丈五尺、椽平长六尺、柱高不超过间广、角柱按间数多少由三间生高二寸至十三间生高一尺二寸（即每增加两间生高递加二寸）等具体尺寸。它们是不是硬性规定的不变数字，如本书《小木作制度》中常见的所谓“定法”呢？绝不是的，因为梁、槫、椽都明确规定了截面的份数，实际尺寸是随所用材等变化的，其长度就不应当是固定不变的数字。例如椽子直径如果采用十份，按一等材计是六寸，按六等材计是四寸，如果它的水平长度不论用几等材一律是六尺，那是不合

① 李诫:《营造法式（陈明达点注本）》第一册卷四《大木作制度一・总铺作次序》，第89～90页。

② 李诫:《营造法式（陈明达点注本）》第一册卷五《大木作制度二・椽》，第110页。

③ 李诫:《营造法式（陈明达点注本）》第一册卷五《大木作制度二・柱》，第102页。

理的，也是当时的技术水平所不能允许的。我们曾在很长的时间中忽略了这一点，把这类数字看成硬性规定，以致有许多问题得不到解决，或导致错误的结论。所以在此有必要再强调一次本书开始就交代的“以材为祖”的原则。

卷二《总例》中有一条：“诸营缮计料，并于式内指定一等，随法算计，若非泛抛降。或制度有异，应与式不同，及该载不尽名色等第者，并比类增减。”[1] 总例是适用于全书的总条例，这一条的意思就是说一切都是按材等的份值计算的，如果遇到因规定不够详尽而缺乏与实际需要相符合的项目，就应当参考类似项目定出材份或材等。显然《法式》的编者已经考虑到房屋为了适合使用需要，会有一些预见不到的变化超出原制度规定，所以订立了这条总条例，为应用者指明应对新情况的原则。而我们从这一条说明，却进一步看到了“以材为祖”在当时的严肃认真，它不但应当遵守已经制定的材份，而且在遇到新的情况时，还应当参考已经制定的材份，拟订原来短缺的材份，使之不离开“以材为祖”的原则。如此看来，前面所记录的具体尺寸就更不可能不受材份的制约了。

既然如此，现在就不妨把前举三条中的各项具体尺寸，分别按八个材等的份值折算成份数，列为表 2，以探究它们适合于哪一等材。

表 2　各种尺寸折合材份数

材等	份值（寸）	折合成份数					
		二寸	五尺	六尺	七尺五寸	一丈	一丈五尺
第一等	0.60	$3.3\dot{3}$	$83.3\dot{3}$	100.00	125.00	$166.6\dot{6}$	250.00
第二等	0.55	$3.63\dot{6}$	$90.90\dot{9}$	$109.0\dot{9}$	$136.3\dot{6}$	$181.81\dot{8}$	$272.7\dot{2}$
第三等	0.50	4.00	100.00	120.00	150.00	200.00	300.00
第四等	0.48	$4.16\dot{6}$	$104.16\dot{6}$	125.00	156.25	$208.3\dot{3}$	312.50
第五等	0.44	$4.54\dot{5}$	$113.63\dot{6}$	$136.3\dot{6}$	$170.45\dot{4}$	$227.2\dot{7}$	$340.90\dot{9}$
第六等	0.40	5.00	125.00	150.00	187.50	250.00	375.00
第七等	0.35	$5.71\dot{4}$	$142.87\dot{5}$	$171.4\dot{2}$	$214.28\dot{5}$	$285.71\dot{4}$	$428.57\dot{1}$
第八等	0.30	$6.6\dot{6}$	$166.6\dot{6}$	200.00	250.00	$333.3\dot{3}$	500.00

[1] 李诫:《营造法式（陈明达点注本）》第一册卷二《总释下·总例》，第 46 ~ 47 页。

表中一丈、一丈五尺是间广，五尺是间广一丈的半数，即是每朵铺作所占的间广或铺作的中距。六尺是椽每架平长，七尺五寸是每椽所允许增加的最大数，二寸是柱生起的递增数。表中显示出这六种尺寸只有折算成三等材或六等材时，才全部是较整齐的数字。材份数是基本的、经常应用的数字，绝不会使用零星数据，按照《法式》制定材份的惯例，也全部采用整数。据此，可以初步断定，这些尺寸不是三等材便是六等材。

于是又联想到《法式》序目《总诸作看详》中说："……与诸作谙会经历造作工匠，详悉讲究规矩，比较诸作利害，随物之大小，有增减之法（……如栱枓等功限，以第六等材为法，若材增减一等，其功限各有加减法之类）。"[①] 这里提示了功限规定，以第六等材为准。同时在卷十七《栱枓等造作功》开首第一句即先说明"造作功并以第六等材为准"[②]。在以下各个具体项目下一般均不注明材等，只注明"材每增减一等各递加减"若干，这当然都是以第六等材为准。[③] 但是全书也并非全部以第六等材为准，往往也以其他材等为标准，如卷十九《仓廒库屋功限》下注："其名件以七寸五分材为祖计之，更不加减。常行散屋同。"[④]《营屋功限》下注："其名件以五寸材为祖计之。"[⑤] 均表明一般是按六等材计，在需用其他材等为准时另注明所用材等。

据上述情况，可以理解在制度中一切都是按照"以材为祖"的原则，用份数规定标准。用这种方法设计的同类房屋，实际上因使用不同材等而有不同大小，但是它们都是几何相似的。只需确定材等，规定份数，而不必标明实际尺寸。所以"以材为祖"是标准化的设计方法，可以节省大量设计工作。但是在规定工作量的功限中，很难按抽象的材份定量，只能根据某一等材的具体尺寸定量。由上所引各项原文，显然可见当时习惯使用的具体尺寸一般多以六等材为准，个别情况也间或使用其他材等。这就

---

① 李诫:《营造法式（陈明达点注本）》第一册卷一《序目·总诸作看详》，第 42 页。

② 李诫:《营造法式（陈明达点注本）》第二册卷十七《大木作功限一·栱枓等造作功》，第 148 页。

③ 参阅李诫:《营造法式（陈明达点注本）》第二册卷十七《大木作功限一·栱枓等造作功》之"栱""枓""出跳上名件"各条，第 148 ~ 150 页。

④ 李诫:《营造法式（陈明达点注本）》第二册卷十九《大木作功限三·仓廒库屋功限》，第 198 页。

⑤ 李诫:《营造法式（陈明达点注本）》第二册卷十九《大木作功限三·营屋功限》，第 206 页。

必然产生了这种情况：除了材份数外，还通行和记忆了一套以一定材等为准的各种具体尺寸。它在计算功限中可能已经成为习惯应用的数字，而在制度或其他规定中需要以具体尺寸举例说明时，就很可能也被应用，甚至是不自觉地流露出来。可能这就是制度中各项具体尺寸的来源。

综合以上各项论证，初步得出如下结果：卷四、五中所记间广、椽平长、柱高等尺寸，以按六等材折合成材份的可能性最大，但也不排除间或用三等材或其他［材等］的可能。以下各节，即拟应用从原书中所能得到的有关规定，作进一步的分析论证，以确定前述各种具体尺寸所属材等，并还原成材份数。

第二节 间广

前节所引原文第一条，是《法式》直接记叙间广的唯一条文，它把间广和铺作朵数相联系。所谓补间铺作一朵间广一丈、补间铺作两朵间广一丈五尺，并不是单独以补间铺作计算间广，而是以每间全部铺作计算间广，没有提柱头铺作是由于每间只有一朵［（两个半朵）］柱头铺作，是不言自明的。因此这一句包含着每铺作一朵占间广五尺即铺作中距五尺的含义，单补间加柱头共两朵，故间广一丈，双补间加柱头共三朵，间广一丈五尺。

我们在同一卷中已经熟知，铺作全部构件都是以材份为标准的，每一朵铺作的广是栱长加两个枓耳，即单栱造是令栱长 72 份加散枓耳 4 份，共 76 份；重栱造是慢栱长 92 份加散枓耳 4 份，共 96 份。按照《法式》所表现的编写惯例、订立标准，举例都是以最繁的做法为依据，例如卷十七、十八《铺作用栱枓等数》所列，全部以重栱计心造为标准。现在我们也按重栱计，每铺作一朵净广 96 份，据表 2，五尺合三等材 100 份，可以容纳一朵铺作，只是两铺作间的净距只余 4 份（或二寸），过于密集，不符合现知实物的一般情况，而且没有伸缩余地，不符合下文“间广不匀，即每补间铺作一朵，不得过一尺”[①] 的要求。如按六等材，五尺为 125 份，铺作间净距有 29 份（或一尺

① 李诫：《营造法式（陈明达点注本）》第一册卷四《大木作制度一·总铺作次序》，第 90 页。

一寸六分），符合现知实物的一般情况，而且有足够的伸缩余地。可以认为每铺作一朵广五尺，应按用六等材折算为每铺作一朵，占间广125份。

又据卷二十一《小木作功限二·栱眼壁版》："栱眼壁版一片，长五尺、广二尺六寸（于第一等材栱内用）。"[①]特别注明材等，说明此处所列尺寸非六等材。再看卷七《小木作制度二·栱眼壁版》："重栱眼壁版：长随补间铺作，其广五十四分。"[②]五十四份是两材两栔加栌枓平、欹高度，一等材五十四份应为三尺二寸四分。功限中注"于第一等材栱内用"，是错误的，许多校勘家早已指出此"一"字是"四"字之误。[③]按四等材计应为二尺五寸九分二厘，与二尺六寸相差仅八厘，在施工上、实用上都微不足道，可以肯定此尺寸为四等材。又按前述每朵铺作中距125份，减去栌枓底广24份，余101份，为栱眼壁版净广。以四等材计合四尺八寸四分八，另加两侧入池槽榫共长五尺，正合功限规定（补注一）。

由上面的折算及小木作拱眼壁版的核对，可以最后确定，卷四中的间广一丈或一丈五尺是六等材。按份值还原成份数是：每铺作一朵占间广125份，用单补间间广250份，用双补间间广375份［图版2］。按照此项材份标准，在使用不同材等时的实际间广如表3。在表中可以看到，用一等材双补间，间广达二丈二尺五寸，约合7.2米，在现存实例中如大同上华严寺大殿（公元1140年）心间广7.1米，善化寺三圣殿（公元1128—1143年）心间广7.68米（第七章，表34），可证是当时可能做到的尺度。（补注二）

那么，按份数规定的间广是不是硬性规定？原文接着一句"或间广不匀，即每补间铺作一朵，不得过一尺"[④]。既然间广可以不匀，即是上述份数并非一成不变的硬性规定，允许有增减，这句就是对增减幅度的补充规定。这个幅度仍是以铺作中距为基础的，即每朵铺作的中距允许增或减一尺。既然上述一丈、一丈五尺应按六等材折成

---

① 李诫：《营造法式（陈明达点注本）》第二册卷二十一《小木作功限二·栱眼壁版》，第247页。

② 李诫：《营造法式（陈明达点注本）》第一册卷七《小木作制度二·栱眼壁版》，第159页。

③ 参阅《〈营造法式〉陈明达钞本》（见本书第七卷）。又，梁思成《营造法式注释（卷上）》中对此条未作校雠，而刘敦桢《宋·李明仲〈营造法式〉校勘记录》中则认为"一等材"为"三等材"之误（《刘敦桢全集》第十卷，中国建筑工业出版社，2001，第58页）。

④ 李诫：《营造法式（陈明达点注本）》第一册卷四《大木作制度一·总铺作次序》，第90页。

材份，那么这增减幅度的一尺，也应按六等材折合成 25 份。这就是说每一朵铺作的中距不能小于 100 份，也不能大于 150 份，从而可知用单补间间广在 200 至 300 份之间，用双补间间广在 300 至 450 份之间［图版 2］。

表 3　标准间广、椽平长、生起的份数及实际尺寸

材份		生起每五份（寸）	间广		椽架平长	
材等	份值（寸）		用双补间 375 份（尺）	用单补间 250 份（尺）	150 份（尺）	187.5 份（尺）
一	0.60	3.00	22.50	15.00	9.00	11.25
二	0.55	2.75	20.625	13.75	8.25	10.3125
三	0.50	2.50	18.75	12.50	7.50	9.375
四	0.48	2.40	18.00	12.00	7.20	9.00
五	0.44	2.20	16.50	11.00	6.60	8.25
六	0.40	2.00	15.00	10.00	6.00	7.50
七	0.35	1.75	13.125	8.75	5.25	6.5625
八	0.30	1.50	11.25	7.50	4.50	5.625

怎样会产生“间广不匀”？显然，首先是由使用需要产生的。由每朵铺作允许的增减幅度到使用单补间、双补间，间广在 200 至 450 份之间，以六等材计为八尺至一丈八尺，这范围不算小，是足以满足使用需要的了。看现存实例大多数是由心间至两梢间依次略为减小，这种间广不匀，似乎只是出于立面外观的设计要求，与使用需要关系不大，在上述伸缩范围内，更不难满足外观轮廓的设计要求。

还有一种“间广不匀”。卷三十一殿阁地盘分槽图（原注四），正面、侧面各间表示的应是用双补间，按前节所引第一条原文：“若逐间皆用双补间，则每间之广丈尺皆同。”[①] 故逐间均应广 375 份。又据卷四《材》：“若副阶并殿挟屋，材分减殿身一等。”[②] 卷三十一的四个地盘图中有三个都是“副阶周匝”。副阶既在殿身外围，它的间广除两

① 李诫：《营造法式（陈明达点注本）》第一册卷四《大木作制度一·总铺作次序》，第 89 页。
② 李诫：《营造法式（陈明达点注本）》第一册卷四《大木作制度一·材》，第 74 页。

头两间外，自应与殿身相等。现在假定殿身用二等材间广 375 份，即每间皆广二丈零六寸二分五厘。然而副阶材减一等，同是这个尺寸合三等材却是 412.5 份［图版 2］。又副阶深两椽，每椽平长 150 份，共 300 份（详见下文），这也就是副阶两梢间间广，按三等材合一丈五尺。于是，同一座殿堂因殿身和副阶材差一等，就产生了按材份计算的“间广不匀”，殿身每间间广是标准数 375 份，用双补间每铺作一朵广 125 份。副阶心间次间广 412.5 份，用双补间，每铺作一朵 137.5 份，两梢间广 300 份，如用补间两朵每朵 100 份，用一朵则每朵 150 份，均在允许幅度之内，但按照“铺作分布令远近皆匀”的原则，以用补间一朵为宜。由此可见规定间广不匀时所允许的增减范围，必定曾考虑到由副阶并殿挟屋材份减殿身一等所产生的变化。而“铺作分布令远近皆匀”，只是力求相差不大，而不可能绝对的“匀”。（补注三）

如上所论，每朵铺作所占间广的下限 100 份，已接近铺作自身面广 96 份，因而间广下限实际已是最小限度。这里还可以回到前面去补充说明为什么间广一丈、一丈五尺，只能是按六等材折成材份，而不能按三等材折成材份。本来按三等材计每铺作一朵广五尺折为 100 份，是可以容下一朵铺作的，但是遇到间广不匀需要减一尺（即三等材 20 份）时，就只余 80 份，不足一朵铺作之广了。这再次证明间广及其增减尺寸，按六等材折成材份是正确的。

至于间广上限达 450 份，如上述副阶材减一等间广已在 400 份以上。实例中如善化寺三圣殿，心间广为 444 份（第七章，表 34），均可证明为当时所能达到的尺度。但按《法式》原意，似乎是不常用的尺度，而且只限于心间使用，次、梢间是不超过 375 份的（详见下节）。

第三节　椽架平长

《法式》卷五《椽》这一篇中包含了椽每架的水平长度、椽径及椽子排列的间距三项内容。本节只讨论每架的水平长度，其余两项另详第五节。

原文“椽每架平不过六尺，若殿阁或加五寸至一尺五寸，径九分至十分，若厅堂椽径七分至八分，余屋径六分至七分”[①]，当然是按照椽长及这三类房屋的屋面重量定出的标准。椽径既然按材份定，它的实际尺寸必然随材等而不同，从而每架的平长也不能是固定不变的，这一点已在第一节中提到。经过前面对间广的分析，可以用同样的理由断定，“每架平不过六尺”可以按三等材折合成 120 份，或按六等材折合成 150 份，殿阁可再加五寸至一尺五寸，也应折合成 10～30 份或 12.5～37.5 份，究竟应当按三等材或六等材折算呢?

卷十七《殿阁外檐补间铺作用栱枓等数》中列举了昂的长度，如：“下昂：八铺作三只（一只身长三百分，一只身长二百七十分，一只身长一百七十分）。”[②] 按八铺作外跳共出五跳，如逐跳均长 30 份，从上第一只昂五跳，共长 150 份，第二只昂四跳，共长 120 份，第三只昂三跳，共长 90 份。再从原文所列长度减去外跳出跳长，所余即各昂里跳长度。即第一、第二两昂里跳均长 150 份，第三只昂长 80 份。其他七铺作、六铺作依同样算法，里跳昂身最长均为 150 份。又据卷四《飞昂》：“若昂身于屋内上出，皆至下平槫……”[③] 可见此“昂身于屋内上出”的最大长度，就是一架的平长。所以上两昂里跳长度 150 份亦即椽每架平长的份数，足以确证“椽每架平不过六尺”是以六等材为准的。

当然，这个每架平长 150 份仍然是个标准数据，并不是每架必须都是 150 份。如卷五《举折》中即提出了“如架道不匀”时的举折处理方法，明说架道可以不匀。[④] 但是原文先说“每架平不过六尺”这一句很肯定的话，言外之意是可以减短而不允许加长，限定了最大限度。接着才补充说“若殿阁或加五寸至一尺五寸”［即每朵可长至六尺五寸至七尺五寸（1625～1875 份）］，从字面上看可以理解加长只适用于“殿阁”，而不适用于其他类型的房屋。可是为什么不像其他标准规定那样给予一个增减范围，

---

① 李诫:《营造法式（陈明达点注本）》第一册卷五《大木作制度二·椽》，第 110 页。

② 李诫:《营造法式（陈明达点注本）》第二册卷十七《大木作功限一·殿阁外檐补间铺作用栱枓等数》，第 154 页。

③ 李诫:《营造法式（陈明达点注本）》第一册卷四《大木作制度一·飞昂》，第 82 页。

④ 原文:“如取平，皆从槫心抨绳令紧为则。如架道不匀，即约度远近，随宜加减（以脊槫及橑檐方为准）。”见李诫:《营造法式（陈明达点注本）》第一册卷五《大木作制度二·举折》，第 114 页。

而只提出一个可以增加的限度呢？而且还予人以前后不符甚至后一句有推翻前一句的限定的含义。这个问题在大木作各项制度中再也找不出解答，幸好在《图样》和《小木作功限》中找到了线索。

前面在讨论间广不匀时已经提到卷三十一的三个有副阶的“殿阁地盘分槽图”[①]，殿身正侧两面都是逐间用双补间，据前得结论间广均应为375份，副阶深两架椽应为300份。这就产生了两个问题：殿堂进深也是用间计算的吗？进深的间和椽架平长是怎样的关系呢？这两个问题都在《小木作功限》中得到了解答。卷二十一《小木作功限二·裹栿版》：“殿槽内裹栿版，长一丈六尺五寸……副阶内裹栿版，长一丈二尺……”[②]裹栿版用于承平棊的明乳栿，其长为两架椽。副阶乳栿长两架300份，按用六等材正合一丈二尺。副阶材减殿身一等，因知殿身应用五等材，其乳栿长一丈六尺五寸，折合五等材375份，恰为一间之广。可证殿堂正面侧面间广相同，即进深亦可用间计。又按殿阁椽平长可增加37.5份，即长187.5份，两椽又恰为一间375份。[副阶、殿身都是一间等于两椽。]由此可确知此乳栿长为两椽[原则]，并再次证明制度所记椽平长及殿阁可增加的尺寸，都是按六等材计算的。

再看四个殿堂草架侧样图[图版46、47]，其中三图注明“殿侧样十架椽”，[平面]图上画出殿身进深四间，如按每间375份，共1500份，而[前两图]平棊以下前后两间用明乳栿，当中两间用四椽明栿[，后一图心柱四椽明栿，均]共八椽，正好每间两椽，每椽187.5份[插图三，图版2]。[③]平棊以上承屋盖的梁架则画为十架椽，故每椽平长应为150份。另一图注明“殿侧样八架椽”，[平面]图上画出进深三间，每间375份，共

---

① “三个有副阶的‘殿阁地盘分槽图’”，指“殿阁地盘殿身七间副阶周匝各两架椽身内金箱斗底槽”“殿阁地盘殿身七间副阶周匝各两架椽身内单槽”“殿阁地盘殿身七间副阶周匝各两架椽身内双槽”等三图。参阅李诫：《营造法式（陈明达点注本）》第四册卷三十一《大木作制度图样下》，第3～4页。

② 李诫：《营造法式（陈明达点注本）》第二册卷二十一《小木作功限二·裹栿版》，第248页。

③ 参阅：1.《营造法式》四库全书文津阁、文渊阁本，见本书图版46、47；2.李诫：《营造法式（陈明达点注本）》第四册卷三十一《大木作制度图样下》，第5～8、31～34页。作者认为四库本《营造法式》中的这几张图样较陶本《营造法式》所附更为接近原著。又，囿于当时的条件，初版选用的文津阁本页面不甚清晰，此次另择较清晰的文渊阁本替代原图版，而将作者原选列为插图三，以供读者参阅。

计 1125 份，平棊以下前面一间用明乳栿，后两间用四椽明栿，共六椽，每椽 187.5 份，亦为 1125 份。故平棊以上椽架［总长］应为 1125 份，均分为八椽，每椽平长 140.625 份。

综合以上分析，可以得出结论：承屋盖之重的椽每架平长不得超过 150 份，殿堂平棊以下不承［此平棊以下之椽，为度量进深的椽，故此椽为不承屋盖之椽。］屋盖的明栿，每椽可以增加 12.5～37.5 份。［唯草乳栿长为 187.5 份，但乳栿、三椽栿同一规格，即 300～450 份（参阅本书第二章第三节第二小节第二段，关于“梁长”）。］按照各等材得出的实际尺寸见表 3。如用一等材，每架平长应为九尺，核以现存实例如义县奉国寺大殿（公元 1020 年）用一等材，椽架平长最大 2.74 米，合八尺五寸；大同上华严寺大殿（公元 1140 年）用一等材，椽架平长最大 2.9 米，合九尺一寸［表 34］，都是符合当时实际情况的。

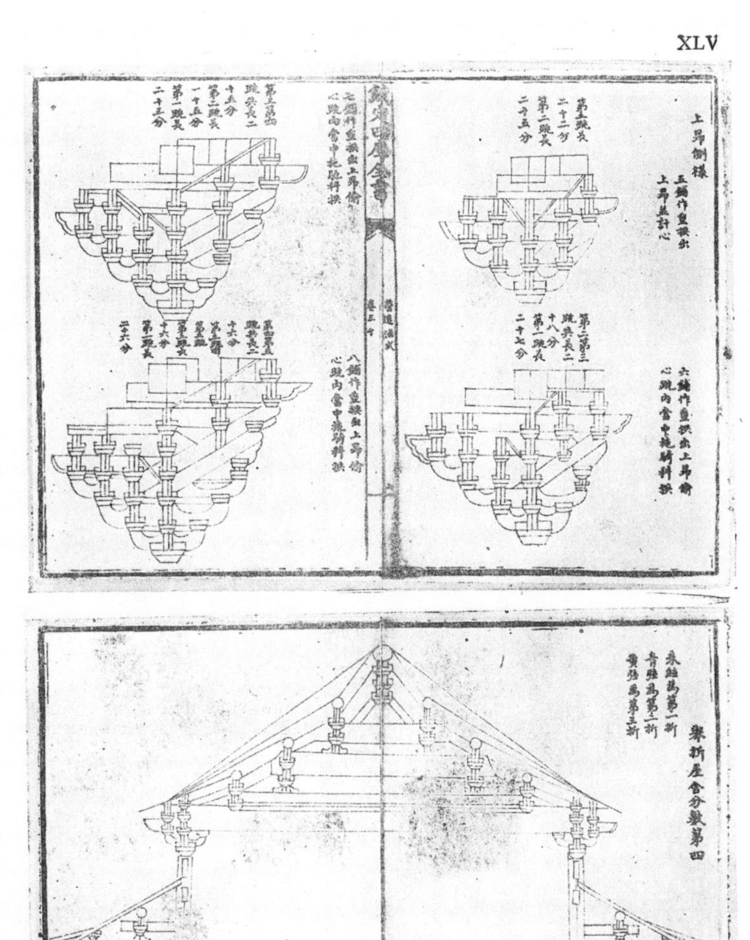

图四十五　文津阁本原图　出跳份数第三（上）　举折屋舍份数第四（下）

插图三之①　原书图版 45　文津阁本原图　出跳份数第三（上）　举折屋舍份数第四（下）

殿阁平棊以下每椽增至 187.5 份，两椽 375 份，正是殿阁间广数，也是一间等于两椽的原则（补注四）。更重要的是它还含有如下意义：一、承屋架之重的椽架是不得超过 150 份的［，故曰“每架平不过六尺”］；二、殿阁进深方向的间广不得大于 375

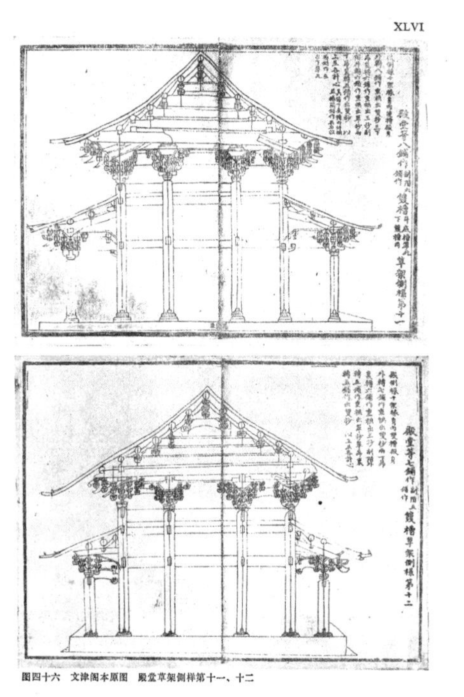

插图三之② 原书图版 46 文津阁本原图 殿堂草架侧样第十一、十二

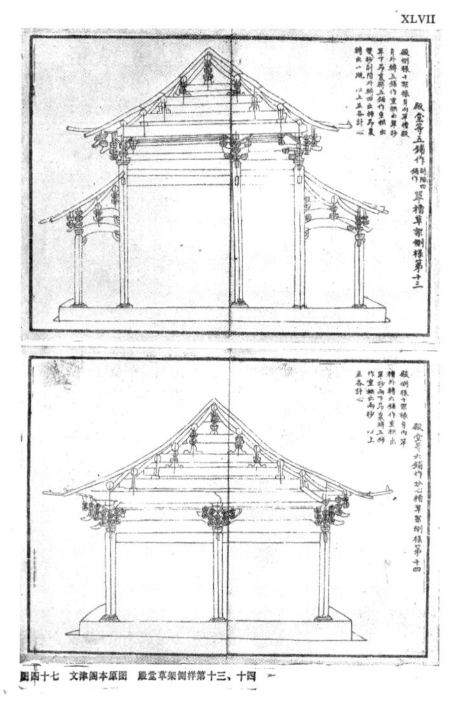

插图三之③ 原书图版 47 文津阁本原图 殿堂草架侧样第十三、十四

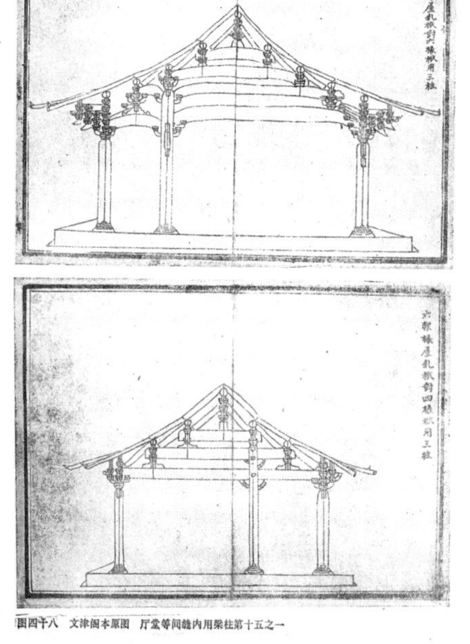

插图三之④ 原书图版 48 文津阁本原图 厅堂等间缝内用梁柱第十五之一

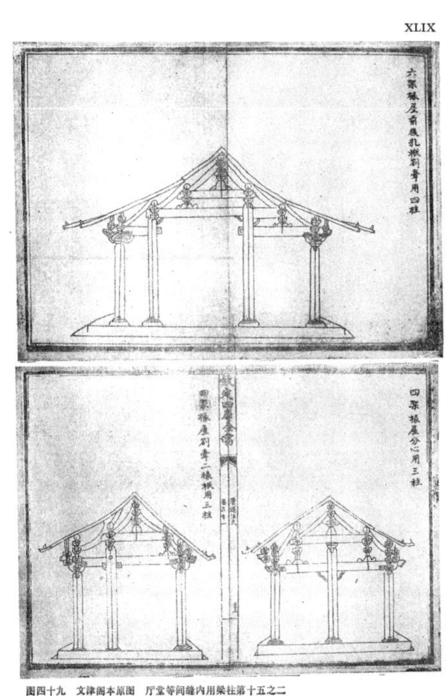

插图三之⑤ 原书图版 49 文津阁本原图 厅堂等间缝内用梁柱第十五之二

份；三、从而，殿阁正面次梢间也不得大于 375 份；四、又由此推断前节所论间广可增至 450 份，不适用于殿阁进深及正面次梢间，只能用于殿阁心间。

[又梁栿长是以椽计的，所谓殿阁椽长可加五寸至一尺五寸，是指计算栿长的椽可增长。]（补注五）

第四节　柱高及生起

卷五《柱》：“若副阶廊舍，下檐柱虽长，不越间之广。”[1] 这是大木作制度中唯一涉及下檐柱高的条文。“不越间之广”亦即最大与间广相等，但是心间用双补间间广 375 份，次间用单补间间广 250 份，以哪一个间广为准？“副阶廊舍”是“不越间之广”，无副阶殿身柱高是否也“不越间之广”？这些问题在制度或功限中均找不到可资说明的记叙，只能求助于实例。（补注六）

我选择了二十七个有代表性的实例（详见第七章）作为研究大木作制度的参考，其中除隆兴寺慈氏阁经后代改修，无从确定柱高材份外，其余各例柱高在 218～366 份之间。绝大部分柱高不超过心间之广，小部分且不超过梢间之广。只有两例柱高超过心间广：奉国寺大殿心间广 306 份，柱高 309 份；上华严寺大殿间广 355 份，柱高 362 份。但超过均不多，并且仍在《法式》标准间广 375 份以内[表 37]。似可证一般房屋及无副阶殿身柱高，最大不超过用双补间标准间广 375 份，最小可略低于用单补间间广 250 份。这就使柱高有较大的伸缩幅度，可以适应各种规模不同的房屋的立面构图[图版 4]。

但是，用副阶的殿身柱和副阶柱，却须有较严密的标准。因为殿身柱高必须略大于副阶总高，两者的高度有互相制约的关系。我在对应县木塔的分析中（原注五），得知副阶柱高为殿身柱高之半。其他三个有副阶的实例——晋祠圣母殿（公元 1023—1031 年）、隆兴寺摩尼殿（公元 1052 年）及玄妙观三清殿（公元 1179 年）等，副阶柱

---

[1] 李诚：《营造法式（陈明达点注本）》第一册卷五《大木作制度二・柱》，第 102 页。

插图四之① 应县木塔副阶柱高等于殿身柱高之半(陈明达绘)

插图四之② 有副阶的晋祠圣母殿(中国营造学社旧照)

插图四之③ 有副阶的隆兴寺摩尼殿(中国营造学社旧照)

插图四之④ 有副阶的玄妙观三清殿(刘敦桢摄)

也都为殿身柱高的一半左右[插图四,表37]。而应县木塔副阶柱连普拍方在内高257份,与《法式》用单补间间广250份的标准相近。又卷二十六《诸作料例一·大木作》:“朴柱:长三十尺,径三尺五寸至二尺五寸,充五间八架椽以上殿柱。”[①]它是本书中所列最大柱材,以一等材计恰为500份,并与应县木塔一层殿身柱高520份相近。据此,副阶柱高不越间之广是以次间用单补间250份为标准,殿身柱高加一倍为500份[图版4]。还应当注意这个份数按副阶材减一等计算,其实际尺寸是殿身柱略高于副阶柱的两倍。(补注七)

[①] 李诫:《营造法式(陈明达点注本)》第三册卷二十六《诸作料例一·大木作》,第64页。

以上副阶、殿身柱高虽然是根据实例的推测，但在重新绘制殿堂草架侧样时，却可以证明它是恰当的（详第五章），适合具体情况的。

角柱比平柱生高是三间生二寸，每增加两间又递增二寸，至十三间生高一尺二寸止。既然间广、柱高、椽长的尺寸都是按六等材计，生高也应按六等材计，似乎无须再作论证了。那就是三间生 5 份，每增两间又递增 5 份［表 3］，至十三间生 30 份。即用一等材十三间可以生高一尺八寸。实例如独乐寺山门三间生 5 份、观音阁五间生 11 份、佛光寺大殿七间生 12 份、奉国寺大殿九间生 21 份［表 37］，都与此相差不大。过去曾经认为实例生起大于《法式》者较多，那实在是由于将生起的尺寸当作固定不变的数字引起的误解。现在折成材份，就看出超过《法式》规定的只是少数时代较晚的例证。

第五节　椽及檐出

有关原文如下：

卷五《椽》："若殿阁……径九分至十分，若厅堂椽径七分至八分，余屋径六分至七分。""凡布椽……其稀密以两椽心相去之广为法，殿阁广九寸五分至九寸，副阶广九寸至八寸五分，厅堂广八寸五分至八寸，廊库屋广八寸至七寸五分。"[①]

卷五《檐》："造檐之制：皆从橑檐方心出，如椽径三寸，即檐出三尺五寸，椽径五寸，即檐出四尺至四尺五寸。檐外别加飞檐，每檐一尺出飞子六寸。其檐自次角柱补间铺作心，椽头皆生出向外，渐至角梁，若一间生四寸、三间生五寸、五间生七寸（五间以上约度随宜加减）。其角柱之内，檐身亦令微杀向里（不尔恐檐圆而不直）。"[②]

这两项制度——椽子中距、檐出，都是以椽径大小为依据的，原文既已明白交代各类房屋椽径的材份数，这就首先肯定了它们绝不能脱离材份制度。

[①] 李诫：《营造法式（陈明达点注本）》第一册卷五《大木作制度二・椽》，第 110 页。

[②] 李诫：《营造法式（陈明达点注本）》第一册卷五《大木作制度二・檐》，第 111 页。

一、椽

椽径按殿阁、厅堂、余屋之类自 10 份至 6 份，共为五等，每等相差一份。椽子中距按殿阁、副阶、厅堂、余屋四类自九寸五分至七寸五分。为什么前者分三类，后者分四类，初看颇不能理解。细看殿阁椽径 9～10 份，厅堂椽径 7～8 份，两者份数截然分开、并不交叉，而殿阁椽中距九寸五分至九寸，[厅堂椽中距八寸五分至八寸，两者之间空出了一类副阶，] 副阶椽中距九寸至八寸五分，其副阶椽中距尺寸上、下与殿阁、厅堂交叉。据此可以认为副阶椽径份数也是与殿阁、厅堂交叉的，应为 8～9 份，或为原文所省略。于是又知椽中距从九寸五分至七寸五分，也可以分为五等，每等相差五分。故不论如何分类，都是椽径每增加 1 份，中距即增加五分。

那么椽子中距的尺寸应属几等材？按照第一节的推论及二至四节取得的结果，仍可认为不是三等材便是六等材。现即按此两等材折成份数如表 4。从表中看到折成六等材份数较零碎，按材等折成实际尺寸很不方便，而且 [椽子] 排列较稀。折成三等材份数整齐，[椽子] 排列较密。尤其折成三等材时，得椽径每增 1 份其中距亦增 1 份，即不论椽径大小，椽子间的净空一律为 9 份 [图版 5]，记忆和运用都极为方便。因此可以肯定原文椽距尺寸应按三等材折成材份数，其各等材的实际尺寸如表 5。[①]

表 4　椽距材份

房屋类别	中距尺寸		合六等材（份）		合三等材（份）	
	椽径（份）	中距（份）	中距	净距	中距	净距
殿阁	10	9.5	23.75	13.75	19.00	9.00
殿阁及副阶	9	9.0	22.50	13.50	18.00	9.00
副阶及厅堂	8	8.5	21.25	13.25	17.00	9.00
厅堂及余屋	7	8.0	20.00	13.00	16.00	9.00
余屋	6	7.5	18.75	12.75	15.00	9.00

① 在作者自存本之此页中有三处眉批："差不多是一椽一档""按至清代仍为一椽一档""清代规定一椽一档与此相近，但简化了等级"。

表 5　椽径及椽距尺寸

材等	余屋			余屋及厅堂			厅堂及副阶			副阶及殿阁			殿阁		
	椽径 6 份	中距	净距	椽径 7 份	中距	净距	椽径 8 份	中距	净距	椽径 9 份	中距	净距	椽径 10 份	中距	净距
一	3.60	9.00	5.40	4.20	9.60	5.40	4.80	10.20	5.40	5.40	10.80	5.40	6.00	11.40	5.40
二	3.30	8.25	4.95	3.85	8.80	4.95	4.40	9.35	4.95	4.95	9.90	4.95	5.50	10.45	4.95
三	3.00	7.50	4.50	3.50	8.00	4.50	4.00	8.50	4.50	4.50	9.00	4.50	5.00	9.50	4.50
四	2.88	7.20	4.32	3.36	7.68	4.32	3.84	8.16	4.32	4.32	8.64	4.32	4.80	9.12	4.32
五	2.64	6.60	3.96	3.08	7.04	3.96	3.52	7.48	3.96	3.96	7.92	3.96	4.40	8.36	3.96
六	2.40	6.00	3.60	2.80	6.40	3.60	3.20	6.80	3.60	3.60	7.20	3.60	4.00	7.60	3.60
七	2.10	5.25	3.15	2.45	5.60	3.15	2.80	5.95	3.15	3.15	6.30	3.15	3.50	6.65	3.15
八	1.80	4.50	2.70	2.10	4.80	2.70	2.40	5.10	2.70	2.70	5.40	2.70	3.00	5.70	2.70

二、檐

檐出尺寸大小也是按椽径大小规定，原文系以椽径三寸及五寸的檐出数为例，从表5中可看到只有三等材椽径6份为三寸，10份为五寸，还有一个八等材椽径10份亦为三寸。这很明显，椽径三寸、五寸正是三等材用椽的最小和最大标准数，可知原制度正是取用三等材上下限为例。而八等材只用于藻井、小亭榭，不是主要材等，绝不会用为制度标准的。可得出结论：檐出三尺五寸、四尺、四尺五寸，折合三等材为70、80、90份［图版5］，如再加飞子60%，其总数为112～144份。核以现存实例，檐出绝大多数不超过90份（详见第七章及表35），可以认为这也是符合当时一般情况的。现在再讨论椽径和檐出的关系，如将70至80或90份分为五等，每等差2.5或5份，以适应椽径的等差，则椽径6份即檐出70份，每径增1份，檐出增2.5或5份，至椽径10份，即檐出80或90份。

然而如何理解椽径6份，檐出固定为70份，椽径10份却檐出80～90份呢？这个问题在原书制度中未能得到解答，只是在制图过程中有一点体会：檐出是从橑檐方中起算的，但我们在观察房屋的外形轮廓时却很自然地从檐柱中衡量檐出深浅。于是规模尺度相同的房屋，所用铺作的出跳多少会使柱中至檐头的深浅不同，需要有点伸缩余地，设计立面时可用以调节轮廓比例。因此，可以假定余屋椽径6份，或皆柱梁作不用铺作，故檐出固定为70份。自余屋椽径7份以上使用铺作，随房屋规模递增，铺作出跳深度加大，故需适当规定檐出的伸缩幅度。其结果及各等材檐出实际尺寸如表6。是否如此，尚待证实。（补注八）

最后还有一项："其檐自次角柱补间铺作心，椽头皆生出向外，渐至角梁，若一间生四寸、三间生五寸、五间生七寸（五间以上约度随宜加减）。"这就是后代的翼角出翘。原文只提出"一间生四寸、三间生五寸、五间生七寸"，按檐出材份，当然也应以三等材为准，可折成8、10、14份应用。但缺乏其他增减依据，并且"五间以上约度随宜加减"，给予了更大的灵活性。再考虑到"其角柱之内，檐身亦令微杀向里（不尔恐檐圆而不直）"，那么椽头生出向外，完全是为了矫正视觉的误差，不致因透视影响而产生檐头中部向外凸出的错觉。这是极细致的艺术处理手法，故只需规定一至五间的生出数，间数增多及"角柱之内，檐身亦令微杀向里"，完全在于对具体情况的掌握，其增加数字也极有限，故无须作更多的规定。

表6 椽径及檐出［插图五］[①]　（单位：尺）

材等	余屋		余屋及厅堂		厅堂及副阶		副阶及殿阁		殿阁	
	椽径6份		椽径7份		椽径8份		椽径9份		椽径10份	
	椽径	檐出70份	椽径	檐出72.5～75份	椽径	檐出75～80份	椽径	檐出77.5～85份	椽径	檐出80～90份
一	0.36	4.20	0.42	4.35 4.50	0.48	4.50 4.80	0.54	4.65 5.10	0.60	4.80 5.40
二	0.33	3.85	0.385	3.9875 4.125	0.44	4.125 4.40	0.495	4.2625 4.675	0.55	4.40 4.95
三	0.30	3.50	0.35	3.625 3.75	0.40	3.75 4.00	0.45	3.875 4.25	0.50	4.00 4.50
四	0.288	3.36	0.336	3.48 3.60	0.384	3.60 3.84	0.432	3.72 4.08	0.48	3.84 4.32

① 此表旁有作者批注："径表列40种，内9种重，实有31种规格。重（材等/径）：0.36（1/6、6/9），0.30（3/6、8/10），0.24（6/6、8/8），0.21（7/6、8/7），0.35（3/7、7/10），0.28（6/7、7/8），0.48（1/8、4/10），0.44（2/8、5/10），0.40（3/8、6/10）。"兹将原表影印为插图，供读者参考。

续表

材等	余屋		余屋及厅堂		厅堂及副阶		副阶及殿阁		殿阁	
	椽径 6 份		椽径 7 份		椽径 8 份		椽径 9 份		椽径 10 份	
	椽径	檐出 70 份	椽径	檐出 72.5 ~ 75 份	椽径	檐出 75 ~ 80 份	椽径	檐出 77.5 ~ 85 份	椽径	檐出 80 ~ 90 份
五	0.264	3.08	0.308	3.19 3.30	0.352	3.30 3.52	0.396	3.41 3.74	0.44	3.52 3.96
六	0.24	2.80	0.280	2.90 3.00	0.32	3.00 3.20	0.36	3.10 3.40	0.40	3.20 3.60
七	0.21	2.45	0.245	2.5375 2.625	0.28	2.625 2.80	0.315	2.7125 2.975	0.35	2.80 3.15
八	0.18	2.10	0.21	2.175 2.25	0.24	2.25 2.40	0.27	2.325 2.55	0.30	2.40 2.70

表6　椽径及檐出　（单位：尺）

材等	余屋		余屋及厅堂		厅堂		殿阁		殿阁	
	椽径6份		椽径7份		椽径8份		椽径9份		椽径10份	
	椽径	檐出70份	椽径	檐出72.5～75份	椽径	檐出75～80份	椽径	檐出77.5～85份	椽径	檐出80～90份
一	0.36	4.20	0.42	4.35 4.50	0.48	4.50 4.80	0.54	4.65 5.10	0.60	4.80 5.40
二	0.33	3.85	0.385	3.9875 4.125	0.44	4.125 4.40	0.495	4.2625 4.675	0.55	4.40 4.95
三	0.30	3.50	0.35	3.625 3.75	0.40	3.75 4.00	0.45	3.875 4.25	0.50	4.00 4.50
四	0.288	3.36	0.336	3.48 3.60	0.384	3.60 3.84	0.432	3.72 4.08	0.48	3.84 4.32
五	0.264	3.08	0.308	3.19 3.30	0.352	3.30 3.52	0.396	3.41 3.74	0.44	3.52 3.96
六	0.24	2.80	0.280	2.90 3.00	0.32	3.00 3.20	0.36	3.10 3.40	0.40	3.20 3.60
七	0.21	2.45	0.245	2.5375 2.625	0.28	2.625 2.80	0.315	2.7125 2.975	0.35	2.80 3.15
八	0.18	2.10	0.21	2.175 2.25	0.24	2.25 2.40	0.27	2.325 2.55	0.30	2.40 2.70

插图五　原表 6 之作者批改手迹

第六节　脊槫增长及出际

卷五《阳马》："凡造四阿殿阁……如八椽五间至十椽七间，并两头增出脊槫各三尺。"[①]

卷五《栋》："凡出际之制：槫至两梢间两际各出柱头，如两椽屋出二尺至二尺五寸，四椽屋出三尺至三尺五寸，六椽屋出三尺五寸至四尺，八椽至十椽屋出四尺五寸至五尺。若殿阁转角造，即出际长随架。"[②]

首先要肯定这两项制度也是根据一定材等制订的。脊槫增长、出际长短，都与间广、椽架平长有密切关系，既然后两项都已证明了它们的材份数，那么这两项也必须受材份的制约。

一、脊槫增长

四阿殿八椽五间至十椽七间脊槫两头增长，是对房屋外形轮廓的艺术处理手法，下一章将对此进行讨论，这里只说明两头增出"各三尺"应折成材份数。由于脊槫长度与椽架平长的密切关系，及两头各增出三尺共增六尺，正为六等材一架的平长 150 份，可以据此推定原制度系以六等材为标准，两头各增出 75 份，即两头增加总数不得超过一椽 150 份［图版 3］。（补注九）

二、出际

这一项制度包含着两个内容。末句"若殿阁转角造，即出际长随架"，自然是指殿阁厦两头造，即出际长一架 150 份。据卷五《阳马》："凡厅堂并厦两头造，则两梢间用角梁转过两椽（……今亦用此制为殿阁者，俗谓之曹殿，又曰汉殿，亦曰九脊殿……）。"[③]可知殿阁转角造或九脊殿造和厅堂厦两头造做法完全相同，它们同是两梢间用角梁转过两椽 300 份，它们的出际当然相同，即厅堂厦两头造出际亦为 150 份。这是一个内容。

---

① 李诫：《营造法式（陈明达点注本）》第一册卷五《大木作制度二·阳马》，第 105 页。
② 李诫：《营造法式（陈明达点注本）》第一册卷五《大木作制度二·栋》，第 107 ~ 108 页。
③ 同注①。

另一个内容是原文首句“槫至两梢间两际各出柱头”，与殿阁转角造一句对照，可知此句是指厅堂不厦两头造的出际。所列尺寸自两椽屋出二尺至二尺五寸，到八椽至十椽屋出四尺五寸至五尺，随房屋的椽数增多而增长，所以也必定是随材等的增减而增减。这些尺寸按前几节的结果，仍然应看作六等材或三等材。以八至十椽屋出四尺五寸至五尺为例，合六等材 112.5～125 份，合三等材 90～100 份。参照厦两头造出际长 150 份，即须“于丁栿上随架立夹际柱子以柱槫梢”（见卷五《栋》）[①]，不厦两头造不能用夹际柱子柱槫梢，其出际长度应较大地小于 150 份。故最大出际五尺，如按六等材 125 份，较接近 150 份，似嫌过大；合三等材 100 份，则只有一椽的三分之二，较为合适。再参照两个不厦两头的实例——华严寺海会殿与佛光寺文殊殿，都是八椽屋，前者出际 80 份，后者 83 份，似可推断原文尺寸应按三等材计，自两椽屋出 40～50 份至八、十椽屋出 90～100 份［图版 5］，得厅堂各等材出际尺寸如表 7 所示。其每等出际各有 10 份的伸缩幅度，或许仍是为设计外形轮廓所留余地。

表7　出际尺寸（补注十）　（单位：尺）

材等	两椽屋 40 ~ 50 份	四椽屋 60 ~ 70 份	六椽屋 70 ~ 80 份	八至十椽屋 90 ~ 100 份
三	2.00 ~ 2.50	3.00 ~ 3.50	3.50 ~ 4.00	4.50 ~ 5.00
四	1.92 ~ 2.40	2.88 ~ 3.36	3.36 ~ 3.84	4.32 ~ 4.80
五	1.76 ~ 2.20	2.64 ~ 3.08	3.08 ~ 3.52	3.96 ~ 4.40
六	1.60 ~ 2.00	2.40 ~ 2.80	2.80 ~ 3.20	3.60 ~ 4.00
七	1.40 ~ 1.75	2.10 ~ 2.45	2.45 ~ 2.80	3.15 ~ 3.50

① 李诫:《营造法式（陈明达点注本）》第一册卷五《大木作制度二·栋》，第 108 页。

第七节　小结

这一章明确了《大木作制度》卷四、五两卷中的具体尺寸，都是由一定材等产生的，并据以还原成材份数，即：

1. 铺作每朵中距　125 份　允许增减最大限度　25 份
2. 用单补间间广　250 份　允许增减最大限度　50 份
3. 用双补间间广　375 份　允许增减最大限度　75 份
4. 椽每架平长最大　150 份　殿堂平綦以下［栿长］最大　187.5 份
5. 柱高无副阶最大　375 份
6. 柱高有副阶最大　500 份
7. 副阶柱高最大　250 份
8. 角柱生起　三间生 5 份　每增两间递增 5 份　至十三间生 30 份止
9. 椽子径　6～10 份　净距 9 份（或椽径 6 份　中距 15 份　径每增 1 份中距亦增 1 份）
10. 檐出　椽径 6 份　檐出 70 份　椽径每增 1 份　檐出递增 2.5～5 份　至椽径 10 份　檐出 80～90 份止
11. 梢间檐角生出　一间生 8 份　三间生 10 份　五间生 14 份
12. 脊槫增长　每头　75 份
13. 厦两头出际　150 份
14. 不厦两头出际　两椽屋 40～50 份　四椽屋 60～70 份　六椽屋 70～80 份　八至十椽屋 90～100 份

这些标准材份数中的大多数，包括最主要的间广、椽长，都是用原书制度、功限、料例等有关材份的记叙相互证明得出的，因而是确实可信的。只有少数次要的材份是由推论得出的，然而全部数据中除第 9 项椽子的净距和第 11 项檐角生出缺乏足够的实例测量数据核对外，其他 12 项都与实例相符或相差极小。因此，可以肯定这些数据都是当时房屋设计的标准材份。又由于这些材份数中已经包含了房屋的长、宽、高三项根本尺度，足证材份制是一套相当完善的古代的模数制。包括“屋宇之高深”在内，全部设计都是以材份为标准的。但是这还不够，因为它仍是一些最基本的数字或大范围内的总标准，还应当有更具体的标准。

在卷四、五《大木作制度》中，一般都是将房屋分为殿堂、厅堂、余屋三类，绝大部分“名物”都按这三类制订出不同的材份。那么，至少还应当知道间广、椽长、柱高是不是也有三类房屋的区别，每座房屋的间广、椽长、柱高有没有一定的比例，以及许多更具体、更细致的问题是不是都受材、份制约，都有一定的制度。这些，都是以下各章拟逐步探讨的内容。

作者原注

一、《法式》中“分寸”的“分”和“材分”的“分”同用一字，本文将“材分”的“分”一律改用“份”，以免混淆，但引用原文时仍用原字。

又，梁思成先生将“材分”的“分”写作“分°”，用意相同。见梁思成《营造法式注释（卷上）》。——整理者注

二、《营造法式》以下均简称《法式》。

三、原书有正文及注文，正文单行大字，注文双行小字附于正文下。本书引原文均用同号字单行排印，注文加“(　)”区别。

四、《法式》现存原书各版本多为抄本，由于辗转传抄和抄录者的水平，各版本图样互有出入。现在容易得到的前商务印书馆影印本，是较好也较易得到的本子，故本书仍以此本为底本。但图样中仍有错误之处，则另以北京图书馆藏《四库全书》文津阁本为补充，并影印有关各图，编于本书图版之末。凡文中提及原图而未注明图版号者，均指商务影印本图样。

按作者此处所言“前商务印书馆影印本”，即指陶本《营造法式》；所言陶本“图样中仍有错误之处”，可参阅李诫：《营造法式（陈明达点注本）》第四册卷三十一《大木作制度图样下》，第 247 页。——整理者注

五、陈明达：《应县木塔》，文物出版社，1980 年第 2 版。

作者补注

一、池槽深，小木作、大木作均缺。入池槽榫 1.52 寸 /2 = 0.76 寸，合四等材 1.6 份。

二、清代规定每攒中十一或十二斗口，仍近于此数。

三、设计时当然不必计算副阶心、次间广，（按殿身尺寸）只计算梢间广，但必须考虑梢间铺作朵数，使“匀”。

四、一间等于两椽，每椽可增至 187.5 份。

五、应补充一段，说明一间 = 两椽是原则。32 页最下一段（指本书第二章第二节第一段——整理者注）已有说明，但仍嫌不足。

六、清代柱高大抵仍不越间之广。

七、木塔、圣母殿柱高：殿身 100，副阶 50，约 2∶1；摩尼殿身 100，副阶 47，小于 2∶1；三清殿殿身 100，副阶 52，大于 2∶1。详第七章第三节第三小节。

八、清代先定自柱中檐出数，再减去料栱出跳数。

九、脊槫增长亦即两山最上一架减小。如此，两山最上一架只余 75 份，这一架的举高将是近于 1∶1，不能再高了。

十、不厦两头不用于殿堂，故无一、二等材。

第二章　各类房屋的规模形式

第一节 《法式》中的房屋类型

古代房屋是不是分为各种类型，划分类型的原则是什么？我们还不很了解，只是通过《法式》，才知道宋代房屋类型的大致情况。卷四材的应用范围中［表 1］，规定殿堂用一至五等材，厅堂用三至六等材，亭榭用六至八等材，提出了殿堂、厅堂、亭榭三类房屋的名称。卷五《大木作制度》各篇，则按殿阁、厅堂、余屋三类房屋订立材份标准。卷三十一《图样》更具体地画出了殿堂、厅堂两种不同的结构形式。归纳起来共有殿堂、厅堂、余屋、亭榭四类房屋名称。

但是卷四只说明了用材等第，卷五只是就前三类房屋的各种构件的长度、截面规格、外形等等作出标准规定，其他如房屋规模、间广、椽长、建筑形式等都缺少明确的规定。本章目的就是继续前一章的讨论，分类探求这些问题的解答。而在进行具体分析之前，还须先澄清全书中所见到的各种房屋名称。

《大木作制度》中虽然基本上按殿堂、厅堂、余屋规定材份，在大木作功限及其他各作中却常常出现一些不同名称，如殿、殿堂、殿宇、殿阁、楼阁等等。它们似乎是属同一类型的房屋，又似乎有所区别。这个问题要仔细探求起来，可能是一件十分繁重的工作，我并不拟在此作广泛的探讨，只是将见于原书的零散记录集中整理，明确它们在原书大木作制度范围内应属何种类型。

一、殿、殿堂、殿宇及堂、堂屋、厅屋、厅堂

这是两组名称。前一组名称据《法式》卷七《殿内截间格子》：“造殿堂内截间格

子之制……”[①]篇名称“殿”，本文称“殿堂”，即已明说“殿”即“殿堂”之简称。又卷八《鬭八藻井》：“凡藻井，施之于殿内照壁屏风之前……”[②]《小鬭八藻井》：“凡小藻井，施之于殿宇副阶之内……”[③]两相对照可知殿宇亦即殿堂。后一组名称从字面上就可以理解“堂”是“堂屋”的简称，因此“厅屋”也应可简称为“厅”，从而厅堂是“厅屋”“堂屋”的合称。“堂屋”“厅屋”的差别，仅见于卷十三《垒屋脊》所定正脊高度差两层，不可能因此无关重要的差别而分为两个类型。因此，殿、殿堂、殿宇为一个类型，一般称为殿堂；堂、厅屋、堂屋、厅堂为一个类型，一般称为厅堂。

又据卷三十一《大木作制度图样》有“殿堂草架侧样”及“厅堂等间缝内用梁柱”两类断面图，它们所显示的结构形式截然不同，是这两类房屋最显著的区别［图版19］，所以殿堂、厅堂又是两种结构形式的名称。[④]甚至可以认为，《法式》中的房屋类型主要是按结构特点划分的。

二、楼阁、殿阁、堂阁

卷四《总铺作次序》、卷五《柱》、卷七《胡梯》等篇，记叙了楼阁上屋、下屋应用铺作铺数，上屋柱侧脚及胡梯做法等，均表明楼阁是指多层房屋。

殿阁是什么？可以通过图样得到了解。卷三十一有四个平面图（补注一），标题均为“殿阁地盘分槽图”，而它们的四个断面图的标题，却为“殿堂草架侧样”，暗示出单层的殿和多层的阁可以采用完全相同的结构形式，故平面称“殿阁”，断面图画的都是单层房屋，只能称为“殿堂”。[⑤]如果这样理解是对的，那么在卷七《小木作制度》中《堂阁内截间格子》的“堂阁”和“堂”也应是多层与单层的区别。所以“楼阁”是泛指多层房屋的一般名称，而用殿堂结构形式建造的楼阁称为“殿阁”，用厅堂结构

---

① 李诫:《营造法式（陈明达点注本）》第一册卷七《小木作制度二・殿内截间格子》，第148页。

② 李诫:《营造法式（陈明达点注本）》第一册卷八《小木作制度三・鬭八藻井》，第167页。

③ 李诫:《营造法式（陈明达点注本）》第一册卷八《小木作制度三・小鬭八藻井》，第169页。

④ 参阅:1.《营造法式》四库全书文津阁、文渊阁本;2. 李诫:《营造法式（陈明达点注本）》第四册卷三十一《大木作制度图样下》，第5～26页。

⑤ 同上。

形式建造的楼阁称为“堂阁”［图版 19］。按类型说，前者属殿堂，后者属厅堂。例如蓟县独乐寺观音阁、应县木塔是采用殿堂结构［图版 42］，可称为殿阁；大同善化寺普贤阁和正定隆兴寺转轮藏殿、慈氏阁采用厅堂结构［图版 41］，可称为堂阁。［插图六］（补注二）

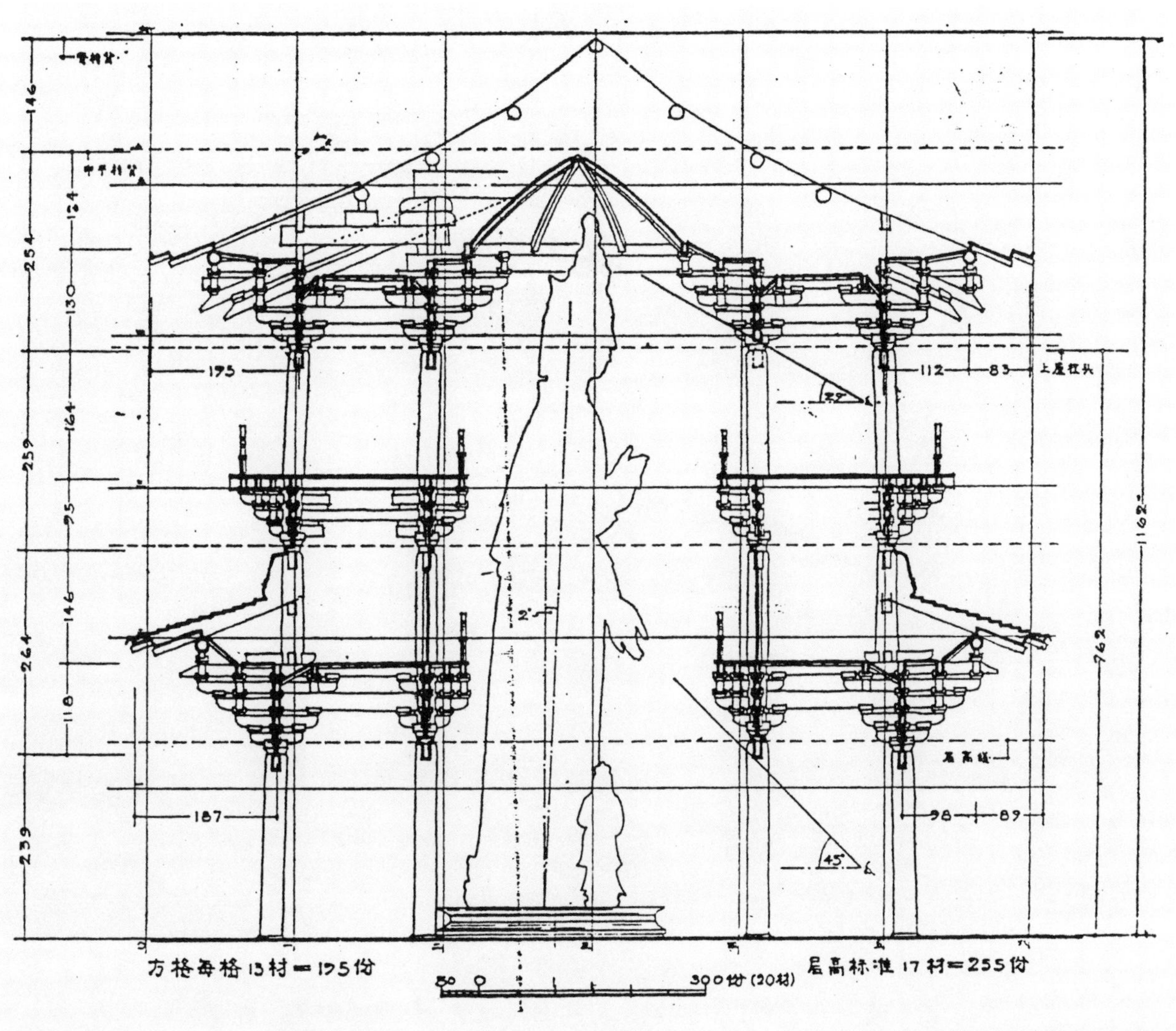

插图六之①　独乐寺观音阁采用殿堂结构，可称为殿阁（陈明达绘）

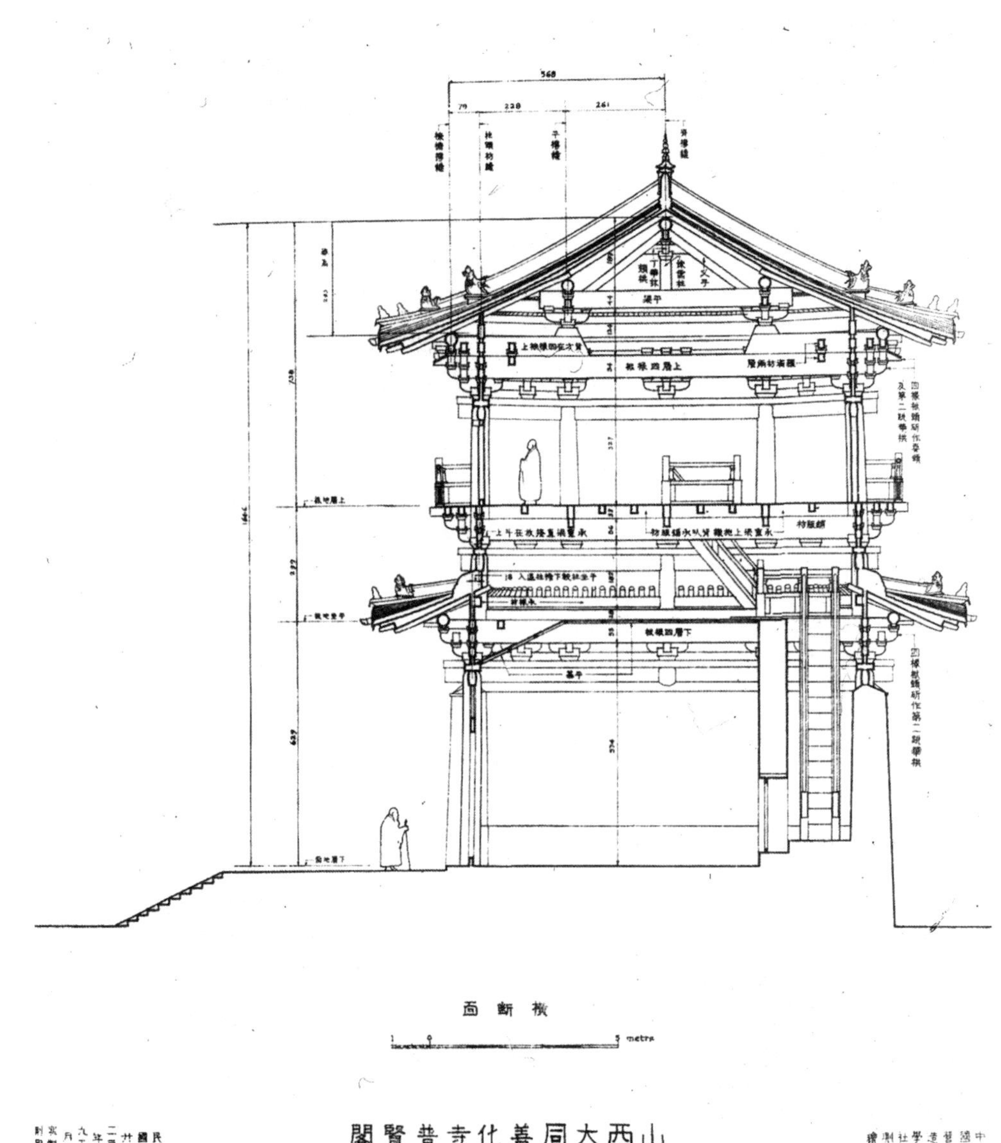

插图六之② 善化寺普贤阁采用厅堂结构，可称为堂阁（莫宗江绘）

三、余屋

这一名称包含较广，原意系将凡不属殿堂、厅堂、亭榭的房屋，总称为余屋。其具体内容大致即卷十九《功限》中的项目：计有仓廒库屋（卷五《椽》称廊库屋，卷六《地棚》称仓库屋）、常行散屋（卷十三《结瓦》[1] 称常行屋舍，《用瓦》称散屋）、官府

[1] “结瓦”之“瓦”，《营造法式》各版本中有“瓦”“宼”“瓦”和“窊”等四种不同写法。

廊屋和营屋（卷十三《垒屋脊》称营房屋），其中常行散屋即一般房屋之义。余屋用材等第、用料规格均低于厅堂，结构形式与厅堂相同，故卷三十一称为“厅堂等间缝内用梁柱”[①]。

四、副阶、缠腰、殿挟屋、廊屋、廊舍、行廊、门楼屋

卷四《材》于第一等材下注：“若副阶并殿挟屋，材分减殿身一等，廊屋减挟屋一等，余准此。”[②]又同卷《总铺作次序》：“其副阶缠腰铺作不得过殿身，或减殿身一铺。”[③]都指明了副阶、缠腰、挟屋、廊屋是隶属于一个主体房屋，或是一个建筑组群中主体以外的房屋。上引两条中“不得过殿身”“减殿身一铺”，即表明主体房屋是殿，但也可以是堂或厅，如卷三十《举折屋舍分数第四》[图版45][④]，图中所绘主体为厅堂，其外围亦加建副阶。

据卷三十一图样，副阶（详第五章）是在主体房屋外周加建的廊屋，缠腰（详第六章）是在主体房屋外用加建的铺作屋檐[图版19]，殿挟屋可能是殿两侧与殿并列的房屋，如后代所称的朵殿。（补注三）所以，卷十三《用鸱尾》规定挟屋鸱尾低于殿身而高于廊屋。廊屋据卷十三《用瓦》《用鸱尾》篇中所述达六椽以上，并且“若廊屋转角，即用合角鸱尾”[⑤]，应是建筑组群中在主体房屋之外、环绕庭院四周的房屋，不是后代所称的廊子或走廊。（补注四）行廊才是廊子或走廊，它在卷十五《用砖》中与小亭榭、散屋用砖同一规格。门楼屋见卷十三《垒屋脊》，可大到三间六椽，其正脊高度“不得过厅，如殿门者依殿制”[⑥]。

上述各种房屋在一个建筑组群中与主体房屋的关系，是从用材到用砖瓦、垒屋脊、用鸱尾等类的规格均依次减一等。所以，当主体房屋是殿堂时，它们应采用厅堂规格；

---

① 李诫:《营造法式（陈明达点注本）》第四册卷三十一《大木作制度图样下》，第1、9页。
② 李诫:《营造法式（陈明达点注本）》第一册卷四《大木作制度一·材》，第74页。
③ 李诫:《营造法式（陈明达点注本）》第一册卷四《大木作制度一·总铺作次序》，第92页。
④ 参阅:1.《营造法式》四库全书文津阁、文渊阁本;2. 李诫:《营造法式（陈明达点注本）》第三册卷三十《大木作制度图样上》，第180、216页。
⑤ 李诫:《营造法式（陈明达点注本）》第二册卷十三《瓦作制度·用鸱尾》，第55页。
⑥ 李诫:《营造法式（陈明达点注本）》第二册卷十三《瓦作制度·垒屋脊》，第53页。

主体房屋是厅堂时，它们应采用余屋规格。但就结构形式说，均为厅堂形式。

五、小厅堂、小殿、亭榭

卷四《材》第六等中有小厅堂，第七等中有小殿，卷十三《用鸱尾》中将亭榭、小殿联称为“小亭殿”，《用兽头》等中有亭榭厦两头。厦两头当即为厅堂形式。据此可知小厅堂、小殿都是园囿中的小型建筑，所以用材最小（六至八等）。它们的结构、屋盖形式等既可同于殿堂，也可同于厅堂。只有四角或八角鬬尖亭榭的结构、屋盖形式完全不同于其他类型，即卷五《举折》所说的八角或四角鬬尖亭榭“簇角梁之法”（鬬尖在卷十三《用兽头》中称“撮尖”）[①]，是一种独特的结构形式，除亭榭外，其他房屋是完全不适用的。按照划分殿堂、厅堂类型系以结构形式为主的原则，似乎鬬尖亭榭应自成一种类型。

第二节　房屋规模

房屋规模一般决定于三个因素：间椽、材份、材等［图版1、2、3，表8］。

一、间椽

卷四关于材等的应用范围中所定殿十一间、堂七间，应即最大限度［表1］。但是在卷五《柱》又提出“若十三间殿堂，则角柱比平柱生高一尺二寸”[②]，究竟最大是十一间或十三间？我以为前者是在说明材等所适用的范围时提出的，由于副阶材减殿身一等，所说间数当然是殿身间数。后者是说明角柱生起，必然包括副阶在内，所以这两个数字并无矛盾。至于椽数，卷五《阳马》“凡造四阿殿阁”条中举出“十椽九间以上”，而卷二十六大木作料例中大料模方是最大方料，可“充十二架椽至八架椽栿”，

[①] 李诫：《营造法式（陈明达点注本）》第一册卷五《大木作制度二·举折》，第114页。
[②] 李诫：《营造法式（陈明达点注本）》第一册卷五《大木作制度二·柱》，第102页。

十二椽是书中提到的最大限度。[①] 除上述十一间、十二椽两项最大数字外，见于原书的有关记叙及图样均止于十椽九间，现存实例也没有超过十椽九间的。因此，可以推断殿堂十二椽、十一间是当时所能做到的最大规模，而十椽九间是普遍应用的最大规模。

厅堂间数见于卷四《材》中最大止于七间，椽数以卷五《栋》出际之制中所列举的八椽至十椽屋最大，故七间十椽是原书中所见的厅堂最大规模。但如按《法式》所表现的惯例，以每增减两椽或两间为一等级，以及厅堂规格一般小于殿堂一等，或亦可大至九间十椽。

余屋不计间数，只以椽计。有下列各项：

仓廒库屋十架椽。见卷十九《仓廒库屋功限》冲脊柱下注："谓十架椽屋用者。"[②]

廊屋六架椽。见卷十三《用瓦》："厅堂三间以下及廊屋六椽以上，用瓪瓦。"[③]

常行散屋八椽。见卷十三《垒屋脊》："若六椽用大当沟瓦者，正脊高七层。""凡垒屋脊，每增两间或两椽，则正脊加两层。"注"常行散屋大当沟者九层止"，按正脊增加层数推算，可至八椽。[④]

营房屋四椽。见卷十九《营屋功限》："四椽下檐柱每一条一分五厘功（三椽者一分功，两椽者七厘五毫功）。"[⑤]

门楼屋三间六椽。见卷十三《垒屋脊》："门楼屋：一间四椽，正脊高一十一层或一十三层，若三间六椽，正脊高一十七层。"注："其高不得过厅，如殿门者依殿制。"[⑥] 门楼屋当然是指一个建筑组群的入口，一般为一间两椽，它受到建筑组群主体房屋的制约，不能超出厅或殿的规格，同时还须限定间数，正如殿挟屋、廊屋等与殿的关系一样。

以上各种房屋椽数，除仓廒库屋因使用需要可用十椽外，其他各种房屋最多不过

[①] 李诫:《营造法式（陈明达点注本）》第一册卷五《大木作制度二・阳马》，第 105 页，第三册卷二十六《诸作料例一・大木作》，第 62 页。

[②] 李诫:《营造法式（陈明达点注本）》第二册卷十九《大木作功限三・仓廒库屋功限》，第 198 页。

[③] 李诫:《营造法式（陈明达点注本）》第二册卷十三《瓦作制度・用瓦》，第 51 页。

[④] 李诫:《营造法式（陈明达点注本）》第二册卷十三《瓦作制度・垒屋脊》，第 53 页。

[⑤] 李诫《营造法式（陈明达点注本）》第二册卷十九《大木作功限三・营屋功限》，第 207 页。

[⑥] 李诫:《营造法式（陈明达点注本）》第二册卷十三《瓦作制度・垒屋脊》，第 52 ~ 53 页。

八椽，即余屋一般均低于厅堂一级。最小为营房屋两椽（见上引《营屋功限》篇），又卷五《举折》“瓪瓦廊屋之类每一尺加三分”，下注“若两椽屋不加”[①]，则廊屋亦可小至两椽。

还应当注意殿堂多间椽并提，往往表示出间和椽有一定的比例关系。如卷五《阳马》即列举“四椽、六椽五间及八椽七间或十椽九间”，是较好的比例；如“八椽五间至十椽七间”的比例不好，即须用增长脊槫的方法调整（详第四节建筑形式）。[②]

厅堂多以间为单位表示其规模大小，有时也间椽并提，但仍以间为主。其间椽比例关系，不如殿堂那样严格。除厦两头造须与殿堂间椽比例相近外，若不厦两头造，间数可任意增减而不影响椽数。余屋中除门楼屋须随建筑组群及殿、厅限定间数外，其他各种房屋完全用椽数为单位表示其规模，从不用间。凡此均表明这些房屋的间数系视需要或建筑组群的总体布置决定，例如仓库以储存物品数量、性质定间数，环绕庭院四周建造的廊屋以总地盘广狭定间数之类。

二、材份

前章已明确椽每架平长不过 150 份，殿堂平棊以下可增至 187.5 份，并由小木作制度裏栿版尺寸核算，证明侧面间广是 375 份，恰为平棊以下椽长 187.5 份的两倍。又卷五《梁》“凡角梁下又施櫼衬角栿……长以两椽材斜长加之”[③]，以及厦两头造用角梁转过两椽，均说明梢间转角正侧两面间广相等，即一间等于两椽。据此可以断定一间等于两椽是当时固定的关系。

其次，［据标准］间广 250 至 375 份，每用补间铺作一朵可增减 25 份，于是，用补间铺作一朵，间广 200 至 300 份，用补间铺作两朵，间广 300 至 450 份。故间广 300 份，可用补间铺作一朵，也可用两朵，是一个适中的数字，同时又恰为一椽平长 150 份的两倍。按一间等于两椽的固定关系及 150 份是椽长的上限，似可断定间广 300 份

---

① 李诫:《营造法式（陈明达点注本）》第一册卷五《大木作制度二・举折》，第 113 页。
② 李诫:《营造法式（陈明达点注本）》第一册卷五《大木作制度二・阳马》，第 105 页。
③ 李诫:《营造法式（陈明达点注本）》第一册卷五《大木作制度二・梁》，第 99 页。按“櫼”字在《营造法式》丁本和陶本中作“檇”字，而故宫本作“櫼”字，陈明达等经考据，采纳“櫼”字。

是厅堂间广的上限，也是应用最普遍的数字。这样的推断是否正确，仍可以小木作制度为证。（补注五）

卷六、七《小木作制度》，卷二十、二十一《小木作功限》，关于门窗装修部分，除乌头门、露篱两项外，其余各项均与间广有直接关系。所有门窗间广大多数为一丈、一丈一尺及一丈二尺，少数是一丈四尺，只有版门、软门两项超过一丈四尺。在所有项目中有两对可供比较的尺寸：其一是卷七和卷二十一中的《殿内截间格子》“高一丈四尺至一丈七尺”①和“高广各一丈四尺”②，而《堂阁内截间格子》“高一丈，广一丈一尺”③；其二是《殿阁照壁版》“广一丈至一丈四尺”④，而《廊屋照壁版》“广一丈至一丈一尺”⑤。两相对照可知殿阁间广一丈至一丈四尺，厅堂间广一丈、一丈一尺或一丈二尺。据此，可知小木作制度中所涉及的间广，凡在一丈四尺以上者，均适用于殿堂，按六等材折合为350份以上；凡一丈、一丈一尺、一丈二尺者多用于厅堂，按六等材分别折合为250、275、300份。可证前所推断厅堂间广上限300份是正确的，同时又看到间广的增减是以每25份为法的。（补注六）

如上所述，得到如下结论：第一，间广不匀，自广200份每递增25份，直至450份，其中200至300份为厅堂间广，250至450份为殿堂间广；其次，据一间等于两椽的固定关系，厅堂椽长自100份每递增12.5份至150份；第三，据柱高不越间广的原则，厅堂、殿堂均应随各自的间广定柱高。（补注七）

这里还有两项说明：第一，殿堂间广375份，必要时心间可增至450份，已详前章，比照这一法则，厅堂心间广必要时或亦可增至370份；第二，殿堂平綦以下椽长

---

① 李诫:《营造法式（陈明达点注本）》第一册卷七《小木作制度一·殿内截间格子》，第148页。

② 李诫:《营造法式（陈明达点注本）》第二册卷二十一《小木作功限二·殿内截间格子》，第243页。

③ 李诫:《营造法式（陈明达点注本）》第一册卷七《小木作制度一·堂阁内截间格子》，第150页。

④ 李诫:《营造法式（陈明达点注本）》第一册卷七《小木作制度一·殿阁照壁版》，第154页。

⑤ 李诫:《营造法式（陈明达点注本）》第一册卷七《小木作制度一·廊屋照壁版》，第156页。

可增五寸至一尺五寸，即 12.5 份至 37.5 份。这项数字是从何产生的呢？现在可断定是由间广每递增 25 份［（即间广 300、325、350、375，椽长 150、162.5、175、187.5）］和一间等于两椽的固定关系产生的，即间广自 300 份起，每递增 25 份至 375 份止，故平基以下椽长为间广之半，自 150 份每递增 12.5 份至 187.5 份。

余屋的间广椽长，原书中缺少可供参考的记述，现时还无法肯定。如果比照其他各项制度规定均低于厅堂一级的情况，或者最大间广为 250 份，椽长 125 份，柱高 250 份，亦未可知。

亭榭等园囿中房屋，其规模大小以至建筑形式更为灵活多样。所以《法式》中很少关于它们的标准规定，只在卷十三《瓦作制度》中列举了几个具体尺寸，即《用瓦》："小亭榭之类柱心相去方一丈以上者，用甋瓦长八寸，广三寸五分。若方一丈者，用甋瓦长六寸，广二寸五分。如方九尺以下者，用甋瓦长四寸，广二寸三分。"[①] 又《用兽头等》："四角亭子：方一丈至一丈二尺者，火珠径一尺五寸。方一丈五尺至二丈者，径二尺。""八角亭子：方一丈五尺至二丈者，火珠径二尺五寸。方三丈以上者，径三尺五寸。"[②] 这些尺寸——九尺、一丈、一丈二尺、一丈五尺、二丈、三丈，以六等材论，当合 225、250、300、375、500 及 750 份。

方亭自一丈五尺（375 份）以下四种，每面应为一间，方二丈（500 份）可能分为三间，心间 250 份，两次间各 125 份。八角亭子径一丈五尺、二丈、三丈，均每面一间，间广分别为 156.25、208.4、312.5 份［图版 1］。六等材是亭榭类房屋所使用的最大材等，这些尺寸、材份应为亭榭的最大规模。至于小殿、小厅堂，按卷四各等材应用范围的排列次序，规模似不能大过四椽三间，其间广、椽长的材份当各依殿堂或厅堂法。

最后还有大三间、小三间的问题。卷四《材》第五等材规定"殿小三间、厅堂大三间则用之"，而第三等材规定"殿身三间至殿五间……用之"，第四等材又规定"殿三间……用之"。[③] 既然殿三间可用三等材也可用四等材，可见大三间、小三间不是按

① 李诫：《营造法式（陈明达点注本）》第二册卷十三《瓦作制度·用瓦》，第 51 ~ 52 页。
② 李诫：《营造法式（陈明达点注本）》第二册卷十三《瓦作制度·用兽头等》，第 48 ~ 60 页。
③ 李诫：《营造法式（陈明达点注本）》第一册卷四《大木作制度一·材》，第 74 页。

材等分大小的。而且五等材所称“殿小三间”，正是与前两等材的“殿三间”相对而言，“殿三间”实即大三间之意。那么这个大小就只能用间广区别，如以心间为准，殿堂间广375份为大三间，间广300份为小三间，厅堂心间广300份为大三间，间广250份为小三间。

三、材等

按前章表1所列材等应用范围，例如九间殿用一等材，七间殿用二等材，这两个殿的规模不仅是间数有多少，还由于材等不同，每间的实际尺寸也不同。即如间广375份，九间殿用一等材每间是二丈二尺五寸，七间殿用二等材每间是二丈零六寸二分五等等。按各类房屋间椽份数和材等得出的实际尺寸详见表8（这个表只是表明当时所能做到的尺度，并不表明间广和椽架的比例）。其中如殿堂连副阶十三间，殿身十一间用一等材间广375份，共4125份，合二十四丈七尺五寸，副阶间广300份，两梢间共600份，用二等材合三丈三尺，间广总计二十八丈零五寸；殿身十二椽1800份，合十丈八尺，副阶前后共四椽600份，合三丈三尺，总计十四丈一尺：为殿堂最大规模（参阅图版1）。

余屋用材在卷四《材》中未曾提及。据卷十九《仓廒库屋功限》：“其名件以七寸五分材为祖计之，更不加减。常行散屋同。”[①]《常行散屋功限》下注“官府廊屋之类同”[②]。《营屋功限》：“其名件以五寸材为祖计之。”[③]七寸五分材，[应]即三等材广七寸五分、厚五寸；五寸材当为七等材，广五寸二分五厘、厚三寸五分之略称。因此，余屋在一般情况下用三等材，而营房屋用七等材，是“更不加减”的定法。（补注八）

由此可见三等材是自殿堂至余屋均可使用的材，也是当时应用最普遍的材等。

然而厅堂最大也只用三等材，并可小至五等材。如果以厅堂为主的建筑组群，其

---

① 李诫：《营造法式（陈明达点注本）》第二册卷十九《大木作功限三·仓廒库屋功限》，第198页。

② 李诫：《营造法式（陈明达点注本）》第二册卷十九《大木作功限三·常行散屋功限》，第202页。

③ 李诫：《营造法式（陈明达点注本）》第二册卷十九《大木作功限三·营屋功限》，第206页。

表8 各类型房屋的间椽尺寸

类型	材	最大间广	最大椽平长					
	材等	份值（寸）	每间（份/尺）	间数	总计（尺）	每椽（份/尺）	椽数	总计（尺）
殿堂	一	0.60	375/22.50	9 ~ 11	202.50 ~ 247.50	150/9.00	10 ~ 12	90.00 ~ 108.00
	二	0.55	375/20.625	5 ~ 7	103.125 ~ 144.375	150/8.25	6 ~ 8	49.50 ~ 66.00
	三	0.50	375/18.75	3 ~ 5	56.25 ~ 93.75	150/7.50	4 ~ 6	30.00 ~ 45.00
	四	0.48	375/18.00	3	54.00	150/7.20	4	28.80
	五	0.44	300/13.20	小3	39.60	150/6.60	4	26.40
厅堂	三	0.50	300/15.00	7 ~ 9	105 ~ 135	150/7.50	8 ~ 10	60.00 ~ 75.00
	四	0.48	300/14.40	5	72.00	150/7.20	6	43.20
	五	0.44	300/13.20	3	39.60	150/6.60	4	26.40
	六	0.40	250/10.00	小3	30.00	125/5.00	4	20.00
余屋	三	0.50	250/12.50			125/6.25	4 ~ 10	25.00 ~ 62.50
	四	0.48	250/12.00			125/6.00	4 ~ 10	24.00 ~ 60.00
	五	0.44	250/11.00			125/5.50	4 ~ 10	22.00 ~ 55.00
	六	0.40	250/10.00			125/5.00	4 ~ 10	20.00 ~ 50.00
	七	0.35	250/8.75			125/4.375	2 ~ 4	8.75 ~ 17.50

类型	材等	份值（寸）	方亭（尺）					八角亭（尺）		
			方225份	方250份	方300份	方375份	方500份	径375份 每面156.25份	径500份 每面208.4份	径750份 每面312.5份
亭榭	六	0.40	9.00	10.00	12.00	15.00	20.00	15.00 6.25	20.00 8.33	30.00 12.50
	七	0.35	7.875	8.75	10.50	13.12	17.50	13.125 5.47	17.50 7.30	26.25 10.93
	八	0.30	6.75	7.50	9.00	11.25	15.00	11.25 4.69	15.00 6.25	22.50 9.375

廊屋等应材减一等，只能用四等材，如厅堂用五等材，廊屋须用六等材。这就与上述功限规定不相符合，如何理解这个似乎有矛盾的现象？我以为卷十九《常行散屋功限》最末一句“右若枓口跳以上，其名件各依本法”[①]，对解决这个问题指出了道路。它包含着如下含义：一、余屋一般指定使用三等材，只用简单的结构构造——即枓口跳以下；二、枓口跳以上的房屋，按所用各制度原定标准及增减法（本法），不受此篇规定的限制；三、所以，建筑组群中的余屋用材依照原规定的殿、厅减一或两等，并各依其本法。

最后可归纳为殿堂用一至五等材，厅堂用三至六等材，余屋用三至七等材，亭榭用六至八等材。

综上所述，规定房屋规模的三个因素是互相制约的，尤以殿堂最为显著。同是九间殿的间广总数，因逐间均用双补间或只心间用双补间，可使房屋有不同规模，如再应用各间间广材份可以依次增减的做法，更会产生种种不同规模。反过来也可以先预定间广总份数，再选择适当间数和逐间间广份数。还可以按所需间广丈尺总数，选定适合的间数、材等。为此，绘制成图版 1。它是按照卷四规定的各等材的应用范围，并在每一等材内按允许的上下限绘制的。这张图首先使我们对各等材的实用范围有了个明确的认识，抽象的“间”在图上成为具体的“间”，各等材的间有那么大的差别，按每等材建成的房屋规模有那么大的差别，实在是从文字中看不到的。从图中所显示的房屋规模，可以看到三等材确实是较适中的材等，所以成为当时最普遍应用的材等，七、八等材则不是主要材等。而每相邻的两等材之间，仍然保留了一定的交叉，使应用时有可供选择的余地。例如我们需要建一座面广 150 尺左右的殿堂，可选用一等材建一座只心间用双补间的九间殿，面广可达 142.5 尺；也可选用二等材，建一座逐间用双补间的七间殿，其广可达 144.375 尺，等等。这就是“度屋之大小，因而用之”[②]。

然而，在实践时材是关键性的因素，只有明确了材等、份值才能明确各项实际尺寸，进行设计、估算和施工。（补注九）材等不仅决定单独的房屋，而且还关系到整个

[①] 李诫:《营造法式（陈明达点注本）》第二册卷十九《大木作功限三・常行散屋功限》，第 204 页。

[②] 李诫:《营造法式（陈明达点注本）》第一册卷四《大木作制度一・材》，第 73 页。

建筑组群，副阶、挟屋、廊屋用材较主体房屋依次减一等，决定了其中之一的材等，就可以确定全组各房屋的材等，从而就确定了全部设计的标准，这又进一步说明了“以材为祖”的深刻含义。

最后还应当说明：定间广的材份大小，还受铺作所用铺数的制约，由此又引起梢间间广、椽长的变化，影响房屋的规模。这将在第四章中再加讨论。

第三节 额栿长度及截面

《法式》凡矩形截面的承重构件，高、宽比均为3∶2，只有子角梁、隐角梁因构造上的关系，截面近于方形和足材近于2∶1，是两个例外。其他不承重的辅助构件如叉手、无补间的阑额、替木等等，则不受3∶2的限制。卷五共十一篇，除《搏风版》《举折》两篇外，其余九篇均涉及结构构件截面规格，又大部分都按殿堂、厅堂、余屋三类房屋分档。其中除额栿外记述均极明确，不需另作解说，仅将其主要构件截面列为表9，以资参考。从表中可清楚地看出三类房屋的构件规格依次减小，如果按照各类房屋的用材等级，其实际尺寸将比材份数所显示的差距更大。这都是适应各类房屋的规模、屋盖自重等作出的标准规定，将于下一章中进行应力核算，以探明截面规定的合理性。

各种构件长度，如槫长等于间广，各种梁长都是椽的水平长度的倍数，椽的水平长度及间距等等，已详前章及表3、4、5，不再重复。本节只着重对额栿两项略作讨论。

一、梁栿有三种性质的分类

一是按其形象分直梁和月梁，二是按其加工精粗分明栿、草栿。室内彻上明造或用平棊时在平棊以下的梁栿均为明栿，可以做成直梁，也可以做成月梁。平棊以上的梁栿均为草栿，即加工粗糙的直梁，见卷二《总释下·平棊》：“今之平棊也（……其上悉用草架梁栿承屋盖之重，如襻额、樘柱、敦桥、方槫之类及纵横固济之物，皆不

表 9　主要结构构件规格　　（单位：份）

类型	梁栿	檐额	柱径	叉手	槫径	椽径
殿堂［（一至五等材）］	60×40	63×42	45	21×7	30	10
	45×30	51×34	42		21	9
	42×28					
	36×24					
	30×20					
	21×14					
厅堂［（三至六等材）］	36×24	45×30	36		21	8
	30×20	36×24			18	7
余屋［（三至七等材）］	量椽数准厅堂法加减		30	18×6	17	7
			21	17×6	16	6
				15×5		

施斤斧）。”[①] 第三是按受力性质分为不承屋盖之重的梁栿及承屋盖之重的梁栿，前者只为承平棊的明栿，后者有平棊以上的草栿及彻上明造的明栿。由于梁栿有这么多的区别，初看起来似乎制度繁多，但实际规格并不多。

卷五《梁》提出“造梁之制有五”，依次为檐栿、乳栿、劄牵、平梁及厅堂梁栿。这后一项顾名思义是用于厅堂的，因此，前四项应是用于殿堂的［或通用的］。又前三项每项中都同时定出草栿的规格，可知此三项均有只承平棊的明栿和承屋盖之重的草栿。第四项平梁无草栿，是承屋盖之重的明栿。第五项厅堂梁栿亦未另列草栿，应当都是承屋盖之重的明栿，并且暗示出厅堂一般均为彻上明造［无草栿］。

又另有“造月梁之制”指明用于彻上明造，是承屋盖之重的明栿，共有檐栿、乳栿、劄牵、平梁四项，所列截面规格一般大于殿堂，这当然是因为须加卷杀，致使实际截面减小的特殊情况。鉴于卷三十一图样中只有厅堂等间缝用梁柱画有月梁，以及制度中殿堂平梁是按所用铺作铺数分为两等，而月梁平梁系按屋盖椽数分两等，可见月梁只用于厅堂。

[①] 李诫：《营造法式（陈明达点注本）》第一册卷二《总释下·平棊》，第 35 页。

现将上述各种制度按梁栿性质列为表10以清眉目。其中厅堂梁栿原制度只有三椽栿及四、五椽栿，余屋未列材份数，只在厅堂梁栿后附带说明“余屋量椽数准此法加减”[①]，今即比照已有规定的标准予以加减增补，并加括号以示区别。

表10　额栿制度

梁广（份）	余屋承屋盖直梁、明栿	厅堂承屋盖直梁、明栿	厅堂承屋盖月梁、明栿	殿堂		额
				承屋盖直梁、草栿	不承屋盖直梁、明栿	
21（足材）	（乳栿、三椽栿）	（劄牵不出跳）		劄牵	劄牵	
30（两材）	（四椽栿、五椽栿）	劄牵出跳（乳栿）三椽栿（平梁）		四铺作、五铺作乳栿、三椽栿，四铺作、五铺作平梁		阑额
35			四椽、六椽屋上用平梁、劄牵			
36（两材一栔）	（六椽以上栿）	四椽、五椽栿		六铺作以上平梁	四铺作、五铺作乳栿、三椽栿	厅堂檐额
42（两材两栔）			八椽、十椽屋上用平梁、乳栿、三椽栿	六铺作以上乳栿、三椽栿	六铺作以上乳栿、三椽栿，四椽、五椽栿	
45（三材）		（六椽、八椽以上栿）		四椽、五椽栿		厅堂檐额
50			四椽栿			
51（三材一栔）						殿阁檐额
55			五椽栿			
60（四材）			六椽以上栿	六至八椽以上栿	六至八椽以上栿	
63（三材三栔）						殿阁檐额

二、额栿规格

从表10中看到额栿规格共十一种，除去其中只用于檐额的51、63份及只用于月梁的35、50、55份共五种规格外，一般只用六种规格，它们都是按材栔规定的［（是

[①] 李诫：《营造法式（陈明达点注本）》第一册卷五《大木作制度二·梁》，第97页。

大致，不是绝对）]。即梁广自一材一栔依次至两材、两材一栔、两材两栔、三材及四材，共为六级。以殿堂论，大致是自劄牵一材一栔始，以上每增长一至两椽，截面加大一［至两］级。其他各类房屋约亦比照此等级增减（表10中原缺厅堂、余屋规格，即按此原则增补）。这样分级是由于铺作结构是按一材一栔相间层叠起来的，为了使梁栿便于与铺作结合，其截面必须与材栔相适应。因此，就出现了明栿大于草栿的情况，如殿堂四铺作、五铺作只承平棊的明乳栿广两材一栔，承屋盖的草乳栿只需两材。

又据卷五《梁》规定的截面是按梁长制定的。这长度分为一椽，二、三椽，四、五椽，六至八椽四个等级。每一椽的长度当然应按承屋盖之重的椽长不得超过150份，而梁长按份数就是150份、300～450份、600～750份、900～1200份四等。可见梁栿制度是固定其截面规格，而予长度以伸缩幅度。所以殿堂平棊以下乳栿长增至375份，却仍在300～450份这一级之内；四椽明栿增至750份，也仍在600～750份这一级之内。但是绝不能按平棊以下椽长可增至187.5份去计算梁长，如三椽栿不能长562.5份、八椽栿不能长1500份之类。（补注十）

殿堂用四铺作、五铺作时，其平梁、乳栿、三椽栿规格较小，用六铺作以上时规格加大。这是由于殿堂用四铺作、五铺作时，梢间间广多为250或300份，房屋进深在八椽以下，用六铺作以上时梢间间广375份，进深在八椽以上（详第四、五章），乳栿、三椽栿跨度份数不同。（补注十一）又因为用六铺作以上的房屋规模较大（可能全部间广375份），正脊层数多重量大，所以直接承受正脊的平梁也需相应增大。厅堂一般用铺作较小，不能按铺作衡量房屋规模，所以月梁条中改按椽数定为八、十椽屋平梁广42份，四、六椽屋平梁广35份。

还有劄牵出跳广30份，不出跳广21份。按劄牵一般长一椽，在乳栿之上，牵首承下平槫不可能有出跳。只有厅堂结构形式如“十架椽屋前后各劄牵、乳栿”，其前后檐第一椽用劄牵，才牵首出跳上承橑檐方，牵尾入屋内柱。因此这项制度只适用于厅堂，以其需兼顾檐出及檐柱与屋内柱的联系稳定，所以需增大截面。

殿堂明栿、草栿及月梁等“六椽至八椽以上栿”一律广四材，是梁栿中的最大规格。[①]从殿堂梁栿一般分级情况看，本应分为六椽、七椽栿一级，八椽以上又为一级，这里显然是将两级合为一级，并按八椽以上规定的截面，所以较相邻的四、五椽栿增大了一材。这一情况反映出六椽以上栿使用极少，而最长或只用八椽。原书料例中虽然提到十二椽栿，但图样中厅堂等间缝用梁柱最多只十椽，并且没有十椽通檐用二柱的形式。殿堂草架侧样十椽屋最下通檐栿也只八椽。均可证当时一般梁栿最大净跨止于八椽，八椽以上是极少用的。

三、檐额

卷五《阑额》中有阑额、檐额、由额、屋内额、地栿五项内容。阑额只承补间铺作，不是主要承重构件，所以“广加材一倍，厚减广三分之一”[②]，只相当于平梁乳栿规格，而且在不使用补间铺作时，“厚取广之半”。由额、屋内额、地栿，其作用更次于阑额，规格也更小。

只有檐额：“两头并出柱口，其广两材一梨至三材，如殿阁即广三材一梨，或加至三材三梨。檐额下绰幕方广减檐额三分之一，出柱长至补间，相对作楷头或三瓣头。”[③]既然指明殿阁檐额广三材一梨至三材三梨，可知前句所述三材以下是用于厅堂的檐额，其截面与厅堂六至八椽栿相当。用于殿堂的最大三材三梨，即63份，超过殿堂八椽以上栿成为额栿中截面最大的构件。甚至其下辅助用的绰幕方广减三分之一，也大至两材两梨，超过阑额接近四、五椽栿。从结构角度看，它必定是一种重要的承重构件，才需要这样大的规格。

在实例中，外檐柱头间用檐额、额下加绰幕方相对作楷头的，只见于河南济渎庙龙亭（原注一）。在五代卫贤画的盘车图中也有相似的形式（原注二）。还有建于公元1137年的五台佛光寺文殊殿和建于公元1143年的朔县崇福寺弥陀殿，都使用一种特殊的结构形式［图版41］，即屋内用加大的内额或近似近代桁架的构造，用以承载部分横向屋架。［插图七、八、九］这种加大的额方，应即为用于屋内的檐额。也只有在这种情

[①] 李诫：《营造法式（陈明达点注本）》第一册卷五《大木作制度二·梁》，第96页。

[②] 李诫：《营造法式（陈明达点注本）》第一册卷五《大木作制度二·阑额》，第100页。

[③] 同上书，第101页。

况下，才适合使用檐额。由此看来，用檐额、绰幕方承重的形式，在编修《法式》时已是一种习惯的方式，甚至是更早的纵架的残余形式。可惜它的具体做法，《法式》中缺乏详细说明。

第四节　建筑形式

殿堂、厅堂、余屋三类房屋在形式上的区别，可以从屋内、屋盖、结构三方面予以考察。

一、屋内形式

有彻上明造、用平棊或平闇两种形式。彻上明造全部梁架不加遮掩，显露可见。这种形式是出于当时对结构构造的欣赏，并不是为了节省造价而省去平棊或平闇。（补注十二）

据卷四、五各篇所记，两种形式的做法有如下差别：

1. 彻上明造全部构件均需作一定的艺术加工，如做成月梁还需加大用料规格。若用平棊，则在平棊［以］上的构件都“不施斤斧”[①]。

[①] 李诫：《营造法式（陈明达点注本）》第一册卷二《总释下·平棊》，第 35 页。

插图七　济源济渎庙龙亭（陈明达摄）

插图八　五台佛光寺文殊殿（中国营造学社摄）

插图九　朔县崇福寺弥陀殿（中国文物研究所摄）

2. 昂尾需挑斡一枓或一材两栔，如在平棊上只“自槫安蜀柱叉昂尾”[①]。

3. 梁头相叠处需随举势高下用造型优美的驼峰，而平棊之上只“随槫栿用方木及矮柱敦㮇，随宜枝樘固济”[②]。

4. 椽子需割截整齐，平棊之上只需“一头取齐，一头放过上架，当槫钉之，不用裁截”[③]等等。

看来彻上明造由加大梁栿截面到各种额外加工所需功费，与加建平闇、平棊似不相上下，故并非出于节省功费，而是出于美观的要求，是古代房屋习用的屋内空间形式。

又据卷三十一殿堂草架侧样图均用平棊，而厅堂等间缝用梁柱图一律彻上明造，是否这两种形式分别用于殿堂或厅堂呢?

卷八小木作制度《平棊》“每段以长一丈四尺、广五尺五寸为率”，是按六等材间广一丈五尺、椽长六尺的标准，每段长约一间之广、广约一椽之长的大块天花版，版面上用贴及难子划分各种几何格网，其中再加彩画或贴络文饰。原文：“造殿内平棊之制”，“凡平棊施之于殿内铺作算程方之上”。[④]《鬬八藻井》“凡藻井施之于殿内照壁屏风之前，或殿身内前门之前平棊之内”[⑤]，《小鬬八藻井》“施之于殿宇副阶之内”[⑥]等等，均说明平棊用于殿堂，平棊之内并可用藻井。

卷二《总释下》及卷八《平棊》均附平闇：“[于明栿背上架算程方，以]方椽施版谓之平闇”[⑦]，就是用木条拼成小方格网，上铺薄版的天花。[“以平版贴华，谓之平棊。”][⑧]又卷五《梁》:“每架下平棊方一道（平闇同。又随架安椽以遮版缝，其椽若殿

---

① 李诫:《营造法式（陈明达点注本）》第一册卷四《大木作制度一·飞昂》，第83页。

② 李诫:《营造法式（陈明达点注本）》第一册卷五《大木作制度二·梁》，第100页。

③ 李诫:《营造法式（陈明达点注本）》第一册卷五《大木作制度二·椽》，第111页。

④ 李诫:《营造法式（陈明达点注本）》第一册卷八《小木作制度三·平棊》，第163～165页。

⑤ 李诫:《营造法式（陈明达点注本）》第一册卷八《小木作制度三·鬬八藻井》，第167页。

⑥ 李诫:《营造法式（陈明达点注本）》第一册卷八《小木作制度三·小鬬八藻井》，第169页。

⑦ 李诫:《营造法式（陈明达点注本）》第一册卷二《总释下·平棊》，第35页。

⑧ 同上。

宇广二寸五分、厚一寸五分，余屋广二寸二分、厚一寸二分）。"[①] 不但补充了平闇椽的尺寸，而且指出自殿堂至余屋均可使用平闇，其应用范围较平棊普遍。

从大木作制度的角度看，使用平棊、平闇，只是安装在什么位置、如何安装的问题。具体地说，就是用不用平棊方，应当放在什么位置。这是和铺作构造相联系的问题，将在第五章中再作讨论。

二、屋盖形式

见于《法式》中的屋盖形式有四阿、九脊（厦两头）、不厦两头及四角、八角鬬尖四种，而没有后代所常见的硬山形式。

四阿在明清时期称为庑殿。卷五《阳马》"凡造四阿殿阁……（俗谓之吴殿……亦曰五脊殿）"[②]，可见四阿多用于殿阁，而庑殿之名应即来源于吴殿。卷十九《仓廒库屋功限》名件中有大角梁、子角梁、续角梁、飞子、大连檐、小连檐等，又可见当时四阿屋盖也可用于余屋中的仓库屋，并且用飞檐。

九脊殿即明清时期的歇山。卷五《阳马》："凡厅堂并厦两头造，则两梢间用角梁转过两椽（亭榭之类转一椽。今亦用此制为殿阁者，俗谓之曹殿，又曰汉殿，亦曰九脊殿）。"[③]（补注十三）可见自殿堂至亭榭均可用厦两头造，用于殿堂则称为九脊殿。又因为它是两梢间用角梁转过两椽，又称为转角造，即卷五《栋》所说："若殿阁转角造，即出际长随架。"[④]

卷五《栋》："凡出际之制：槫至两梢间两际各出柱头……"[⑤]《搏风版》："于屋两际出槫头之外安搏风版。"[⑥] 可见即后代所称的悬山形式。它是宋代最普遍使用的屋盖形式，在当时还没有悬山这名称，只是与厦两头相对，称为"不厦两头"，见卷十三《用

---

① 李诫：《营造法式（陈明达点注本）》第一册卷五《大木作制度二·梁》，第100页。

② 李诫：《营造法式（陈明达点注本）》第一册卷五《大木作制度二·阳马》，第105页。

③ 同上。

④ 李诫：《营造法式（陈明达点注本）》第一册卷五《大木作制度二·栋》，第108页。

⑤ 同上书，第107页。

⑥ 李诫：《营造法式（陈明达点注本）》第一册卷五《大木作制度二·搏风版》，第109页。

兽头等》："厅堂之类不厦两头者……"[①] 卷十九《常行散屋功限》《营屋功限》所列名件中均无角梁飞子，所以除殿堂外，厅堂、余屋均可用不厦两头造。它的出际就是槫至梢间两山挑出的部分，挑出长度是根据屋盖椽数，规定由40份至100份（详前章），结合房屋规模、间广大小，并考虑了在安全限度内可能悬挑的长度确定的。同时也不要忽略了悬挑长度按照房屋椽数（实质上是屋盖高度）的增加而增加，多少也顾及外观形式上的美观［图版5］。

四角或八角鬭尖亭榭，是亭榭类特有的屋盖形式，殿堂、厅堂、余屋等类房屋均不用。但亭榭也可用厦两头造，《阳马》：厦两头造"亭榭之类转一椽"[②]，当然是由于亭榭规模小，只能转过一椽。从立面形式考虑，并比照"殿阁转角造，即出际长随架"的比例，亭榭转一椽，出际应为半椽。

各种形式屋架的高度（橑檐方背至脊槫背），以屋盖的总深度为准（前后橑檐方中至中，不用铺作即前后檐柱中至中），殿堂高为深度的三分之一，厅堂、余屋高四分之一，又据四分之一所得丈尺按屋面用瓦再每尺加八分、五分或三分。副阶、缠腰、亭榭等按橑檐方中至脊槫中计，为二分举一或十分举四。即屋面斜度比为：殿堂66.66%，厅堂用瓪瓦54%，厅堂用瓪瓦或廊屋用瓪瓦52.5%，廊屋用瓪瓦51.5%，副阶、缠腰及亭榭用瓪瓦50%，亭榭用瓪瓦40%。它们是随着各类房屋依次递减的。

这里顺便提一下，举高是指从橑檐方至脊槫的高度，脊槫以下各槫还要用折屋法逐架降低斜度，使屋面成一曲线。每座房屋虽然椽长、铺作、铺数、架数不同，举高的百分比是不变的，但以下各槫却因折数的变化而产生不同的斜度。至最下一槫的斜度约50%至40%之间，视具体情况每座房屋都有微小的差别。这就使铺作下昂需要有昂上枓再向下二至五份及昂尾挑斡一枓或一材两栔的适应方法（详第四章）。

还有前章中已经提到脊槫增长，是处理房屋外形轮廓（四阿屋盖）的方法。看卷五《阳马》："凡造四阿殿阁，若四椽、六椽五间及八椽七间或十椽九间以上，其角梁相续直至脊槫，各以逐架斜长加之。如八椽五间至十椽七间，并两头增出脊槫各三尺

---

① 李诫：《营造法式（陈明达点注本）》第二册卷十三《瓦作制度·用兽头等》，第59页。
② 李诫：《营造法式（陈明达点注本）》第一册卷五《大木作制度二·阳马》，第105页。

(随所加脊槫尽处别施角梁一重)。”[①] 既然指明只有八椽五间、十椽七间才增长脊槫，其余各种间、椽都不增加，这就暗示出增长脊槫是和间椽比例有关的问题。由于四阿屋盖的间广总份数减进深总份数约为脊槫总长，所以脊槫总长与间广椽长有如下的比例关系（补注十四）：

四椽五间 间广共 1575 份—椽长共 600 份 = 脊槫总长 975 份 > 间广 1575 份 / 2

六椽五间 间广共 1875 份—椽长共 750 份 = 脊槫总长 1125 份 > 间广 1875 份 / 2

八椽七间 间广共 2625 份—椽长共 1125 份 = 脊槫总长 1500 份 > 间广 2625 份 / 2

十椽九间 间广共 3375 份—椽长共 1500 份 = 脊槫总长 1875 份 > 间广 3375 份 / 2

八椽五间 间广共 1875 份—椽长共 1125 份 = 脊槫总长 750 份 < 间广 1875 份 / 2
脊槫增长后总长 900 份 < 间广 1875 份 / 2

十椽七间 间广共 2625 份—椽长共 1500 份 = 脊槫总长 1125 份 < 间广 2625 份 / 2
脊槫增长后总长 1275 份 < 间广 2625 份 / 2

（上列间广、椽长总份数详见第五章第四节，参阅图版 3。）

上列前四项数字表示出当时四阿殿立面设计，是要求脊槫长度应大于间广总数的二分之一。否则，正脊过短，使正面外观显得局促，即需加长脊槫。而加长脊槫即缩短了侧面最上一椽，使屋面坡度过陡，故又限定只能加长半椽 75 份，两头共 150 份。八椽五间、十椽七间，经加长脊槫后虽仍小于间广总数的二分之一，但相差已不多，使其比例大为改观。后代的推山做法从下至上每架逐步增长，使四阿殿垂脊平面投影成为曲线，就是由此发展形成的。（补注十五）

因此，房屋间椽数与屋盖形式有一定关系，当间数较少、椽数较多、平面近于方形（如八椽三间、十椽五间）时，就只能用厦两头造。而四阿屋盖增长脊槫完全是艺术处理的手段，不是结构所必需。它只是在必要时才增长，并不是意在使垂脊成曲线。

三、结构形式

卷三十一殿堂草架侧样和厅堂等间缝用梁柱各图，表现出完全不同的两种结构形

---

① 李诫:《营造法式（陈明达点注本）》第一册卷五《大木作制度二・阳马》，第 105 页。

式，本文即称之为殿堂结构形式和厅堂结构形式，前者用于殿堂，后者用于厅堂和余屋。这两种结构应是当时房屋结构的主要形式，我们将在第五章详细讨论。还有鬭尖结构形式，即卷五《举折》篇所述簇角梁法。原文虽是叙说亭榭举折方法，实质却提出了一种用枨杆、角梁的鬭尖构造形式，这是早经明确的问题，故本文从略。

这里只是略述前两种结构形式与铺作的关系。殿堂结构据草架侧样图，殿身用八铺作至五铺作。厅堂结构据间缝用梁柱图最大六铺作，又卷十三《用兽头等》“或厅堂五间至三间，枓口跳及四铺作造厦两头者”[①]，表明厅堂铺作可小至枓口跳。又据卷十九《常行散屋功限》“右若枓口跳以上，其名件各依本法”[②]，表明余屋一般在枓口跳以下，即“单枓只替造”或“柱梁作”，但也可用枓口跳以上的铺作，如参照殿堂、厅堂用铺作相差两铺，那么，余屋最大或只能用四铺作。

一般殿堂补间铺作按间广用一至两朵，已详前章。厅堂用补间朵数没有明文规定，按照以后第四、五章的推论，只用补间一朵或不用补间。又卷五《阑额》：“如不用补间铺作，即厚取广之半。”[③] 卷四《材》：“第八等……或小亭榭施铺作多则用之。”[④] 可见各类房屋均可不用补间铺作，而小亭榭则可在两朵以上。

前面提到的“单枓只替”，见卷十九《拆修挑拔舍屋功限》：“枓口跳之类八分功，单枓只替以下六分功。”[⑤] 又《荐拔抽换柱栿等功限》：“单枓只替以下、四架椽以上舍屋（枓口跳之类四椽以下舍屋同）。”[⑥] 显然单枓只替较之枓口跳更为简便，故用功较少。根据同卷常行散屋、营屋等功限中所列名件有梁柱、驼峰、蜀柱、叉手、枓、替木等，可以推测其结构形式大体与厅堂相同，只是构造更加简单，不用铺作，只在梁柱等结合点使用栌枓、替木。因此，卷五《举折》：“若余屋柱梁作或不出跳者，则用前后檐

---

① 李诫:《营造法式（陈明达点注本）》第二册卷十三《瓦作制度·用兽头等》，第 58 页。
② 李诫:《营造法式（陈明达点注本）》第二册卷十九《大木作功限三·常行散屋功限》，第 204 页。
③ 李诫:《营造法式（陈明达点注本）》第一册卷五《大木作制度二·阑额》，第 101 页。
④ 李诫:《营造法式（陈明达点注本）》第一册卷四《大木作制度一·材》，第 75 页。
⑤ 李诫:《营造法式（陈明达点注本）》第二册卷十九《大木作功限三·拆修挑拔舍屋功限》，第 208 页。
⑥ 李诫:《营造法式（陈明达点注本）》第二册卷十九《大木作功限三·荐拔抽换柱栿等功限》，第 211 页。

柱心。”[①] 所谓柱梁作，也就是单料只替造。

第五节　小结

这一章明确了各种房屋的性质，分别归属于殿堂、厅堂、余屋、亭榭四个类型。本来殿堂、厅堂等名称的产生，还有其封建等级和用途上的含义，但《法式》各类房屋的内容，只限于技术规定，所以我们也只讨论技术方面的问题。所有记叙都表明各类房屋的主要区别只在于规模大小（包括间数、间广份数、用材等第）、质量高低和结构形式，其他如殿堂用平棊藻井或平闇、厅堂彻上明造以及用屋盖形式等等的差别，似乎并不重要。尤其屋盖形式在后代是封建等级的重要标志，但在当时似无严格规定，以至四阿屋盖可用于仓廒库屋，而厦两头造的使用范围远较后代广阔。不厦两头在当时是使用最普遍的屋盖形式，而后代也只在一定范围内才允许使用。总之《法式》中的房屋类型，是按规模和质量划分的，殿堂规模最大，质量最高，厅堂、余屋依次减低一级。

亭榭是较特殊的一类，它的规模不大，但质量却可高可低。由于它是园林中观赏点景的小建筑，伸缩范围大，灵活性高，《法式》对这一类的材份制度没有另作规定，只是随需要采用殿堂或厅堂制度。虽然鬬尖亭榭的结构另是一种形式，但使用范围窄狭。所以严格地说殿堂、厅堂、余屋是三种主要类型，亭榭只是附属于前两者的类型。

可以理解，这样的分类，是为了使材份制度更广泛地切合实践需要。材既分为八个等级，指定其应用范围，又按房屋规模、质量分三个等级制定材份，这就最大限度地把房屋设计都纳入以材为祖的制度中，取得了全面标准化、规格化的结果。（补注十六）

在这一章中还对材份制作出了进一步的具体的分析和补充：

一、间广自 200 份起以每 25 份递增至 450 份。250 份以上适用于殿堂，300 份以下适用于厅堂等。

---

① 李诫:《营造法式（陈明达点注本）》第一册卷五《大木作制度二·举折》，第 113 页。

二、殿堂及厅堂转角造（厦两头造）梢间正面、侧面间广份数应相等。

三、椽平长、殿堂平棊以上及厅堂最大 150 份，余屋最大 125 份，并应为梢间间广的二分之一。

四、殿堂大三间心间广 375 份，小三间心间广 300 份；厅堂大三间心间广 300 份，小三间心间广 250 份。

五、四角亭榭方 225 至 500 份，八角亭榭径 375 至 750 份。

六、推定余屋用材自三等材至七等材。

七、推定三等材是当时使用最广泛的材等。

八、推定当时各类房屋最大规模：

殿堂九间十椽至十一间十二椽。

厅堂七间十椽或九间十椽。

余屋十椽至两椽。

九、殿堂脊槫长度须大于间广总数的二分之一。因此，四椽、六椽五间、八椽七间、十椽九间宜用四阿屋盖；八椽五间、十椽七间用四阿屋盖，须增长脊槫；八椽三间及十椽五间以下宜用厦两头造。

十、用铺作：

殿堂八至五铺作，补间一或两朵。

厅堂六铺作至枓口跳，补间一朵或不用。

余屋四铺作以下，补间一朵或不用。

十一、明确各类房屋梁栿截面材份［表 10］、长度材份及梁栿最长净跨不超过八椽。

十二、指出殿堂、厅堂是两种结构形式。单枓只替与柱梁作系属同一形式，是厅堂结构形式中最简易的做法。

十三、辨明檐额截面大于梁栿最大截面，应为重要的承重构件，或可视为承载横向屋架的大柁梁。

十四、指出殿堂用六铺作以上时，乳栿、平梁规格加大，厅堂八椽以上，平梁加大，都是由于房屋规模加大、殿堂槽深加大以及正脊增高等使荷重增大的缘故。

这些收获中最重要的是关于房屋规模的各项分析结果，明确了材等、份数，使我们知道按材等建造的房屋的具体规模及相邻材等间的交叉情况。它不但进一步说明如何“以材为祖”，而且告诉我们如何“度屋之大小，因而用之”。然而同时又提出了一些新的问题。

我们已接触到殿堂及厅堂厦两头造，梢间正侧两面间广须相等，[侧面]间广等于两椽长，又列举了殿堂的几种间椽材份比例，以说明在什么情况下须增长脊槫。但那些间椽的材份是如何确定的还缺乏说明，即间椽关系及各间份数的选择还不明确。

对各类房屋用铺作朵数、铺数，只有个初步概念，还缺乏进一步的阐明，尤其用六铺作以上的殿堂须增加平梁、乳栿截面是因为房屋规模增大，而没有说明为什么用六铺作以上的房屋规模大。

对柱高没有详细的交代，这一方面是因为间广既已明确，柱高的原则是“不越间之广”，无须再作说明了，另一方面它又涉及各类房屋的举高，于是柱高、举高及铺作高有没有一定的比例关系，应当按照什么原则决定它们的比例呢?

总之，是怎样才能做到“规矩绳墨之宜”呢？我们将在第四、五章中继续探讨这些问题。

作者原注

一、刘敦桢《河南省北部古建筑调查记》,《中国营造学社汇刊》第六卷第四期。

二、郑为《闸口盘车图卷》,《文物》1966年第2期。

作者补注

一、原图四个平面与四个断面是相配合的平断面图。楼阁在此为通称。楼与阁原应有区别，详第六章。

二、殿堂、厅堂，现习以为封建等级，误。实应为规模、结构、加工精粗之分。至余屋，更显然是技术加工规模之分。房屋小，用材必小，构造亦简。不可硬套封建等级。

三、此为个人主观看法。

四、廊舍、廊屋同，卷五《柱》:“若副阶廊舍，下檐柱虽长，不越间之广。”

五、厅堂榑柱均对缝，故进深间广上限为两椽300份。而正面明次间间广上限应同山面，亦不能大于300份，但心间可增至375份。

六、殿堂间广最大一丈四尺，厅堂间广最大一丈二尺。350份，300份。

七、200～300，375，厅堂。250～375，450，殿堂。殿堂规格大于厅堂一级。

八、据此"以七寸五分材为祖计之"，可见当时亦以材广代材等，即习惯称几寸几分材，而不称几等材。

九、组群用材。

十、 度量梁栿长度的椽为承重椽，故不超过150份。

十一、八椽以下指六椽，乳栿上承四椽栿。八椽以上指十椽，乳栿上承八椽栿。原侧样草架单槽八椽，间广虽全375份，但椽长140.625，故平梁乳栿不加大，故用五铺作。

十二、《北齐书》列传二十八《邢邵》、列传三十八《苏琼》，均有于梁上置物之记载。

《北齐书》列传二十八《邢邵》："果饵之属，或置之梁上。"列传三十八《苏琼》："五月初，得新瓜一双自来送。颖恃年老，苦请。遂便为留，致于听事梁上，竟不剖。"李百药：《北齐书》第二册，中华书局，1972，第478、644页。——整理者注

十三、吴殿、曹殿、汉殿，似以地得名。

十四、此算法未考虑出檐，故不精确，应详算。

十五、由此得出结论：四阿屋平面长宽比要求1∶2以上。四阿、厦两头是由平面长宽比例确定的，是艺术要求。

十六、这一段是本章最重要的结论。

第三章　材份制的结构意义（原注一）

第一节　“材有八等”及截面高宽比

一、“材有八等”

我们已经说过《法式》材份制的要点是材等，有了材等才有份值。而“材有八等”，现在就来讨论分等的原则性质。据表1及前两章讨论，已经知道“材”是标准矩形方料，宽度从六寸到三寸，有必要分成几种规格，以便应用，这是易于理解的。如以半寸作为分等的差距，在三至六寸之间本来只能分为七等，实际上它在四至五寸之间增加了一等，分为八等，即将四寸五分这一等改为四寸四分、四寸八分两等。为什么要这样分等，是依据什么分的呢？

卷四《材》“若副阶并殿挟屋，材分减殿身一等”[①]，这一规定为我们提供了材等是按强度原则划分的线索。因为副阶是附着于殿身外围的，除两梢间外，其余各间间广必须和殿身相同，屋面荷重也基本相同，容许材减一等，意味着在结构上要求和邻材等的截面强度相差不宜过大，而且差距应该比较均匀，以避免材减一等时发生浪费或强度不足的弊病。现在就试按强度的原则来分析材等。由于第七、八等材只用于小殿堂及殿内藻井，并非主要结构材，可暂置勿论，先计算宽度六至四寸范围内按强度分成六个成等比级数等级的理论截面数值。

设 b、h 和 S 分别代表“材”的截面宽度、高度和截面模量，并用右下角数字分别

① 李诫：《营造法式（陈明达点注本）》第一册卷四《大木作制度一·材》，第74页。

代表六个材等，则：

$$S_1=\frac{1}{6}b_1h_1^2=\frac{1}{6}b_1(1.5b_1)^2=\frac{2.25}{6}b_1^3$$

$$S_6=\frac{1}{6}b_6h_6^2=\frac{2.25}{6}b_6^3$$

一等材与六等材截面模量之比：

$$\frac{S_1}{S_6}=\left(\frac{b_1}{b_6}\right)^3=\left(\frac{6}{4}\right)^3=3.375$$

按等比级数分等，相邻两等 S 值之比应为 $(3.375)^{\frac{1}{5}}=1.275$，而相邻两等的截面宽度之比则应为 $(1.275)^{\frac{1}{3}}=1.0845$

按这个比例求得的六个截面宽度和高度尺寸的理论值为：

第六等　$b_6=4.00$ 寸　　$h_6=6.00$ 寸

第五等　$b_5=1.0845b_6=4.34$ 寸　　$h_5=6.51$ 寸

第四等　$b_4=(1.0845)^2b_6=4.70$ 寸　　$h_4=7.05$ 寸

第三等　$b_3=(1.0845)^3b_6=5.10$ 寸　　$h_3=7.65$ 寸

第二等　$b_2=(1.0845)^4b_6=5.53$ 寸　　$h_2=8.29$ 寸

第一等　$b_1=(1.0845)^5b_6=6.00$ 寸　　$h_1=9.00$ 寸

六个材等的宽度和高度数值，除第一等和第六等为整数外，其他数值都比较零碎。而材等的数值是全部大木作的基本数据，既需要使各等材有比较均匀的差距，又需采用便于应用和记忆的数字。故必须进行调整取舍，这就得出了恰好是《法式》规定的数值。八个材等的截面模量及其相邻材等的比值如表 11。

由表 11 可见，一至六等材相邻的 S 比值，除一个为 1.13 外，其他均为 1.30 或 1.33，和理论值 1.275 比较接近。至于七等材和八等材，虽然比值达到 1.49 或 1.59，但如前所述并非主要结构材，所以无损于划分原则的科学性。

以上提供的数据证明“材有八等”的分等，是按强度划分的。第一等至第八等主要结构材相邻材等，既有一定的强度差别，又有比较均匀的比值。当代替大一级的材等时，增加的应力最多不超过 1/3，可以满足容许“材份减殿身一等”的要求。这种按强度的分等，在截面宽度上，除两个材等外，都是按半寸分级，应用和记忆都很方便，是非常合理的。

表 11 《法式》规定的八个材等的 S 值及其比值

材等	$b \times h$（寸）	$S=\frac{1}{6}bh^2$（寸^3）	S_{n-1} / S_n
第一等	6.00×9.00	81.00	
第二等	5.50×8.25	62.39	81.00/62.39=1.30
第三等	5.00×7.50	46.88	62.39/46.88=1.33
第四等	4.80×7.20	41.47	46.88/41.47=1.13
第五等	4.40×6.60	31.94	41.47/31.94=1.30
第六等	4.00×6.00	24.00	31.94/24.00=1.33
第七等	3.50×5.25	16.08	24.00/16.08=1.49
第八等	3.00×4.50	10.13	16.08/10.13=1.59

二、矩形截面高宽比

材和梁栿等矩形承重构件的截面，都规定为 2∶3，已在前两章中多次提及，在此重复一遍。卷四《材》：“各以其材之广分为十五分，以十分为其厚。”[①] 卷五《梁》：“凡梁之大小，各随其广分为三分，以二分为厚。”[②] 都是肯定明确的规定。

既然作为硬性规定而没有灵活余地，必定有所依据，而不是仅凭经验。用我们现在的理论解释，可以认为矩形截面方料是从圆木中锯出的，从经济出发，有必要考虑应该采用什么高宽比，才能从圆木中锯出一根抗弯强度最大的方料。这是一个求极值的问题。

根据现代材料力学计算，对直径为 d 的圆木，理论最强截面的宽度 b 为 $d/\sqrt{3}$，高度 h 为 $\sqrt{2/3}\ d$，高宽比为 $\sqrt{2}$∶1。以下通过计算来对比 3∶2 截面与理论最强截面的差别。当直径相同时，按上述两种比例锯出截面的宽度、高度、截面模量（$S=\frac{1}{6}bh^2$）以及截面模量比值等数据如表 12。

① 李诫：《营造法式（陈明达点注本）》第一册卷四《大木作制度一・材》，第 75 页。

② 李诫：《营造法式（陈明达点注本）》第一册卷五《大木作制度二・梁》，第 97 页。

表 12　两种截面模量比值

高宽比	b	h	$S=\frac{1}{6}bh^2$	S 比值
$\sqrt{2}:1$	$0.5774d$	$0.8165d$	$0.06415d^3$	100%
$3:2$	$0.5547d$	$0.8321d$	$0.06400d^3$	99.77%

由表可见，和理论最强截面相比，3∶2 的 S 值仅偏低 0.23%，在实用上几乎具有相同的强度。因此可以认为采用 3∶2 比例，是依据从圆木中锯出最强矩形截面的理论数值，调整为整数比值，以便于记忆和运用而规定的。

但是，还有一个唯一的例外，即卷四《材》又规定“栔广六分、厚四分，材上加栔者谓之足材”[①]。栔高也就是铺作结构两栱之间或栱方之间的空距，从实例及卷三十图样得知，“材上加栔者谓之足材”，是说其高为十五份加六份共二十一份，厚仍为十份。这样就使足材的截面模量较单材增加了约一倍类型。足材用于铺作华栱等出跳构件，应属主要结构材，只有它的截面高宽比不是 3∶2，而是近于 2∶1。可以理解，出跳构件是悬臂梁的性质，有增加截面强度的必要，而且还需便于与铺作其他构件的结合。它增高了六份，不但使强度比单材增加约一倍，而且恰好填补了栱方之间的空距，这就使铺作的构件结合不受影响。

表 13　单材、足材截面模量比值

类型	$b\times h$（份）	$S=\frac{1}{6}bh^2$（份^3）	S 比值
单材	10×15	375	100%
足材	10×21	735	196%

① 李诫：《营造法式（陈明达点注本）》第一册卷四《大木作制度一·材》，第 75 页。

第二节　椽、槫、梁的应力核算

既然材是按强度原则分等的，那么各种构件的长度、间距和截面的规定，也应当是合于强度原则的。前两章已经从建筑的角度明确了各类不同规模房屋的标准材份、各类房屋结构构件的截面材份，现在就可以从结构的角度核算一下这些规定是否合于结构的要求了。现以椽、槫、梁三项主要结构材为例试作核算。

椽、槫的截面材份，详前章表9、10。槫长等于间广，梁长以椽长150份为单位，如四椽栿即长四椽600份，椽水平长125或150份，其间距详见表5。屋面及脊兽等重量，以卷十六壕寨功限《总杂功》所定各项材料重量，卷十三《用瓦》《结瓦》《垒屋脊》中有关制度、功限、料例等为依据，殿堂取瓪瓦最高标准，厅堂取瓪瓦最高标准，余屋取瓪瓦最低标准，计算得出每一方丈斤数，再按宋尺每尺32厘米（补注一）、宋斤每斤0.6公斤，折算为：

殿堂　每平方米　400公斤

厅堂　每平方米　280公斤

余屋　每平方米　200公斤

屋脊重量比较大，脊槫负担的荷载平均比其他槫增加一倍至一倍半。屋面斜长与水平投影之比，殿堂约为1.2，厅堂、余屋约为1.1。以上列荷载和各种构件的规定份数，取容许增减范围的两个上下限数值，大截面对应于大跨度，小截面对应于小跨度，算出各类房屋椽、槫于屋面恒载作用下的弯曲应力如表14、15。

表14　各类房屋用椽的弯曲应力*

类型	殿堂		厅堂	厅堂及余屋	余屋
椽间距（份）	19	18	17	16	15
椽水平跨度（份）	150	125	150	125	125
椽直径（份）	10	9	8	7	6
椽跨径比	15.0	13.9	18.8	17.9	20.8
弯曲应力（公斤/厘米^2）	26.2	23.6	29.3	28.6	30.4

*椽的轴向力忽略未计。

表 15　各类房屋用槫的弯曲应力 *

类型	殿堂		厅堂		余屋
椽水平距（份）	125	150	125	150	125
槫跨度（份）	250	375	250	300	250
槫直径（份）	21	30	18	21	16
槫跨径比	11.9	12.5	13.9	14.3	15.6
弯曲应力（公斤 / 厘米 ^{2} ）	51.5	47.7	52.4	57.1	53.2

* 椽、槫自重忽略未计。

各类房屋的梁栿截面规格是按梁长分级的，其截面材份详前章表 10，其中劄牵长一椽为一级，乳栿（两椽）、三椽栿为一级，四椽栿、五椽栿为一级，六椽以上栿为一级。殿堂结构形式所用梁栿中虽然并没有三椽栿、五椽栿（详第五章），但是由于殿堂平棊以下不承屋盖之重的梁栿，每椽长可增至 187.5 份，而承屋盖之重的梁栿椽长不得超过 150 份（已详前章），因此，如殿堂草架侧样图所示［图版 26、28～30］，虽然承屋盖之重的草乳栿长 375 份，四椽草栿长 750 份，均超过两椽、四椽的长度，可视为三椽栿、五椽栿，但仍在同一级的范围之内。

据各项材份数计算，殿堂梁栿于屋面恒载作用下的弯曲应力如表 16。厅堂、余屋各种梁栿的应力情况与殿堂大体相同，故从略。

表 16　殿堂各种梁栿的弯曲应力 *

类型	椽平长（份）	槫长（份）	梁高 × 宽（份）	支坐反力	应力（公斤 / 厘米 ^{2}）
平梁	150	375	36 × 24	$0.75P$	58.4
乳栿	150	375	42 × 28	$0.75P$	36.5
三椽栿	150	375	42 × 28	$1.17P$	57.3
四椽栿	150	375	45 × 30	$1.75P$	69.7
五椽栿	150	375	45 × 30	$2.10P$	83.8
六椽栿	150	375	60 × 40	$2.75P$	46.4
八椽栿	150	375	60 × 40	$3.75P$	63.2

*1．P 为一根槫承担的屋面重量。
2．椽、槫、梁自重忽略未计。

在上述计算结果中，有两个问题要加以说明。一个是梁的应力用得比椽、槫的高，另一个是椽、槫的应力波动小而梁的应力波动大。前者可能是由于材质的原因，古代习惯，梁栿多选用优质木料，而椽、槫则可较次，所以梁的容许应力应该高一些。同时椽、槫容易受潮损坏，从耐久性考虑，也应该用较低的应力。梁的应力波动大，是由于梁的截面高度须与铺作构造相适应，以材栔作为单位，以至增减幅度较大而引起的。

从应力核算的结果，可看到按每种构件长度与截面规定的上限和下限计算的弯曲应力，都比较接近。如殿堂建筑椽的应力为 23.6 公斤 / 厘米 ^{2} 和 26.2 公斤 / 厘米 ^{2}，槫为 51.5 公斤 / 厘米 ^{2} 和 47.7 公斤 / 厘米 ^{2}，厅堂和余屋的情况也大体相同。梁的应力虽有出入，但差别仍在容许范围之内，表明对应于长度变化的截面变动上下限份数，都规定得比较准确、恰当。其次是各类房屋的每一种构件的应力都比较接近，如椽多在 28 公斤 / 厘米 ^{2} 左右，槫多在 50 公斤 / 厘米 ^{2} 左右，梁多在 50～70 公斤 / 厘米 ^{2} 之间，个别达到 80 公斤 / 厘米 ^{2}。从数值上看，各种构件之间的应力有一定出入，但是由于用料优劣不同，从容许应力来看还是比较合理的，各种构件有比较接近的安全度。如包括风雪荷载和构件自重在内，各种构件的弯曲应力，大约为现代木结构设计容许应力的 1/2～2/3，安全系数比现代木结构大约高半倍到一倍。

应力核算表明，《法式》对各种构件截面份数的规定都是合理的。

第三节 “以材为祖”的结构设计方法

《法式》的材份制，是一套包括建筑和结构设计的模数制。材的高宽比为 15 ∶ 10，它的八个等级的尺寸、强度以及各等材所适用的房屋规模，均详以前各章。现在对这些制度的具体运用略作说明：分别以七间及三间的两座厅堂为例，它们所用的椽和槫是怎样按照规定标准份数设计的呢？从表 1 得知七间用三等材，三间用五等材，份值分别为 0.5 寸和 0.44 寸，按照表 8、9 规定的椽平长、椽径、槫长（即间广）、槫径等份数，就可求出实际尺寸如表 17。由表可见两种构件都有各自的跨高比，椽为 18.75，槫为 14.29。两座房屋的椽子是几何相似的，尺度的比例等于所用材份的份值之比，七间为三间的 1.14 倍。两座房屋的榑也是同样的关系。由于榑长与间广相等，房屋的进深是椽平长的倍数，所以两座房屋的“间”也是几何相似的，成正比的。

表 17　七间和三间厅堂椽、榑的尺寸

名称	份数	七间		三间	
		份值（寸）	尺寸	份值（寸）	尺寸
椽平长	150	0.50	7.50 尺	0.44	6.60 尺
椽径	8	0.50	4.00 寸	0.44	3.52 寸
榑长	300	0.50	15.00 尺	0.44	13.20 尺
榑径	21	0.50	1.05 尺	0.44	9.24 寸

可见，“材”是八种固定规格的结构方料，由材产生的“份”，是建筑和结构设计中运用的八种模数。因此，采用这一方法设计的各类房屋，标准化程度很高，从构件到整座房屋都是规格化、定型化的。

“以材为祖”的要点是卷四《材》所说“皆以所用材之分以为制度焉”[①]，这就是前两章我们要不厌其烦地弄清各类房屋的各种“份”数的道理。各种尺度都是以所用材的“份”作为单位，其数值则用份数来规定。为什么不直接采用尺寸而采用“份”，这个原则在结构上的实质是什么？也可以从强度的原则来进行分析。

由于按材份设计的每一类房屋的“间”“椽”和各种构件的尺度各有规定的份数，所以采用不同材等所建造的规模大小不同的每一类房屋的“间”“椽”是几何相似的，成正比例的。同样每一种构件的尺度也都是几何相似的，成正比例的，因而各种构件和承受的荷载也有同样的比例关系。根据结构相似理论，可以证明这种几何相似构件在使用荷载下的应力也是完全相等的。下面就以榑为例来进行验证。

设有大小不同的两座殿堂，第一座用 m 等材，第二座用 n 等材，其份值分别为 u 和 υ，比值$\frac{u}{\upsilon}=\lambda$。两座殿堂屋面均布荷载均为 q（按斜面积计），屋面斜长与水平投影之比为 S。榑的水平间距、榑长、榑径的规定份数分别用 α、β 和 γ 表示，则两座

[①] 李诫:《营造法式（陈明达点注本）》第一册卷四《大木作制度一·材》，第 75 页。

殿堂槫的尺度、荷载有如表 18 所列的比例关系。

槫的跨中弯距 $M=\frac{1}{8}wl^2$，截面模量 $S=\frac{1}{32}\pi d^3$，跨中截面的纤维应力：

$$\sigma=\frac{M}{S}=\frac{4wl^2}{\pi d^3}$$

将表 18 中所列的比值 $l_m=\lambda l_n$ 等代入，即可求出采用 m 和 n 等材槫的应力 σ_m 和 σ_n 有下列的关系：

$$\sigma_m=\frac{4w_m l_m^2}{\pi d_m^3}=\frac{4(\lambda w_n)(\lambda l_n)^2}{\pi(\lambda d_n)^3}=\frac{4w_n l_n^2}{\pi d_n^3}=\sigma_n$$

表 18　两座殿堂槫的尺寸和荷载比值

类型	第一座	第二座	比值
材等	m	n	
份值	u	υ	$u=\lambda\upsilon$
槫水平中距 a	$a_m=\alpha u$	$a_n=\alpha\upsilon$	$a_m=\lambda a_n$
槫跨度 l	$l_m=\beta u$	$l_n=\beta\upsilon$	$l_m=\lambda l_n$
槫直径 d	$d_m=\gamma u$	$d_n=\gamma\upsilon$	$d_m=\lambda d_n$
线性均布荷载 $w=saq$	$w_m=sauq$	$w_n=sa\upsilon q$	$w_m=\lambda w_n$

这就证明两座殿堂尽管由于采用了两种材等，两根槫的间距、跨度、直径和荷载都不同，但两者于使用荷载下的弯曲应力是相等的，同样也可以证明对采用不同材等的每一种梁（承受集中荷载）的弯曲应力也都是相等的。以上分析表明，按这个原则设计的规模不同的每一类房屋的槫是等应力的，每一种梁也是等应力的。但是如第二节的分析，槫与梁的应力并不是相等的。所以，严格地说还只是等应力构件的设计原则。

这个原则对制定结构设计方法非常重要。本来只要有了等应力构件的设计原则，进一步通过计算，定出各种构件截面尺度的具体份数，就可以使得所规定每类房屋的梁、槫、椽等构件都具有大体相同的安全度（或应力），亦即达到设计等安全度房屋结构的目的。

此外，这个设计原则，由于采用了固定份数、变动份值的方法，还起到大大减少规定数据的效果。例如对殿堂的槫，如果长度和直径都用尺寸表达，则五种规格大小不同的殿堂（采用的五种材见表 1）就需要规定 20 个数据，而且数值非常零碎，采用份数后，长度和直径都只需各有两个规定数据就够了（见表 8、9），而且都是整数，应用和记忆都很方便，这也可能是各种尺度都采用“份”而不直接用尺和寸的一个原因。

第四节　小结

通过上述分析和核算，可以得到下列结果：

1. 材和矩形截面构件规定采用的 3∶2 比例，可以认为是根据从圆木中锯出最强的抗弯矩形截面的理论作出的规定。

2.“材有八等”是按强度成等比级数划分的等级，当代替高一等材时，构件应力的增加不超过三分之一。

3. 应力核算结果表明《法式》对各种构件的份数都规定得比较合适。按规定份数设计的椽、槫、梁等构件，都具有比较接近的安全度，基本上达到了设计等安全度建筑结构的目的。

4. 各种尺度“皆以所用材之分以为制度焉”，是等应力构件的设计原则，由于采用份数而不直接用尺和寸，还起到减少规定数据、便于应用和记忆的效果。

5.“以材为祖”的方法，是一个按强度控制结构设计的科学方法。构件尺度都有具体规定，不仅有利于房屋建筑标准化，而且避免了复杂的结构计算，方法简单实用。

本章应用了一些现代科学方法进行分析、核算，目的只是想知道当时所达到的技术水平，而不可能知道当时应用的具体理论和方法。例如当时对抗弯强度的计算方法、在材料力学方面的理论等等，由于缺少直接的文献记录，是无从知道的。但是可以就这些分析、核算的结果，对当时所达到的科学水平作出如下估计。

《法式》虽无科学实验的记载，却有非经实验不可能得出的一些严格数据，如卷十六《总杂功》所记砖、瓦、石等材料的容重：“诸石：每方一尺，重一百四十三斤七两五钱，砖八十七斤八两，瓦九十斤六两三钱五分。”[①] 按石（石灰石）每立米重 2640 公斤折算，砖每立米 1620 公斤，瓦每立米 1665 公斤，瓦比砖重 3%，和现代手工砖瓦重量非常符合。这就表明不仅进行了实验，而且有较高的测试技术水平。

北宋时期的数学水平比较高，如《法式》卷二《总例》，为设计施工规定“圆径七，其围二十有一，方一百，其斜一百四十有一”[②] 等等，亦即取用 $\pi=22/7$ 和 $\sqrt{2}=1.41$ 等，对于大木作施工来说，是要求很高的。

北宋本是具有重视科学实验学风的时期，又有如上的试验技术水平和数学水平，进行木梁抗弯强度试验是具备条件的。通过试验求出抗弯强度和梁截面的高度、宽度之间的关系，初步建立梁的抗弯强度计算方法，是完全可能的。

要对矩形截面高宽比作出 3∶2 的规定和按强度划分材等，用现代术语表达，应知道：

矩形截面的截面模量 $=Cbh^2$

要总结出“皆以所用材之分以为制度焉”这样高度概括的规律，以达到设计等应力构件的目的，还应该知道弯矩和荷载（均布与集中）、跨度之间的一些关系，以及

圆形截面模量 $=Kd^3$

至于系数 C 和 K 的数值，根据现有资料，还难于判断。好在这些数值在制定截面高宽比、材等划分和等应力构件设计原则时，在计算中都通过比例关系而对消，并不直接影响结果。至于各种截面份数的制定，则可以通过计算和个别实验相结合的方法来解决。

《法式》时期，尽管由于历史条件的限制，还不可能掌握完整的抗弯强度理论，但能巧妙地通过比例关系，正确运用理论解决设计中的实际问题，应是那个时代的重大成就。

[①] 李诫:《营造法式（陈明达点注本）》第二册卷十六《壕寨功限·总杂功》，第 117 页。

[②] 李诫:《营造法式（陈明达点注本）》第一册卷二《总释下·总例》，第 45 页。

作者原注

一、本章关于结构力学的分析，完全是根据杜拱辰同志的研究结果简缩写成的。请参阅原文《从〈营造法式〉看北宋的力学成就》，载《建筑学报》1977年第1期。

按，《从〈营造法式〉看北宋的力学成就》一文本为陈明达先生与杜拱辰先生合写，而陈先生在此特地强调杜先生为合作研究的主力，表现了先生一贯的谦虚、笃实的学风。——整理者注

作者补注

一、宋尺长0.309～0.329米，今为便于计算，取0.32。实物有巩县石家庄宋墓出土铁尺及无锡宋墓出土漆尺，均长0.32米（分别见《考古》1963年第2期、1982年第4期）。又武汉十里铺北宋墓出土木尺，全长31厘米、宽2.3厘米、厚0.5厘米。见《文物》1966年第5期。

第四章 铺作

铺作是古代木结构房屋建筑的重要结构部分，尤其是高标准房屋都要应用铺作结构。《法式》大木作制度两卷，其中卷四除去《材》一篇外，全属铺作制度。功限三卷中，十七、十八两卷实际是铺作所用各种分件的数量清单。图样两卷中，铺作占半卷。总计大木作各卷中，有关铺作的记述约占［篇幅］半数，仅此，即可见铺作在当时房屋建筑中的重要性。

卷四制度详细规定了铺作的各项构造原则及构件材份数。卷三十图样虽然限于当时的制图水平，又未注明各项尺度，但对于了解铺作构造仍是很有助益的。梁思成先生在《营造法式注释》中，即系依据制度参考原书图样，重新绘制出铺作图。但功限所记名件清单，却是全书中更详细具体的资料，它所记的材份、铺数增减等，与制度规定不尽相同，与原书图样也间有出入。为了更进一步了解铺作构造，现特据功限名件再次绘成图样，并与制度规定互作比较，以明究竟。

卷十七、十八的内容是按照外檐补间、身槽内补间、平坐补间、外檐转角、身槽内转角、平坐转角、枓口跳、把头绞项作、铺作每间用方桁等分为九篇。本文合并为外檐补间及转角铺作，身槽内及柱头铺作，枓口跳、把头绞项作及平坐铺作等四项，以便叙述。而图样则按补间铺作、柱头铺作、梢间铺作（包括转角及次角补间等）绘制，以便了解外檐铺作与身槽内铺作的关系。［上昂铺作详见本书第六章。］又因原文名件排列形式不便检阅，一律改为表格。

表 19　殿阁外檐补间铺作用栱昂等数

类型	八铺作	七铺作	六铺作	五铺作	四铺作
自八铺作至四铺作各通用	单材华栱一只	同左	同左	同左	同左，插昂不用
	泥道栱一只	同左	同左	同左	同左
	令栱二只	同左	同左	同左	同左
	两出耍头一只并随昂身上下斜势分作二只	同左	同左	同左	同左，四铺作不分
	衬方头一条，足材长一百二十份	同左	同左，长九十份	同左	同左，长六十份
	栌枓一只	同左	同左	同左	同左
	闇栔二条，一条长四十六份，一条长七十六份。又加二条，各长随补间广	同左（应又加一条）	同左（不加）	同左	同左
	昂栓二条，各长一百三十份	同左，各长一百一十五份	同左，各长九十五份	同左，各长八十份	同左，各长五十份
自八铺作至四铺作各独用	第二抄华栱一只，长四跳	同左	第二抄外华头子内华栱一只，长四跳	同左	第一抄外华头子内华栱一只，长两跳，若卷头不用
	第三抄外华头子内华栱一只，长六跳	同左			
	第四抄内华栱一只，外随昂槫斜，长七十八份（应为一百三十三份）		（第三抄内华栱一只外随昂槫斜，长七十八份。原文脱漏）		
自八铺作至四铺作各用	瓜子栱七只	瓜子栱五只	瓜子栱四只	瓜子栱二只	
	慢栱八只	慢栱六只	慢栱五只	慢栱三只	慢栱一只
	下昂三只，一只身长三百份，一只身长二百七十份，一只身长一百七十份	下昂二只，一只身长二百七十份，一只身长一百七十份	下昂二只，一只身长二百四十份，一只身长一百五十份	下昂一只，身长一百二十份	插昂一只，身长四十份，卷头不用
	交互枓九只	交互枓七只	交互枓五只（应为六只）	交互枓四只	交互枓二只
	齐心枓一十二只	齐心枓一十只	齐心枓五只	齐心枓五只	齐心枓三只
	散枓三十六只	散枓二十八只	散枓二十只（应为二十四只）	散枓一十六只	散枓八只

表 20　殿阁外檐转角铺作用栱昂等数

类型	八铺作	七铺作	六铺作	五铺作	四铺作
自八铺作至四铺作各通用	华栱列泥道栱二只	同左	同左	同左	同左，插昂不用
	角内耍头一只，身长一百十七份	同左	同左	同左，身长四十份	同左
	角内由昂一只，身长四百六十份（应为 465.3 份）	同左，身长四百二十份（应为 423 份）	同左，身长三百七十六份（应为 380.7 份）	同左，身长三百三十六份（应为 338.4 份）	同左，身长一百四十份（应为 136.9 份）
	栌料一只	同左	同左	同左	同左
	闇栔四条，二条长三十份，二条长二十份	同左	同左	同左	同左
自八铺作至四铺作各通用	慢栱列切几头二只	同左	同左	同左	
	瓜子栱列小栱头分首二只，身长二十八份	同左	同左	同左	
	角内华栱一只（第一抄用，身长 81.78 份，原文脱漏）	同左	同左	同左	
	足材耍头二只，身长九十份	同左	同左，身长六十五份	同左	
	衬方二条，身长一百三十份	同左	同左，身长九十份	同左	
自八铺作至四铺作各通用	令栱二只	同左	同左		
	瓜子栱列小栱头分首二只，身内交隐鸳鸯栱，身长五十三份	同左	同左		
	令栱列瓜子栱二只，外跳用	同左	同左		
	慢栱列切几头分首二只，身长二十八份	同左	同左		
	令栱列小栱头二只，里跳用	同左	同左		
	瓜子栱列小栱头分首六只，里跳用	同左，四只	同左		
	慢栱列切几头分首六只，里跳用	同左，四只	同左		
自八铺作至四铺作各通用	华头子二只，身连间内方桁	同左			
	瓜子栱列小栱头四只，外跳用	同左，二只			
	慢栱列切几头二只，外跳用	同左			

续表

类型	八铺作	七铺作	六铺作	五铺作	四铺作
自八铺作至四铺作各通用	华栱列慢栱二只（应为第二抄用），身长二十八份	同左			
	瓜子栱四只	同左，二只	华头子列慢栱二只，身长二十八份	同左	令栱列瓜子栱分首二只，身长三十份
	第二抄华栱一只，身长七十四份（应为角内用，身长 160.74 份）	同左	角内第二抄外华头子内华栱一只（原文脱漏）	令栱列瓜子栱二只，身内交隐鸳鸯栱，身长五十六份	华头子列泥道栱二只
	第三抄外华头子内华栱一只，身长一百四十七份（应为角内用，身长 211.5 份）	同左		令栱列小栱头二只，里跳用	要头列慢栱二只，身长三十份
	慢栱二只		角内第三抄内华栱一只（原文脱漏）	瓜子栱列小栱头二只，里跳用	角内外华头子内华栱一只，若卷头造不用
	慢栱列切几头分首二只，身内交隐鸳鸯栱，长七十八份			慢栱列切几头二只，里跳用	角内华栱一只，插昂不用（原文脱漏）
	第四抄内华栱一只，外随昂槫斜，长一百十七份（应为角内用）			角内第二抄外华头子内华栱一只（上四项原文均脱漏）	令栱列小栱头二只，里跳用（原文脱漏）
自八铺作至四铺作各用	交角昂六只，二只身长一百六十五份，二只身长一百四十份，二只身长一百十五份	同左，四只，二只身长一百四十份，二只身长一百十五份	同左，二只身长一百份，二只身长七十五份	同左，二只，身长七十五份	同左，身长三十五份
	角内昂三只，一只身长四百二十份，一只身长三百八十份，一只身长二百份。（应为一只身长 423 份，一只身长 380.7 份，一只身长 234.04 份）	同左，二只，一只身长三百八十份，一只身长二百四十份（应为一只身长 380.7 份，一只身长 234. 04 份）	同左，一只身长三百三十六份，一只身长一百七十五份（应为一只身长 338.4 份，一只身长 197.4 份）	同左，一只，身长一百七十五份（应为身长 169.2 份）	同左，身长五十份（应为 56.4 份）
	交互枓十只	交互枓八只	交互枓六只	交互枓四只	交互枓二只
	齐心枓八只	齐心枓六只	齐心枓二只	齐心枓二只	齐心枓二只
	平盘枓十一只	平盘枓七只	平盘枓七只	平盘枓六只	平盘枓四只
	散枓七十四只	散枓五十四只	散枓三十六只	散枓二十六只	散枓十二只

在绘制图样过程中发现这两卷的记录间有脱漏和错误，其中一般材份数的误笔及明显脱漏只在表中注明，不另作解说。

第一节　外檐补间及转角铺作［图版 8、9、12、13，表 19、20］

一、铺作构造形式

卷十七《殿阁外檐补间铺作用栱枓等数》及卷十八《殿阁外檐转角铺作用栱枓等数》开首都说明："自八铺作至四铺作，内外并重栱计心，外跳出下昂，里跳出卷头，每补间转角铺作一朵，用栱昂等数下项。（八铺作里跳用七铺作，若七铺作里跳用六铺作，其六铺作以下里外跳并同，转角者准此。）"[①] 指明铺作构造形式是重栱计心，外跳出下昂，里跳出卷头。（补注一）八铺作、七铺作里跳减一铺，六铺作以下里外跳俱匀。这就可以理解本卷中所列举的用栱枓数，是按最繁复的构造形式开列的，是为了计算功料的方便，并不意味着这是铺作的固定不变的做法。所以卷十七末尾特地指明："凡铺作如单栱及偷心造，或柱头内骑绞梁栿处出跳，皆随所用铺作除减枓栱。"[②] 以表明铺作组合用重栱或单栱、用计心或偷心，是根据实际情况掌握的。例如外跳八铺作里跳减一铺的做法，在卷四制度规定中，本是"减一铺或两铺"，在卷三十、三十一图样中都是减两铺，可证此处减一铺并非定法。

二、出跳份数

表 19 外檐补间铺作名件中的下昂，表 20 外檐转角铺作名件中的角内昂、角内由昂以及部分附有长度的列栱，都可据以确定各跳出跳的份数。

先看补间铺作下昂，八铺作三只，其长度分别为 300 份、270 份、170 份。按《法式》惯例，凡称身长，系跳中至跳中长度。八铺作外跳出五跳，如每跳皆长 30 份，外跳共长 150 份。最长一昂长 300 份，除去外跳余长 150 份。据卷四《飞昂》："若昂身于屋内上出，皆至下平槫。"[③] 即里跳长应为一椽。又据第一章结论，椽"每架平不过六

---

① 李诫:《营造法式（陈明达点注本）》第二册卷十七《大木作功限一》、卷十八《大木作功限二》，第 150 ~ 151、171 页。

② 李诫:《营造法式（陈明达点注本）》第二册卷十七《大木作功限一·铺作每间用方桁等数》，第 169 页。

③ 李诫:《营造法式（陈明达点注本）》第一册卷四《大木作制度一·飞昂》，第 82 页。

尺”，以六等材计，正为150份，可证此昂里跳长150份确为一椽平长，至下平槫下。同样第二昂长270份，外跳四跳长120份，里跳亦为150份，故第二昂亦至下平槫。此两昂长度说明［本卷所列］八铺作外跳逐跳均为30份。里跳上二昂昂身均长150份至下平槫。按此法推算七铺作、六铺作各出二昂，其外跳均为逐跳30份。

其次八铺作第三昂、七铺作第二昂各长170份，外跳均为三跳共长90份，里跳各余80份。如按逐跳30份计，不足三跳之长，可见里跳较外跳短。今按卷四之华栱制度规定：“若铺作多者里跳减长二分，七铺作以上即第二里外跳各减四分……”[①]令里跳第一跳长28份，第二、三跳各长26份，则三跳共长恰为80份。六铺作第二昂身长150份，外跳出两跳里跳余90份，正为三跳，逐跳长30份。五铺作下昂一只，身长120份，正为里外跳各两跳，逐跳30份。亦即自六铺作以下里跳均不减短。四铺作昂身长40份，当然是指插昂，外跳长30份，昂尾加长10份。综上所述，外檐铺作出跳份数为：八铺作上两昂，七铺作、六铺作上一昂，均昂身于屋内上出，长一椽至下平槫。八铺作、七铺作外跳逐跳均长30份，里跳第一跳长28份，第二跳以上逐跳长26份。自六铺作至四铺作，里外跳逐跳均长30份［图版8、9］。

外檐转角铺作所列名件，有两种出跳长度：一种是角内昂、角内由昂、交角昂等项，按其长度推算，外跳逐跳均应为长30份。例如八铺作角内由昂按外跳六跳，里跳至下平槫共330份，再按《总例》“方一百，其斜一百四十有一”[②]，应为465.3份，原文为460份。又如八铺作角内昂三只，上两只外跳分别为五跳、四跳，里跳至下平槫，分别应为423份、380.7份，原文为420份、380份。数字虽略有出入，但可以认为系按照逐跳30份计算而省去尾数，与前述补间铺作外跳相同。第二种是据列栱长度得出：自八铺作至五铺作外跳第一跳长28份，第二跳以上逐跳长25份，四铺作外跳长30份。例如自八铺作至五铺作各通用，“瓜子栱列小栱头分首二只（身长二十八分）”[③]，表明第一跳长28份。八铺作至六铺作各通用“瓜子栱列小栱头分首二只（身内交隐鸳鸯栱，

[①] 李诫：《营造法式（陈明达点注本）》第一册卷四《大木作制度一·栱》，第76页。

[②] 李诫：《营造法式（陈明达点注本）》第一册卷二《总释下·总例》，第45页。

[③] 李诫：《营造法式（陈明达点注本）》第二册卷十八《大木作功限二·殿阁外檐转角铺作用栱科等数》，第172页。

长五十三分）”[①]，表明外跳第一跳长28份、第二跳长25份。八铺作独用“慢栱列切几头分首二只（身内交隐鸳鸯栱长七十八分）”[②]，表明外跳第一跳长28份，第二、三跳各25份。而四铺作独用“令栱列瓜子栱分首二只（身长三十分）”[③]，则表明四铺作外跳第一跳长30份等等，又均与前述补间铺作外跳不同。（补注二）

至于里跳跳长，本应由角内华栱长度得出，但文中第一抄华栱未注明长度，五铺作第二抄，六铺作第二、三抄均脱漏，八铺作第二、三、四抄，七铺作第二、三抄所注长度又均与实际情况相差甚多。如第二抄“身长七十四分”，只约为两跳，第三抄“身长一百四十七分”，约为四跳。[④]实际应分别为四跳、六跳长，显然错误，无法推算里跳各跳长度。

外檐转角铺作所记跳长发生上述错乱，可能是当时编著者的失误，但也反映出当时出跳份数在实际运用时灵活掌握的情况。现在为了便于与补间铺作对照研究，在绘制图样时全部采用补间铺作的份数，即外跳一律长30份。八铺作、七铺作里跳各减一铺，第一跳长28份，第二跳以上各长26份。六铺作以下，里外跳一律逐跳长30份。

三、由昂

卷十八转角铺作名件内，自八铺作至四铺作各用由昂一只，其长分别为460份、420份、376份、336份及140份。同卷，角内昂八铺作三只，七铺作二只，六铺作、五铺作各一只。各铺作所用上一昂长为：八铺作420份，七铺作380份，六铺作360份，即由昂较其下一昂加长一跳。[⑤]而卷四《飞昂》“角昂之上别施由昂（长同角昂……）”[⑥]，与实例对照当以功限所记为是，卷四注文或有脱漏。（补注三）

按八铺作由昂外跳六跳，里跳至下平槫，总长应为465.3份，七铺作至五铺作以

---

① 李诫:《营造法式（陈明达点注本）》第二册卷十八《大木作功限二·殿阁外檐转角铺作用栱枓等数》，第173页。

② 同上书，第174页。

③ 同上书，第175页。

④ 同上书，第174页。

⑤ 李诫:《营造法式（陈明达点注本）》第二册卷十八《大木作功限二》，第171～189页。

⑥ 李诫:《营造法式（陈明达点注本）》第一册卷四《大木作制度一·飞昂》，第82页。

此类推，总长分别为423份、380.7份、338.4份，四铺作如按外跳两跳里跳平长40份，总长141份。原文尾数均略有差误。按以上长度可知八铺作至六铺作由昂与角内昂共同挑斡下平槫交点。五铺作仅由昂单独挑斡下平槫交点，似觉较弱，或需加用角乳栿及橪衬角栿。四铺作由昂仅略长于一跳，不能挑斡下平槫。因此推知用四铺作时，必须使用角乳栿及橪衬角栿。（补注四）

四、闇栔、昂栓及其他

补间铺作自八铺作至四铺作各通用闇栔二条，“八铺作、七铺作又加二条，各长随补间之广”[①]。按另加二条长随补间之广，据其长度，必然是用于柱头方之间。以同卷《铺作每间用方桁等数》所列方桁数字，除去跳上所用外，八铺作柱头方三条，七铺作柱头方二条。因此，七铺作只应加闇栔一条，而转角八铺作、七铺作，亦应同样增用闇栔，为原文所脱漏。

补间铺作自八铺作至四铺作各通用“昂栓二条”，其长分别为130份、115份、95份、80份及50份[②]。按卷四《飞昂》：“昂栓，广四分至五分，厚二分，若四铺作即于第一跳上用之，五铺作至八铺作并于第二跳上用之，并上彻昂背（自一昂至三昂，只用一栓，彻上面昂之背），下入栱身之半或三分之一。”[③]按上彻昂背下入栱身之半，以三昂计即三材三栔又加半材，最长只有70份，并且“只用一栓”。所以制度规定的昂栓与卷十七功限名件所列昂栓，无论长度、数量都不相同，似乎不是同一名件。

按卷四《飞昂》“凡昂之广厚并如材”[④]，又《栱》“慢栱与切几头相列，如角内足材下昂造……”[⑤]，所以，昂一般是单材构件，只有角内昂用足材；另一方面制度又规定出跳华栱用足材，下昂或因需便于绞割卯口使用单材上加栔的做法。（补注五）可以设想此处所列昂栓或是两昂之间的名件，性质如两栱之中的闇栔，但长度、数量也不相符

① 李诫:《营造法式（陈明达点注本）》第二册卷十七《大木作功限一·殿阁外檐补间铺作用栱枓等数》，第151页。

② 同上书，第152页。

③ 李诫:《营造法式（陈明达点注本）》第一册卷四《大木作制度一·飞昂》，第82页。

④ 同上书，第85页。

⑤ 李诫:《营造法式（陈明达点注本）》第一册卷四《大木作制度一·栱》，第79页。

合，实例中也缺乏对证之物，还难于肯定究为何物。

此外转角铺作里跳七铺作、六铺作，跳上用栱与次角补间相犯，应依《总铺作次序》所记“从上减一跳”或“连栱交隐”[①]［图版 12］。计七铺作补间需从上减一跳，七铺作第三跳上瓜子栱、慢栱，六铺作上跳上令栱，七铺作、六铺作第二跳上慢栱等，均需连栱交隐，为原文所未及。

第二节　身槽内铺作及柱头铺作［图版 8、9、10、11，表 21、22］

一、身槽内补间及转角铺作

表 21　殿阁身槽内补间铺作用栱枓等数

类型	七铺作	六铺作	五铺作	四铺作
自七铺作至四铺作各通用	泥道栱一只	同左	同左	同左
	令栱二只	同左	同左	同左
	两出耍头一只，长八跳	同左，长六跳	同左，长四跳	同左，长两跳
	衬方头一只，长八跳	同左，长六跳	同左，长四跳	同左，长两跳
	栌枓一只	同左	同左	同左
	闇栔二条，一条长七十六份，一条长四十六份	同左	同左	同左
自七铺作至五铺作各通用	瓜子栱六只	同左，四只	同左，二只	
自七铺作至四铺作各用	华栱四只，一只长八跳，一只长六跳，一只长四跳，一只长两跳	同左，三只，一只长六跳，一只长四跳，一只长两跳	同左，二只，一只长四跳，一只长两跳	同左，一只长两跳
	慢栱七只	慢栱五只	慢栱三只	慢栱一只
	交互枓八只	交互枓六只	交互枓四只	交互枓二只
自七铺作至四铺作各用	齐心枓十六只	齐心枓十二只	齐心枓八只	齐心枓四只
	散枓三十二只	散枓二十四只	散枓一十六只	散枓八只

① 李诫:《营造法式（陈明达点注本）》第一册卷四《大木作制度一·总铺作次序》，第 88 ~ 92 页。

表22 殿阁身槽内转角铺作用栱枓等数

类型	七铺作	六铺作	五铺作	四铺作
自七铺作至四铺作各通用	华栱列泥道栱三只，外跳用（应为二只）	同左	同左	同左
	令栱列小栱头分首二只，里跳用	同左	同左	同左
	角内华栱一只（脱身长78.96份）	同左	同左	同左
自七铺作至四铺作各通用	角内两出耍头一只，身长二百八十八份（应为身长290.46份）	同左，身长一百四十七份（应为身长219.96份）	同左，身长七十七份（应为身长149.46份）	同左，身长六十四份（应为身长84.6份）
	栌枓一只	同左	同左	同左
	闇栔四条，二条长三十一份，二条长二十一份	同左	同左	同左
自七铺作至五铺作各通用	瓜子栱列小栱头分首二只，外跳用，身长二十八份	同左	同左	
	慢栱列切几头分首二只，外跳用，身长二十八份	同左	同左	
	角内第二抄华栱一只，身长七十七份（应为身长149.46份）	同左	同左	
自七铺作至六铺作各通用	瓜子栱列小栱头分首二只，身内交隐鸳鸯栱，身长五十三份	同左		
	慢栱列切几头分首二只，身长五十三份	同左		
	令栱列瓜子栱二只	同左		
	华栱列慢栱二只	同左		
	骑栿令栱二只	同左		
	角内第三抄华栱一只，身长一百四十七份（应为身长219.96份）	同左		
自七铺作至四铺作各独用	慢栱列切几头分首二只，身内交隐鸳鸯栱，身长七十八份			
	瓜子栱列小栱头二只			
自七铺作至四铺作各独用	瓜子丁头栱四只（应为瓜子栱二只，丁头栱二只）		骑栿令栱（脱“列瓜子栱”四字）分首二只，身内交隐鸳鸯栱，身长五十三份	令栱列瓜子栱分首二只，身长二十份（应为身长三十份）
	角内第四抄华栱一只，身长二百一十七份（应为身长290.46份）		外乳栿内慢栱二只（原文脱漏）	耍头列慢栱二只，身长三十份（应为外乳栿内慢栱二只）

续表

类型	七铺作	六铺作	五铺作	四铺作
自七铺作至五铺作各用	慢栱列切几头六只	同左，四只	同左，二只	
	瓜子栱列小栱头六只	同左，四只	同左，二只	
自七铺作至四铺作各用	交互枓四只	交互枓四只	交互枓二只	交互枓二只
	平盘枓一十只	平盘枓八只	平盘枓六只	平盘枓四只
	散枓六十只	散枓四十二只	散枓二十六只	散枓一十二只

（1）铺数及出跳份数

殿阁身槽内铺作原文所列名件，均自七铺作至四铺作，这是因为外檐外跳最多八铺作，里跳至少需减一铺为七铺作，而身槽内铺作与外檐里跳相对，在构造上不应大过外檐里跳，所以最多只能用七铺作。补间、转角铺作均说明为“［殿阁身槽内里外跳，并］重栱、计心、出卷头”[①]。其内外跳铺数，据所列名件如“华栱，七铺作四只（一只长八跳，一只长六跳，一只长四跳，一只长两跳）”[②]，可见是里外俱匀的做法。

出跳份数可以据转角铺作所载列栱推知，如七铺作“瓜子栱列小栱头分首二只（外跳用，身长二十八分）”“慢栱列切几头分首二只（身内交隐鸳鸯栱，身长七十八分）”等[③]，均表明第一跳长28份，第二、三跳各长25份。六铺作、五铺作亦同。只四铺作“令栱列瓜子栱分首二只，身长三十分”，表明四铺作跳长30份。角内名件大部分长度均有显著错误，只有七铺作角内“两出耍头一只（身长二百八十八分）”[④]一项较正确，系按第一跳28份，第二、三、四跳各长25份，里外转俱匀，共八跳206份，以方一百、斜一百四十计，应为288.4份，并略去小数。可凭以确定里外跳各跳跳长相等。今按方一百、斜一百四十一计算，角内华栱长度应为第一抄78.96份，第二抄149.46份，第三抄219.96份，第四抄290.46份。原文依次误将下一抄长注于上一抄下，

---

① 李诫：《营造法式（陈明达点注本）》第二册卷十七《大木作功限一·殿阁身槽内补间铺作用栱枓等数》，第156页。

② 同上书，第157页。

③ 李诫：《营造法式（陈明达点注本）》第二册卷十八《大木作功限二·殿阁身内转角铺作用栱枓等数》，第179～180页。

④ 同上书，第179页。

又各少计一或二份及尾数，并脱漏第四抄长度。

如上所述，可据以确定身槽内铺作，自七铺作至五铺作里外跳均为第一跳 28 份，第二跳以上逐跳 25 份。四铺作里外跳均为 30 份。这样，身槽内出跳长总数略少于外檐铺作里跳总数，这是不是当时一般的习惯做法，现时还无从了解。而身槽内铺作里外跳俱匀，就使得内槽、外槽的平棊方、算程方都在同一高度上，亦即内外槽平棊在同一高度上，这种做法是实例中较少见的。

（2）乳栿

转角铺作七铺作、六铺作各有"华栱列泥道栱二只""华栱列慢栱二只"。五铺作、四铺作只有"华栱列泥道栱二只"。它们都是与正面、侧面外檐柱头铺作相对的出跳。因此可知七铺作、六铺作柱头缝上出华栱两跳上承乳栿，五铺作、四铺作只出华栱一跳上承乳栿。据卷五《梁》造月梁之制条，梁首做法"自枓心下量三十八分为斜项"，下注"如下两跳者长六十八分"，可知乳栿下用华栱，一或两跳为定法[①]。同时角内华栱均随铺作数增加至七铺作出四抄，又可肯定五铺作以上角内不用乳栿。

（3）丁头栱

身槽内转角铺作所列名件中有"七铺作独用……瓜子丁头栱四只"[②]。此丁头栱用于何处应与平棊方有关。按制度平棊在算程方及平棊方之上［图版 10、11］，又据卷五平棊方应在梁背上。参照图样，四铺作乳栿广两材一栔，平棊方背与乳栿背平，需于"平棊方下更加慢栱"。五铺作平棊方底高出梁背一栔，需在平棊方下令栱心上用齐心枓。六铺作乳栿广两材两栔，平棊方正在梁背上。而七铺作平棊方底高出梁背一材一栔，参照唐辽实例，应于平棊方下更加华栱头。此华栱头与卷四华栱条"若丁头栱其长三十三分，出卯长五分"[③]性质相同，一头出跳一头鼓卯。足证此处所用华栱头即为丁头栱，也只有七铺作才有独用此栱的必要。但是此种丁头栱在身槽内转角铺作上只需两只，又据图样第三跳位置尚应有瓜子栱两只，为原文所脱漏。因此，可以判断此条原文"瓜子丁头栱四只"或应为"瓜子栱两只，丁头栱两只"之误。

[①] 李诫:《营造法式（陈明达点注本）》第一册卷五《大木作制度二·梁》，第 97 页。

[②] 李诫:《营造法式（陈明达点注本）》第二册卷十八《大木作功限二·殿阁身内转角铺作用栱枓等数》，第 180 ~ 181 页。

[③] 李诫:《营造法式（陈明达点注本）》第一册卷四《大木作制度一·栱》，第 77 页。

或说此“瓜子丁头栱四只”是第三跳跳头上瓜子栱，因避免贯通乳栿故改用插入丁头栱的处理方法，似乎也有一定理由。但实际此栱所处位置，可以用骑栿造，在各铺作图中不乏相似位置上的令栱、瓜子栱，均未改用插栱的做法。例如六铺作第三跳跳头上令栱［图版 11］，正与此瓜子栱处于同样情况，而并未改用丁头栱，可见上说是缺乏实际依据的。

二、柱头铺作［图版 10、11，表 23、24］

原书详列外檐、身槽内补间、转角铺作用栱枓等数，而不及柱头铺作，显然是因为柱头铺作里外跳铺数、出跳份数、用栱昂等基本与补间相同，只是里跳用梁栿处应减少出跳栱及交互枓、齐心枓。所以卷十七只在最后说明“凡铺作如单栱及偷心造，或柱头内骑绞梁栿处出跳，皆随所用铺作除减枓栱”[1]。同时身槽内转角铺作与外檐最后一间柱头铺作相对，借此又可推知柱头用梁栿情况，使我们不难据以做出柱头铺作图样，并铺作用栱枓等数。

（1）外檐柱头铺作

八铺作里跳七铺作，七铺作、六铺作里跳均为六铺作，一律出华栱两跳上承乳栿。五铺作、四铺作里外跳俱匀，里跳出华栱一跳上承乳栿。依此除减相应出跳栱枓，七铺作并增丁头栱一只，得外檐柱头铺作用栱枓等数如表 23。

（2）身槽内柱头铺作

自七铺作至四铺作，里外跳俱匀。七铺作、六铺作里外跳并各出华栱两跳，五铺作、四铺作里外跳各出华栱一跳，均外跳上承乳栿、里跳上承四或六椽栿。除减栱枓同上。七铺作增丁头栱二只。据此得身槽内柱头铺作用栱枓等数如表 24。

由图版 10、11 可以看到外檐柱头铺作、身槽内柱头铺作由乳栿等构件相连制作，实际是不可分［割］的整体构造。这就是我称之为横架的构造形式。虽然它较佛光寺大殿、独乐寺观音阁等早期形式已作了很多改革，但基本上仍保留了横架的原意。

---

[1] 李诫：《营造法式（陈明达点注本）》第二册卷十七《大木作功限一·铺作每间用方桁等数》，第 169 页。

表 23　殿阁外檐柱头铺作用栱昂等数

类型	八铺作	七铺作	六铺作	五铺作	四铺作
自八铺作至四铺作各通用	第一抄华栱一只	同左	同左	同左	同左，插昂不用
	泥道栱一只	同左	同左	同左	同左
	令栱二只	同左	同左	同左	同左
	耍头一只，内随昂身斜	同左	同左	同左	同左，身连乳栿
	衬方头一条，足材长一百二十份	同左	同左，长九十份	同左	同左，长六十份
	栌枓一只	同左	同左	同左	同左
	闇栔二条，一条长四十六份，一条长七十六份，又加两条长随补间之广	同左，又加一条	同左，不加	同左	同左
	昂栓二条，各长一百三十份	同左，各长一百一十五份	同左，各长九十五份	同左，各长八十份	同左，各长五十份
自八铺作至四铺作各独用（补注六）	第二抄华栱一只	同左	第二抄外华头子内华栱一只，长四跳	外华头子内华栱一只	外华头子内乳栿一只，长两跳，卷头不用
	第三抄外华头子内乳栿一只	同左			
	丁头栱一只				
自八铺作至四铺作各用	瓜子栱七只	瓜子栱五只	瓜子栱四只	瓜子栱二只	
	慢栱八只	慢栱六只	慢栱五只	慢栱三只	慢栱一只
	下昂三只，一只身长三百份，一只身长二百七十份，一只身长一百七十份	下昂二只，一只身长二百七十份，一只身长一百七十份	下昂二只，一只身长二百四十份，一只身长一百五十份	下昂一只，身长一百二十份	插昂一只，身长四十份，卷头不用
	交互枓七只	交互枓六只	交互枓五只	交互枓三只	交互枓二只
	齐心枓九只	齐心枓七只	齐心枓五只	齐心枓四只	齐心枓二只
	散枓三十六只	散枓二十八只	散枓二十只	散枓一十六只	散枓八只

表 24　殿阁身槽内柱头铺作用栱枓等数

类型	七铺作	六铺作	五铺作	四铺作
自七铺作至四铺作各通用	泥道栱一只	同左	同左	同左
	令栱二只	同左	同左	同左
	衬方二只，长八跳	同左，长六跳	同左，长四跳	同左，长两跳
	栌枓一只	同左	同左	同左
	闇栔二条，一条长七十六份，一条长六十份	同左	同左	同左
自七铺作至五铺作各通用	瓜子栱六只	同左	同左	
七铺作独用	丁头栱二只			
自七铺作至四铺作各用	华栱二只，一只长四跳，一只长两跳	同左	同左，一只长两跳	同左
	慢栱七只	慢栱五只	慢栱三只	慢栱一只
	交互枓四只	交互枓四只	交互枓二只	交互枓二只
	齐心枓九只	齐心枓五只	齐心枓一只	齐心枓一只
	散枓三十四只	散枓二十四只	散枓一十六只	散枓八只

第三节　枓口跳、把头绞项作及用方桁

一、枓口跳、把头绞项作［表 25］

这是两种最简单的铺作，在卷四、五大木作制度中未记述详细做法，只在卷十七列有用栱枓数。按所列名件可知枓口跳只在栌枓口内安泥道栱一只［图版 18］，两头各用散枓一只、闇栔一条，上承方桁，外出华栱一跳，跳头上承橑檐方。（补注七）

表 25　枓口跳、把头绞项作用栱枓等数

枓口跳每柱头外出跳一朵用栱枓等数	把头绞项作每柱头用栱枓等数
泥道栱一只	泥道栱一只
华栱头一只	耍头一只
栌枓一只	栌枓一只
交互枓一只	齐心枓一只
散枓二只	散枓二只
闇栔二条	闇栔二条

把头绞项作于栌枓口内用泥道栱等与枓口跳同，外出耍头一只，并不用橑檐方。

卷四《栱》："二曰泥道栱，其长六十二分（若枓口跳及铺作全用单栱造者，只用令栱）。"[①] 故此处泥道栱均应长 72 份。它在枓口跳中与华栱头相交，不用齐心枓，而在把头绞项作中与耍头相交，用齐心枓。什么情况下用齐心枓，什么情况下不用，迄今仍是不十分清楚的问题，在前述外檐、身槽内各铺作名件数中，唯此一项尚不能明确肯定。此处所显示的情况是值得重视的。华栱耍头均为足材，用不用齐心枓的差别，似乎只是由于枓口跳跳头上有交互枓，泥道栱隐蔽在内，故不用齐心枓。而把头绞项作耍头之上如不用枓，则泥道栱仅两端有散枓，故须用齐心枓使其外形完整。又栱枓等数虽写明为"华栱头一只""耍头一只"，但据卷三十《梁柱等卷杀第二》[②] 图样所示，里跳均应身连梁栿。

枓口跳、把头绞项作作为外檐铺作只用于厅堂以下房屋，故卷十七篇名不冠"殿阁"字样。按所列名件虽指明"每柱头外出跳一朵"，未说明有无转角铺作及补间铺作。但据卷十九《仓廒库屋功限》名件中有大角梁、子角梁、续角梁，又另有角栿，应为转角造或四阿造。又第二章已明确厅堂用铺作可六铺作至枓口跳，由此可以推定如厅堂用枓口跳转角造，必定要用转角铺作。其转角铺作均应较柱头铺作增角内一缝，

① 李诫：《营造法式（陈明达点注本）》第一册卷四《大木作制度一・栱》，第 77 页。

② 参阅：1.《营造法式》四库全书文津阁、文渊阁本；2. 李诫：《营造法式（陈明达点注本）》第三册卷三十《大木作制度图样上》，第 171 ~ 175 页。

外出华栱，里跳身连角栿。其原列泥道栱、华栱头应改为华栱与泥道栱相列二只，并增加交互枓二只。至于是否用补间铺作，尚难断定。

二、铺作用方桁等数［表 26］

本项目的，只在于究明铺作柱头缝上用方桁数。由于铺作每出一跳须用遮椽版一片，可按遮椽版数断定用方桁数，并按八铺作、七铺作里跳减一跳，六铺作以下及身槽内自七铺作至四铺作，均为里外俱匀。按上列铺数除外檐最上一跳用橑檐方已另计外，其余各跳上用方桁一条。计里、外跳上，八铺作八条，七铺作六条，六铺作五条，五铺作三条，四铺作一条。从原列各铺作用方桁数内除减上列跳上方桁数，即为柱头缝上用方桁数。计得八铺作三条，七铺作二条，六铺作至四铺作各一条。其身槽内各铺作及枓口跳、把头绞项作等柱头缝上，均各用方桁一条。

表 26　铺作用方桁等数

外檐自八铺作至四铺作每一间一缝用方桁等数		殿槽内自七铺作至四铺作每一间一缝用方桁等数		枓口跳每间前后檐用方桁数	把头绞项作每间前后檐用方桁数
方桁	遮椽版	方桁	遮椽版		
八铺作一十一条	八铺作九片	七铺作九条	七铺作八片	方桁二条	方桁二条
七铺作八条	七铺作七片	六铺作七条	六铺作六片	橑檐方二条	
六铺作六条	六铺作六片	五铺作五条	五铺作四片		
五铺作四条	五铺作四片	四铺作三条	四铺作二片		
四铺作二条	四铺作二片				
自八铺作至四铺作各用橑檐方一条					

第四节 平坐铺作［图版14，表27、28］

《法式》关于平坐铺作制度，散见于栱、昂、枓及平坐各篇。卷十七、十八功限中，有楼阁平坐外檐补间及转角铺作用栱枓等数。卷三十图样中有三个平坐转角铺作正样。卷四《平坐》："造平坐之制：其铺作减上屋一跳或两跳，其铺作宜用重栱及逐跳计心造作。"[①] 所以平坐铺作最多只能至七铺作。故卷十七、十八《楼阁平坐用栱枓等数》开首即说明："楼阁平坐自七铺作至四铺作，并重栱计心，外跳出卷头，里跳挑斡棚栿及穿串上层柱身。"[②]

一、外檐铺作

（1）补间铺作

七铺作共列华栱四只，自身长150至60份，每只递减30份，应逐跳皆长30份，即卷四华栱条所说"若平坐出跳抄栱并不减"[③] 的做法。

七铺作外跳四跳，其长度应为120份至30份。上列长度每跳［华栱］均超出30份，应为里跳各长30份。又据所列瓜子栱、慢栱及枓的件数，都只足供外跳用，因知里跳跳头上均为方木叠垒，不用栱枓。

耍头自七铺作长270份至四铺作长180份，也是每铺作递减30份。即除外跳出跳长度外，里跳均长150份，所以这应当是为"里跳挑斡棚栿"用的。还应当注意它们的长度正与屋盖下的椽每架平长150份相等，指明棚栿和屋盖一样分成若干同一长度［的］椽架。从而又可知每架需有与屋盖用槫相当的构件，应即地面方。

各铺作用衬方头长度，各较耍头多30份，它的里跳同样挑斡棚栿，长度绝不能超过150份，所以这多出的30份，应是在外跳最上一跳之外，又延伸出30份，用以安雁翅版。

衬方头本属梁栿构造名件，即卷五《梁》："凡衬方头，施之于梁背耍头之上，其

① 李诫：《营造法式（陈明达点注本）》第一册卷四《大木作制度一·平坐》，第92页。

② 李诫：《营造法式（陈明达点注本）》第二册卷十七《大木作功限一·楼阁平坐补间铺作用栱枓等数》，第160页，卷十八《大木作功限二·楼阁平坐转角铺坐用栱枓等数》，第183页。

③ 李诫：《营造法式（陈明达点注本）》第一册卷四《大木作制度一·栱》，第76页。

广厚同材，前至橑檐方，后至昂背或平棊方［（如无铺作，即至托脚木止）］。”[①]［但图样及卷十七、十八铺作名件中，均有衬方头，则因无铺作亦用衬方，故列入《梁》篇内。］其使用位置在耍头之上，与此处情况相符。又卷四《枓》：“三曰齐心枓，施之于栱心之上（顺身开口两耳，若施之于平坐出头木之下，则十字开口四耳）。”[②]在平坐铺作中只有令栱栱心所用齐心枓与此相符，它上面正是由衬方头延伸出来的部分，可见平坐铺作上所用的衬方头又可称为出头木。

表 27　楼阁平坐补间铺作用栱枓等数

类型	七铺作	六铺作	五铺作	四铺作
自七铺作至四铺作各通用	泥道栱一只	同左	同左	同左
	令栱一只	同左	同左	同左
	耍头一只，长二百七十份	同左，长二百四十份	同左，长二百一十份	同左，长一百八十份
	衬方一只，身长三百份	同左，身长二百七十份	同左，身长二百四十份	同左，身长二百一十份
	栌枓一只	同左	同左	同左
	闇栔二条，一条长七十六份，一条长四十六份	同左	同左	同左
自七铺作至五铺作各通用	瓜子栱三只	瓜子栱二只	瓜子栱一只	
自七铺作至四铺作各用	华栱四只，一只身长一百五十份，一只身长一百二十份，一只身长九十份，一只身长六十份	华栱三只，一只身长一百二十份，一只身长九十份，一只身长六十份	华栱二只，一只身长九十份，一只身长六十份	华栱一只，身长六十份
	慢栱四只	慢栱三只	慢栱二只	慢栱一只
	交互枓四只	交互枓三只	交互枓二只	交互枓一只
	齐心枓九只	齐心枓七只	齐心枓五只	齐心枓三只
	散枓一十八只	散枓一十四只	散枓一十只	散枓六只

① 李诫：《营造法式（陈明达点注本）》第一册卷五《大木作制度二・梁》，第100页。
② 李诫：《营造法式（陈明达点注本）》第一册卷四《大木作制度一・枓》，第87页。

表 28　楼阁平坐转角铺作用栱枓等数

类型	七铺作	六铺作	五铺作	四铺作
自七铺作至四铺作各通用	第一抄角内足材华栱一只，身长四十二份	同左	同左	同左
	第一抄入柱华栱二只，身长三十二份	同左	同左	同左
	第一抄华栱列泥道栱二只，身长三十二份	同左	同左	同左
	角内足材耍头一只，身长二百一十份（应为 211.5 份）	同左，身长一百六十八份（应为 169.2 份）	同左，身长一百二十六份（应为 126.9 份）	同左，身长八十四份（应为 84.6 份）
	耍头列慢栱分首二只，身长一百五十二份	同左，身长一百二十二份	同左，身长九十二份	同左，身长六十二份
	入柱耍头二只，长同上	同左	同左	同左
	耍头列令栱分首二只，长同上	同左	同左	同左
	衬方三条，二条单材长一百八十份，一条足材长二百五十二份（应为 253.8 份）	同左，二条单材长一百五十份，一条足材长二百一十份（应为 211.5 份）	同左，二条单材长一百二十份，一条足材长一百六十八份（应为 169.2 份）	同左，二条单材长九十份，一条足材长一百二十六份（应为 126.9 份）
	栌枓三只	同左	同左	同左
	闇栔四条，二条长六十八份，二条长五十三份	同左	同左	同左
自七铺作至五铺作各用	第二抄角内足材华栱一只，身长八十四份（应为 84.6 份）	同左	同左	
	第二抄入柱华栱二只，身长六十二份	同左	同左	
	第二抄华拱列慢栱二只，身长六十二份	同左	同左	
	耍头列方桁二只，身长一百五十二份	同左，身长一百二十二份	同左，身长九十二份	
	华栱列瓜子栱分首六只，二只身长一百二十二份，二只身长九十二份，二只身长六十二份	同左，四只，二只身长九十二份，二只身长六十二份	同左，二只，身长六十二份	
自七铺作至六铺作各用	交角耍头四只，二只身长一百五十二份，二只身长一百二十二份	同左，二只，身长一百二十二份	同左	
	华栱列慢栱分首四只，二只身长一百二十二份，二只身长九十二份	同左，二只，身长九十二份		
	第三抄角内足材华栱一只，身长一百二十六份(应为 126.9 份)	同左		

续表

类型	七铺作	六铺作	五铺作	四铺作
自七铺作至六铺作各用	第三抄入柱华栱二只，身长九十二份	同左		
	第三抄华栱列柱头方二只，身长九十二份	同左		
七铺作独用	第四抄入柱华栱二只，身长一百二十二份			
	第四抄交角华栱二只，身长九十二份			
	第四抄华栱列柱头方二只，身长一百二十二份			
	第四抄角内华栱一只，身长一百六十八份（应为169.2份）			
自七铺作至四铺作各用	交互枓二十八只	交互枓一十八只	交互枓一十只	交互枓四只
	齐心枓五十只	齐心枓四十一只	齐心枓一十九只	齐心枓八只
	平盘枓五只	平盘枓四只	平盘枓三只	平盘枓二只
	散枓一十八只	散枓一十四只	散枓一十只	散枓六只

耍头、衬方头既然里跳长150份挑斡棚栿，亦即里跳兼作铺版方，所以在实例中都是外檐与身内相连制作，本应称为“外耍头里铺版方”和“外衬方头里铺版方”才对，这恐怕是原文的疏漏。

按照卷四《栱》的规定，华栱是足材栱，用于补间则为单材，耍头为足材。按上引卷五所记，衬方头为单材。平坐铺作用栱枓，对此未作说明，只在转角铺作名件内列“衬方三条［（七铺作内二条单材……一条足材……；五铺作内二条单材……一条足材……；四铺作内二条单材……一条足材……）］”[1]，按其长度足材一条用于角内。据此，全部柱头、补间铺作上［的衬方］均应用足材，才能使地面版取得同一高度。同

[1] 李诫:《营造法式（陈明达点注本）》第二册卷十八《大木作功限二·楼阁平坐转角铺作用栱枓等数》，第184～185页。

时平坐补间铺作直接承受楼面重量，殿身补间铺作仅只承受平棊重量，似乎平坐补间铺作上的华栱，也应使用足材。

（2）转角铺作

各铺作所列名件一律用栌枓三只，是按缠柱造做法。它的铺数、出跳份数和补间铺作相同，逐跳长 30 份。只是由于增加附角枓一缝，所有分首列栱身长亦随之增长 32 份。正、侧两面附角枓上各出华栱一缝，为入柱华栱，其上跳为入柱耍头，一律外跳长随跳，里跳长 32 份，角内栱里跳长 45.12 份。

转角铺作所用角内足材耍头一只，七铺作身长 210 份。衬方三条、二条各长 180 份单材，应是用于附角栌枓缝上，一条长 252 份足材，应是用于角内。按其长度，角内耍头衬方头里跳挑斡棚栿。附角枓缝上，里跳长只一跳，并不挑斡棚栿。

平坐转角铺作列栱做法与殿阁外檐、身槽内略有不同。跳上瓜子栱、慢栱、令栱等，皆与华栱或耍头相列，不用小栱头及切几头，使转角增加了华栱缝。即卷四《栱》所说“若平坐铺作，即不用小栱头，却与华栱头相列，其华栱之上皆累跳至令栱，于每跳当心之上施耍头”[①]的做法。

（3）柱头铺作

平坐柱头铺作有两种做法。叉柱造，即卷四《平坐》：“每角用栌枓一枚，其柱根叉于栌枓之上。若缠柱造，即每角于柱外普拍方上安栌枓三枚（每面互见两枓……）。”[②]所称柱根，系指上层柱。

叉柱造柱头铺作外跳与补间铺作完全相同。里跳“逐间下草栿”，柱根叉于铺作中心上，故上层柱与平坐柱在同一中线上。缠柱造柱头铺作，则里跳草栿改用柱脚方，上层柱在平坐柱的里侧，立于柱脚方上（详第六章）。转角铺作两附角栌枓缝上华栱等构件里跳入柱。而两栌枓的中距为 32 份，故缠柱造上层柱较平坐柱内移也仅只 32 份。

二、身槽内铺作

《法式》各卷均未记述平坐身槽内铺作做法。依殿身铺作推测，如铺作里跳全部在

[①] 李诫：《营造法式（陈明达点注本）》第一册卷四《大木作制度一·栱》，第 79 页。
[②] 李诫：《营造法式（陈明达点注本）》第一册卷四《大木作制度一·平坐》，第 92 ~ 93 页。

下层平綦之上、暗层之内，应与外檐里跳做法相同。即只于栌枓口内用方木交相叠垒至耍头、衬方头之下，如当柱头即至草栿或柱脚方之下。甚至可以不用栌枓，即自普拍方上叠垒方木。其耍头、衬方头仍应长一架，与外檐铺作相连制作，挑斡棚栿。

如铺作只外槽在平綦之上、暗层之内（实例中如蓟县独乐寺观音阁即此种做法），则身槽内里跳做法应与外檐外跳相同，而柱头缝上即必须用栌枓、栱方。［插图一〇］

插图一〇之①　独乐寺观音阁暗层内铺作现状（殷力欣补摄）

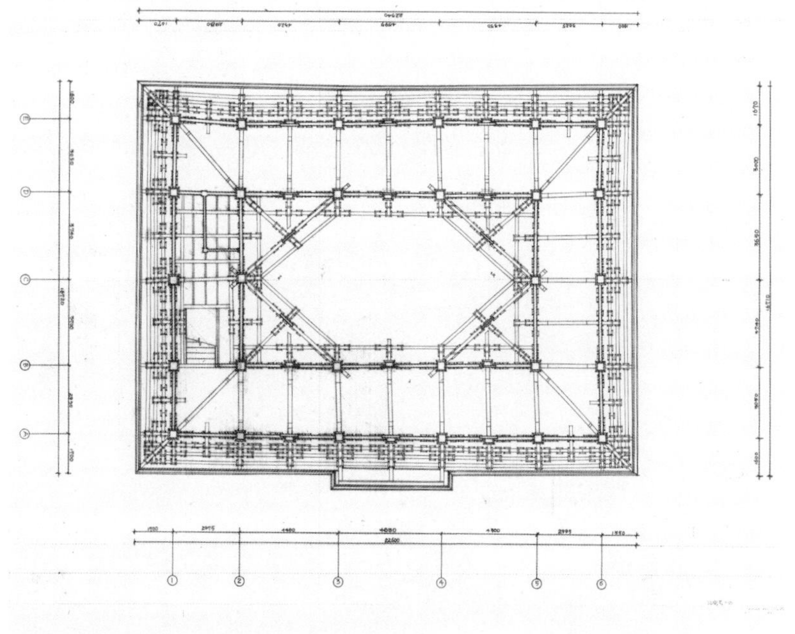

插图一〇之②　独乐寺观音阁顶层暗层仰视图（天津大学建筑学院绘）

据卷十七《铺作每间用方桁等数》，平坐铺作只于外檐外跳上用方桁，自柱头缝至外跳各缝，逐缝均各用方桁一条，其上并不需用压槽方。每出一跳用遮椽版一片，每间用雁翅版一片。

最后应当再次指出，平坐外檐铺作与身槽内铺作是由草栿、耍头、衬方头等相连制作，补间铺作与柱头铺作做法相同，即较殿身铺作保留了更多的早期横架形式，可以更清楚地看到它把全部铺作组成了一个整体的构造层。

第五节　卷头及下昂铺作的几个问题

以上各节系就卷十七、十八所记用栱料等数作出综合整理，借以重新绘制图样。现在再就在图样绘制过程中所发现的各项问题，试作阐述。

一、铺作朵数

在第一、二章中曾经阐述了补间铺作朵数与间广的关系［图版 2］。绘制铺作图样时，又特别注意到梢间铺作的做法，须有适应间广和补间朵数的处理方法。

再重复一次用补间铺作朵数的标准原则，即卷四《总铺作次序》所说："当心间须用补间铺作两朵，次间及梢间各用一朵，其铺作分布令远近皆匀（若逐间皆用双补间，则每间之广丈尺皆同……）。"[①] 所以，当心间用两朵，其余各间皆用一朵，是一般做法；逐间皆用双补间是扩大规模的做法。而梢间用一朵补间与用两朵补间的转角构造是不同的，据第一节转角铺作下昂、由昂的分析结果，大致可有三种方式［图版 12、13］：

1. 四铺作、五铺作昂身于屋内均不上出，无论补间用几朵均须于转角铺作上用角乳栿、櫼衬角栿承正侧两面下平槫交点。

2. 梢间间广 300 份或 250 份、椽长 150 份或 125 份，用六铺作以上，补间铺作一朵。其次角两面补间铺作昂尾及转角铺作昂尾，在下平槫交点之下相交，共承下平槫交点，即不须使用角乳栿，或［亦］用櫼衬角栿。

3. 梢间间广 375 份、椽长 150 份，用六铺作以上，补间铺作两朵，每朵间距 125 份。次角第一朵补间中线在侧面下平槫中线之外 25 份，其昂身只能长 125 份与角内昂相交，使下平槫交点由角内昂及由昂单独支承，或须用櫼衬角栿，下压角内昂尾，上承下平槫。

以上仅据《法式》制度规定作出推测，实际做法是否如此，尚难肯定。例如第二种情况三昂尾交聚于一点，并不是很好的方法。在实例中则有三种处理方法［图版 44］：一是将补间铺作稍微移远，使角内昂承托于下平槫交点，而两补间铺作下昂支承

① 李诫：《营造法式（陈明达点注本）》第一册卷四《大木作制度一·总铺作次序》，第 89 页。

于下平槫末端；二是使次角补间铺作出跳缝与扶壁栱不成直角正交，令里跳末端略向内偏，使昂尾支承于下平槫末端；三是转角加用附角栌枓缝，使补间移远，亦可达到同上效果。鉴于《法式》已明确规定“补间铺作不可移远”，或有可能采用第三种方法，尚难断定。

总之，铺作朵数、梢间间广与转角结构有密切关系，而梢间间广又影响着房屋的规模。（补注八）

二、跳数与铺数［图版 6］

卷一总释《铺作》“悬栌骈凑”条下注：“今以枓栱层数相叠、出跳多寡次序谓之铺作。”[①] 扼要说明铺作是以枓栱构造层数相叠和出跳多寡次序命名的。由此可知铺是指相叠的层数，跳是挑出的序数。

卷四《总铺作次序》明确交代，自“出一跳谓之四铺作”，到“出五跳谓之八铺作”[②]，而没有说明为什么铺数较出跳数的计数多三，为什么同一做法有两种计数形式。我们用上引总释的解说看图版 6，跳数是表示悬挑长度的，所以“传跳虽多不过一百五十份”[③]，即出跳总数最多不过一椽平长。而铺数是表明构件［上下］铺设层次的，因为每出一跳就须铺设一层构件，出五跳就要铺设五层构件。而不论出几跳，最下有一层栌枓，最上一跳上有一层令栱、一层橑檐方或算桯方，各种铺作图和制度规定都是这样。所以铺数总是比跳数多三，若干铺即若干层构件，故铺数所表示的是铺作高度。

因此，我认为铺数和跳数本来是分别计数的，即出一跳并不一定是四铺作。例如卷三十一《殿堂五铺作单槽草架侧样》图［图版 47］，图上注明“副阶外转四出插昂，里转出一跳”[④]。为什么其他两个副阶图上均注明外转、里转的铺数，这里只说“里转出一

① 李诫：《营造法式（陈明达点注本）》第一册卷一《总释上・铺作》，第 18 页。

② 李诫：《营造法式（陈明达点注本）》第一册卷四《大木作制度一・总铺作次序》，第 89 页。

③ 李诫：《营造法式（陈明达点注本）》第一册卷四《大木作制度一・栱》，第 77 页。

④ 此图全称《殿堂五铺作（副阶四铺作）单槽草架侧样第十三》，四库本、陶本所收录之图样有较大差异，作者认为应当以四库本为准。参阅：1.《营造法式》四库全书文津阁、文渊阁本，见本书图版 47；2. 李诫：《营造法式（陈明达点注本）》第四册卷三十一《大木作制度图样下》，第 7 页。

跳”呢？图上画得很清楚，里跳上承乳栿并不用栱方，它不够四铺作，只好说出一跳。本来栌枓、华栱共两铺，可以称出一跳两铺作。又如卷四《总铺作次序》说转角铺作与补间铺作相犯时，“或于次角补间近角处从上减一跳”[1]［图版 12］。据图实际是减一跳并不减铺。这些情况说明可能早期是用跳、铺分别计数的方式，唐、辽实例中保留着很多例证。到《法式》时对此方式已不甚解，而实际上却留下了跳、铺分别计数的残迹。

把铺数和跳数的关系固定起来，就意味着铺作最上一跳必须使用令栱、橑檐方（或算程方），这就是卷四《总铺作次序》：“自四铺作至八铺作，皆于上跳之上横施令栱与耍头相交，以承橑檐方。”[2] 它是《法式》时期的铺作特点之一。

三、里跳减铺［及“累铺作数多”］

前于第二章已经说明房屋规模大，所用铺作的铺数多；规模小，所用铺作的铺数也少。所有铺作图样及制度，又都指明铺作里、外跳并不需完全相等，一般里跳少于外跳，即里跳减铺。现有两种减铺方式：第一种即功限名件中的八铺作、七铺作里跳减一铺，六铺作以下均不减；第二种是原书铺作及侧样图均为八铺作里跳减两铺，七铺作、六铺作里跳减一铺，五铺作、四铺作不减。

两种减铺方式，表明减铺方法应是根据实际情况灵活运用的。所以卷四《栱》规定的制度是“若累铺作数多，或内外俱匀，或里跳减一铺至两铺”[3]。对照原书图样，所谓“累铺作数多”是指六至八铺作，故五至四铺作不减铺。（补注九）“或内外俱匀”是里外跳相等，即里跳减铺并不是硬性规定。但八铺作用下昂时，里跳必须减一铺，这是因为昂身长 150 份，昂下再出五跳亦长 150 份，是不必要的。“减一铺至两铺”似乎应解释为八铺作、七铺作均可减一或两铺，六铺作只减一铺。这是鉴于七铺作减两铺或六铺作减一铺后，都是五铺作，而外跳五铺作里跳是不减的，所以也不应将六铺作的里跳减至四铺作。

又制度规定的减铺没有说明用于外檐铺作或身槽内铺作，只是从原书殿堂草架侧

---

[1] 李诫：《营造法式（陈明达点注本）》第一册卷四《大木作制度一·总铺作次序》，第 91 页。
[2] 同上书，第 89 页。
[3] 李诫：《营造法式（陈明达点注本）》第一册卷四《大木作制度一·栱》，第 76 页。

样图中，才知道只有外檐铺作才减里跳铺数。身槽内铺作所用铺数与外檐里跳相等，并且里外跳俱匀。又因为八铺作里跳至少减一铺，这就确定了身槽内铺作最大只到七铺作。按照此项原则，就使得屋内全部铺作使用同一铺数。它不仅如第二节所述使室内平棊方、算程方都在同一高度上，而且屋内柱也必须与外檐柱同一高度。说明这种安排只能适用于殿堂结构形式。

还有另一种减跳，即前述卷四《总铺作次序》规定补间铺作与转角铺作相犯时“或于次角补间近角处从上减一跳”[①],是减跳不减铺。这种减跳的前提是与转角相犯,因此,它只是梢间近角一朵补间铺作特有的现象，不是一般的减跳。

四、减铺与平棊［铺作与间广］

减铺的前提如上所述是“累铺作数多”，《总铺作次序》中又进一步说明：“若铺作数多，里跳恐太远，即里跳减一铺或两铺。或平棊低，即于平棊方下更加慢栱。”[②]所说里跳恐太远的标准是什么？为什么外跳不怕太远，外跳可以比里跳多一至两跳，上面还有悬挑很远的出檐，在结构上既能妥善解决，而里跳反必须减跳，显然不是出于结构的考虑，而是出于建筑的要求。

前已说明从制度到功限所提出的减铺做法，是适用于殿堂结构形式的。殿堂平面有单槽、双槽、斗底槽等。这“槽”是指殿身外檐柱与屋内柱之间的空间［图版26］，亦即后代习称的外槽。其外檐柱与屋内柱间的间距等于梢间侧面间广，而梢间正侧两面间广既是相等的，所以槽深又等于梢间间广，即250份至375份。槽的前后两侧，分别为外檐柱和屋内柱上的铺作里、外跳，中部为平棊（或平闇）。因此，铺作出跳与平棊广在构图上有比例关系。

例如槽深250份，两侧各为七铺作出四跳，铺作出跳共占209份，只余41份安平棊，就有平棊过窄的感觉。即使两侧各用六铺作出三跳，也占去158份，平棊只有92份，较用七铺作略好，但仍嫌平棊窄。只有用五铺作，两侧各出两跳共113份，平棊宽137份的比例［较］为恰当［图版8］。由此看来如槽深250份，槽内最好用五铺作，

---

① 李诫:《营造法式（陈明达点注本）》第一册卷四《大木作制度一·总铺作次序》，第91页。
② 同上书，第90～91页。

用六铺作较次，亦即宜外檐用七铺作、里跳减两铺，或外檐用六铺作、里跳减一铺最恰当。外檐用八铺作、里跳减两铺，或用七铺作里跳减一铺，或六铺作里外俱匀次之。而五铺作以下，是肯定不需减铺的。

同样，如槽深375份时，两侧用七铺作占209份，平棊宽166份，也可勉强。但不如用六铺作，平棊宽207份更好［图版9］。所以是外檐用八铺作、里跳减两铺或七铺作、里跳减一铺最好，八铺作、里跳减一铺次之，六铺作以下均不需减铺。

如上所论，可以认为原文“若铺作数多，里跳恐太远”的原意，是指里跳占去空间太多，以致平棊太窄，使室内各部分的比例不恰当，而里跳太远的分界线是六铺作。减铺的做法，实质上是从建筑形式、艺术效果确定的。

然而由于里跳减铺，又可能产生“平棊低”，怎样叫作平棊低？前节讨论身槽内转角铺作时已经涉及平棊的位置，本来平棊是安放在算程方和平棊方之上的［图版10、11］，因为梁身“不得刻剜梁面”，平棊方位置就必须在梁背上。因此标准做法的平棊均较梁背高出一材一栔，只有四铺作平棊与梁背平。而用四铺作以上时，里跳减铺后就可能出现与四铺作相同的情况，必须提高平棊。例如外跳七铺作，里跳减两铺，乳栿下用华栱两跳，就出现平棊方与梁背平的情况。此时外槽平棊宽不过一椽，每间只需用平棊一段，或尚可不用平棊方，安放在两侧铺作算程方上。（补注十）但在内槽就不行了，假如内槽深四椽，至少需用三段平棊，必须在梁背上用平棊方承平棊。这就产生了须于“平棊方下更加慢栱”的做法，使平棊提高到高出梁背一足材，实际上这是加一铺而不是加一跳。

五、铺数与房屋规模［铺数、朵数与房屋规模］

前面讨论了铺作朵数与转角构造及梢间间广的关系，随后又从减铺看到了铺数与间广的关系。即槽深250份，身槽内宜用五铺作，槽深375份时，身槽内宜用六铺作，而槽深又是和梢间间广相等的。（补注十一）据此逐间皆用双补间的殿堂，外檐外跳以用八至六铺作最为恰当，只当心间用双补间、次梢间均用单补间时，以用七至五铺作较为恰当［图版12、13］。这必定是当时设计者所需考虑的问题，反过来，用四、五铺作的房屋，次梢宜用单补间，用六铺作以上的房屋，宜逐间皆用双补间，是当时房屋规模与铺作铺数的通常关系。所以梁栿截面，需按用四、五铺作与用六铺作以上，分别为两种不同规格（参阅第二章第三节）。

六、下昂功能 [图版8、9]

图样，六铺作以上，昂身均于屋内上出至下平槫。卷四制度规定："若屋内彻上明造即用挑斡，或只挑一枓，或挑[一]材[两]栔（谓一栱上下皆有枓也，若不出昂而用挑斡者，即骑束阑方下昂桯）。如用平棊，即自槫安蜀柱以叉昂尾，如当柱头即以草栿或丁栿压之。"[①]它规定了挑斡、叉、压三种处理昂尾的方法：柱头铺作用草栿压在昂尾上，补间铺作用蜀柱叉在昂尾上。彻上明造即用挑斡，昂尾挑斡是挑一枓或两枓一栱。可见"挑斡"本是动词，如卷十七、十八楼阁平坐用栱枓所记"里跳挑斡棚栿"亦系作动词用。至于"不出昂而用挑斡者，即骑束阑方下昂桯"，全书只见此一句，缺乏更具体的说明，在实例中也未发现与束阑方、下昂桯相吻合的做法，只能暂时存疑。

下昂在结构上究竟起什么作用，可以从昂尾的处理方式得到启发。首先，不论昂尾采用哪一种处理方式，都是为了使铺作内外荷载平衡。铺作外檐出跳、檐出、飞子均悬挑于柱外，其全部重量都要通过铺作传递至柱子。因此，铺作里跳必须有足够的重量，使内外荷载平衡，否则檐部将翻落。所以各种铺作做法中，用六铺作以上，房屋规模大出檐也大，为了使下昂里外荷载平衡，保证檐部的安全稳定，必须增长里跳昂身，使昂尾压于草栿或下平槫下。用五铺作以下，房屋规模小，檐部挑出深度也小，即无增长昂身的必要，故五铺作昂身长不超过出跳。

但是，这个作用在《法式》时期已不甚显著，甚至是不重要的。按照上述《法式》做法，只有六至八铺作才有此作用。而即使用六至八铺作，柱头铺作如不用下昂只用华栱，也同样可以达到内外荷载平衡，只有补间铺作才确实起平衡作用，然而补间铺作又只是辅助的，并非必要的。

另一方面，从铺作外跳看，[出跳不论用华栱或下昂，均可增加檐部挑出长度，但用下昂时]铺作高度却可以增加较少。[即]用华栱出跳时每增加一跳，铺作高即增加

---

① 李诫:《营造法式（陈明达点注本）》第一册卷四《大木作制度一·飞昂》，第82～83页。

21 份（一足材）。若用下昂，依制度规定："凡昂上坐枓，四铺作、五铺作并归平，六铺作以上自五铺作外，昂上枓并再向下二至五分。"[①] 而如图版 8 所示，从下第一昂向下 2 至 5 份，第二昂即向下 13 至 17 份，第三昂即向下 25 至 29.5 份。所以如用下昂出一跳，高度只增加了 19 或 16 份；出两跳高度只增加 29 或 25 份；出三跳高度只增加 38 或 33.5 份。这就清楚地表明了使用下昂可以增加檐部挑出深度，而尽可能少增加高度，便于适应屋面坡度的变化。正是利用昂的倾斜度使昂上坐枓可以向下的伸缩性，才使昂尾有挑一枓或挑一材两栔的变动余地。这是下昂在建筑形式上所起的作用。

七、用栱昂

《总铺作次序》说明跳上用栱有："逐跳上安栱谓之计心，若逐跳上不安栱而再出跳或出昂者，谓之偷心"；又"每跳令栱上只用素方一重，谓之单栱，即每跳上安两材一栔"；"若每跳瓜子栱上施慢栱，慢栱上用素方，谓之重栱，即每跳上安三材两栔"。[②] 提出了跳上用栱有计心、偷心［图版 6］、单栱、重栱四种方式，而没有说明在何种情况下采用何种方式。今仅于扶壁栱条中看到五至七铺作都是下一抄偷心，八铺作下两抄偷心，并且偷心造必定又是用单栱［图版 7］。在功限名件中所列举的做法，都是计心重栱，这当然是《法式》举例、定功都选择最繁的做法为例的习惯。参考实例（第七章表 31），五铺作用计心、偷心的各半，六铺作间或用计心，六铺作以上全部用偷心。似唐宋时偷心造是使用较普遍的形式。

又单栱、重栱或与间广有关。例如间广 200 份用补间一朵或间广 300 份用补间两朵时，每朵间距均只 100 份。用重栱每朵净距只有 4 份，用单栱造每朵净距可有 24 份，自以用单栱造为宜［图版 6］。

跳上出昂或栱，据《总铺作次序》："凡铺作并外跳出昂，里跳及平坐只用卷头。"[③] 所谓外跳出昂，从下昂功能及规定做法判断，只是六铺作以上昂身长至下平榑，才确实可称为下昂。五铺出一抄一昂，四铺作出插昂，都只有昂的形象而无昂的作用，与

---

① 李诫:《营造法式（陈明达点注本）》第一册卷四《大木作制度一·飞昂》，第 81 页。
② 李诫:《营造法式（陈明达点注本）》第一册卷四《大木作制度一·总铺作次序》，第 90 页。
③ 同上。

卷头并无差别。至于用昂只数，制度也未说明，据原书铺作图样，八铺作用三下昂，七铺作用双下昂，五铺作用一下昂，四铺作用插昂，均无例外。只有六铺作在制度、功限、图样中，均为用一抄两下昂，唯独《总铺作次序》扶壁栱条中曾提出有两抄一下昂的做法。可能六铺作用下昂数需由里跳做法确定。因为一般做法都是栿首应与出跳华栱或华头子相列，如里跳出两跳承乳栿，外跳可用单抄双下昂［图版9、11］，［但需于栿背加丁头栱，或里跳减一铺，］如里跳［减一铺］出两跳承乳栿，外跳宜用双抄单下昂之类［里跳于平棊方下更加慢栱］。

八、出跳减份

前已于第一节中明确了功限［中］铺作用栱料等数所反映的减份，有几种不同的份数，同时又和卷四制度规定不尽相同，因此得出当时减份方法有很大的灵活性的印象。而究竟为什么要减份，目的是什么，是至今还不能确切知道的问题，不过，在这里还可以补充一些现象。

卷四《栱》华栱条下注："若铺作多者，里跳减长二分，七铺作以上即第二里外跳各减四分，六铺作以下不减。若八铺作下两跳偷心，则减第三跳，令上下跳上交互枓畔相对……"[1]"铺作多"是指六铺作以上，已在本节第三项里跳减铺中说明，所以第一句是六、七、八铺作里跳第一跳减长2份［图版6］。第二句是七铺作、八铺作里外跳第二跳又各减4份，六铺作第二跳以上不减。第三句是八铺作下两跳偷心，第二跳不减，第三跳减14份（因为交互枓长16份，必定要减14份，才能使上下交互枓畔相对）。概括起来即：六铺作以上里跳第一跳减2份，七、八铺作又在限定情况下指定某一跳减若干份。这就和功限所记固定里跳第一跳减2份、以上各跳逐跳减4或5份大不相同，而较近于现存实例。

实例大致是［同一朵铺作上，］跳上偷心时跳长较大，跳上计心时跳长较短（详第七章及图版38～40），表明减份是和偷心、计心相联系的。现存十一个七铺作实例（实例中铺数最多只到七铺作），其中有九个是一、三跳偷心，二、四跳计心并减份。由此

[1] 李诫：《营造法式（陈明达点注本）》第一册卷四《大木作制度一·栱》，第76页。

看来减份应当是和铺作构造有关的，其确切意义，还有待于深入研究。

不过《法式》制度和功限的差别，却反映出另一情况。制订制度可能是由技术水平高、经验较多又较全面的工匠如都料匠等参与的。它们还保留、遵守着较多的早期技法，所以制度规定与唐辽实例较为接近。而参与制订功限的，可能是专计工料的专业工匠，他们更多地熟悉当时一般的习惯做法，因此产生了这种差别。从而证明了《法式》时代是木结构技术的一个承前启后的时期，它的铺作构造残留着一些早期做法的遗迹，保持着形式上的古法，而实质上已开始了一些变革。

九、扶壁栱

卷四《总铺作次序》将铺作柱头缝上所用栱方，称为影栱或扶壁栱，并且详细列举了四种做法[①]［图版7］：

1.“如铺作重栱全计心造，则于泥道重栱上施素方（方上斜安遮椽版）。”

2.“五铺作一抄一昂，若下一抄偷心，则泥道重栱上施素方，方上又施令栱，栱上施承椽方。”（补注十二）

3.“单栱七铺作两抄两昂及六铺作一抄两昂，或两抄一昂，若下一抄偷心，则于栌枓之上施两令栱两素方（方上平铺遮椽版），或只于泥道重栱上施素方。”

4.“单栱八铺作两抄三昂，若下两抄偷心，则泥道栱上施素方，方上又施重栱素方（方上平铺遮椽版）。”

第一种做法在“泥道重栱上施素方”，是只用于重栱计心造的做法。据前节外檐八铺作应用素方三重，七铺作二重，八铺作至四铺作及身槽内各铺作均各用一重。此处概括地说“泥道重栱上施素方”，省略了所用数量。

第二种做法，五铺作只有两跳，下一抄偷心，第二抄上当然是令栱，实际是单栱偷心造。第三、四种原文已说明是单栱偷心。所以后三种做法都是只适用于单栱偷心造的形式，是在柱头缝上用栱方相间的形式。

柱头缝上需用栱方多少，是按什么原则决定的呢？我们看外檐铺作重栱全计心造

[①] 李诫:《营造法式（陈明达点注本）》第一册卷四《大木作制度一・总铺作次序》，第91～92页。

的安排：八铺作用三重素方，连同其下的重栱，共五材四栔。七铺作用素方二重，共四材三栔。六铺作以下用素方一重，共三材二栔。据此并参照实例，扶壁栱用栱方系八铺作至六铺作随出跳数，由栱方五重至三重，六铺作以下一律用栱方三重。（补注十三）所以偷心单栱造八铺作“泥道栱上施素方，方上又施重栱素方”，共为五重。七铺作、六铺作条中上句说“施两令栱两素方”，共栱方四重，应为七铺作所用；而下句“或只于泥道重栱上施素方”，应为素方一重，共三重栱方，系六铺作所用。至于第二种做法，五铺作“泥道重栱上施素方”，也是栱方三重，而“方上又施令栱，栱上施承椽方”，应属槫栿构件，不应视作扶壁栱［，因为六铺作以上均无令栱承椽方］。

十、压槽方

压槽方［（似非铺作构件，卷十七、十八中亦无）］见于卷五《梁》：“凡屋内若施平棊，在大梁之上平棊之上又施草栿，乳栿之上亦施草栿，并在压槽方之上（压槽方在柱头方之上）。”[①]没有说明截面规格，实例中也未曾见过。从原书铺作图及侧样图上看，似为广、厚各一材一栔的方木。而卷二十六大木作料例：松方“广二尺至一尺四寸，厚一尺二寸至九寸，充四架椽至三架椽栿，大角梁、檐额、压槽方……”[②]，多为两材以上名件，似乎压槽方也应是广两材左右的大料，但目前还无法肯定。

据卷三十铺作图、卷三十一殿堂草架侧样、厅堂用梁柱图［图版46～49］[③]，得知压槽方是只用于殿堂铺作的构件，厅堂铺作一律不用。因为殿堂最小系用五铺作，故卷三十铺作图中四铺作无压槽方。此方位置在柱头方之上，上引卷五原文已注明，在殿堂草架侧样图上均在草栿之下，卷三十铺作图则表明略低于橑檐方。由于外檐铺作外跳昂上坐枓可向下2至29.5份，里跳铺数又有减一铺或两铺的差别，它的实际位置随

[①] 李诫:《营造法式（陈明达点注本）》第一册卷五《大木作制度二·梁》，第99页。

[②] 李诫:《营造法式（陈明达点注本）》第三册卷二十六《诸作料例一·大木作》，第63页。

[③] 此处涉及的图样，四库本与陶本有较大差异，甚至有二图名称不符：四库本“八架椽屋乳栿对六椽栿用三柱”，陶本为“八架椽屋乳栿对六椽栿用二柱”；四库本“六架椽屋乳栿对四椽栿用三柱”，陶本为“六架椽屋乳栿对四椽栿用四柱”。作者认为应当以四库本为准。参阅：1.《营造法式》四库全书文津阁、文渊阁本；2.李诫:《营造法式（陈明达点注本）》第四册卷三十一《大木作制度图样下》，第5～8、15、21、22、24、25页。

具体情况略有高下。

殿堂外檐铺作里跳减铺，身槽内铺作同外檐里跳，使室内外铺作高度不同。外檐铺作与身槽内铺作扶壁栱用栱方数也不同。草栿又规定“在压槽方之上”，并且“直至橑檐方止”，可见压槽方的作用一是使荷重分布均匀，二是使内外铺作取平以便于安装草栿。因此，就形成了《法式》时期铺作和草架截然划分的现象。

殿堂室内铺作的布置是外檐里跳及身槽内里外跳全部使用同一铺数，因此，内外柱高度相等，内外槽平棊均在同一高度上。由此又形成了《法式》殿堂结构形式的主要特点——显著地分为柱额、铺作、层盖三个水平层次。

第六节　小结

我们分析了卷十七、十八殿阁、平坐铺作用栱枓等数所列名件，并据以绘制出图版 8 至 15，再加原书卷三十铺作侧样、正样图及卷三十一殿堂侧样、厅堂间缝用梁柱等图中的铺作，总共有三种铺作图样。它们大体一致，细节上又各有出入，反映出铺作构造有共同的标准，而允许具体运用时在制度规定的范围内有不同的取舍。

在绘制图样过程中，曾补充了原书所省略的柱头铺作用栱枓等数，校正了若干脱漏和错误，并明确了一些问题，其中如铺作铺数与跳数的关系，铺作出跳减份的各种方法，铺作数多，系指六铺作以上。什么情况会产生平棊低，需于平棊方下更加慢栱，昂的功能及四铺作、五铺作都可不用下昂，柱头铺作里跳用华栱跳数，以及功限和制度规定的差别等等，都在文字或图样中表明，无须再作重复叙述。这里只就两三个重要问题再稍加概括，并补充几项推论。

第一，铺作铺数、朵数与间广、房屋规模有如下关系：

1. 外檐铺作里跳减铺（即屋内铺作铺数）与槽深有比例关系，即槽深 375 份，里跳宜用六铺作，槽深 250 份，宜用五铺作。

2. 里跳六铺作，外跳宜八至六铺作。里跳五铺作，宜里外俱匀，或外跳可大至七铺作。

3. 外跳八至六铺作，梢间宜用双补间，间广 375 份。外跳五铺作，梢间宜用单补间，间广 250 份。

4. 槽深等于梢间间广。梢间间广 375 份，即房屋逐间间广 375 份。梢间间广 250 份，房屋可逐间 250 份，或只心间 375 份。

这四项是相互制约的关系，并无一定次序，只需决定其中任何一项，便影响其他三项的决定，如何选择使之达到使用要求，做到“规矩绳墨之宜”，应是当时设计者必须全面考虑才能作出决断的。

铺作与间广的关系，梢间用单补间或双补间对转角构造的影响，及用六铺作以上的房屋规模加大，需增加乳栿平梁截面规格等，均显示出铺作在殿堂房屋中，对建筑形式、规模及结构都有很重要的作用。

第二，使用下昂在结构上是使铺作内外荷载平衡，在建筑上是增加檐出深度而尽可能少增加高度。挑斡、叉、压是处理昂尾的三种方法。挑斡可挑一枓或挑一材两栔，是由昂身斜度决定的，反过来又可作为调整昂身斜度的方法。由此产生的减低昂上坐枓高度及外檐铺作外跳减份，都是与屋面坡度、檐出深度密切相关的。所以挑斡、昂上枓向下、出跳减份又是在不同的具体情况下适应屋面坡度的三种互相联系的方法。

第三，《法式》铺作做法与辽宋实例（详第七章）比较，除各种细部手法不论外，有如下差别：

1. 现存实例外檐铺作，最大只有七铺作出四跳，没有八铺作。华林寺大殿、崇福寺弥陀殿等例，外檐似是出双抄三下昂，实际是将要头做成下昂［形］，仍为七铺作出四跳。

2. 实例共有十一例七铺作，都用偷心造。其中玄妙观三清殿、保国寺大殿两例是下一抄偷心，其余九例都是一、三抄偷心。

3. 殿堂结构形式十例，其中六例身槽内铺作用里外俱匀形式，四例身槽内铺作里跳较外跳多一至三铺，为《法式》所没有记述的做法。（补注十四）

上述三项在形式上是最大的差别，但我们现在对铺作的结构意义还不十分理解，许多问题还无从解答。因此，这类形式上的问题恐怕还有其历史的、本质的内容为我们所不知，需继续探讨。不过，也还可以概略地叙述一下铺作的发展。

例如殿堂结构的铺作本是一个整体结构层（详下章），由纵架和横架组成，《法式》的铺作构造，仍留有此种做法的形迹。所以，铺作只不过是纵架和横架的结合点，亦即将纵架和横架的结合部分割裂出来称为铺作。外檐柱头和身槽内柱头铺作，在房屋横断面上，只不过是横架的两端（所以我们从图版 8 至 17 诸铺作图中都是这样表示的），而扶壁栱即是纵架。在各图中横架的形式还大体存在，但乳栿占有突出的位置，就是由梁栿代替横架导致铺作分离出来的早期形式。而外檐扶壁栱由三重栱方到五重栱方组成，也大体保存了纵架的形式，但身槽内扶壁栱一律只用栱方三重，也开始失去纵架的原意。这些问题都反映出铺作形式和整个结构形式逐渐变革的过程。

作者补注

一、重栱计心造，最繁之例也。

二、分首列栱的身长，系指两端出栱头之长以外，其中段之长度，亦即自中线以外伸出另一面的跳长。

三、应较角昂长一跳也。

四、五铺作可用角乳栿、櫼衬角栿，亦可不用。四铺作必用角乳栿、櫼衬角栿。

五、角内可用足材造。

六、丁头栱用于里跳，八铺作里跳减一铺。

七、把头绞项作见图版 5。

八、详下文二至五。

九、累铺作数多，指六铺作以上，故六铺作以上平梁乳栿截面加大。书中减铺只到六铺，五铺不减，亦可证六铺为数多。又铺作间距及扶壁栱做法，六铺作均处于中间位置，可上可下。

十、如外槽深 250 份，则平棊宽仅 120 份也。

十一、此“宜用”，实为最大以若干铺为宜，当然可以小。

十二、据此，四铺作上亦用令栱承椽方？

十三、扶壁栱所用栱方层数随出跳数，从五至三……但不同重栱、单栱。

十四、里外跳，详第六章第一节。

第五章　两种结构形式——殿堂、厅堂

图样是《法式》的重要组成部分，除制度、功限外，以图样所占篇幅最多。[①]原书《总诸作看详》说："或有须于画图可见规矩者，皆别立图样以明制度。"[②]足见当时已经深知仅凭文字记叙，没有图样，不能彻底说明制度，对图样给予了充分的重视。

卷三十一的殿阁、厅堂平面、断面图［图版 46～49］，是全面理解《法式》房屋建筑制度的依据，更为重要。[③]正是有了这些图样，我们才知道殿堂、厅堂是两种不同的结构形式。这一重要认识，不仅使我们对宋代建筑有较深的理解，而且对于研究我国古代木结构建筑的发展，有着深刻的启示。现在，我们就按照以前各章所取得的结果，［重］新绘制这些图样。我们已经明确了房屋长、宽、高的材份制度，铺作和结构、规模的关系，几乎每项尺度都有了明确的份数，再也不需要预先作出某些尺度的假定。这就使我们能够得到更正确的标准图样，绘制图样的工作也非常便利，充分体现出材份制的优越性。当然，将以前各章所取得的结果，在整体中互相联系，检验其是否正确，也是本章的一项重要任务。

---

① 《营造法式》原宋版本仅存书卷和若干散页，以图样部分损失最大。近代流行的陶本《营造法式》三十四卷中，关于图样者计有六卷：卷二十九《总例图样》《壕寨制度图样》《石作制度图样》，卷三十《大木作制度图样上》，卷三十一《大木作制度图样下》，卷三十二《小木作制度图样》《雕木作制度图样》，卷三十三《彩画作制度图样上》，卷三十四《彩画作制度图样下》。1925 年印行影印本时，版本学家陶湘请老工匠对大木作制度二卷和彩画制度二卷诸图，以清式做法重绘，彩画部分按原图旁注填色。此做法虽大部分保留了原书信息，但也掺杂了相当数量的可商榷之处。故包括陈明达先生在内的研究者，研究图样均参考其他版本，如丁本、故宫抄本、四库全书文津阁本等，而大量的工作则是根据文字记录和现存唐辽宋代建筑遗构去做复原分析。

② 李诫：《营造法式（陈明达点注本）》第一册序目《总诸作看详》，第 42 页。

③ 此处所言卷三十一各图，作者采信的是四库本《营造法式》。

第一节　厅堂间缝内用梁柱［图版 19～25］

卷三十一有十八种厅堂屋架图，卷三十《举折屋舍分数第四》所列八架椽屋也是一个有副阶的厅堂屋架图［图版 45］。原书没有厅堂平面图，只有屋架图（它也就是厅堂的横断面图），称为“厅堂等间缝内用梁柱”，而不称为“草架侧样”，从名称上即和殿堂区别。

据图，厅堂结构形式的特征极为明确：它是以每一间横向柱中线（即间缝）上的柱梁配置为主，每一间缝分为若干椽，构成一个用梁、柱组合成的屋架。每两个屋架之间，逐椽用槫、襻间等，纵向连接成一间。由于每椽平长都用标准份数，无论用多少柱子，每两个柱子之间的距离都是椽平长的整倍数，所以采用这种结构形式，只要屋架的总椽数相同，不论梁柱如何配合，都能连接成间。每座房屋间数多少，各间缝采用何种柱梁配合形式，则由需要决定。因此，平面图无关紧要，可以省略不用［图版 19］。（补注一）

原书柱梁组合形式的排列次序，以椽数多少为序，自十架椽至四架椽分为四类，每一类又以用柱多少为序。计有：

十架椽屋［五式］：分心用三柱
前后三椽栿用四柱
分心前后乳栿用五柱
前后并乳栿用六柱
前后各劄牵乳栿用六柱

八架椽屋［七式］：通檐用二柱（卷三十举折屋舍分数图）
分心用三柱
乳栿对六椽栿用三柱
前后乳栿用四柱
前后三椽栿用四柱
分心乳栿用五柱
前后劄牵乳栿用六柱

六架椽屋［三式］：分心用三柱

乳栿对四椽栿用三柱

前乳栿后劄牵用四柱

四架椽屋［四式］：通檐用二柱

分心用三柱

劄牵三椽栿用三柱

前后劄牵用四柱

现在绘制的图样采取按柱数多少分组排列的形式，以便分析比较，并就用柱梁等逐项说明如下。

一、柱

厅堂间广200至300份，按柱高“不越间之广”的标准规定，最大用三等材，外檐高合10尺到15尺之间（补注二）；最小用六等材，外檐柱高合8尺至12尺之间。屋内柱高按卷五《柱》：“若厅堂等屋内柱，皆随举势定其短长。”[①]从图样得知所谓“随举势定其短长”并非增高至［脊］槫下（补注三），而是：

1. 一般屋内柱高至上架栿首或栿尾之下，仍于柱头用栌枓承栿及襻间。位于平梁两端的内柱，或更在栌枓口内加用令栱。

2. 分心用三柱或分心用五柱的中柱，均高至平梁之下，柱头用栌枓或更加令栱或楷头绰幕，承于平梁中部蜀柱缝下。计有十架椽、八架椽各二式，六架椽、四架椽各一式。

厅堂除四椽、八椽各一式通檐不用内柱外，其余各式均用屋内柱，大概通檐不用内柱，是尽可能避免使用的形式。（补注四）

柱径据卷五《柱》规定厅堂径两材一栔，未说明系檐柱或屋内柱，如比照殿堂用柱，其外檐柱、屋内柱，柱径应相等。

二、栿及顺栿串

厅堂房屋进深以椽数计，最大十架椽，最小四架椽。椽平长按间广之半，为100

[①] 李诫：《营造法式（陈明达点注本）》第一册卷五《大木作制度二・柱》，第102页。

份至150份。总进深最大十椽至1500份，最小四椽仅400份。以用柱多少决定梁栿长度，十九式中只有八架椽屋通檐用二柱、八架椽屋乳栿对六椽栿用三柱两式，分别用了八椽、六椽栿，其余十七式均只用五椽以下栿，可见当时是尽可能避免使用大跨度梁栿的。（补注五）

十架椽、八架椽十二式中，除十架椽分心用三柱、八架椽分心用三柱、乳栿对六椽栿用三柱及通檐用二柱四式外，其余八式均在屋内柱之间、梁栿之下，与梁栿平行方向加用一方，应即卷五《侏儒柱》“凡顺栿串，并出柱作丁头栱，其广一足材，或不及即作楷头，厚如材，在牵梁或乳栿下”[①]中的顺栿串，只用于十椽、八椽屋，六椽、四椽屋不用。其位置凡用四柱的在两内柱之间用一条［图版22］，用五柱的在三内柱之间用两条［图版21］，用六柱的在最内两柱之间用一条［图版20］。串首出柱，于柱外乳栿之下作华栱或楷头，即原文所谓“在牵梁或乳栿下”之意。凡栿尾入内柱，多作出柱透卯，萧眼穿串。

三、额串

厅堂每间缝用屋架一架，各屋架之间除槫及襻间外，还用额、顺脊串、顺身串等构件连接。檐柱头之间用阑额，屋内柱头间或梁头下驼峰之间用屋内额。即卷五《阑额》所记：“凡屋内额广一材三分至一材一栔，厚取广三分之一，长随间广，两头至柱心或驼峰心。”[②]

卷五《侏儒柱》“凡蜀柱量所用长短于中心安顺脊串，广厚如材，或加三分至四分，长随间，隔间用之”[③]，厅堂原图中大多遗漏顺脊串。又原图六椽以上的屋内柱额下，又或有一至三方，应即卷十九《殿堂梁柱等事件功限》中所说“襻间、脊串、顺身串并同材”[④]的顺身串，其位置多与最下一梁或顺栿串在同一高程上。

---

① 李诫:《营造法式（陈明达点注本）》第一册卷五《大木作制度二·侏儒柱》，第107页。
② 李诫:《营造法式（陈明达点注本）》第一册卷五《大木作制度二·阑额》，第101页。
③ 李诫:《营造法式（陈明达点注本）》第一册卷五《大木作制度二·侏儒柱》，第107页。
④ 李诫:《营造法式（陈明达点注本）》第二册卷十九《大木作功限三·殿堂梁柱等事件功限》，第194页。

四、槫及襻间

槫是主要结构材之一，每架用槫一条，只有下檐柱缝上多用承椽方代槫（十九个厅堂用梁柱图中有十八图均系用承椽方，只有一图用槫）。由于每架用槫一条，而柱子的中距是椽长的整倍数，所以槫和柱的位置，必定是相对应的。

襻间用于槫下，起加强槫的作用，卷五《侏儒柱》："凡屋如彻上明造，即于蜀柱上安枓，枓上安随间襻间，或一材或两材。襻间广厚并如材，长随间广，出半栱在外，半栱连身对隐。若两材造，即每间各用一材，隔间上下相闪，令慢栱在上，瓜子栱在下。若一材造，只用令栱，隔间一材。如屋内遍用襻间，一材或两材，并与梁头相交。"① 又据厅堂原图及卷三十《槫缝襻间》图，无论一材或两材襻间，上一材上并应用替木。

按制度规定襻间属侏儒柱篇内名件，原文先说"蜀柱上安枓，枓上安随间襻间"的详细做法，而后才补述"如屋内遍用襻间"的做法。据其先后次序，似乎用于脊槫下的襻间最重要，正如第三章核算结果所示，脊槫直接负荷屋脊重量，必须有加强的措施，其他槫缝襻间作用较小。即如原图全是屋内遍用襻间的做法，其中四椽、六椽屋均于脊槫下用两材襻间，其余各槫下只用一材襻间；八椽、十椽屋脊槫下用两材襻间，上平槫缝多数也用两材襻间，少数用一材襻间，以下各槫缝均只用一材襻间，显然有轻重的区别。

五、用铺作［图版 18］

原图八架椽屋乳栿对六椽栿用三柱，外檐外跳用六铺作出单抄两下昂，重栱计心造。前檐里跳出一跳上承乳栿，后檐里跳出两跳上承六椽栿。举折屋舍八架椽屋一图的副阶用枓口跳。其余十七式外檐均用四铺作，外跳出一跳计心造，里跳出一跳偷心造。可以说明厅堂外檐铺作可用六铺作至枓口跳。（补注六）

其所有铺作外跳构造，与前面所述殿堂铺作完全相同，唯里跳出跳上一律不用栱

① 李诫:《营造法式（陈明达点注本）》第一册卷五《大木作制度二・侏儒柱》，第 106 页。

方。如八架屋柱头用六铺作，里跳出两跳或一跳，跳上均不用栱方，按前章所论跳数铺数分别计数方法，应称为出两跳三铺作，或出一跳两铺作。

厅堂屋内均不用铺作，只于槫、栿、襻间的结合点上用栱枓。一般在柱头、驼峰或栿背上坐栌枓承梁头与单材襻间相交，相当于把头绞项作；或与两材襻间相交，即于梁头下栌枓口内加华栱。

六、厅堂用下昂

八架椽屋乳栿对六椽栿一图，外檐使用一抄两下昂，为厅堂结构如何应用下昂、如何处理柱头铺作与梁栿的结合，提供了例证。铺作之上须承六椽栿或乳栿首［图版18、24］，其结合方式有两种：

1. 外跳出一抄两下昂，里跳出两抄上承栿首，如原图后檐所示，则其下一昂似应为插昂，或改用外跳出两抄一下昂［图版11］。

2. 如原图前檐外跳出一抄两下昂，里跳出一抄上承栿首。

以上两式，上一昂昂尾，如原图均压于上架栿首之下。这种昂尾挑上架栿首的做法，显然和卷四《飞昂》所说“如当柱头，即以草栿或丁栿压之”[①]稍有不同，可能是由屋内彻上明造产生的。但是参考华林寺大殿、保国寺大殿的做法［图版39］，也可以认为这是较早期的形式。

七、间广与铺作朵数

由于厅堂梁柱的配合全部是柱子在槫缝下，没有槫柱不相对应的做法。而椽长最大150份，如用转角造，梢间间广不得超过300份，亦即逐间皆广300份。按补间铺作中距125份可增减25份的规定，它可以用补间两朵，也可以用一朵。鉴于厅堂用铺作铺数较殿堂低一级，铺作构造也较简易，其用铺作朵数也应低于殿堂一级，故在第二章中推定厅堂间广最大300份，用补间铺作一朵或不用。

[①] 李诫：《营造法式（陈明达点注本）》第一册卷四《大木作制度一·飞昂》，第83页。

八、平闇

厅堂可以使用平闇，已在第二章中予以肯定。但十九个厅堂原图均为彻上明造，使我们无从了解平闇的安装方法，只能参考殿堂副阶平棊做法，推测是在栿背上用平棊方承平闇。（补注七）由于梁柱的配合形式不同，可能有两种装置形式（参阅图版 18、21）：

1. 于前后檐铺作里跳栿背上加用平棊方，柱头方与平棊方间用峻脚椽斜按遮椽板。其内每架下平棊方一道承平闇，屋内平闇全部在同一高度上。适用于十椽、八椽、六椽屋分心用三柱，六椽屋乳栿对四椽栿用三柱及四椽屋各式。

2. 前后乳栿劄牵用四柱或六柱等式，可于前后檐柱与内柱间按上述方式安平闇。其中间部分随屋内柱举势，于内柱上栿背之上安平棊方承平闇。这样就使屋内分为几片不同高程的平闇。

九、厦两头及合角造［图版 25］

厅堂屋如用不厦两头造，只需决定间架数，便可选用合于使用要求的屋架形式。同一房屋所用屋架只需椽数相同，可选用几种用柱方式。但如用厦两头或合角造，其转角及侧面均需另作布置。

厦两头造需将房屋两侧面按每两椽为一间，改用檐柱。以八架椽屋为例，凡梢间通檐用二柱，分心用三柱，前后乳栿用四柱、分心乳栿用五柱等式，只需于侧面增用檐柱。如原计划各间采用乳栿对［六］椽栿用三柱，前后三椽栿用四柱，前后乳栿劄牵用六柱等式，除侧面增用檐柱外，并需将梢间改为前后乳栿用四柱或分心乳栿用五柱等式，才便于在侧面檐柱上用乳栿或丁栿以适应转角构造。其他各椽屋依此类推，不一一列举。

庭院四周建廊屋，若正侧两面转角相连建造，称为合角造，即卷十三《用鸱尾》“若廊屋转角，即用合角鸱尾”[①]，其转角部位梁柱亦需另作布置。仍以八架椽屋为例，除转角两侧仍需增加相应的檐柱外，还需于转角斜缝上增用梁柱一缝。此一缝用柱，应与转角两侧所增檐柱相对，使檐柱上所用梁栿能与斜缝梁柱相交，并尽可能避免使

[①] 李诫：《营造法式（陈明达点注本）》第二册卷十三《瓦作制度·用鸱尾》，第 55 页。

用丁栿。因此，斜缝最好采用分心乳栿用五柱形式。而所增檐柱各缝，除原用乳栿对六椽栿用三柱及前后乳栿用四柱外，其他四式均需于转角部位适当减少用柱，以避免柱子过于密集的缺点。

转角造、合角造均缺乏实例参考，以上仅试作推测，是否如此尚难肯定。

第二节 殿阁地盘分槽图

卷三十一《殿阁地盘分槽等第十》共四个平面：

1. 殿阁地盘九间，身内分心斗底槽。
2. 殿阁地盘殿身七间，副阶周匝各两架椽，身内金箱斗底槽。
3. 殿阁地盘殿身七间，副阶周匝各两架椽，身内单槽。
4. 殿阁地盘殿身七间，副阶周匝各两架椽，身内双槽。

一、地盘分槽

原图均写明地盘若干间及副阶两椽，按图中画出柱子排列方式，可说明“地盘”就是占地间数及柱子的布置形式。又柱子之间用双线画出阑额及铺作中线、扶壁栱中线等，因知是柱头的仰视平面而不是柱脚的平面，反映出当时度量房屋尺度，一般均以柱头为基准。又卷十五砖作制度《垒阶基》篇内规定殿堂、亭榭、楼台等阶基宽度，均为“普拍方外阶头，自柱心出三尺至三尺五寸”[①]。“自柱心出”当然指檐柱中线，前面又特地加“普拍方”三字，应是表明此柱心是普拍方所在的柱心，亦即柱头中线。要如此具体慎重地加以说明，可见当时有关平面的制度规定，全部是以柱头为法的。

檐柱与屋内柱间画出的单线，当然是表示乳栿、角乳栿及四椽栿的位置，但并没有画出丁栿和角梁的位置，又可知这是承平棊的明栿，而不是平棊以上承屋盖的草架梁栿。综合以上各项，可以说明地盘分槽图，实质上是表示平棊以下的结构布置图。四个图的结构布置各不相同，形成了不同的屋内空间划分形式，即不同的“槽”。这就

[①] 李诫：《营造法式（陈明达点注本）》第二册卷十五《砖作制度·垒阶基》，第98页。

是地盘分槽图的全部内容。

在当时的材份制度下，作出这样的平面图，必定是已经有了全面的计划，从平面到结构构造，从铺作到外观形式等等，都大体有较成熟的设计方案。同时地盘间数既经确定，即可决定用材等级，例如据第［二］章表8（各类型房屋的间椽尺寸），第一图殿身九间，应用第一等材；其余三图，均为殿身七间，副阶周匝，殿身应用第二等材，副阶材减一等用第三等材。

二、分槽形式［图版26、27］

在前章第五节压槽方的讨论中，已说明平綦以下的结构是柱额和铺作。而每座房屋的铺作既经由压槽方取平，又有柱头扶壁栱的联系，实质上组合成为一个整体结构层。同时铺作布置有一定的形式，形成了不同的"槽"，取得了室内空间的艺术效果。确切地说，"槽"主要是由铺作构成的，每个槽的周边都是铺作，而槽的界线就是铺作扶壁栱。地盘分槽图上阑额、扶壁栱都用双线表示，乳栿、四椽栿用单线表示，正是为了突出槽的划分形式。四个地盘分槽图，表示出四种不同的分槽形式。

第一种，无副阶，正面广九间，侧面深四间。除四周檐柱外，屋内纵向中线上一排内柱，横向每隔三间也用一排内柱，将平面划分为六个面积相等的槽，每槽纵三间横二间。由于它有在中柱上纵向贯通全平面的扶壁栱，而称为分心斗底槽。

第二种，殿身外围有副阶，正面九间，侧面六间。殿身广七间，深四间，用檐柱一周。檐柱内侧相距一间又用一周内柱，后一排内柱头上扶壁栱并纵向贯通全平面，与檐柱上扶壁栱相交，其余三面扶壁栱相连成"凵"形。将殿身全部平面划分成两个长、短、宽、窄不同的长方形和一个"凵"形槽，称为金箱斗底槽。

第三种，殿身外围有副阶，正面九间，侧面五间。殿身广七间，深三间，用檐柱一周。殿身内，在后檐柱内侧纵向用一列内柱，将全部平面分隔为前面广七间、深二间，后面广七间、深一间的两个长度相等，宽窄不同的槽。因为它有一条窄槽，称为单槽。

第四种，副阶、殿身间数、用檐柱等均同第二种。殿身内，前后各用一列纵向内柱，将全部平面分隔为前后各一个广七间、深一间，中部广七间、深二间的三个槽。以前后各有一个窄槽，称为双槽。

以上对四个平面分槽的形式的描述，说明由柱、额、铺作划分的各种空间称为“槽”。同时，据单槽、双槽两种形式的命名，似乎“槽”只是指后面一个或前后各一个长条形空间——即后代所称的外槽——换言之，这两图的槽，只是指由两排相距一间的柱子（以后简称双排柱）及柱上的铺作组成的结构构造及其形成的空间。同样，金箱斗底槽是指由双排柱组成的外围构造及空间，而不包括内槽的空间。由此，又可推定由双排柱组成的槽，可能是较早期的或基本的形式，而如分心斗底槽形式，是较晚期的新发展的形式。

三、间广与铺作朵数

原图殿身均画出逐间用双补间，故应逐间皆广 375 份。副阶各间也都画出逐间用双补间，它和殿身相对的七间，间广及铺作朵数，当然须与殿身相同。按殿身二等材 375 份计，间广实际尺寸为 20.625 尺，用补间两朵，每朵中距 6.875 尺。而原图注明“副阶周匝，各两架椽”，按每椽 150 份，四面副阶进深都是 300 份，因此副阶最外一间间广也必定是 300 份。副阶材减一等用三等材，实际间广为 15 尺。如亦用补间两朵，每朵中距 5 尺，较中间各朵中距小 1.875 尺，与制度规定“其铺作分布令远近皆匀”的要求相差较大。如用补间一朵，每朵中距 7.5 尺，较中间各朵大 0.625 尺，较接近于远近皆匀的要求。

副阶究竟用几朵补间，是个很重要的问题，不妨再重复一次第一章中对“每补间铺作一朵，不得过一尺”的解释。所谓不得过一尺，即每一朵铺作规定占标准间广五尺，如间广不匀，其增减以一尺为限。亦即每铺作一朵占间广不得小于四尺，亦不得大于六尺。折成材份即每铺作一朵占间广 125 份，其增减不得超过 25 份。所以间广 300 份，用补间一或两朵都在允许范围之内，在这里由于其他各间已确定为两朵，根据“远近皆匀”的原则，应肯定梢间宜用补间一朵。

四、进深

《法式》习惯，一般用椽表示进深，只有殿堂平面图仍用逐间双补间表示进深，那么间广是不是也是 375 份？我们在第一章已经提到卷二十一小木作功限中的《裹栿版》

说"殿槽内裹栿版长一丈六尺五寸"，"副阶内裹栿版长一丈二尺"，是分别按五等材 375 份和六等材 200 份折算出的尺寸。[①] 这一条既证明了椽每架平长 150 份，也证明了进深的间广是 375 份。（补注八）因此殿堂的进深自铺作以下是以间为准的，完全适用间广的制度规定。在四个平面图上虽然都是逐间用双补间，各广 375 份，但是在实际运用时，为了适应结构或使用要求，应当允许采用其他间广，如用单补间逐间广 300 份或 250 份等等。

五、平面图和断面图的关系

以上是对原书平面图的说明。又另有四个草架侧样，即横断面图，图中的分槽与平面图相同，分心槽一图无副阶，单槽图只有一条内柱，双槽图有两条内柱。还因为双槽和金箱斗底槽的横断面相同，在双槽图上特地注明"斗底槽准此"等等，均显示出原书平面图、断面图是互相配合的四种分槽的标准平、断面图。这对于我们讨论分槽结构、进深和椽架关系等问题，给予了很大的便利。而原书平面图标题为"殿阁地盘分槽图"，断面图标题为"殿堂草架侧样"，前者称"殿阁"，后者称"殿堂"，暗示出殿堂和殿阁的平面是相同的。断面图画的是单层殿，所以只能称殿堂，不能称殿阁。

第三节　殿堂草架侧样图［图版 19、28～32］

卷三十一殿堂草架侧样图四种［图版 46、47］[②]，原图注明[③]：

1."殿堂等八铺作（副阶六铺作），双槽（斗底槽准此，下双槽同）草架侧样第十一"（补注九）：

[①] 李诫：《营造法式（陈明达点注本）》第二册卷二十一《小木作功限二·裹栿版》，第 248 页。

[②] 此四图样出自四库全书文津阁本《营造法式》，与陶本《营造法式》所录有微妙的差异。参阅李诫：《营造法式（陈明达点注本）》第四册卷三十一《大木作制度图样下》，第 5～8 页。

[③] 以下抄录的四条"原图注"文字，实际上与原图注有所差异，现以［　］标示。这几处文字差异，似非抄录讹误，而是作者分析图面内容后做出的校勘意见。类似的工作，可参阅刘敦桢：《宋·李明仲〈营造法式〉校勘记录》，载《刘敦桢全集》第十卷，中国建筑工业出版社，2007，第 74～75 页。

殿侧样十架椽，身内双槽。殿身外转八铺作，重栱出双抄三下昂。

里转六铺作，重栱出三抄。副阶外转六铺作，重栱出单抄两下昂。

里转五铺作出双抄。以上并各计心（其檐下及槽内枓栱，并补间铺作在右，柱头铺作在左。下准此）。

2.“殿堂等七铺作（副阶五铺作），双槽草架侧样第十二”（补注十）：

殿侧样十架椽，身内双槽。殿身外转七铺作，重栱出双抄两下昂。

里转六铺作，重栱出三抄。副阶外转五铺作，重栱出单抄单昂。里转五铺作，出双抄。以上并各计心。

3.“殿堂等五铺作（副阶四铺作），单槽草架侧样第十三”（补注十一）：

殿侧样[八]架椽，身内单槽。殿身外转五铺作，重栱出单抄单下昂。里转五铺作，重栱出双抄。副阶外转四[铺作]出插昂。里转出一跳。以上并各计心。

4.“殿堂等六铺作，分心槽草架侧样第十四”（补注十二）：

殿侧样十架椽，身内[分心]槽。外转六铺作，重栱出单抄两下昂。里转五铺作，重栱出两抄。以上并各计心。

一、柱额

按前节殿堂平面布置，用双排柱为基本做法，柱额随分槽形式用阑额及由额。卷五《阑额》：“凡由额施之于阑额之下……如有副阶，即于峻脚椽下安之，如无副阶，即随宜加减，令高下得中（若副阶额下即不须用）。”[1]四图中分心槽及单槽均无由额，与制度不同。双槽两图由额均在副阶平棊峻脚椽下，与制度相合。据此，可知如不用副阶或副阶不用平棊，均可不用由额。

双槽两图阑额之下承副阶椽尾者，应为承椽串，各图屋内柱阑额之下均应为照壁方。卷十九功限“由额每长一丈六尺（……照壁方、承椽串同）”[2]，可证由额、照壁方、

[1] 李诫：《营造法式（陈明达点注本）》第一册卷五《大木作制度二·阑额》，第101页。

[2] 李诫：《营造法式（陈明达点注本）》第二册卷十九《大木作功限三·殿堂梁柱等事件功限》，第195页。

承椽串三者规格相同，仅以用途不同而有不同名称。（补注十三）

殿堂檐柱、屋内柱一律同高，柱额等组合成柱网，上承铺作分槽构造。用副阶殿身柱高500份、副阶柱高250份等，均见第一章，我们将在下面副阶条中，再次核算此项柱高的正确性。

又原书殿堂草架侧样及厅堂等间缝用梁柱图，柱脚一律用地栿，柱头一律用阑额不用普拍方。卷五《阑额》："凡地栿广加材二分至三分，厚取广三分之二，至角出柱一材。"① 地栿的位置、截面大小，都很明确。但原图地栿均位于柱櫍之上。按照石作制度柱础尺寸，折合成材份，一般高10份左右，卷五《柱》："凡造柱下櫍，径周各出柱三分，厚十分。"② 故础櫍共高约20份，再加地栿高，总计37至38份。按六等材计合1.48尺，按一等材计合2.22尺（即50至70厘米左右）。使用离地面这样高的地栿，除非是只用于墙壁之内，或者屋内用地棚，屋外加阶级，才便于出入交通。但是现存实例中尚无此种例证，究竟如何应用，尚难肯定。

其次，《法式》只在卷四《平坐》篇中规定平坐使用普拍方，原图无普拍方，正与制度相符。但早于《法式》的辽宋实例如永寿寺雨华宫、奉国寺大殿，外檐柱头均用普拍方，更早的独乐寺观音阁下屋内柱头上已使用普拍方。而前引卷十五砖作《垒阶基》篇既以"普拍方外阶头自柱心出"③ 为准，似乎普拍方也是较普遍使用的构件，所以才能作为度量阶头的标准。

二、铺作分槽结构

分槽结构是殿堂结构形式的重要特点。铺作布置在各个槽的周边，如果撇开铺作的次要构造部分，就可看到，全部铺作的扶壁栱，随着整座房屋的周边成为长方形的两道框架——纵架，而在内外两柱头铺作上的出跳构件与乳栿，则成为两道框架间的若干道横向连接构架——横架。像金箱斗底槽那样转过九十度的槽，还在转角斜线上加角乳栿，使全部铺作成为一个整体的结构层。由于每一座房屋的屋架是安放在分槽

① 李诫:《营造法式（陈明达点注本）》第一册卷五《大木作制度二·阑额》，第101 ~ 102页。
② 李诫:《营造法式（陈明达点注本）》第一册卷五《大木作制度二·柱》，第103页。
③ 李诫:《营造法式（陈明达点注本）》第二册卷十五《砖作制度·垒阶基》，第98页。

结构层之上的，所以它承担着全部屋盖重量，并且控制着槽下柱网的稳定。

我们已经从第四章知道身槽内铺作与外檐铺作里跳均用同一铺数，使铺作高度相等。而外檐铺作外跳较里跳多一至二铺，所垒铺作构件高于里跳，因此铺作上所使用的压槽方，既可找平全部铺作的高度，又是承托屋盖大梁的垫木。屋内铺作既全用同一铺数，就使屋内的内外槽平棊也在同一高度上。于是全部房屋的结构显然从水平方向分为柱额、铺作、屋盖三个层次［图版19］，这就成为《法式》殿堂结构形式的一个特点。［特点一］

从图上还可看到双槽和金箱斗底槽构造，是以双排柱的构造为基础的，因此可以省去中心部分联系用的四椽栿，而无损于它的结构功能。实例证明用此种结构形式建造的多层楼阁的中心部分，可以由省去中部联系构件而成为通联几层的空筒［图版42］。这是殿堂结构形式的另一特点。［特点二］

殿堂结构形式用铺作，一般均可应用前章所述各种形式，唯六铺作下昂造，似尚有选择余地。如分心斗底槽原图，外檐用六铺作出一抄两下昂，里跳减一铺，柱头铺作里跳只出一跳。按六铺作里跳也可以不减铺，于是［六铺作］共有四种做法可供选择：第一，里跳不减铺，出一跳承乳栿，即需在乳栿上加用丁头栱承平棊方；第二，里跳不减铺，出两跳承乳栿；第三，里跳减一铺，出一跳承乳栿；第四，将外跳改为出两抄一下昂［图版11］，里跳减一铺，出两跳承乳栿，则于平棊方下更加慢栱。（补注十四）

四个地盘分槽图所用铺作［图版26、27］，虽然都是应用各种标准做法，但在分槽的一定部位必须按卷四制度规定加用虾须栱。由于铺作是沿槽周边转换方向的，在各种不同的组合形式下产生了不同的转角铺作。如金箱斗底槽、单槽及双槽靠近侧面的次角柱头上（即分槽平面成T形交点的柱头上），外跳是柱头铺作，里跳两侧都是转角，需各增角内华栱一缝，铺作平面成“木”形。此两缝华栱当即《华栱》篇内所说“若只里跳转角者谓之虾须栱，用股卯到心，各以斜长加之”[①]的虾须栱。还有分心斗底槽两个中柱上的铺作，四角均转角，需各用角内华栱一缝，铺作平面成“米”形，则为制度中所未记述的做法。

---

① 李诫：《营造法式（陈明达点注本）》第一册卷四《大木作制度一·栱》，第77页。

三、屋架与间广

前已说明四个地盘分槽图殿身正面、侧面都是用双补间，逐间间广375份。在侧样图上屋架却是按椽布置的，因此屋架的椽与地盘的间不相对应，槫的位置多不在柱中线上。

四个侧样图中有三个十架椽屋，地盘图均为四间，每间375份，共1500份。本来应当按一间两椽的原则分为八椽，但那就每椽长187.5份，超过了椽长的最大限度。所以侧样图上分为十椽，恰好是标准规定的最大限度，每椽150份。单槽地盘图是三间1125份，如果分为六椽，每椽也都超过150份，所以侧样图上分为八椽，平均每椽长140.625份，略小于制度规定的最大限度。由此可以再次确认殿堂椽长允许增加至187.5份，是由间架配合方式产生的，在实际运用时只限于平棊以下不承重的明栿等构件长度，平棊以上承重的椽长绝不允许超过150份。（补注十五）

每间等于两椽，本是当时一般房屋建筑的原则。现在因为殿堂间广可以大至375份，而椽长又限定不得超过150份，就产生一间大于两椽、间椽不相对应、槫缝不与柱缝相对的现象，这在实例中还是很少见的。

殿堂结构能够允许槫缝不与柱缝相对，是《法式》殿堂结构形式的又一特点。这种结构形式的全部铺作既已由压槽方取平，屋架本身又是一般抬梁构造形式，位于屋架最下的大梁安于压槽方上，其上由逐架减短的梁栿层叠至脊下，用蜀柱、叉手承脊槫。屋架结构和屋架下的铺作结构不相连属，只是重叠的关系，所以屋架分椽和铺作结构，都可以分别处理而不致互相影响。[特点三]

但是四阿屋盖各槫缝的转角构造，如系每间分为两椽的一般做法，除在每个柱头缝上转过一槫外，下平槫转角交点由角内昂及次角补间两下昂尾共同支承，上平槫转角交点由丁栿承托。而当殿堂逐间广375份，椽长仍为150份时，就完全改变了上述一般情况，所有槫缝均不在柱头上，并且每间中各有两槫。这就必须增用丁栿。例如十椽、八椽屋用櫼衬角栿承托下两椽，用阁头栿及丁栿支承上两槫转角交点。八椽屋更需增用平梁一缝及丁栿，支承上一槫及脊槫[图版33]。

四、用梁栿

原书四个断面图上［图版46、47］，平綦以下所用明栿最大跨度两间750份，相当于四、五椽栿的长度。其上所用草栿有三种做法，双槽八铺作一图，左侧柱头表明只用草乳栿（其右侧因系补间铺作，未明确表示梁栿），四椽明栿上不用草栿，其上八椽栿两端安于前后草乳栿上，这应当是一般的、也是合理的做法。分心槽一图前后五椽明栿上，各用五椽草栿于中柱缝上对接，这也是必然的做法。双槽七铺作及单槽图上，都在乳栿、四椽明栿之上画作十椽或八椽通檐草栿，这应当是草乳栿和四椽草栿相连制作，而不应当是通檐草栿。卷五《梁》明确规定："凡平綦之上须随槫栿用方木及矮柱敦桥，随宜枝樘固济，并在草栿之上。"[①] 可见平綦之上草栿的做法，在形式上的要求并不严格，可以"随宜"，只着重于"固济"，并没有限定要用通檐草栿。又说："凡屋内若施平綦，在大梁之上平綦之上又施草栿，乳栿之上亦施草栿，并在压槽方之上。其草栿长同下梁，直至橑檐方止。"[②] 更明确指出在乳栿、大梁之上是分别使用草栿的。尤其在身槽内使用上昂造提高内槽平綦时［图版29］，就必须提高大梁草栿位置，或不用草栿。这些都可证明，草乳栿和大梁草栿系分别使用。据此，可以确认上述两图所画是相连制作的草乳栿和四椽草栿。此两种草栿可以相连制作，则是由于草乳栿广两材两栔，四椽草栿广三材，两梁高度实际只差3份。加以上一梁重量是分别由前后草乳栿承担，当中的四椽草栿并无荷载，即使与草乳栿同样规格，也并不影响结构强度。

所以在此四图上最大梁栿，应是在草栿之上的那条梁，即单槽侧样图上的六椽栿和其他三图上的八椽栿。

最后再看为什么用六铺作以上时平梁、乳栿要加大。我们在第四章中已说过房屋用六铺作以上时，槽深以375份为适宜，梢间间广又需与槽深相等，这就意味着侧面间广也必定是逐间375份，至少是三间八椽，而正面就不会少于七间。随着整座房屋规模增大，屋脊相应增高，使正脊下的平梁增加了集中荷载，因而，必须增大平梁截

---

① 李诫：《营造法式（陈明达点注本）》第一册卷五《大木作制度二·梁》，第100页。
② 同上书，第99页。

面。其次，六铺作以上房屋均在八椽以上，其屋架最下梁栿分别为乳栿和大梁，如图所示［图版 28～31］，此乳栿需负担其上的六或八椽栿荷载的一半，即三或四椽的屋面荷载，故截面需增大至 42 份，使其接近于四、五椽栿的规格。

五、槫及襻间

屋架每椽用槫一条与厅堂结构相同，只是在檐柱缝上的构造稍有不同，即卷五《栋》："凡下昂作第一跳心之上用槫承椽（以代承椽方）谓之牛脊槫，安于草栿之上，至角即抱角梁，下用矮柱敦㮰。如七铺作以上，其牛脊槫于前跳内更加一缝。"[①] 据殿堂侧样图表示，铺作扶壁栱上除用压槽方找平外，不再用其他栱方。草栿在压槽方上，其长直抵橑檐方，柱头缝上草栿之上用槫，此槫应即牛脊槫。制度称"第一跳心之上用槫承椽"，显然是柱头缝上之误。又在两个十架椽图上，殿身用七、八铺作，于柱头缝与橑檐方之间加用一槫，也在草栿之上，即制度所称"如七铺作以上，其牛脊槫前跳内更加一缝"。

随槫襻间在原图中均于脊槫下用两材襻间，上平槫及十椽屋中平槫下，均用单材襻间，以下各椽均用实拍襻间，与制度规定"凡襻间如在平棊上者，谓之草襻间，并用全条方"[②]，稍有不同。

六、副阶

四个侧样图中有三个用副阶，列举了三种不同做法。第一个十架椽双槽殿身的副阶用平棊，平棊之上用叉子栿（即大斜梁，其名称见卷十小木作制度《壁帐》）。第二个十架椽双槽殿身的副阶亦用平棊，平棊之上只用斜置的草乳栿，不用草牵梁，栿上用蜀柱叉手，其下平槫即在乳栿上用方木敦㮰。第三个八架椽单槽殿身的副阶用彻上明造。

这三个副阶所用的屋架构造形式，用平棊或彻上明造，各不相同。尤其两个十架椽殿，用叉子栿或只用乳栿不用劄牵，表明屋盖举高较小，可以肯定是受殿身柱高

---

① 李诫：《营造法式（陈明达点注本）》第一册卷五《大木作制度二・梁》，第 108 页。
② 李诫：《营造法式（陈明达点注本）》第一册卷五《大木作制度二・侏儒柱》，第 106 页。

的制约，不得不减低副阶举高。即第一章所论殿身柱高 500 份，副阶柱高 250 份，其总高需略低于殿身柱高。按三个有副阶的殿身均为七间，应用二等材，副阶材减一等用三等材。殿身柱高 500 份，合二丈七尺五寸，而副阶总高应略低于此数。现即核算如下：

第一个副阶［图版 28］用六铺作出单抄双下昂，共高 109 份（六铺作高 126 份，减去两下昂降低 17 份）。举高按制度应为二分中举一分，今以用铺作数多，需减低举高，按《法式》中最小举高十分中举四分，计为 156 份，柱高 250 份。（补注十六）总计副阶高 515 份。以三等材计为二丈五尺七寸五分，再加瓦面厚约一尺二寸五分，共计二丈七尺，较殿身柱高只低五寸。但举高系计自殿身柱中，自柱外垒屋脊至柱中至少有二尺间距，即举高相差八寸，连同原低五寸可有一尺三寸高度，足供垒屋脊。

第二个副阶［图版 30］用五铺作单抄单下昂，共高 105 份。举高按十分中举四分半，计为 162 份，柱高 250 份。共计 517 份。较上列结果相差 2 份，实际尺寸只差一寸。

第三个副阶［图版 31］用四铺作高 84 份。举高按标准制度二分中举一分，为 165 份，柱高 250 份。共高 499 份，合二丈四尺九寸五分。其屋脊尚在殿身柱头阑额之下。

如上核算结果，证明为了使副阶总高不超过殿身柱高 500 份，前两个副阶采用了使用不同铺数的铺作及调整举高的方法。正是因为举高小，屋架不能采用乳栿上用劄牵的标准形式，只得用叉子栿或只用乳栿等随宜枝樘的方法。因此又必须加用平棊或平闇。第三个副阶可以完全采用标准做法，才使用彻上明造。

两个用平棊的副阶，均于乳栿尾上用交互枓承平棊方，与外檐铺作里跳上的平棊方相对称，以便于安峻脚椽。然而这又引起了另一问题。据阑额篇中制度规定，殿身由额系安于平棊峻脚椽下，这就使殿门高度受由额限制。如彻上明造，由额位置可以“随宜加减，令高下得中”[①]，殿门高度即不受副阶平棊影响。因此，副阶是否用平棊，还与殿的使用要求有关，从而又牵涉到殿身与副阶柱子的关系。这必然是当时设计者所需考虑的问题。

卷四《总铺作次序》：“副阶缠腰铺作不得过殿身，或减殿身一铺。”[②] 以之与原图

[①] 李诫：《营造法式（陈明达点注本）》第一册卷五《大木作制度二·阑额》，第 101 页。
[②] 李诫：《营造法式（陈明达点注本）》第一册卷四《大木作制度一·总铺作次序》，第 92 页。

对照，第一个殿身外檐八铺作、副阶六铺作，第二个殿身七铺作、副阶五铺作，第三个殿身五铺作、副阶四铺作。即副阶铺作减殿身一或两铺，较制度规定可多减一铺。参照副阶高度核算结果，减多少铺，也应是控制副阶总高不超过殿身柱高的一种方法。

副阶铺作一律不用压槽方，六铺作里跳减一铺，五铺作里外俱匀。四铺作里跳只出一跳，跳上承乳栿不用骑栿令栱和素方，应该称为出一跳两铺作。六铺作用下昂，即于柱头缝上用牛脊槫，六铺作以下均于扶壁栱上用承椽方。所用乳栿或草乳栿尾均入殿身檐柱，栿上仍用脊槫，彻上明造并于脊槫下用单材襻间等等，均可说明副阶结构应属厅堂结构形式。

第四节　房屋外观立面的比例

古代房屋建筑的外观立面，显然有一定的构图要求［（它是由大木结构框架决定的）］，我在应县木塔的研究中，也曾发现房屋立面高、宽的比例关系，《法式》制度虽然缺乏此种记载，但由檐角生出及“角柱之内檐身亦令微杀向里（不尔恐檐圜而不直）”[①] 的记述看来，当时对外观立面形象的艺术处理，有很高的要求。那么对房屋长、宽、高的比例，也必定有相应的要求。它没有明确记载，或者是这种要求已经包含在有关制度规定之内，故不需另作说明。今就正面与侧面的长、宽，下檐柱高、铺作高、举高、檐高与檐出深度等三项，依既定制度范围内材份数，试求其比例关系。

一、正面与侧面的比例［图版3］

即单座房屋平面长宽比。它是和屋盖形式相联系的，只是在用四阿或厦两头（九脊）屋盖时，才产生比例问题。如用鬭尖屋盖，必须用圆形或各种正多边形平面。而厅堂、余屋不厦两头造，只是以房屋进深决定规模，其正面间数并无限制，自不发生平面比例问题。

以殿堂为例，殿阁地盘图以间为单位，如侧面每间间广份数均相同，外槽深一间，

[①] 李诫：《营造法式（陈明达点注本）》第一册卷五《大木作制度二・檐》，第111页。

内槽深两间，即外槽、内槽槽深比为 1∶2。因此房屋侧面间数与殿堂分槽结构形式有固定关系，侧面三间［宜用］单槽，侧面四间［宜用］双槽、金箱斗底槽及分心斗底槽。而侧面四间是此种结构形式的最大限度［（？）］，因为超出四间就不适宜于分槽形式。

侧面间数与正面间数的比例，在第二章中已指出用四阿屋盖，侧面二、三、四间，正面宜用五、七、九间。也可以用三、五、七间，但须将脊槫两头各增长 75 份。又由于侧面间广必须和椽长相适应，正面梢间间广又必须和侧面间广相适应，才便于屋盖构造等原因，正侧两面间广总份数就产生种种变化。（补注十七）例如侧面二、三、四间逐间皆广 375 份，正面就必定是逐间 375 份。而侧面两间只能分为六椽，每椽 125 份；三间只能分为八椽，每椽 140.625 份；四间只能分为十椽，每椽 150 份，等等。又如侧面两间分四椽，每椽 150 份，就必定是逐间广 300 份，而正面就有逐间皆广 300 份，或只梢间广 300 份，或次梢间均广 300 份，心间广 375 份等各种选择。现即以侧面二、三、四间，逐间广分别用 375、300、250 份；正面逐间广 375 份，或次梢间广 300 份，心间广 375 份；或次梢间广 250 份，心间广 375 份等不同间广份数为例，作表 29 及图版 3，以考察正侧两面间广的比例关系。

由表可见侧面间数只决定正面间数，侧面间广才决定具体规模。例如侧面两间间广 250 份，正面五间总广 1375 份，总面积为 687500 份^2。如侧面间广 375 份，即正面五间总广 1875 份，总面积 1406250 份^2。规模相差达一倍以上。表中所列还只是以规定的几种标准间广为例，如果将间广自 200 份起，以每递增 25 份为一级，直至 450 份为止，其间的各种变化将更多。但是仍可看到侧面、正面比例在 1∶1.5 至 1∶2.75 之间，而在 1∶2 以上时均不需增长脊槫，在 1∶2 以下时即需增长脊槫或改用厦两头造。

从表中还看到间广、椽长不相对应的情况，只在逐间间广 375 份时才发生，这当然是受一间分两椽、每椽不得超过 150 份的原则所制约的。

表 29　房屋正面侧面间广比例

类型	侧面间广椽长				正面间数间广				侧面：正面
	间广（份）	椽数	椽长（份）	总广（份）	间数	心间广（份）	次梢间广（份）	总广（份）	
侧面两间	250	4	125	500	5 3	375 375	250 250	1375 875	1 ： 2.75 1 ： 1.75
	300	4	150	600	5 3	375 375	300 300	1575 975	1 ： 2.625 1 ： 1.625
	375	6	125	750	5 3	375 375	375 375	1875 1125	1 ： 2.5 1 ： 1.5
侧面三间	250	6	125	750	7 5	375 375	250 250	1875 1375	1 ： 2.5 1 ： 1.83
	300	6	150	900	7 5	375 375	300 300	2175 1575	1 ： 2.146 1 ： 1.75
	375	8	140.625	1125	7 5	375 375	375 375	2625 1875	1 ： 2.3 1 ： 1.66
侧面四间	250	8	125	1000	9 7	375 375	250 250	2375 1875	1 ： 2.375 1 ： 1.875
	300	8	150	1200	9 7	375 375	300 300	2775 2175	1 ： 2.3125 1 ： 1.8125
	375	10	125	1500	9 7	375 375	375 375	3375 2625	1 ： 2.25 1 ： 1.75

二、檐柱、铺作、举高比

这三项高度本身都不是固定的，柱高不越间之广，即可自 200 份至 375 份，有很大的伸缩范围。铺作高度自栌枓底至橑檐背，随所用铺数有五种不同尺度。其中用下昂时昂上坐枓可以向下 2 至 5 份，又产生四五种较小的变化。举高的变化更多，以前后橑檐方心距离为准，殿堂三分举一，厅堂四分举一，又按瓪瓦、瓪瓦有再加 8% 至 3% 的差别。而房屋椽数不同，实际举高相差很大。又因为以橑檐方心为准，即使房屋椽数相同，也随着铺作铺数有种种不同变化。这三项高度本身已经有如此多的变化，它们之间的比例实在是难于确定的。现在姑且依据标准规定，选定：殿堂自四椽至十椽，用六至八铺作，柱高 250 份或 375 份；厅堂四椽至十椽，用四至六铺作，柱高 250 份或 300 份；殿堂殿身八椽用七铺作，柱高 500 份，副阶两椽用五铺作，柱高 250 份。以上椽长一律按 150 份计。共合九种不同做法为例，绘成图版 4，以探讨它们的高度的比例关系。

如图所示，约可分为四种情况。

1. 四椽屋，柱高约等于铺作高加举高：

殿堂四椽：柱高 375 份。六铺作高 113 份，加举高 260 份，等于 373 份。

厅堂四椽：柱高 250 份。四铺作高 84 份，加举高 165 份，等于 249 份。

副阶两椽：柱高 250 份。五铺作高 105 份，加举高 144 份，等于 249 份。

2. 六椽屋，柱高约等于举高，即柱高加铺作高约等于铺作高加举高：

殿堂六椽：柱高 375 份。六铺作高 113 份。举高 360 份。

厅堂六椽：柱高 250 份。五铺作高 105 份。举高 255 份。

3. 八椽以上屋，柱高加铺作高约等于举高：

殿堂八椽：柱高 375 份，加七铺作高 134 份，等于 509 份。举高 480 份。

厅堂八椽：柱高 250 份，加六铺作高 113 份，等于 363 份。举高 345 份。

厅堂十椽：柱高 300 份，加六铺作高 113 份，等于 413 份。举高 420 份。

4. 殿堂十椽，柱高加铺作高大于举高 54 份，或小于举高 81 份：

无副阶：柱高 375 份，加八铺作高 144 份，等于 519 份。举高 600 份。

有副阶：柱高 500 份，加七铺作高 134 份，等于 634 份。举高 580 份。

（补注十八）

前三种情况是很重要的。虽然按标准规定所得出的两方数字只是接近，并不相等，然而在制度所允许的范围内是不难使之相等的。例如殿堂八椽，柱高加铺作高 509 份，较举高 480 份大出 29 份，是相差最大的一例。它所用的柱高是上限，其下限尚可小于 250 份，所以仅只减低柱高就可使之相等，何况还可改用六铺作减低铺作高度。又如厅堂八椽，柱高加举高 363 份，较举高 345 份大 18 份，仅需调整出跳份数及下昂斜度，就可使之相等。而按照《法式》惯例，它也不应是严格的规定，应当容许略有出入。

因此可以确认这三种情况的比例，是当时普遍应用的比例，也大致与辽宋实例相符合［表 37］。（补注十九）

第四种情况殿堂十椽是一个特例。无副阶一图的举高大于柱高加铺作高 81 份，而柱高已达上限不能再加，即使改用六铺作减低举高（如原书分心斗底槽草架侧样），仍差 72 份。如加用副阶可以略微改变这种情况。从八椽用副阶图中可见柱高 500 份，七铺作高 134 份，共 634 份，［如用］十椽举高 580 份，两者相差 54 份，差距较不用副阶大为减小。如改用八铺作柱高 500 份，铺作高 143 份，共高 643 份，举高 600 份，已可将差距缩小至 43 份，并可再略减小柱高、铺作高。所以，可能殿堂十椽必须加副阶，但如图版［4］，八椽用副阶则柱高［约］等于举高。

三、檐出、檐高比

檐出是中国古代房屋建筑最突出的形象，确定它的比例是很重要的，也是相当困难的问题。制度虽然规定了檐出、飞子的份数，但那个份数是从橑檐方中起算的。我们要探求外观轮廓的比例，就必须从柱中起算。故此处所谓的檐出，应该是外檐铺作外跳出跳、檐出、飞子三者的总和。至于檐高，本来应当是从地面到飞子底的高度，不过因为檐出、飞子长度及屋面坡度的变化很不稳定，这个高度也难于度量，为了便于计算，采用以橑檐方背为准，即檐高为柱高及外檐铺作外跳高的总和。

现即分别按厅堂、殿堂各项有关规定的上下限，列为表 30。由表可见按标准规定，檐出为檐高的 53% 至 55%。但各种规定均有一定的伸缩幅度，变动其中的一项，即可改变其比例。例如仅增加柱高即可将厅堂檐出减至檐高的 39%，殿堂减至 43%。又如将殿堂檐高使用上限份数，而檐出使用下限份数，可将檐出比例减低至檐高的 50% 等等。由此，似可得出结论：一般檐出为檐高的 40% 至 50%。这也是和实例情况大致接近的（参阅第七章表 35，图版 5）。

从这里还可以看到制度规定殿堂檐出 80 份至 90 份，在运用为调整檐高、檐出的比例时，确实能起到很大的作用，并使我们在第一章中所作的檐出判断得到有力的证明。

表30 檐高、檐出比例[①]

类型	上下限	柱高	铺作高	檐高总计	檐出	飞子	出跳	檐出总计	檐高： [总]檐出	[柱高总檐出]	[柱高：椽长 檐高：椽长]
厅堂（份）	下限	200	枓口跳 63	263	70	42	30	142	100 ： 54	[71]	[100 ： 56 43]
		（250）		（313）					（45）	[57]	[100 ： 45 36]
		（300）		（363）					（39）	[47]	[100 ： 37 31]
	上限	300	六铺作 113	413	80	48	90	218	53	[73]	[100 ： 42 31]
殿堂（份）	下限	250	五铺作 105	355	80	48	60	188	53	[75]	[100 ： 51 36]
		（300）		（405）					（46）	[63]	[100 ： 43 32]
		（375）		（480）					（43）	[50]	[100 ： 34 27]
	上限	375	八铺作 143	518	90	54	150	294	55	[78]	[100 ： 38 28]
	下限				（80）	（48）	（132）	（260）	（50）	[70]	[100 ： 34 25]

表30 檐高、檐出比例

		柱 高	铺 作 高	檐高总计	檐出	飞子	出跳	檐出总计	檐高：檐出
厅	下 限	200	斗口跳 63	263	70	42	30	142	100:54
堂		(250)		(313)					(45)
		(300)		(363)					(39)
(份)	上 限	300	六铺作 113	413	80	48	90	218	53
殿	下 限	250	五铺作 105	355	80	48	60	188	53
		(300)		(405)					(46)
堂		(375)		(480)					(43)
	上 限	375	八铺作 143	518	90	54	150	294	55
(份)	下 限				(80)	(48)	(132)	(260)	(50)

插图一一 作者在初版表30上所作批改

① 此表后二栏"柱高总檐出""柱高：椽长/檐高：椽长"系作者在初版书页上添加。见该页书影（插图一一）。

第五节　小结

厅堂、殿堂既是房屋的两种建筑形式，又是两种结构形式，主要区别是结构。

厅堂结构形式以横向的梁柱构造为主体，每缝成为一个单独的屋架，檐柱头上用铺作承栿首，栿尾入内柱。因此内柱高于檐柱，以“举势定其短长”[①]。每两个屋架之间，在梁头部位用槫、襻间、顺脊串，在屋内柱头及柱身用屋内额、顺身串连接成一间。每增加一间即再增加一个屋架。间数多少，是由使用需要决定的。

这种结构形式的标准图样，均显示出在设计时曾特别注意到抗拒水平推力的性能，所以中柱高只至平梁下，内柱间使用顺栿串，梁尾入柱用透卯、萧眼穿串等，都是防止屋架受水平推力变形、倾斜或拔榫的措施。

从施工程序看是以屋架为单位进行制作安装，逐间拼合竖立，再用联系构件拼接成间。这种结构形式，可以任意增减间数，而不致发生困难。

厅堂结构形式最大只用三等材。外檐铺作最大六铺作，身内只用相当于枓口跳、把头绞项作的栱枓，作为柱梁等的结合构造。间广 200 至 300 份，椽平长 100 至 150 份，每间用补间铺作一朵或不用补间铺作。屋内一般用彻上明造，或亦可用平闇。屋盖用厦两头或不厦两头造，亦可用副阶。

原书十九种柱梁组合形式，可能是当时较普遍的形式。梁柱结合的原则是：同一房屋的椽长都是相等的，而梁长或柱子间距一定是椽长的整倍数。因此，同一房屋的屋架只需椽数相同，可以采用各种不同的柱梁组合形式。按照这个原则，显然可以有各种不同组合形式，所以这十九种组合形式，并不是仅有的形式。

殿堂结构形式是按水平方向分层次的构造。单层房屋分为三个结构层次，下面是柱额层，柱上是铺作分槽层，槽上是屋架层。如果是多层楼阁，即在铺作分槽层上又叠垒平坐及上屋的柱额层、铺作分槽层，如此层叠至最上层分槽之上用屋架。

整座房屋的柱子按间和分槽形式排列，柱头用阑额、由额连接成柱网。柱头上用铺作组成几个不同形状、不同大小而又互相联系的槽。每个槽是沿槽周边在柱头和阑

[①] 李诫:《营造法式(陈明达点注本)》第一册卷五《大木作制度二·柱》，第 102 页。

额上安栌枓，枓内用纵向、横向的栱、方组成的整体。扶壁栱是这种分槽结构的主要构造——纵架。内外柱头间的栱、方、栿组成横架。柱头铺作是纵架和横架的庞大复杂的结合点。补间铺作是次要的，有时甚至是装饰性的。

用双排柱组合成的双槽和金箱斗底槽，可能是殿堂结构形式的基本的或主要的分槽形式。它最适合于多层建筑。现有古代实例中还保存着用此种分槽形式建成的楼阁。只是分心斗底槽形式还未发现与《法式》完全相同的实例。

殿堂结构形式从施工程序上看，整座房屋只能按水平方向分层制作安装。完成了柱额安装，才能安装铺作分槽，甚至铺作分槽也只能按构件层次由下至上，逐层安装。完成了铺作分槽，才能进行屋架安装。虽然屋架本身仍需分架安装，但全部屋架却成为一个显著层次，与铺作分槽并无不可分割的联系。

殿堂结构形式可用最大材等，建造大规模的房屋或多层楼阁，间广 250 份至 375 份，椽长 125 份至 150 份，用八铺作至五铺作，补间铺作一或两朵。屋内一般多用平棊或平闇，或更加藻井。屋盖多用四阿或九脊造。它的质量要求高于厅堂结构形式，施工也较繁难。

由于铺作分槽结构的特点以及各种相互关系，产生了许多互相制约的问题。如进深、面广有一定的比例，而进深间数又与分槽形式具有一定的关系；间广份数的不同，使房屋规模在确定了间数后，仍有较大的伸缩范围；以及梢间间广与结构构造又有必然的联系等等。这使得在施工之前，需要有详细的设计，必须有分槽结构布置平面图（地盘分槽）和断面图（草架侧样）。设计方案一经决定，在施工进程中就不能再改变间架数和分槽形式。但是，如要增加楼层，却并无困难。

本章通过对卷三十一几种房屋图样的分析和重新绘制图样，不仅理解了上述厅堂、殿堂两种结构形式的特点，并且对以前各章论证的结果，进行进一步检验，证明它们的正确性：如殿堂间广 250 份至 375 份，厅堂间广 200 份至 300 份，椽平长 100 份至 150 份，殿堂平棊以下可增至 187.5 份；铺作每朵间距 125 份，可以增减 25 份；殿身柱高不超过 500 份，副阶柱高略小于殿身柱高之半，等等。这些份数规定，使当时房屋建筑的标准化、规格化达到很高的水平。同时每项制度规定又都给予了一定的伸缩范围，在具体实践时有机动灵活的余地，可以适应由使用要求产生的各种变化。

作者补注

一、亦无“减柱”造的必要。

二、如用三等材，最高可至15尺。

三、图样取用间广250～300份。

四、椽数多，更不宜通檐二柱。

五、故卷五《梁》厅堂梁栿只列四五椽栿。

六、参阅图版24、48。

七、也可能里跳上用棋方，于算程方上安平闇。

八、每间375份，四间1500份。十椽，每椽150份。

九、里转减两铺。

十、里转减一铺。五铺作里外匀，不减铺。

十一、此两图殿身里转五铺作，均小于上限六铺作。

十二、里转减一铺。

十三、由额、照壁方、承椽串，规格相同，用途不同，用哪个名称本无关系，但由于有“于峻脚椽下安之”句，必须明确，才不致误解“峻脚椽”。

十四、特点：1. 分层，柱同高，分层构造。2. 中空。3. 间椽不对应。

十五、殿堂椽长允许增至187.5份。按一间等于两椽，亦即间广允许增至375份。可知300份是间广的一般数据。由此，椽长有二义：其一为承重的“椽子”的水平长度，规定最大为150份；其二为度量间广的单位，允许增加37.5份。而前者又为度量栿长的单位。

十六、卷五《举折》：“或瓪瓦廊屋之类，每一尺加三分（若两椽屋不加，其副阶或缠腰并二分中举一分。”“若八角或四角鬭尖亭榭……至上簇角梁即两分中举一分（若亭榭只用瓪瓦者，即十分中举四分）。”

参阅李诫：《营造法式（陈明达点注本）》第一册卷五《大木作制度二·举折》，第113、114页。——整理者注

十七、如侧面两间分四椽，间广只能250～300份，即椽长125～150份。如间广375份，就只能分六椽，不能分四椽之类。

十八、此可推算，图略去。

十九、屋盖高度是单座房屋外形的要点。早期实例，四椽屋或四椽以上屋至中平槫举高加铺作高等于柱高。或为决定屋盖高度的准则。

第六章 上昂及平坐楼阁

第一节 上昂铺作

一、铺作里跳、外跳

凡铺作均以扶壁栱为中线分为里、外两半，不论外檐或身槽内铺作，都是向屋外的一半称为外跳（或外转），另一半称里跳（或里转）。这是《法式》的习惯，也是本文各章沿用的称谓。在下文中，我们将看到这样的称谓遇到了麻烦，必须要探明究应如何称谓才比较合理。究竟哪一半应当是外跳，哪一半应当是里跳，在以前各章论述中并不感觉有疑问。那是因为外檐铺作的下昂只用于殿身外檐的外面，当然应该称为外跳。身槽内铺作一律用卷头并里外跳俱匀，即无论称哪一半为外跳或里跳，都不会有错乱之感。

现在，卷三十上昂侧样图一侧出上昂，另一侧出卷头。（补注一）据卷四《飞昂》篇说："其下昂施之于外跳，……上昂施之里跳之上及平坐铺作之内。"[①] 而卷三十铺作转角正样[②]，明确表明系用于平坐外檐铺作外跳之上。是在平坐铺作外跳之内，而不是"平坐铺作之内"。同是卷四的《总铺作次序》又说"凡铺作并外跳出昂"[③]，没有指明上昂或下昂，似乎包括两者在内，而与《飞昂》篇不一致。凡此，使我们常常感觉到

---

① 李诫:《营造法式（陈明达点注本）》第一册卷四《大木作制度一·飞昂》，第 85 页。

② 参阅李诫:《营造法式（陈明达点注本）》第三册卷三十《大木作制度图样上》，第 199 ~ 202 页。本书另附文津阁本原图为采信图样。

③ 李诫:《营造法式（陈明达点注本）》第一册卷四《大木作制度一·总铺作次序》，第 90 页。

混淆不清。就如同铺数、跳数被混淆了一样，一定是有其历史发展的原因的，有必要予以明确。

首先，据《法式》卷十七、十八功限用栱枓等数各篇，都是将外檐铺作在殿身外侧的一半称为外跳，另一半称里跳［图版6］，身槽内铺作在外槽的一半称为外跳，在内槽的一半称为里跳。所以“上昂施之里跳之上”，如是外檐的里跳，那么身槽内的外跳也必须用上昂，才能使外槽两侧平棊方在同一高度上，而这就会成为身槽内铺作外跳用上昂，里跳用卷头，使内槽平棊反低于外槽，不但是实例中所未见过的，也不符合“上昂施之里跳之上”的制度规定。那么是不是身槽内铺作里、外跳均可使用上昂呢？当然是可以的，时代较晚的实例中也存在这种做法，不过这仍不符合制度限定里跳之上的规定。因此，只能断定“上昂施之里跳之上”是指身槽内铺作的里跳，外檐铺作里跳和身槽内［的］外跳都只能用卷头。

其次用于“平坐铺作之内”，已经由上述卷三十转角正样图证明，实际是用于平坐外檐外跳。这就成为上昂既可用于外跳也可用于里跳。虽然有用于平坐和用于身槽内的不同，但单就铺作论，这外跳、里跳是易于混淆的，稍一疏忽就会弄错。而原制度对于里、外跳，也的确含混不清。

这种混乱现象，或者仍然是历史发展中传统与革新的反映。正如铺数、跳数的问题一样，传统铺数、跳数分别计数的方法，被改变成合并统一的计数，而又遗留着老方法的残余。外跳、里跳很可能早先是以外槽的双排柱构造为准，在外槽之内（即双排柱之内）的一侧统称为里跳，在外槽之外的一侧统称为外跳。亦即身槽内铺作与外檐里跳相对的一侧，应称为里跳，而向内槽的一侧应称为外跳。这样就不论上昂用于何处，出上昂的一侧一律是外跳，其另一侧一律是里跳，绝不致发生混淆错误。推而广之，用昂的一侧（不论上昂、下昂）一律是外跳，用卷头及减铺的一侧一律是里跳。所以《总铺作次序》“凡铺作并外跳出昂”这一句并没有限定上昂、下昂，应是通称。它正反映出早期外跳、里跳区别的残迹。

同时，这样区别里、外跳，也更切合历史的实际情况。我们看现存殿堂结构的实例［图版38、39、40、42］，它们在外槽槽内所用铺作出跳、铺数、构造都相同，又都较另一侧减铺，即槽内（外槽）铺作出跳（里跳）、铺数少，槽外铺作（外跳）出跳、铺数多。我曾在《应县木塔》中指出了这个现象，但当时认识不足。现在看来，这应是早期铺作分槽结构的原意，发展到《法式》时期，已经失去了分里外跳的意义，同时颠倒了身槽内铺作里、外跳的位置，而出现了“上昂施之里跳之上”的记述。另一方面又并未完全遗忘历史的称谓，因而又有“凡铺作并外跳出昂”这种与上句相混淆、矛盾的记述。

二、上昂制度［图版 16、17］

上昂用于殿身槽内里跳及平坐外檐外跳，是《法式》规定的标准做法。卷四《飞昂》详细规定了上昂自五铺作至八铺作的出跳份数、跳上用栱昂等，仅缺少减铺、减份规定及扶壁栱做法。卷三十并有上昂铺作侧样及转角正样图。现即据以上项各绘制图样，并说明如下。

（1）铺数及份数

铺作一侧出上昂，另一侧出卷头。其上昂自八铺作出三抄两上昂至五铺作出一抄一上昂的跳数、份数均有详细规定。其出卷头一侧，据原图［图版 45］：五铺作出两抄，六铺作至八铺作均出三抄。所以如按出跳计，是五铺作、六铺作里外俱匀，七铺作外跳减一铺，八铺作外跳减两铺。外跳逐跳份数无明文规定，今假定用于身槽内须与外檐里跳相对，用同样份数，即第一跳长 28 份，第二跳以上各长 26 份。

原图柱头缝用扶壁栱，其上也用压槽方。但只能辨认五铺作扶壁栱四材三栔，六、七铺作各五材四栔，八铺作用六材五栔，即较下昂铺作加高一材一栔。至于所用材栔中何者是栱、何者是方却无从辨别，今暂按重栱上用素方做法制图。如平坐扶壁栱或亦可于重栱上用素方一重，并无须用压槽方，好在这两个问题都不是上昂铺作构造的重要问题，不致影响对它的讨论。

据绘成的上昂图样，对照制度规定，得到上昂铺作有如下特点：

1. 上昂的里跳（出上昂）出跳份数，可能是固定不变的，所以制度中需各铺作逐一详细记述。

2. 上昂造里跳（出上昂）一律为偷心重栱造，外跳（出卷头）一律为计心重栱造。

3. 上昂造昂脚需立于下跳栱心之上，因此最小需用五铺作，无四铺作。

4. 上昂造出跳短，铺作高度大。

这最后一个特点是最重要的。例如上昂造铺作自栌枓口内至平棊方背高度，八铺作八材七栔，连同栌枓共高 174 份，出跳总长仅 84 份。如铺作全卷头造，八铺作里跳高七材六栔，连栌枓共 153 份，出跳长以第一跳长 28 份、第二跳以上各长 26 份计，共长 132 份。八铺作如出下昂，其外跳栌枓底至橑檐方背共高 138.5 份，出跳长共 132 份。又如按第四章所论，跳数、铺数分别计数，则上昂铺作自出两跳应为六铺作，至出五跳应为九铺作。例如原文及图：八铺作自栌枓口内至平棊方背高八材七栔，再加栌枓一铺，实为九铺作。故上昂各铺作均较卷头高出一铺。现将铺作各种总高度及总长度分别列举如下（补注二）：

八铺作	出上昂里跳总高	174 份	出跳总长	84 份
	出卷头里跳总高	153 份	出跳总长	132 份
	出下昂外跳总高	138.5 份	出跳总长	132 份
七铺作	出上昂里跳总高	153 份	出跳总长	73 份
	出卷头里跳总高	132 份	出跳总长	106 份
	出下昂外跳总高	130 份	出跳总长	106 份
六铺作	出上昂里跳总高	132 份	出跳总长	55 份
	出卷头里跳总高	111 份	出跳总长	80 份
	出下昂外跳总高	109 份	出跳总长	80 份
五铺作	出上昂里跳总高	111 份	出跳总长	47 份
	出卷头里跳总高	90 份	出跳总长	54 份
	出下昂外跳总高	105 份	出跳总长	54 份

从上列比较可以看出，用上昂较大地缩短了出跳总长，与卷头相比提高了绝对高度一足材，还由于出跳长度小，又增加了相对高度。所以上昂铺作的主要特点及作用，在于提高铺作的总高度而减小挑出的深度。这就指出使用上昂的作用，是提高平棊的位置。

（2）柱头铺作

身槽内柱头铺作外跳用乳栿，与卷头造相同，里跳用四椽栿承平棊。按制度规定平棊方在梁背上，而上昂更在梁栿之下，故四椽栿应位于平棊方与上昂之间，压于上昂尾上，并减去耍头、衬方头。而六铺作、五铺作如用此做法，其栿下只余高仅一足材的空距，似乎没有使用上昂的必要。很可能六铺作、五铺作柱头铺作均不用上昂，只在明栿下用华栱二或三跳。是否如此，尚难肯定。

（3）转角铺作

按制度及图样推测，上昂转角铺作应有两种不同做法：一种用于殿身槽内，一种用于平坐外檐。

用于殿身槽内的外跳出卷头，里跳出上昂。据原图，五铺作、六铺作里外俱匀，七铺作外跳减一铺，八铺作外跳减两铺。其外跳均各增用角内华栱一缝，所有跳上列栱与身槽内用卷头造铺作相同。里跳只用角内上昂一缝。

用于平坐外檐的上昂转角铺作，外跳出上昂，里跳出卷头。外跳转角两面及角内各出上昂一缝，其里跳只角内华栱一缝。所有昂上栱方并各与华栱或耍头相列。如缠柱造，即附角栌枓口内各增出上昂一缝。

三、殿堂结构用上昂铺作［图版 16、29］

上昂无论用于平坐外檐或殿身槽内，都将引起结构构造的改变。现在先讨论殿身槽内用上昂。

［用上昂取代了早期内槽外跳的做法。］我们已经知道殿堂身槽内用卷头铺作里外跳俱匀，使殿内平棊方在同一高度上。现如将里跳改用上昂，里外跳栌枓至平棊方高度就产生差别，计：

八铺作　外跳出三抄　高五材四栔　里跳出三抄双上昂高八材七栔

七铺作　外跳出三抄　高五材四栔　里跳出双抄双上昂高七材六栔

六铺作　外跳出三抄　高五材四栔　里跳出双抄单上昂高六材五栔

五铺作　外跳出双抄　高四材三栔　里跳出单抄单上昂高五材四栔

如上所示，内外平棊方高度相差一材一栔至三材三栔。其外檐铺作里跳高度应与身内上昂铺作外跳相等。于是，在四种分槽形式中，分心槽及单槽只有一列内柱，柱头铺作里外跳均与外檐铺作里跳相对，只有将内柱上铺作及外檐里跳均用上昂，才能使槽四周铺作取得同一形式，以便于转角构造。如前所论，这种做法，与《法式》制度规定不相符合。而且按前述上昂及下昂标准做法，乳栿应通过柱头缝与出跳华栱或华头子相连制作，所以外跳用下昂里跳即无法再用上昂，因此可以肯定分心槽及单槽身槽铺作均不能用上昂。

其次，双槽形式如果两内柱上用里跳出上昂的做法，其里跳上昂铺作上的平綦方与内槽两侧面外檐铺作里跳的平綦方在不同高度上，转角处结构仍无法交代。可见，双槽结构也不能使用上昂铺作。这样，就唯有金箱斗底槽身槽内铺作里跳可以应用上昂，其结果是可以将内槽平綦全部较外槽抬高一材一栔至三材三栔。这应当就是使用上昂所要达到的具体目的。

现在再看上昂造身槽内柱头铺作的构造形式。由于里外跳平綦方高程不同，里跳四椽草栿位置高于外跳草乳栿，不能像卷头造那样采用乳栿、四椽栿相连制作的方式。并且由于铺作用上昂增高后，其上所余空间已不足容四椽草栿，似只有省去四椽草栿，于草乳栿上用方木敦㮇承上架八椽栿。这正是殿堂八铺作双槽单架侧样原图［图版 46］所表示的做法。

第二节　殿阁平坐结构［图版 34］

我们在第四章［第四节］讨论平坐铺作时，已经涉及平坐结构的各项问题，此处只是前章的补充。

一、棚栿

卷四《平坐》："平坐之内逐间下草栿，前后安地面方以拘前后铺作。铺作之上安铺版方用一材。"[①] 又卷十七、十八功限，平坐铺作"里跳挑斡棚栿"[②]。据此两条记述，平坐自柱头以上的结构，除铺作外只有草栿、地面方、铺版方三项构件，连同地面版

[①] 李诫:《营造法式（陈明达点注本）》第一册卷四《大木作制度一·平坐》，第 93 页。

[②] 李诫:《营造法式（陈明达点注本）》第二册卷十七《大木作功限一·楼阁平坐补间铺作用栱料等数》，第 160 页，卷十八《大木作功限二·楼阁平坐转角铺作用栱料等数》，第 183 页。

在内总称为棚栿。只需搞清这三个构件相互之间及它们和铺作的关系，棚栿结构就全部清楚了。

首先，铺作上耍头、衬方头，都是足材，长一架150份的构件。据现存辽宋殿堂结构形式实例，平坐外槽外檐铺作与身槽内铺作上的衬方，都是用一条整料相连制作，共长两架，地面版直接铺设在衬方之上。估计《法式》做法应与此相同［图版14、15］，所谓耍头、衬方里转长150份“挑斡棚栿”，应当也是外檐、身槽相连制作，上承地面版。

其次“平坐之内逐间下草栿，前后安地面方”。所以是柱头铺作上用草栿，草栿之上用地面方。而地面方应是与铺作上耍头、衬方成直角相交绞井口的构件，两端安于草栿上，故有“拘前后铺作”的作用。但如此构造，地面方应不仅前后两条，而应是逐架下地面方一道。

再次“铺作之上安铺版方用一材”。这铺版方又应与地面方相交绞井口。所以，在外槽，它其实就是衬方头，应称为外衬方里铺版方；在内槽是随衬方逐架接续，安于地面方上。所称一材，应为一足材，已详见第四章。

如上所述，平坐棚栿构造较为简单，只是逐间用草栿地面方拘前后铺作，上用铺版方铺地面版。据此，以及外檐铺作里跳、身槽内铺作全用方木层叠的做法，又可断定此种做法必然是在平坐结构的下面有平棊，使平坐结构全部成为一个隐藏在平棊之上的结构层。

二、柱额

平坐用柱额见于卷四《平坐》的有：“凡平坐铺作若叉柱造，即每角用栌枓一枚，其柱根叉于栌枓之上。若缠柱造，即每角于柱外普拍方上安栌枓三枚。”又：“凡平坐先自地立柱，谓之永定柱，柱上安搭头木，木上安普拍方，方上坐枓栱。”[1] 此处所说叉柱造、缠柱造，都是指上层柱与其下的平坐的结合，但是多层楼阁逐层用平坐时，平坐柱与下屋的结合当然也适用同一方式，使平坐柱身立于下层构造之上。永定柱造系自地面立柱，可见只适用于最下一层平坐。但无论是叉柱造、缠柱造或永定柱造，柱

[1] 李诫：《营造法式（陈明达点注本）》第一册卷四《大木作制度一·平坐》，第92～93页。

头间的构造都是相同的。

平坐柱头间用搭头木，应即相当于殿身阑额，其广厚未作记述，应不小于阑额或近于檐额，在两材至三材之间。搭头木上“安普拍方，方上坐枓栱”，普拍方在制度中仅见于此条，原文规定“厚随材广，或更加一栔，其广尽所用方木”[1]，是相当大的构件。按平坐柱头、补间铺作同样负荷棚栿重量，因此，加用普拍方是很必要的。平坐柱网布置及间广，需与殿堂柱分槽布置相同，已由殿阁地盘分槽图表明，故搭头木、普拍方布置，亦应按照殿堂分槽图施用。

上层缠柱造“即于普拍方里用柱脚方，广三材、厚二材，上生柱脚卯”[2]。此柱脚方如何安装，原文未明确交代。所谓“于普拍方里”，绝不可能是与普拍方相平行的构件，那样将成为两端无处安放的悬空构件。据卷十五砖作《垒阶基》“普拍方外阶头，自柱心出三尺至三尺五寸”[3]，普拍方与阶头并无直接关系，所说普拍方外实即普拍方中线之外，已详前章。据此，普拍方里实即柱头中线之里，也就是屋内之意。如此，柱脚方仍应位于内外柱头之上，或内外柱头铺作之上与普拍方成正角方向。

假定柱脚方位于内外柱头之上，就会使柱头、搭头木、柱脚方等主要承重构件互相搭接，需要绞割较大卯口，必然会削弱各构件强度，是极不合理的构造方式。在当时结构水平下，采取此种做法是很难想象的，也是在实例中所从未见过的。何况它的上面还有草栿，更不可能使柱子通过草栿立于柱脚方上。所以，我们只能将柱脚方安于铺作上，也就是说草栿和柱脚方在同一位置，实际是叉柱造用草栿，缠柱造不用草栿而用柱脚方。两者的区别仅在于截面不同，草栿广两材至两材两栔，柱脚方广三材。但转角铺作上原不用角草栿，故缠柱造需于转角增用柱脚方一条。

平坐用缠柱造，只需于下屋柱脚方上生柱脚卯，或更在柱脚下栿背上加楷头，在实例中均如此做法。至于叉柱造，无论上屋或平坐，都是将柱脚叉于铺作中心上，直至栌枓止。

---

[1] 李诫:《营造法式（陈明达点注本）》第一册卷四《大木作制度一・平坐》，第93页。
[2] 同上。
[3] 李诫:《营造法式（陈明达点注本）》第二册卷十五《砖作制度・垒阶基》，第98页。

第三节 平坐永定柱造用铺作［图版34］

平坐用卷头铺作已详第四章，那是卷十七、十八功限所列用栱料等数规定的标准做法。它的里跳只“挑斡棚栿”及“穿串上层柱身”，所以只用方木叠垒，同时也表明这是适用于隐藏在平棊上的结构层的形式（详前节）。这种平坐不论用叉柱造或缠柱造，都是建立于下屋之上的，下屋铺作上必然使用平棊，从而又表明这种铺作形式是只适用于叉柱造或缠柱造的。而平坐用永定柱造自地立柱，虽然棚栿、柱额结构基本相同，却由于没有下屋平棊，情况就完全不同了。它或者需用彻上明造，或者需在平坐铺作上加安平棊。于是又必然改变铺作构造形式，以适应此一要求。现在即分别就用卷头铺作及用上昂铺作试作推论。

一、用卷头铺作［图版15、34］

平坐铺作用全卷头造可以用彻上明造，也可以加安平棊。

彻上明造，外槽外檐四铺作，宜用里外跳俱匀。七铺作至五铺作，里跳均各减一铺，逐跳用栱方均同外跳。身槽内铺作铺数同外檐里跳，并里外跳俱匀，于跳上用明栿。

如用平棊，参照殿身做法，平棊系安于平棊方上，平棊方是与衬方头在同一高程上的构件。而平坐铺作衬方之上即铺地面版，不能安放平棊，需将平棊方位置降低一足材，与耍头在同一高程上。因此，只有七铺作、六铺作里跳出两跳或一跳，上承明栿，栿上可用平棊方安平棊。五铺作以下只能彻上明造，以上并只用明栿不用草栿。

但是上述用平棊的做法仍觉局促，不能与殿身平棊做法相称，其原因即在于铺作栌枓口上至地面版的空间狭窄。如要改变此种状况，必须设法加高铺作，使用上昂正是能够满足此项要求的措施。

二、用上昂铺作

上昂铺作的特点既是提高铺作的高度，又已看到它用于殿身槽内里跳时，不但使内槽平棊提高了，而且相应地改变了屋架构造。同样，可以理解平坐外檐外跳用上昂，仍然是为了增加里跳铺作上的净空，使之有足够安放平棊的空间［图版17、34］。因此，平坐用上昂造必定是屋内使用平棊，彻上明造只需用卷头，没有用上昂的必要。

平坐铺作用耍头、衬方承地面版，需占去两足材的高度。如用明栿承平棊，栿下至少又需有一跳华栱，总共最少需有五材四梨的高度，才能敷用。这正是五铺作上昂造，其栌枓口内至平棊方高五材四梨的高度。即使如此，仍只有八铺作才有安草栿的余地，七铺作以下只能用明栿，于栿背上用方木敦㮇地面方。

外檐上昂造，身槽内铺作仍应与外檐里跳相同，而内外槽平棊限于铺作高度，也只能在同一高度上，这就限定了身槽内铺作全用卷头造，里外俱匀。即平坐外檐用上昂铺作，屋内仍全部用卷头铺作。

以上对平坐用卷头及上昂铺作，可彻上明造或用平棊，提出概略的设想，并不是唯一可能的做法，还可以有其他各种设想。例如卷头铺作使用六铺作以上时，也可考虑加用明栿承平棊，上昂铺作也可能外槽不用明栿只用平棊方，减铺铺数还可以有不同增减，等等。作这个设想的目的，只是想在《法式》已提供的制度规定下，推定当时平坐有彻上明造和安平棊的可能。至于究竟如何做法，既缺少明文规定，又无实例参考，尚难于肯定。

第四节　楼阁［图版 19、34］

一、楼阁结构及外观形式（补注三）

古代楼和阁是有区别的，据现有实例，可以断定屋上建屋为楼，平坐上建屋为阁。到宋代时平坐上建屋的阁已极少，逐渐忘了楼、阁的区别。《法式》中已经是楼、阁不分，但是，我们在分析平坐用柱制度时，仍然可以看到还残留着楼、阁的区别。

现在所知的古代楼阁的上屋，有用平坐、不用平坐两种形式，《法式》所反映的只是用平坐一种形式。即在下屋之上建平坐，平坐上又建上屋，使各层屋身下均有平坐，所以卷四单独将平坐列为一篇。

前几章既然已经分别说明了殿堂、厅堂的结构形式，现在又大致明确了平坐结构，实际上楼阁结构的要点已基本明确，因为楼阁只是将殿堂或厅堂与平坐重叠起来的结构形式。其关键仅在于用什么方式重叠起来。这就是叉柱造、缠柱造和永定柱造三种形式［图版 34］。

参照现有实例，上屋柱多用叉柱造，叉立于下屋平坐铺作之上。（补注四）平坐柱多［亦仅外檐］用缠柱造，立于下屋铺作之里、草栿之上。是在屋上建平坐，平坐上又建屋。应是屋上建屋，来源于楼的形式。永定柱造平坐，只能适用于最下层，是平坐上建屋，来源于阁的形式。所以永定柱造这一条，说明了《法式》时代还保留了古代阁的形制。

我们在第二章已经说过，用殿堂结构形式建造的多层房屋称为殿阁，用厅堂结构形式建造的多层房屋称为堂阁［图版 19］。殿阁每层平坐和殿身都采用同样的分槽形式，它们的外观有明确的分层，这种分层又是和殿堂结构的分层构造相适应的，所以，外观和结构内容是统一的。因此，用殿堂结构建造楼阁有较多的便利，可以方便地增加层数。厅堂结构用于楼阁，据现有实例只有外檐柱是叉柱或缠柱造，屋内柱是与上屋通联用长柱，或立于下屋大梁之上。《法式》虽缺乏说明，但既然“厅堂等屋内柱，皆随举势定其短长”，可以推定堂阁屋内柱也必定可以采用通联上屋的做法。所以堂阁的外观形式和结构内容是不相适应的。内柱加长又有一定限度，它只适宜于两层或三层楼阁，不宜于建造较多的楼层。

殿阁使用殿堂分槽结构形式，各层殿身铺作之上必然使用平棊或平闇。由此产生了一个特点，下屋平棊之上和平坐地面版之间，形成了一个封闭的暗层。暗层中只使用极少面积安装楼梯，并仅于梯侧近旁一两个栱眼壁上安窗采光。在其余部分所看到的只是平坐本身的结构，层高又较低，所以又可以说它是一个结构层。

楼阁用铺作，与一般铺作相同，只是另有下屋、上屋、平坐等减铺制度。即卷四《总铺作次序》“凡楼阁上屋铺作或减下屋一铺，其副阶缠腰铺作不得过殿身，或减殿身一铺”，及《平坐》“造平坐之制，其铺作减上屋一跳或两跳”，均无须再作解说。[1] 至于堂阁，既用厅堂结构形式，内柱不用铺作，所用梁栿当然是栿首在外檐铺作之上，栿尾入内柱。由此又可推知，堂阁之内，可能仍以彻上明造为多。

---

[1] 李诫：《营造法式（陈明达点注本）》第一册卷四《大木作制度一・总铺作次序》《大木作制度一・平坐》，第 92 页。

二、下屋及缠腰

缠腰是什么，《法式》中并没有详细说明，这并不是楼阁特有的问题，不过在参照实例探讨楼阁的形式时，却取得了解答。在现知实例中楼阁最下一层有四种形式。第一种，如蓟县独乐寺观音阁，下屋是殿堂分槽形式，于殿身外檐铺作里跳草栿之上，立上屋平坐柱，外观为单檐屋盖上起平坐，平坐上再建上屋［插图一二］。第二种，如应县木塔第一层，下屋也是殿堂分槽结构形式，而在殿身之外更加建周匝副阶，外观为重檐屋盖上起平坐［插图一三］。这两种都是楼的形式［图版 42］。第三种，如山西陵川府君庙山门（原注一），下层只是自地立永定柱的平坐，没有屋檐［插图一四］。第四种为正定隆兴寺慈氏阁［图版 35、41］，其外观与第一种相同，但实际是在永定柱平

插图一二　独乐寺观音阁　单檐屋盖上起平坐，平坐上再建上屋（梁思成摄）

插图一三　应县木塔首层副阶　重檐屋盖上起平坐（中国营造学社摄）

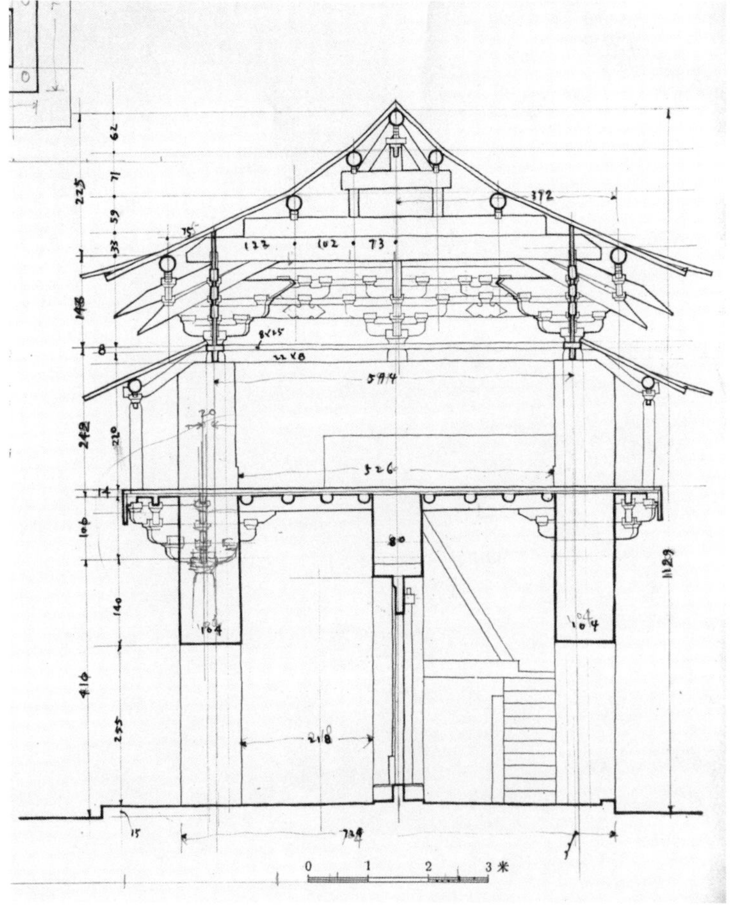

插图一四　陵川府君庙山门　自地立永定柱的平坐（陈明达据《上党古建筑》补绘）

插图一五　隆兴寺慈氏阁　在永定柱平坐外周加建缠腰及副阶（殷力欣补摄）

插图一六　定兴慈云阁　殿身外加缠腰（殷力欣补摄）

坐外周加建的缠腰及副阶［插图一五］。这两种都是阁的形式。

慈氏阁梁柱结构经后代改建，各层铺作用材大小各异，多失去原状，惟有缠腰、副阶尚存原意。阁正侧两面均三间，下层紧靠永定柱又立檐柱，柱上用铺作，两侧面及背面的铺作上用屋檐，应即为缠腰。正面则更增加副阶两椽。此例说明既加屋檐又增加建筑面积为副阶，只增加屋檐并不增加建筑面积是缠腰。（补注五）两者外观形式相似，所以《法式》中相提并论。在卷五《举折》中并规定“其副阶或缠腰并二分中举一分”[①]，以表明它们的共同性。由此又可证明永定柱平坐外周既可加缠腰，也可加副阶。至于殿身之外加副阶已有前举数例，惟尚无用缠腰的唐宋实例。仅元代的定兴慈云阁（原注二）系殿身外加缠腰的做法，外观成为重檐屋盖形式［插图一六］。

三、间广及柱高的推测［图版 34］

据实例楼阁下屋间广、柱高，大致与单层房屋相同，故下屋应适用各项标准制度。上屋间广受下述两项制度的影响必然要减小：第一，如用缠柱造角柱内移，即梢间间广应减小 32 份，其他各间柱均立于铺作柱脚方上，间广与下屋相等；第二，受侧脚的影响，需相应减小间广，因此还需先明确侧脚制度。

[①] 李诫：《营造法式（陈明达点注本）》第一册卷五《大木作制度二・举折》，第 113 页。

卷五《柱》："凡立柱，并令柱首微收向内，柱脚微出向外，谓之侧脚。每屋正面（谓柱首东西相向者）随柱之长每一尺即侧脚一分，若侧面（谓柱首南北相向者），每长一尺即侧脚八厘，至角柱，其柱首相向各依本法。""若楼阁柱侧脚，只以柱以上为则，侧脚上更加侧脚，逐层仿此"[①]。这就是说在房屋正面所看到的（东西相向）侧脚为柱高1%，侧面所看到的（南北相向）侧脚为0.8%，它们都只向一个方向倾侧。只有角柱才向两个方向倾侧，所以要特别说明"至角柱，其柱首相向各依本法"。由此可见除梢间外，其他各间柱脚间广和柱首间广是相等的。（补注六）据此，假如柱高250份，正面侧脚为2.5份，侧面侧脚为2份，即逐层正面梢间间广依次较下层递减2.5份，侧面梢间间广逐层递减2份，其他各间间广均与下层相等。

如上所述，假如三层殿阁，其间有两层平坐，共计五层，皆用缠柱造。下层正面梢间柱头间广250份，柱高亦250份，以上各层柱高一律250份。即逐层角柱内移32份，加侧脚2.5份，共34.5份。至第三层殿身梢间柱首共减138份，间广仅余112份。假如上两层殿身用叉柱造，则共减74份，余176份为第三层殿身梢间间广。因此，楼阁如逐层间数相同，殿身及平坐均用缠柱造，下层梢间间广250份，最多只宜高三层，如下层梢间间广375份，可增至五层。如逐层殿身叉柱造，平坐缠柱造，更宜于多层楼阁。可见间广大小不仅影响单层房屋的规模，还影响多层房屋的层数。

楼阁柱仅《平坐》篇中有"凡平坐四角生起比角柱减半"[②]一条规定。其他如殿身平坐等逐层柱高，均缺乏制度规定，是一个需继续研究探讨的大问题。今估计下层殿身或永定柱造平坐，如不加副阶、缠腰，其柱高均适用"不越间之广"的制度。永定柱平坐加副阶应与殿身用副阶相同，即柱高500份。如系加缠腰，或需酌减相当于副阶举高的高度。上屋及平坐柱高，参照实例多包括柱下铺作高度。即平坐柱高包括下屋铺作高，殿身柱高包括柱下平坐铺作高在内，以下层间广为准，仍为"不越间之广"。

今即按上述推测试作两图［图版34］：一图下屋、平坐、上屋柱高各300份（补注七），其中平坐及上屋柱高均包括柱下铺作在内；另一图永定柱造用缠腰，永定柱高500份，缠腰柱高250份，上屋柱包括柱下铺作共高375份，以供参考。

---

① 李诫：《营造法式（陈明达点注本）》第一册卷五《大木作制度二·柱》，第103～104页。

② 李诫：《营造法式（陈明达点注本）》第一册卷四《大木作制度一·平坐》，第93页。

第五节　小结

这一章除上昂铺作外，大部分问题在《法式》原制度中都不够详尽，甚至遗漏，所以阐述制度较少，推论较多，以备参考而已。不过也取得了一些新的认识。

一、上昂的作用与下昂相反，是增加铺作高度，而减小挑出深度。不论用于殿身槽内或平坐外檐，其目的都是使平棊取得适当的位置，是建筑形式的需要，不是结构的需要。它用于殿堂身槽内时，又只适宜于金箱斗底槽形式，这又暗示出金箱斗底槽在分槽形式中可能是最基本的形式。

二、铺作里跳、外跳的位置，根据铺作的构造特点推测：早期系将在外槽两侧对称的铺作统称为里跳，另一侧称为外跳，即外檐在殿身之外、屋内在外槽之外的铺作统称为外跳。这样才符合唐宋实例的具体情况［图版 38］，更便于理解殿堂分槽和平坐的构造形式。

三、对平坐结构构造的推测，还不能肯定完全符合《法式》当时情况。但是，至少外槽构造是完全可以由功限平坐铺作用栱枓等数证明的。再参考用永定柱的制度，似可进一步理解平坐用双排柱的构造是基本形式，它与殿堂分槽形式的关系以及它又名阁道（补注八）、墱道的历史渊源，是值得重视的。

四、本来楼和阁的形象、副阶和缠腰的形象，都是相近似的，因此在历史记载中混淆不清，以致我们分不清它们的具体差别。另一方面有一些实例和图像，又不能肯定它们的确切名称。现在从《法式》中副阶、缠腰的提法，地盘分槽图上注明“副阶周匝”，先肯定了副阶的形式，从而就区别出副阶和缠腰的形式。又从平坐用叉柱造、缠柱造和永定柱造的制度，区别了楼和阁。虽然仍不够详尽，但是大体上是符合客观情况的，较从前的解释也较为具体，故作为一个初步意见提出来，以备参考。

五、对楼阁的结构、构造形式和逐层间广等制度，殿阁、堂阁的区别，已取得较具体的认识。可惜各层柱高的制度仍未能解决。虽然我们已从唐宋实例中对各层柱高有所认识，但也只能作为参考，还不能证明《法式》时期的制度。

作者原注

一、《上党古建筑》，山西省晋东南专员公署编印，1963 年。

此书中收录陵川府君庙山门转角铺作里跳照片和剖面图，但没有该建筑的外观照片。作者对其剖面图作了修订，是为仅存的一手材料。——整理者注

二、刘敦桢《河北省西部古建筑调查记略》，《中国营造学社汇刊》第五卷第四期。

作者补注

一、图版 45 上。

参阅李诫：《营造法式（陈明达点注本）》第三册卷三十《大木作制度图样上》，第 178、179 页。本书另附文津阁本原图为采信图样。——整理者注

二、若全卷头造，铺数亦即铺作外跳总高的足材数，如八铺作即高八足材。

三、楼、阁的原始区别，需另作专文阐明。此段叙述不充分。

四、此以最下一层为区别。

五、故原草架侧样均注明副阶两椽也。

六、亦即只外檐柱有侧脚，屋内柱均为直柱。

七、亦可全用 375 份。

八、来源于阁道的阁，最初其下层可能空敞，无门窗。日本凤凰堂两翼似保存了其原形。

第七章　实例与《法式》制度的比较[①]

以前各章讨论中，曾引用了一些有关实例，证明《法式》制度。现在再以实例与《法式》主要制度作一较系统的比较。

本文总共选择了二十七个实例［表31］，其时代起于现存最古老的南禅寺大殿，止于《法式》成书后约一百年（即十二世纪末）的隆兴寺慈氏阁。虽然数量不多，却具有殿堂、厅堂、楼阁各种形式、各种规模，有各方面的代表性。本文还不可能对它们作出全面的分析，仅就材份制、平面、立面、铺作及屋架结构形式等五个方面，略作综合分析，借以说明《法式》大木作制度的历史渊源。

---

① 这部专著初版后，作者曾对第七章内列表31～38作了一些修改，载于贺业钜等著《建筑历史研究》（中国建筑工业出版社，1992年，第231～261页），篇首有编者按云："中国建筑历史学家陈明达先生潜心研究宋《营造法式》四十余年，写出学术专著《营造法式大木作研究》一书，并于1981年由文物出版社出版，受到各界专家、学者的高度评价和珍视，广为许多著述所参照引用。书中结合《营造法式》中各项制度及现存的唐、宋木结构建筑实例列表，进行了深入的综合比较和分析研究。近年来，陈先生又对上述诸表作了修订和大量补充，编成《唐宋木结构建筑实测记录表》，现予以发表，共各界参阅。"本卷根据这份修订后的列表，对表31～38作必要的修订。

表 31　唐宋木结构建筑概况

名称	年代（公元）	类型	建筑形式		结构形式	外檐柱头铺作		身槽内柱头铺作		外檐补间铺作		身槽内补间铺作	
			外观	屋内	分槽或用梁柱	外转	里转	里转	外转	外转	里转	里转	外转
南禅寺大殿	782	厅堂一	四椽（三间）、三间、九脊［三等材］	彻上明造	通檐用二柱	五铺作双抄，下一抄偷心，单栱	四铺作出一跳						
佛光寺大殿	857	殿堂	八椽（四间）、七间、四阿［一等材］	平闇	金箱斗底槽	七铺作双抄，双下昂，偷心，重栱	四铺作出一跳	四铺作出一跳	七铺作出四抄	五铺作双抄，偷心，单栱	五铺作双抄，下一抄偷心	五铺作双抄，下一抄偷心	六铺作三抄，偷心，单栱
镇国寺大殿	963	厅堂一	六椽（三间）、三间、九脊［四等材］	彻上明造	通檐用二柱	七铺作双抄，双下昂，偷心，重栱	五铺作出双抄			五铺作双抄，偷心，单栱	五铺作双抄，下一抄偷心		
华林寺大殿	964	厅堂二	八椽（四间）、三间、九脊［一等材］	彻上明造	前后乳栿用四柱	七铺作双抄，双下昂，偷心，重栱	五铺作出双抄			七铺作双抄双下昂，偷心，单栱	五铺作双抄，下一抄偷心		
独乐寺山门	984	殿堂	四椽（两间）、三间、四阿	彻上明造	分心斗底槽	五铺作双抄，偷心，单栱	五铺作出双抄	五铺作出双抄	五铺作出双抄	五铺作出双抄	七铺作出四抄		
独乐寺观音阁 下层	984	殿阁	四间、五间、重楼	平闇	金箱斗底槽	七铺作四抄，偷心，重栱	五铺作出双抄	四铺作出一跳	五铺作出双抄	五铺作双抄，偷心，单栱	四铺作出一跳	四铺作出一跳	五铺作出双抄
独乐寺观音阁 平坐			四间、五间		金箱斗底槽	六铺作三抄，计心，重栱	四铺作出方木	四铺作出方木	五铺作出双抄				
独乐寺观音阁 上层			八椽（四间）、五间、九脊	平闇藻井	金箱斗底槽	七铺作双抄双下昂，偷心，重栱	四铺作出一跳	四铺作出一跳	七铺作出四抄	五铺作双抄，偷心，单栱	四铺作出一跳	四铺作出一跳	五铺作出双抄，下一抄偷心
虎丘二山门	995—997	厅堂一	四椽（两间）、三间、九脊［五等材］	平闇	分心用三柱	四铺作单抄，计心	四铺作出一跳			四铺作出一跳	五铺作出双抄		
永寿寺雨华宫	1008	殿堂	六椽（三间）、三间、九脊［三等材］	彻上明造	单槽	五铺作一抄一下昂，偷心，单栱	四铺作出一跳	四铺作出一跳	四铺作出一跳				
保国寺大殿	1013	厅堂二	八椽（三间）、三间、九脊［五等材］	前平棊藻井，后彻上明造	前三椽栿，后乳栿用四柱	七铺作双抄双下昂，偷心，单栱	前四铺作出一跳，后五铺作出双抄			七铺作双抄双下昂，偷心，单栱	七铺作出四抄		
奉国寺大殿	1020	厅堂二	十椽（五间）、九间、四阿［一等材］	彻上明造	前四椽栿，后乳栿用四柱	七铺作双抄双下昂，偷心，重栱	五铺作出双抄			七铺作双抄双下昂，偷心，重栱	五铺作双抄，偷心，重栱		

续表

名称		年代（公元）	类型	建筑形式		结构形式	外檐柱头铺作		身槽内柱头铺作		外檐补间铺作		身槽内补间铺作	
				外观	屋内	分槽或用梁柱	外转	里转	里转	外转	外转	里转	里转	外转
晋祠圣母殿	殿身	1023—1031	殿堂	八椽（四间）、五间、九脊［五等材］	彻上明造	单槽	六铺作双抄一昂，偷心，单栱	六铺作出三抄	六铺作出三抄	六铺作出三抄	六铺作一抄两假昂，偷心，单栱	五铺作出双抄	六铺作出三抄	六铺作出三抄
晋祠圣母殿	副阶	1023—1031	殿堂	周匝两椽	彻上明造		五铺作双假昂，计心，单栱	五铺作出双抄			五铺作一抄一下昂，计心，单栱	六铺作出三抄		
广济寺三大士殿		1024	厅堂二	八椽（四间）、五间、四阿［三等材］	彻上明造	前三椽栿，后乳栿用四柱	五铺作双抄，计心，重栱	五铺作出双抄			五铺作双抄，下一抄偷心	七铺作出四抄		
开善寺大殿		1033	厅堂一	六椽（三间）、五间、四阿［三等材］	彻上明造	心间乳栿对四椽栿用三柱，次间分心用三柱	五铺作双抄，计心，重栱	五铺作出双抄			五铺作双抄，下一抄偷心	四铺作出一跳，用挑斡		
华严寺薄伽教藏殿		1038	殿堂	八椽（四间）、五间、九脊［三等材］	平綦藻井	金箱斗底槽	五铺作双抄，计心，重栱	五铺作出双抄	五铺作出双抄	六铺作出三抄	五铺作双抄，下一抄偷心	五铺作出双抄	五铺作出双抄	五铺作双抄，下一抄偷心
善化寺大殿		11世纪	厅堂二	十椽（五间）、七间、四阿［二等材］	彻上明造	前四椽栿，后乳栿用四柱	五铺作双抄，计心，重栱	五铺作出双抄			五铺作双抄，下一抄偷心	八铺作五抄，偷心，重栱		
华严寺海会殿		11世纪	厅堂一	八椽（四间）、五间、不厦两头［三等材］	彻上明造	前后乳栿用四柱	料口跳，下加替木	栿						
隆兴寺摩尼殿	殿身	1052	殿堂	八椽（四间）、五间、九脊［五等材］	平綦	金箱斗底槽	五铺作一抄一昂，下一抄偷心	七铺作出四抄	六铺作出三抄	六铺作出三抄	五铺作一抄一昂，下一抄偷心	七铺作出四抄，偷心，单栱	六铺作出三抄	六铺作出三抄
隆兴寺摩尼殿	副阶	1052	殿堂	周匝各两椽	平綦		五铺作一抄一昂，下一抄偷心	七铺作出四抄			五铺作一抄一昂，下一抄偷心	七铺作出四抄		
隆兴寺摩尼殿	东龟头殿	1052	殿堂	两椽、一间、九脊	平綦		五铺作双抄，下一抄偷心	六铺作出三抄			五铺作双抄，下一抄偷心	六铺作出三抄		
隆兴寺摩尼殿	西龟头殿	1052	殿堂	两椽、一间、九脊	平綦		五铺作双抄，下一抄偷心	六铺作出三抄			五铺作双抄，下一抄偷心	六铺作出三抄		

续表

名称		年代（公元）	类型	建筑形式		结构形式	外檐柱头铺作		身槽内柱头铺作		外檐补间铺作		身槽内补间铺作	
				外观	屋内	分槽或用梁柱	外转	里转	里转	外转	外转	里转	里转	外转
隆兴寺摩尼殿	南龟头殿	1052	殿堂	四椽、三间、九脊	平棊		五铺作双抄，下一抄偷心	七铺作出四抄			五铺作双抄，下一抄偷心	六铺作出四抄		
	北龟头殿			两椽、一间、九脊	平棊		五铺作双抄，下一抄偷心	六铺作出三抄			五铺作双抄，下一抄偷心	六铺作出三抄		
应县木塔	一层塔身	1056	殿阁	八面，面三间，重楼［二等材］	平棊藻井	金箱斗底槽	七铺作双抄双下昂，偷心，重栱	五铺作出双抄	四铺作出一跳	七铺作出四抄	七铺作双抄双下昂，偷心，单栱	五铺作双抄，下一抄偷心	五铺作双抄，下一抄偷心	七铺作四抄，偷心，重栱
	副阶			周匝一架椽			五铺作双抄，下一抄偷心	五铺作出双抄			五铺作出双抄	五铺作出双抄		
	二层平坐			八面，面三间		金箱斗底槽	六铺作三抄，计心，重栱	方木	方木		六铺作三抄，计心，重栱	方木	方木	方木
	二层塔身			八面，面三间		金箱斗底槽	七铺作双抄双下昂，偷心，重栱	五铺作出双抄	四铺作出一跳	七铺作出四抄	五铺作双抄，下一抄偷心	五铺作双抄，下一抄偷心	五铺作双抄，下一抄偷心	七铺作四抄，偷心，重栱
	三层平坐			八面，面三间		金箱斗底槽	六铺作三抄，计心，重栱	方木	方木		六铺作三抄，计心，重栱	方木	方木	方木
	三层塔身			八面，面三间		金箱斗底槽	六铺作三抄，偷心，重栱	五铺作出双抄	四铺作出一跳	七铺作出四抄	六铺作三抄，偷心，单栱	五铺作双抄，下一抄偷心	五铺作出双抄	七铺作四抄，偷心，单栱
	四层平坐			八面，面三间		金箱斗底槽	六铺作三抄，计心，重栱	方木	方木		六铺作三抄，计心，重栱	方木	方木	方木
	四层塔身			八面，面三间		金箱斗底槽	五铺作双抄，计心，重栱	四铺作出一跳	四铺作出一跳	七铺作出四抄	五铺作双抄，计心，重栱	五铺作双抄，下一抄偷心	五铺作双抄，下一抄偷心	七铺作四抄，偷心，单栱
	五层平坐			八面，面三间		金箱斗底槽	五铺作双抄，计心，重栱	方木	方木		五铺作双抄，下一抄偷心	方木	方木	方木
	五层塔身			八面，面三间，鬭尖	平棊藻井	金箱斗底槽	四铺作一抄，加替木	四铺作出一跳，加替木	四铺作出一跳	七铺作出四抄	五铺作出双抄，加替木	五铺作双抄，下一抄偷心，加替木	五铺作双抄，下一抄偷心	七铺作四抄，偷心，单栱

续表

名称		年代（公元）	类型	建筑形式		结构形式	外檐柱头铺作		身槽内柱头铺作		外檐补间铺作		身槽内补间铺作	
				外观	屋内	分槽或用梁柱	外转	里转	里转	外转	外转	里转	里转	外转
善化寺普贤阁	下层	11世纪	堂阁	（两间），三间，重楼［四等材］	平棊	通檐用二柱	五铺作双抄，下一抄偷心	四铺作出一跳			五铺作出双抄	五铺作出双抄		
	平坐			（两间），三间		通檐用二柱	五铺作双抄，计心，单栱	栿			五铺作双抄，下一抄偷心	五铺作双抄		
	上层			四椽（三间），三间，九脊	彻上明造	通檐用二柱	五铺作双抄，计心，重栱	四铺作出一跳			五铺作双抄，计心，重栱	五铺作双抄		
佛光寺文殊殿		1137	厅堂一	八椽（四间），七间，不厦两头［三等材］	彻上明造	前后乳栿用桁架	五铺作一抄一昂，下一抄偷心	六铺作出三抄			五铺作双抄，下一抄偷心	五铺作双抄，下一抄偷心		
华严寺大殿		1140	厅堂二	十椽（五间），九间，四阿［一等材］	平棊	前后三椽栿用四柱	五铺作双抄，计心，重栱	五铺作出双抄			五铺作双抄，下一抄偷心	八铺作五抄，偷心，重栱		
崇福寺弥陀殿		1143	厅堂一	八椽（四间），七间，九脊［三等材］	彻上明造	前后乳栿用桁架	七铺作双抄双下昂，偷心，重栱	七铺作出四抄			七铺作四抄，偷心，单栱	七铺作四抄，偷心，单栱		
善化寺三圣殿		1128—1143	厅堂一	八椽（四间），五间，四阿［二等材］	彻上明造	心间乳栿对六椽栿用三柱，次间三椽栿对五椽栿用三柱	六铺作一抄两昂，计心，重栱	四铺作出一跳			六铺作三抄，计心，重栱	六铺作三抄，偷心，重栱		
善化寺山门		1128—1143	殿堂	四椽（两间），五间，四阿［三等材］	彻上明造	分心斗底槽	五铺作一抄一昂，计心，重栱	五铺作出双抄	五铺作出双抄	五铺作出双抄	五铺作一抄一昂，计心，重栱	五铺作双抄，计心，重栱	五铺作双抄，计心，重栱	五铺作双抄，计心，重栱
隆兴寺转轮藏殿	下层	12世纪	堂阁	（三间），三间，重楼［五等材］	彻上明造	乳栿对四椽栿用三柱	五铺作双抄，计心，单栱	五铺作出双抄			五铺作双抄，计心，单栱	五铺作双抄		
	副阶			两椽，三间	彻上明造		四铺作单抄，计心	四铺作出一跳			四铺作一抄，计心	四铺作出一跳		
	平坐			（三间），三间	彻上明造	乳栿对四椽栿用三柱	六铺作三抄，计心，单栱	五铺作出双抄			六铺作三抄，计心，单栱	五铺作出双抄		
	上层			六椽（三间），三间，九脊	彻上明造	乳栿对四椽栿用三柱	五铺作一抄一昂，计心，单栱	五铺作出双抄			五铺作一抄一昂，计心，单栱	五铺作出双抄		

续表

名称		年代（公元）	类型	建筑形式		结构形式	外檐柱头铺作		身槽内柱头铺作		外檐补间铺作		身槽内补间铺作	
				外观	屋内	分槽或用梁柱	外转	里转	里转	外转	外转	里转	里转	外转
玄妙观三清殿	殿身	1179	殿堂	十二椽（四间），七间，九脊［三等材］	平棊	金箱斗底槽	七铺作双抄双昂，偷心，单栱	七铺作四抄，偷心，单栱	六铺作双抄一上昂，偷心，单栱	六铺作双抄一上昂，偷心，单栱	七铺作双抄双昂，偷心，单栱	七铺作四抄，偷心，单栱	六铺作双抄一上昂，偷心，单栱	六铺作双抄一上昂，偷心，单栱
	副阶			周匝各三椽	彻上明造		四铺作一昂，计心	四铺作出一跳			四铺作一昂，计心	四铺作出一跳		
隆兴寺慈氏阁	永定柱平坐	12世纪	堂阁	（三间），三间，重楼［五等材］	彻上明造	乳栿对四椽栿用三柱	六铺作三抄，计心，单栱	五铺作一抄一楂头			六铺作三抄，计心，单栱	六铺作三抄，偷心，单栱		
	副阶			两椽，三间	彻上明造		四铺作单抄，计心	四铺作出一跳			四铺作一抄，计心	四铺作出一跳		
	缠腰			周匝	彻上明造		五铺作双抄，计心，重栱	四铺作出一跳			五铺作双抄，计心，重栱	四铺作出一跳		
	上层			六椽（三间），三间，九脊	彻上明造	乳栿对四椽栿用三柱	六铺作一抄二昂，计心，单栱	五铺作出双抄			六铺作一抄二昂，计心，单栱	五铺作出双抄		

表31说明：

一、福州华林寺大殿建造年代，据《福州华林寺大雄宝殿调查简报》（见《文物参考资料》1956年第7期）引《福州府志》卷十六："华林寺在左一坊，旧名越山吉祥禅院……晋太康间既迁新城，其地遂虚。隋唐间以越王故，禁樵采。钱氏十八年（公元964年）其臣鲍修訨为郡守，诛秽夷巘始创寺。西廊有转轮经藏，今圮。东廊有文昌阁、普陀岩。正殿之后为法堂，法堂西祖师殿，以越王山为斧扆。"定为宋建。又建筑科学研究院理论历史研究室南京分室《福州华林寺大殿》稿中，根据昂嘴等细部式样、外形等与泉州双石塔相似，而认为"此殿不可能建于北宋乾德二年（即钱氏十八年），而比较接近的年代，应该是北宋末期左右"。今据南方现存宋代木结构的用材、结构形式、铺作做法等特征排比，此殿应在最前列，可以肯定为公元964年原建。但后代在其外围加建回廊，使其檐部及屋盖失去原状。

二、苏州虎丘灵岩寺二山门建筑年代，自公元1936年刘敦桢先生调查，定为元代（见《苏州古建筑调查记》，载《中国营造学社汇刊》第六卷第三期）后，未曾再作研究。今按此山门主要结构部分及铺作挑斡、平闇等做法，与江南其他元代建筑如浙江武义延福寺大殿、金华天宁寺正殿、江苏震泽杨湾庙正殿、上海真如寺正殿等相比较，显然应属早期建筑，其结构形式、细部手法，尚早于南宋玄妙观三清殿。经细读《苏州古建筑调查记》原文，始知当时系根据元至正六年《虎丘云岩山寺兴造记》碑文"重记至元之四年，……山之前为重门，则改建一新"，断为至元四年建。但碑记此段全文为："重记至元之四年，行宣政院以慧灯园照禅师普明嗣领寺事。至则装饰佛、菩萨、罗汉、金刚神，塑造文殊、普贤、观世音三大士，缮治舍利之塔，经律法之藏，范美铜为钜钟。大佛殿、千佛阁、三大士殿、藏院、僧堂、库司、三门、两庑、香木、寒泉、剑池、华雨诸亭，则仍其旧。祖塔、众寮、仓庾、庖湢、宴休之平远堂、游眺之小吴轩、山之前为重门，则改建一新。”因此，很清楚“三门”应即现在俗称的二山门，是“仍其旧”的原建筑。而“山之前为重门”的门，才是改建一新的，应在现在第一道门的位置，只有这样才符合实际。所以这道门还是宋至道中（公元995—997年）重建后的原物。只是屋面及部分柱梁经后代修理、更换，并加建外墙，部分地失去原有形制。

三、正定隆兴寺摩尼殿，在梁思成先生《正定调查纪略》（载《中国营造学社汇刊》第四卷第二期）中估计为北宋原建，但并未肯定年代。1977年文物部门落架大修，在阑额、栱方等构件上发现多处修建题记，均为皇祐四年。可肯定此殿建于公元1052年。

四、表中永寿寺雨华宫（见《中国营造学社汇刊》第七卷第二期莫宗江《山西榆次永寿寺雨华宫》）、广济寺三大士殿（见《中国营造学社汇刊》第三卷第四期《宝坻县广济寺三大士殿》）、华严寺海会殿（见《中国营造学社汇刊》第四卷第三、四期合刊《大同古建筑调查报告》）等三建筑，均毁于抗日战争，仅存实测记录。

五、隆兴寺摩尼殿部分梁架、龟头殿，转轮藏殿梁架、铺作，慈氏阁梁架、铺作，玄妙观三清殿殿身梁架及副阶等，均经后代修改，尤以慈氏阁铺作及三清殿副阶用材改动最甚，其实测数据仅供参考。

六、各表及实测记录（表31 ~ 38）资料来源如下：

1. 佛光寺大殿、文殊殿，广济寺三大士殿，华严寺大殿、薄伽教藏殿、海会殿，善化寺大殿、三圣殿、普贤阁、山门，永寿寺雨华宫，分别见《中国营造学社汇刊》第三卷第四期，第四卷第三、四期，第七卷第一、二期。

2. 独乐寺山门、观音阁，见《中国营造学社汇刊》第三卷第二期及文物博物馆研究所1963年测绘图。

3. 应县木塔，据营造学社测量稿，并经著者于1962年补测，见《应县木塔》，文物出版社，1980年第二版。

4. 镇国寺大殿、崇福寺弥陀殿、奉国寺大殿、晋祠圣母殿、开善寺大殿、南禅寺大殿等均据文物博物馆研究所测绘图。其中南禅寺大殿、镇国寺大殿、崇福寺弥陀殿见《文物参考资料》1954年第11期。奉国寺大殿见《文物》1961年第2期杜仙洲《义县奉国寺大雄宝殿调查报告》。开善寺大殿见《文物参考资料》1957年第10期祁英涛《河北省新城县开善寺大殿》。

5. 虎丘二山门、玄妙观三清殿，据同济大学建筑系测绘图。

6. 华林寺大殿、保国寺大殿，据建筑科学研究院理论及历史研究室南京分室测绘图。保国寺大殿并见《文物》1957年第8期《余姚保国寺大雄宝殿》。

第一节　材份制

一、材等及应用范围

表32是二十七个实例的材栔尺寸和按材高十五分之一所得出的份值，以及材厚、栔高等的份数。从表中可以看到自八世纪开始，就确实存在着不同的用材规格和等级。虽然还不能肯定它们分几个材等，但是确实有等第差别，并且接近于《法式》的材等。

表 32　唐宋木结构建筑实测记录（一）——材栔

名称		年代（公元）	材栔			相当《法式》材等
			材广 × 厚（厘米 / 份）	份值（厘米）	栔高（厘米 / 份）	
南禅寺大殿		782	24×16/15×10	1.60	11 ~ 12/6.9 ~ 7.5	三
佛光寺大殿		857	30×20.5/15×10.25	2.00	13/6.5	一
镇国寺大殿		963	22×16/15×10.9	1.47	10/6.8	四
华林寺大殿		964	33×17/15×7.7	2.20	14.5/6.6	一
独乐寺山门		984	［24×17/15×10.6］	［1.60］	［12.5/7.8］	三
独乐寺观音阁		984	［25.5×18/15×10.4］	［1.70］	［13/7.6］	［二］
虎丘二山门		995—997	20×13/15×9.5	1.37	9/6.57	五
永寿寺雨华宫		1008	24×16/15×10	1.60	7 ~ 12/4.4 ~ 7.5	三
保国寺	大殿	1013	21.5×14.5/15×10.1	1.43	8.7/6	五
	藻井		17×11.5/15×10.2	1.13	7/6.2	七
奉国寺大殿		1020	29×20/15×10.4	1.93	14/7.2	一
晋祠圣母殿	殿身	1023—1031	21.5×16/15×11.2	1.43	10.5/7.3	五
	副阶		21.5×15/15×11.2	1.43	10.5/7.3	五
广济寺三大士殿		1024	24×16/15×10	1.60	10 ~ 14/6.25 ~ 8.7	三
开善寺大殿		1033	23.5×16.5/15×10.5	1.57	11 ~ 13/7 ~ 8.3	三
华严寺薄伽教藏殿		1038	24×17/15×10.6	1.60	10 ~ 11/6.25 ~ 6.9	三
善化寺大殿		11 世纪	26×17/15×9.8	1.73	11 ~ 12/6.4 ~ 6.9	二
华严寺海会殿		11 世纪	24×16/15×10	1.60	11/6.9	三
隆兴寺摩尼殿	殿身	1052	21×15/15×10.7	1.40	10/7	五
	副阶		21×15/15×10	1.40	10/7	五
应县木塔	塔身	1056	25.5×17/15×10	1.70	11 ~ 13/6.5 ~ 7.6	二
	一层副阶		25.5×17/15×10	1.70	11 ~ 13/6.5 ~ 7.6	二
善化寺普贤阁		11 世纪	22.5×15.5/15×10.3	1.50	10 ~ 12/6.7 ~ 8.0	四
佛光寺文殊殿		1137	23.5×15.5/15×9.9	1.57	10/6.3	三
华严寺大殿		1140	30×20/15×10	2.00	14/7	一
崇福寺弥陀殿		1143	25×16/15×9.6	1.67	11/6.6	三

续表

名称		年代（公元）	材栔			相当《法式》材等
			材广×厚（厘米/份）	份值（厘米）	栔高（厘米/份）	
善化寺三圣殿		1128—1143	26×17/15×9.8	1.73	11/6.4	二
善化寺山门		1128—1143	24×16/15×10	1.60	11/6.9	三
隆兴寺转轮藏殿		12世纪	21×15/15×10.7	1.40	9.5/6.8	五
* 玄妙观三清殿	殿身	1179	24×16/15×10	1.60	9.5/6	三
	副阶		19×9/15×7.1	1.27	8/6.3	六
** 隆兴寺慈氏阁		12世纪	21×15/15×10.7	1.40		五

说明：

* 玄妙观三清殿副阶的各种细部手法和殿身极不一致，可能经后代改建。

** 隆兴寺慈氏阁经后代改作，上下层及平坐用材不一致，表中为下层用材，以备参考。

其中有四例用材最大：佛光寺大殿30厘米×20.5厘米，华林寺大殿33厘米×17厘米，奉国寺大殿29厘米×20厘米，华严寺大殿30厘米×20厘米。如按32厘米折合为一宋尺计，分别为9.375寸×6.4寸、10.3125寸×5.3125寸、9.0625寸×6.25寸、9.375寸×6.26寸，均略大于《法式》一等材。［插图一七］

其次，善化寺大殿26厘米×17厘米，应县木塔25.5厘米×17厘米，善化寺三圣殿26厘米×17厘米，折合为8.125寸×5.3125寸、7.968寸×5.3125寸、8.125寸×5.3125寸，大致相当于二等材。［插图一八］

第三，用24厘米×16厘米材的有南禅寺大殿、永寿寺雨华宫、三大士殿、海会殿、善化寺山门、玄妙观三清殿等六例，它们恰好是7.5寸×5寸，等于《法式》三等材。另外还有从23.5厘米×15.5厘米到24.5厘米×16.8厘米等六例都接近三等材。总共相当于三等的有十二例。［插图一九］

其余相当于四等材、五等材的有八例，相当于六等材、七等材的各一例。［插图二〇］

综合上述各例用材，比照《法式》材等，均高一等，故最小只至七等材，没有八等材。六等材一例晚于《法式》约八十年，用于副阶。七等材一例用于藻井。因此一至五等材可能是主要结构材。从材的实际尺寸和分等的情况判断，都可说明《法式》材等规格有较前降低一等的趋势。

插图一七之① 用材略大于一等材的实例 佛光寺大殿(中国营造学社摄)

插图一七之② 用材略大于一等材的实例 华林寺大殿(殷力欣补摄)

插图一七之③ 用材略大于一等材的实例 奉国寺大殿(殷力欣补摄)

插图一七之④ 用材略大于一等材的实例 华严寺大殿(中国营造学社旧藏)

插图一八之① 用二等材的实例 善化寺大殿(殷力欣补摄)

插图一八之② 用二等材的实例 善化寺三圣殿(莫宗江摄)

插图一八之③　善化寺三圣殿现状（殷力欣补摄）

插图一九之①　用三等材的实例　南禅寺大殿（陈明达摄）

插图一九之② 用三等材的实例 永寿寺雨华宫（莫宗江摄）

插图一九之③ 用三等材的实例 三大士殿（梁思成摄）

插图二〇之① 用四等材的实例 善化寺普贤阁（莫宗江绘）

插图二〇之② 用五等材的实例 隆兴寺摩尼殿（陈明达摄）

插图二〇之③ 用六等材的实例 少林寺初祖庵（陈明达摄于二十世纪五十年代）

又如用一等材的四例中，佛光寺大殿七间，华林寺大殿仅三间，而摩尼殿五间八架椽，只用五等材，又显示出材等的应用范围远较《法式》广阔。而三等材使用最多，则为《法式》时期所沿袭。

四个有副阶的实例，只有玄妙观三清殿殿身用三等材，副阶用六等材。其余三例，副阶用材均与殿身相等。三清殿晚于《法式》成书约八十年，而且它的副阶究竟是原建或经后代改建，还疑问甚多，故可认为副阶材减殿身一等，或是《法式》时期的一项新措施。

二、材的广厚比

据表32材广厚比恰为15∶10的有八例，15∶9.5到15∶10.5等接近于15∶10的有十三例。还有五例从15∶10.6到15∶11.2，略大于15∶10。仅华林寺大殿15∶7.7，三清殿副阶15∶7.1，接近于2∶1。可见实例中材的广厚比，是在比较不一致中又存在着15∶10的趋向。很可能《法式》正是总结了前代经验，才作出统一的15∶10的标准规定。

但是栔高却大不相同，几乎每一个实例自身所用栔高都有很大出入。例如南禅寺大殿栔高由6.9至7.5份，雨华宫栔高由4.4至7.5份。栔高6份的仅两例，一般都在6份以上，以6.5至7.5份之间较多，最大如三大士殿达8.7份。由此看来，《法式》不仅是统一了栔高标准，而且减低了栔的高度。

实例梁栿截面广厚比，从近于方形到2∶1极不一律，详见表33，不再一一列举。从每一个实例看，接近于3∶2的有南禅寺大殿、镇国寺大殿、应县木塔等例，近于2∶1的有独乐寺观音阁上层、保国寺大殿、开善寺大殿、善化寺大殿、华严寺海会殿等例，而佛光寺四椽栿27份×22份，几近于方形。综合各例近于3∶2比例的约占总数三分之一为最多，近于2∶1的约占总数五分之一为其次。大概古代大料多量材施用，所以出入较大。《法式》虽从标准化出发，制订出统一的标准截面，但又声明“凡方木小，须缴贴令大，如方木大，不得裁减，即于广厚加之”[①]，仍然保留着量材施用的余地。

① 李诫:《营造法式（陈明达点注本）》第一册卷五《大木作制度二·梁》，第97页。

表 33　唐宋木结构建筑实测记录（二）——主要构件规格　（单位：厘米 / 份）

名称		槫径	椽径	大梁			乳栿		平梁	
				椽数	长	截面	长	截面	长	截面
南禅寺大殿		24/15	10/6	4	967/604	45×33/28×21			297/186	33×27/21×17
佛光寺大殿		34/17	14/7	4	882/441	54×43/27×22	430/215	43×28/21×14	437/219	45×33/23×17
镇国寺大殿		28/19	11/7	6	1028/699	41×28/28×19			366/249	44×28/30×19
*华林寺大殿		30/14		4	684/311	54×59/24.5×27	384/175	54×59/24.5×27	350/159	52×56/23.6×25
独乐寺山门		35/21	13/8				429/263	54×30/33×18	486/298	49×28/30×17
独乐寺观音阁	下层	35/22	13/8				332/208	39×25/24×16		
	平坐						298/186	34×16.5/21×10		
	上层	35/22	13/8	4	732/459	56.0×28.0/35×18	293/183	40×26/25×16	366/229	43×23/27×15
虎丘二山门		28/20	12.5/9				350/255	62×23/45×17		
永寿寺雨华宫		30/19	12/8	4	897/561	47×34/29×21	422/264	44×31/28×19	474/296	37×20/23×13
保国寺大殿		30/21	14/10	3	578/404	82×36/57×25	311/217	54×24/38×17	428/299	54×24/38×17
奉国寺大殿		29/15	12.5/6	4	996/516	71×48/37×25	498/258	54×38/28×20	498/258	54×38/28×20
晋祠圣母殿	殿身	25/17	13/9	6	1104/772	53×40/37×28	368/257	36×30/25×21	368/257	32×24/22×17
	副阶	22/15	13/9				308/214	30×22/21×15		
广济寺三大士殿		40/25	12/8	3	673/421	53×35/33×22	446/279	45×26/28×16	454/284	45×26/28×16
开善寺大殿		23/15	13/8	4	953/607	70×38/45×24	480/306	57×38/36×24	481/306	48×27/31×17
华严寺薄伽教藏殿		32/20	11/7	4	937/586	51×34/32×21	455/284	45×24/28×15		
善化寺大殿		34/20	13/8	4	1016/587	75×34/43×20	450/260	52×32/30×18	508/294	45×24/26×14
华严寺海会殿		34/21	11/7	4	968/605	68×40/43×25	479/299	47×30/29×19	464/290	50×29/31×18
隆兴寺摩尼殿	殿身	31/22	12/9	4	952/680	72×25/51×18	440/314	45×25/32×18	470/336	40×23.5/29×17
	副阶	28/20	12/9				397/284	50×26/36×19		
	东龟头殿	26/19	10/7				397/284	50×26/36×19		
	西龟头殿	26/19	10/7				384/278	50×26/36×19		
	南龟头殿	26/19	10/7				614/439	47×22/33×16		
	北龟头殿	26/19	10/7				412/294	33×20/24×14		

续表

名称		榑径	椽径	大梁			乳栿		平梁	
				椽数	长	截面	长	截面	长	截面
应县木塔	一层塔身	37.5×16/22×9	15/9				521/306	47×30/28×18		
	副阶	30×20/18×12	13/8				329/194	42×28/25×16		
	二层平坐			6	1294/761	65×40/39×24	475/279	25.5×17/15×10		
	二层塔身	30×17/18×10	14/8				475/279	48×30/28×18		
	三层平坐			6	1250/735	65×40/39×24	452/266	25.5×17/15×10		
	三层塔身	30×17/18×10	14/8				444/261	45×30/26×18		
	四层平坐			6	1228/722	60×32/35×19	408/240	25.5×17/15×10		
	四层塔身	41×17/24×10	15/9				403/237	44×30/26×18		
	五层平坐			6	1164/685	52×30/31×18	385/226	25.5×17/15×10		
	五层塔身	34×18/20×11	15/9	6	1158/681	60×32/35×19	382/225	44×29/26×17		
善化寺普贤阁	下层	30/20	13/9	4	1025/683	56×40/37×27				
	平坐			4	995/663	54×42/37×28				
	上层	30/20	13/9	4	978/652	54×42/37×28			522/348	44×29/29×19
佛光寺文殊殿		26/17	13/8	4	868/553	60×39/38×25	434/276	44×25/28×16	434/276	44×25/28×16
华严寺大殿		[36/18]	16/8	[4(6)]	[1152/576]	[74×39/37×25]	[514/257]	[60×36/30×18]		
崇福寺弥陀殿		32/19	16/10	4	1130/677	62×47/37×28	550/329	42×30/25×18	565/338	41×30/24×18
善化寺三圣殿		45/26	15/9	6	1407/813	$\genfrac{}{}{0pt}{}{72}{62}$×34/$\genfrac{}{}{0pt}{}{42}{36}$×20	519/300	$\genfrac{}{}{0pt}{}{52}{52}$×30/$\genfrac{}{}{0pt}{}{30}{30}$×17	452/261	$\genfrac{}{}{0pt}{}{37}{23}$×28/$\genfrac{}{}{0pt}{}{21}{13}$×16
善化寺山门		28/18	13/8				499/312	49×24/31×15		
隆兴寺轮转藏殿	下层	27/19	12/9				405/289	30×27/21×19		
	副阶	27/19	12/9				380/217	37×20/26×14		
	平坐						405/289	30×18/21×13		
	上层	27/19	12/9	4	852/609	49×32/35×23	405/289	47×32/33×23	450/321	50×32/36×23
玄妙观三清殿	殿身		12/8							
	副阶		12/9							
隆兴寺慈氏阁	永定柱平坐			4	786/561	50×35/35×25	353/252	32×24/23×17		
	副阶	28/20	12/9	3	482/344	38×26/27×19				
	缠腰	24/17	12/9							
	上层	31/22	13/9	4	786/561	54×37/38×26	353/252	32×24/22×17	433/309	36×25/26×16

说明：* 华林寺大殿脊槫加大至45厘米，合20份。

三、间椽等份数

实例间椽等份数如表 34。

（1）间广

从表所列全部情况看，时代较早各例，间广以 200 至 300 份之间的较多，超过 200 份的较少；时代较晚各例，间广用 300 份以上的逐渐增多。心间间广以佛光寺大殿 252 份最小，自应县木塔以后，心间间广皆在 300 份以上，善化寺三圣殿心间广 444 份为最大。次梢间间广，一般多依次略为减小。梢间最小为应县木塔第五层 128 份，其次为善化寺普贤阁上层 156 份，最大为弥陀殿 329 份。总计各例间广多在 375 份以下，超过 375 份的只有九例，但仍在 450 份以下。由此可见《法式》关于间广的规定，恰恰符合唐辽以来的实际情况。

但实例的间广与补间铺作朵数并无关系。如南禅寺大殿、独乐寺观音阁下层、雨华宫、海会殿等等，都不用补间铺作，自然不产生补间铺作朵数与间广的联系。佛光寺大殿逐间补间铺作一朵，梢间广 220 份，心间广 252 份，每铺作一朵相差 16 份。圣母殿正面逐间用补间铺作一朵，梢间广 262 份，心间广 348 份，每铺作一朵相差 43 份。善化寺大殿逐间用补间铺作一朵，梢间广 284 份，心间广 410 份，每铺作一朵相差 63 份。华林寺大殿梢间广 208 份，用补间铺作一朵，心间广 295 份，用补间铺作两朵。三圣殿梢间广 298 份，次间广 424 份，均用补间铺作一朵，心间广 444 份，用补间铺作两朵，等等。可以看出，从不用补间铺作到用一朵或两朵，是随时间的推移而增加的，然而还没有“铺作分布，令远近皆匀”的要求。

（2）椽长［表 34］

椽的水平长度，大多数在 150 份以下，或略大于 150 份，如：南禅寺大殿 155 份、开善寺大殿 153 份、华严寺海会殿 158 份、善化寺三圣殿 157 份等四例，超过 150 份，但最多只超过 8 份，距 150 份不远。超过 150 份较多的共有四例：隆兴寺转轮藏殿 161 份、善化寺山门 165 份、崇福寺弥陀殿 170 份、善化寺普贤阁 174 份。另有隆兴寺摩尼殿 180 份，但此例梁架经后代改建，不足为据。最小有在 100 份以下的，如镇国寺大殿 97 份、华林寺大殿 78 份、观音阁 86 份等。又实例每座房屋所用椽长并不平均，这是由于间广不匀又仍以一间分两椽为原则所必然产生的现象。《法式》只规定椽长的上限，而不规定其下限，正是从这个实践经验中得出的。

（3）柱高［表37］

平柱高（楼阁以下屋檐柱为准，不计普拍方）大部分在300份以下，最短为华林寺大殿218份，少数在300份以上，最长达366份。除奉国寺大殿心间广306份、柱高309份，超过间广3份外，其他均“不越间之广”。角柱生起高度极不规则，但一般仍与《法式》规定出入不大，以低于《法式》规定的较多，其中虎丘二山门、保国寺大殿、应县木塔各层，均无生起。有三例突出地高于《法式》标准：善化寺大殿七间生24份，佛光寺文殊殿七间生19份，善化寺三圣殿五间生24份为最多。

（4）檐出

表35所列二十三个实例，连同它们的副阶和楼阁上层，共有三十三檐。其中檐出51至65份四例，66至84份十七例，86至90份七例，超过90份的五例。综计小于《法式》规定的占多数。如按“每檐一尺出飞子六寸”，即檐出90份再加飞子54份，合并檐飞上限可达144份计，那么上述超过90份的五例中：保国寺大殿檐出93份，佛光寺文殊殿檐出102份，两例均不用飞子；华严寺大殿、崇福寺弥陀殿、玄妙观三清殿殿身等，檐出分别为96、99、96份，飞子分别为42、39、48份，檐出、飞子合计分别为138、138、144份；即按檐飞合计，五例中四例均小于《法式》规定，仅三清殿恰为《法式》规定上限。这里只有一个例外，即三清殿副阶檐出87份，在《法式》限定之内，而飞子85份，大大超出了《法式》规定。但鉴于三清殿副阶经后代改建，自所用材等至细部处理，疑问颇多，可暂且勿论，那么可以得到这样的看法：实例檐出飞子的总和与《法式》规定相等或略小，但实例反映出在檐出较大时，即不用飞子或减短飞子，所以飞子一般小于《法式》规定。

（5）梁栿［表33］

现存唐宋实例所用梁栿净跨最长只六椽。如镇国寺大殿六椽长699份，平均每椽合116.5份。圣母殿六椽长772份，每椽合129.5份。三圣殿六椽长813份，平均每椽合135.5份。即每椽长均不超过150份。其他四椽栿、乳栿大多数也都在此限度内。只有少数时代较晚的如善化寺普贤阁、崇福寺弥陀殿等，四椽栿或乳栿每椽超过150份，以普贤阁平梁每椽合 174 份为最大。梁栿截面以材份计，一般四椽栿广两材一栔左右，少数如开善寺大殿、善化寺大殿、海会殿等大至三材。乳栿广一般小于两材，个别如保国寺大殿等用两材一栔。另有于梁背上加缴背或两梁相重叠，前者如奉国寺大殿六椽栿（净跨四椽）、平梁，后者如三圣殿六椽栿、乳栿、平梁，为仅有两例。似乎《法式》梁栿截面有增大的趋向（如广四材大梁，实例中未曾见到），可能是和材等规格较前降低相适应的。

综上所述，《法式》确是根据“自来工作相传”的经验，加以系统严密的整理，制订出一套房屋建筑的标准材份制度。所以它的制度，原则上能和自唐以来的实例相符合，具体上又有各种差别。就材份制论大致有三种情况。第一，只是依据“自来工作相传”的经验，明确规定标准份数的最高限度，例如柱高、椽长之类。第二，综合几项经验制订出标准份数，辅以允许增减的范围，例如将间广和铺作朵数联系起来，制订出 250 份至 375 份标准间广，又辅以每补间铺作一朵有增减 25 份的变动范围，既没有背离当时实践经验，又使房屋平面、立面布置与铺作结构有严密的联系，为标准化作出了贡献。而允许逐间间广 375 份，实际上是扩大了总间广和房屋规模。第三，原有经验比较不一致，经过一番认真的整理，重新制订出统一的标准材份数，例如栔高、梁栿截面规格、角柱生起之类。

表 34 唐宋木结构建筑实测记录（三）——间广、椽长

名称	间广（厘米 / 份）						正面各间用补间铺作朵数	进深（厘米 / 份）				椽长（最大~最小）	
	总计	心间	次间	次间	次间	梢间		总计	心间	次间	梢间	厘米	份
南禅寺大殿	1162/726	502/314				330/206	无	967/604	323/202		322/201	248.5 ~ 227	155 ~ 142
佛光寺大殿	3400/1700	504/252	504/252	504/252		440/220	逐间一朵	1766/883	442/222		440/220	222.5 ~ 215	111 ~ 108
镇国寺大殿	1157/787	455/310				351/239	逐间一朵	1077/733	373/254		352/239	188 ~ 143	128 ~ 97
华林寺大殿	1567/712	648/295				458/208	心间两朵，次间一朵	1458/663	344/156		385/175	193 ~ 172	90 ~ 78
独乐寺山门	1657/1017	［606/378］				523.5/321	逐间一朵	876/537			438/269	243 ~ 186	149 ~ 114
独乐寺观音阁 下层	2020/1263	［467/275］	432/270			342/214	无	1420/887	369/230		341/213		
独乐寺观音阁 平坐	1919/1198	461/［271］	431/269			298/186	逐间一朵	1338/836	371/232		298/186		
独乐寺观音阁 上层	1912/1195	454/［267］	431/269			298/186	心间次间各一朵	1336/835	370/231		298/186	183 ~ 137	107 ~ 86
虎丘二山门	1300/949	600/438				350/255	心间两朵，次间一朵	700/511			350/255	178 ~ 172	130 ~ 126
永寿寺雨华宫	1331/832	485/303				423/264	无	1320/825	474/296		423/264	237 ~ 208	148 ~ 130
保国寺大殿	1191/833	562/393				315/220	心间两朵，次间一朵	1335/934	578/404	前 446/312	后 311/217	214 ~ 150	150 ~ 105
奉国寺大殿	4820/2494	590/306	580/301	533/276	501/259	501/259	逐间一朵，加附角枓	2513/1302	505/262	503/261	501/260	274 ~ 224	142 ~ 116
晋祠圣母殿 殿身	2062/1442	498/348	408/285			374/262	逐间一朵	1496/1046	374/262		374/262	185	129
晋祠圣母殿 副阶	2690/1881	498/348	408/285	374/262		314/220	逐间一朵	2124/1485	374/262	374/262	314/220	152	106

续表

名称	间广（厘米 / 份）						正面各间用补间铺作朵数	进深（厘米 / 份）				椽长（最大～最小）	
	总计	心间	次间	次间	次间	梢间		总计	心间	次间	梢间	厘米	份
广济寺三大士殿	2543/1589	548/343	543/339			455/284	逐间一朵	1828/1143	459/287		455/284	227 ～ 223	142 ～ 139
开善寺大殿	2580/1643	579/369	547/348			453/289	逐间一朵	1443/919	481/306		481/306	240.5 ～ 231	153 ～ 147
华严寺薄伽教藏殿	2565/1603	585/366	533/333			457/286	逐间一朵	1846/1154	468/293		455/284	234	146
善化寺大殿	4054/2343	710/410	626/362	554/320		492/284	逐间一朵，加附角料	2495/1442	508/294	508/294	485/280	254 ～ 225	147 ～ 130
华严寺海会殿	2765/1728	613/383	585/366			491/307	无	1926/1204	968/605		479/299	252 ～ 232	158 ～ 145
隆兴寺摩尼殿 殿身	2430/1754	560/409	[499/359]			446/314	心间两朵，次梢间各一朵	1848/1309	480/344	240/168	444/314	252.5 ～ 182	180 ～ 130
隆兴寺摩尼殿 副阶	3329/2380	565/409	500/359	446/314		436/313	逐间一朵	2708/1934	482/344	235/168 440/314	436/313	252 ～ 182	180 ～ 130
隆兴寺摩尼殿 东龟头殿	482/344	482/344					逐间一朵	392/284				124 ～ 114	89 ～ 81
隆兴寺摩尼殿 西龟头殿	482/344	482/344					逐间一朵	389/278				124 ～ 114	89 ～ 81
隆兴寺摩尼殿 南龟头殿	936/669	500/357	218/156				逐间一朵	625/446				177 ～ 142	126 ～ 101
隆兴寺摩尼殿 北龟头殿	572/409	572/409					逐间一朵	412/294				157 ～ 128	112 ～ 91
*应县木塔 一层塔身	983/578	447/263				268/158	心间一朵	径 2369/1395	内径 1350/794	槽深 509/299	身内面广 558/328		

续表

名称		间广（厘米 / 份）						正面各间用补间铺作朵数	进深（厘米 / 份）				椽长（最大～最小）	
		总计	心间	次间	次间	次间	梢间		总计	心间	次间	梢间	厘米	份
*应县木塔	副阶	1253/737	447/263				403/237	逐间一朵	径 3027/1781	内径 2369/1395	槽深 329/194			
	二层平坐	942/554	422/248				260/153	心间一朵	径 2270/1335	内径 1294/761	槽深 488/287	身内面广 536/315		
	二层塔身	931/548	421/248				255/150	心间一朵	径 2244/1320	内径 1294/761	槽深 475/279	身内面广 536/315		
	三层平坐	901/530	417/246				242/142	心间一朵	径 2170/1276	内径 1283/755	槽深 443/261	身内面广 531/312		
	三层塔身	894/526	384/226				255/150	心间一朵	径 2156/1268	内径 1250/735	槽深 452/266	身内面广 517/304		
	四层平坐	850/500	380/224				235/138	心间一朵	径 2054/1208	内径 1242/731	槽深 406/239	身内面广 514/302		
	四层塔身	847/498	377/222				235/138	心间一朵	径 2044/1202	内径 1228/722	槽深 408/240	身内面广 509/299		
	五层平坐	810/476	370/218				220/129	心间一朵	径 1946/1145	内径 1164/685	槽深 391/230	身内面广 482/284		
	五层塔身	802/472	368/216				217/128	心间一朵	径 1934/1138	内径 1164/685	槽深 385/226	身内面广 482/284	223～191	131～112
善化寺普贤阁	下层	1047/698	517/345				265/177	逐间一朵	1040/693			520/374		
	平坐	1010/673	512/341				249/166	逐间一朵	1010/673			505/337		
	上层	980/653	512/341				234/156	逐间一朵	980/653	510/340		235/157	261～228	174～152

续表

名称	间广（厘米 / 份）						正面各间用补间铺作朵数	进深（厘米 / 份）				椽长（最大～最小）	
	总计	心间	次间	次间	次间	梢间		总计	心间	次间	梢间	厘米	份
佛光寺文殊殿	3156/2010	478/304	467/298	446/284		426/271	逐间一朵	1760/1121	445/283		434/276	217	138
华严寺大殿	5390/2695	710/355	659/330	593/296	578/289	510/255	逐间一朵，加附角料	2750/1375	578/289	576/288	510/255	290	145
崇福寺弥陀殿	4094/2451	620/371	625/374	562/337		550/329	逐间一朵	2230/1335	565/338		550/329	282.5 ～ 275	170 ～ 165
善化寺三圣殿	3268/1889	768/444	734/424			516/298	心间二朵，次梢间各一朵，加附角料	1930/1116	442/255		523/302	271 ～ 216	157 ～ 125
善化寺山门	2814/1759	618/386	578/361			520/325	心次间各二朵，梢间一朵，加附角料	1004/628			502/314	264 ～ 235	165 ～ 147
隆兴寺转轮藏殿 下层	1392/994	538/384				427/305	心间二朵，次间一朵	1330/950	476/340		427/305		
隆兴寺转轮藏殿 副阶	1392/994	538/384				427/305	心间二朵，次间一朵	380/271				200 ～ 195	143 ～ 139
隆兴寺转轮藏殿 平坐	1351/965	527/376				412/294	心间二朵，次间一朵	1280/914	460/329		410/293		
隆兴寺转轮藏殿 上层	1336/954	516/369				410/293	心间二朵，次间一朵	1275/911	455/325		410/293	225 ～ 106	161 ～ 140
玄妙观三清殿 殿身	3616/2260	635/397	523/327	524/327		443.5/277	逐间一朵	1780/1113	447.5/280		442.5/277		
玄妙观三清殿 副阶	4387/2742	635/397	523/327	524/327	443.5/277	385.5/241	心次间各二朵，梢间一朵	2547/1592	447.5/280	442.5/277	383.5/240		

续表

名称		间广（厘米／份）						正面各间用补间铺作朵数	进深（厘米／份）				椽长（最大～最小）	
		总计	心间	次间	次间	次间	梢间		总计	心间	次间	梢间	厘米	份
隆兴寺慈氏阁	永定柱平坐	1215/868	505/361				355/254	心间二朵，次间一朵	1154/824	444/317		355/254		
	副阶	1275/911	498/356				388/277	心间二朵，次间一朵	482/344	482/344			175～148	125～106
	缠腰	1295/925	505/361				395/282	心间二朵，次间一朵	1234/881	444/317		395/282	147	104
	上层	1204/860	498/356				395/282	心间二朵，次间一朵	1139/814	433/309		353/252	216.5～175	155～125

说明：

* 应县木塔平面正八边形，每面三间，顶层屋面八椽，当中刹坐约占两椽，相当于五间十椽殿。

表35　唐宋木结构建筑实测记录（四）——檐出

（单位：厘米／份）

名称		檐出	飞子	檐出＋飞子	铺作出跳	总檐出（檐出＋飞子＋出跳）	檐高（柱高＋铺作高）	檐高：檐出
佛光寺大殿		166/83		166/83	198/99	363/182	748/375	100 ： 49
镇国寺大殿		96/65	55/37	151/102	143/97	294/199	527/359	55
独乐寺山门		118/72	57/35	175/107	84/51.5	259/158.5	611.5/375	42
独乐寺观音阁	下层	106/66	50/31	156/97	166/104	322/201	664/415	48
	上层	97/61	45/28	142/89	190/119	332/209	645/403	52
虎丘二山门		77.5/57	54/40	131.5/97	42.5/31	174/128	469.5/343	37
永寿寺雨华宫		110/69	60/38	170/107	78/49	248/156	572/356	44
保国寺大殿		130/93		130/93	165/115	295/208	597/417	50
奉国寺大殿		162/84	80/41	242/125	191/99	433/224	863/447	50

续表

名称		檐出	飞子	檐出＋飞子	铺作出跳	总檐出（檐出＋飞子＋出跳）	檐高（柱高＋铺作高）	檐高：檐出
晋祠圣母殿	殿身	99/69	58/41	157/110	110/77	267/187	976/683	100 ： 27
	副阶	98/69	48/33	146/102	80/56	226/158	547/382	41
广济寺三大士殿		82/51	55/34	137/85	80/49	217/134	631/394	34
开善寺大殿		124.5/79	57/36	181.5/115	85/54	266.5/169	673/429	40
华严寺薄伽教藏殿		140/88	58/36	198/124	81/51	279/175	680/429	41
善化寺大殿		155/90	57/33	212/123	98/57	310/180	841/486	40
华严寺海会殿		120/75	48/30	168/105	61/38	229/143	551/345	41
隆兴寺摩尼殿	殿身	115/82	45/32	160/114	80/57	240/171	970/693	25
	副阶	102/73	53/38	155/111	80/57	235/168	538/385	43
应县木塔	一层	129/76	69/41	198/117	179/105	377/222	1087/642	35
	副阶	128/75	63/37	191/112	85/50	276/162	607.5/357	45
	二层	128/75	56/33	184/108	180/106	364/214	672/395	54
	三层	138/81	70/41	208/122	118/69	326/191	664/391	50
	四层	146/86	59/35	205/121	81/48	286/169	636/374	45
	五层	146/86	61/36	207/122	74/44	281/166	558/328	51
善化寺普贤阁	下层	130/87	40/27	170/114	78/52	248/166	644/429	39
	上层	130/87	40/27	170/114	79/53	249/167	558/371	45
佛光寺文殊殿		160/102		160/102	95/61	255/163	626/399	41
华严寺大殿		192/96	84/42	276/138	100/50	376/188	963/482	39
崇福寺弥陀殿		164.5/99	64.5/39	229/138	173.5/104	402.5/242	824/494	49
善化寺三圣殿		131/76	62/36	193/112	159/92	352/204	872/504	40
善化寺山门		121/76	42/26	163/102	93/58	256/160	772/483	33
玄妙观三清殿	殿身	154/96	78/48	232/144	136.5/86	368.5/230	1211/757	30
	副阶	111/87	108/85	219/172	40/32	259/204	609/480	43

第二节　平面

一、平面与结构

实例中有十例属殿堂结构形式，十一例属厅堂结构形式，即表31中的“厅堂一”，还有六个介于殿堂与厅堂之间，即表31中的“厅堂二”。[①] 总共二十七例。

（1）厅堂间缝用梁柱及平面［图版35］

厅堂房屋每一间缝用梁柱的形式和柱网平面布置的形式，是互为因果的。在地面上所见到的，虽然只是柱子的平面布置，实际它也就是一定的柱梁组合形式的必然结果。每一座房屋的每一间缝，可以采用不同的柱梁组合形式，所以厅堂除逐间前后各用一条檐柱外，屋内柱的多少及其位置是可以各不相同的。

南禅寺大殿、镇国寺大殿、善化寺普贤阁三例是通檐用二柱，只有各间檐柱无内柱。华严寺海会殿五间八椽，不厦两头造，用六个“前后乳栿用四柱”屋架，屋内前后各有一排内柱。隆兴寺转轮藏殿、慈氏阁各三间六椽，厦两头造，心间用“乳栿对四椽栿用三柱”，屋内后侧各有两条内柱。虎丘二山门五间四椽，“分心乳栿用三柱”，屋内有一列中柱。这七例都是在一座房屋内，只使用同一形式的屋架。因此，房屋内部柱子的平面排列，逐间相同。

开善寺大殿五间六椽，四阿造，心间用“乳栿对四椽栿用三柱”屋架，次间用“分心三椽栿用三柱”屋架；善化寺三圣殿五间八椽，四阿造，心间“乳栿对六椽栿用三柱”，次间“三椽栿对五椽栿用三柱”。这两例屋内柱子平面布置是心间偏后，次间在正中或略偏后。总计以上九例的柱梁布置，除三圣殿用三椽栿对五椽栿一例外，都是见于《法式》的标准形式。

佛光寺文殊殿七间八椽，不厦两头造，两侧面两个屋架是“分心乳栿用五柱”。

---

① 关于此处所说“厅堂一——十一例属厅堂结构形式”和“厅堂二——六个介于殿堂与厅堂之间”，作者在日后的研究中分别命名为“海会殿形式（标准的厅堂结构形式）”和“奉国寺形式（介于殿堂、厅堂之间的一种特殊的结构形式）”；又将殿堂结构形式命名为“佛光寺形式”。参阅陈明达:《中国古代木结构建筑技术（战国—北宋）》，文物出版社，1990。

当中六个屋架都是前后乳栿当中四椽栿，本来应当是“前后乳栿用四柱”形式，屋内前后需各用六条内柱。但它在前面用了两个长达两间、一个长达三间的檐额承托屋架，只用了两条屋内柱；后面用了两个长达三间的桁架，也只用了两条屋内柱。弥陀殿七间八椽厦两头造，两侧逐间用乳栿屋内柱。当中四个屋架也是前后乳栿当中四椽栿，本来应当在屋内前后各用四条内柱，实际上它只在后侧用四条内柱，前侧用了三个桁架承托屋架，只用了两条内柱。这两例用梁与《法式》厅堂相同，而由于使用檐额、桁架，用柱大不相同，是《法式》所未曾记录的形式。

六个介于殿堂与厅堂之间的实例中，华林寺大殿面广三间，进深四间八椽，心间前后乳栿用四柱；保国寺大殿三间八椽，前三椽栿后乳栿用四柱。此两例平面均与殿堂双槽相似。奉国寺大殿九间十椽，当中五间前四椽栿后乳栿用四柱；善化寺大殿七间十椽，当中三间前四椽栿后乳栿用四柱；三大士殿五间八椽，心间前三椽栿后乳栿用四柱；华严寺大殿九间十椽，当中五间前后三椽栿用四柱。以上四例的梢间均与侧面檐柱相对用屋内柱、乳栿，平面布置又与殿堂金箱斗底槽相似。

以上六例的屋内柱均随举势增高，使梁柱配置有厅堂结构形式的优点。而内柱上又使用铺作，其铺作着重于柱头缝上扶壁栱的纵架作用，简略了出跳上用栱方，使全部结构构造又具有殿堂的优点，是《法式》中所未曾记录的形式。

综合以上十七例，厅堂又可以分为一、二两类不同的结构形式。第一类使用与《法式》标准用柱梁形式相同的形式，屋内柱的平面布置，是由一定的屋架结构构造形式决定的。当然也可以反过来由使用要求决定屋内柱布置，然后选择与之相当的一定屋架形式。这是柱子平面布置与屋架结构形式的辩证关系。在长期的发展过程中已经创造出屋架设计的原则和各种屋架形式，可供选择应用，以满足切合使用要求的平面布置。《法式》时期的工匠正是总结了历史经验，理解到这种辩证关系，才拟定了厅堂用柱梁的标准形式。在这一类结构形式中有少数使用檐额、桁架的形式，减省了部分屋内柱，扩大了屋内空间的使用价值。另一方面，例如文殊殿，总共少用了八条内柱，却增加了三条大檐额和两个桁架，不但用料较多，还需付出更多的劳动。至于第二类形式，虽兼有殿堂厅堂的优点，而其结构过于繁难，不利于标准化，故均为《法式》所不取。

（2）殿堂分槽布置［图版 36］

表 31 所列殿堂共十例，有分心斗底槽、单槽和金箱斗底槽三种形式，而没有双槽形式。分心斗底槽有独乐寺山门和善化寺山门两例，都是侧面两间分四椽，用中柱一列，前后檐柱、中柱间用乳栿，较《法式》所记分心斗底槽大为简略。

单槽有雨华宫、圣母殿两例。前者仅三间六椽，用四铺作，规模不大。后者殿身五间八椽，外槽深一间两椽，内槽深三间六椽，副阶周匝各两架椽。殿身前檐柱不落地，而将前面副阶四条乳栿改为四椽栿，栿尾入殿身屋内柱，使殿身前檐柱立于副阶四椽栿上，是单槽形式的变体。

金箱斗底槽共五例，即佛光寺大殿、独乐寺观音阁、薄伽教藏殿、隆兴寺摩尼殿和应县木塔。它们都是沿平面四周用檐柱、内柱各一周，以阑额、铺作连接成两环相套的柱网。《法式》金箱斗底槽基本与此相同，仅将后排内柱上阑额向两侧延伸至外檐柱头，并在延伸的阑额上亦增用补间铺作。

最后一个玄妙观三清殿是比较独特的形式。它的殿身正面七间，侧面四间，使用满堂柱，是唯一孤例。同时有部分内柱随举势加长，以致从平面到结构都脱离了殿堂结构形式的基本原则。只余阑额、铺作布置表现出殿堂分槽的表面形式，却又是很独特的分槽。它的外槽大致和金箱斗底槽相似，内槽又分为五个长两间、宽一间的槽，又与《法式》分心斗底槽有类似之处。它建于 1179 年，晚于《法式》成书约八十年，可以说是综合了《法式》几种分槽形式而成的复合形式，因此改变了分槽结构的构造原则。应当说这是殿堂结构形式的新发展，从这里我们看到了明代以来的殿堂结构的雏形。

二、间广、椽长［表 31、34］

唐代以前的木结构房屋，大致是采取逐间间广皆同的布置。现存佛光寺大殿正面当中五间逐间广 252 份，两梢间各广 220 份，侧面两心间各广 221.5 份，两梢间各广 220 份，已略加大了当中各间，但仍残留着逐间相等的余意。自此以后，所有实例都程度不等地改变了这种形式，一般都是心间最广，次梢间依次相递减小。而两侧面间广大多逐间皆同，并且与正面梢间间广相同。这种现象应当是由使用需要扩大间广形成的，先是只扩大心间，以后又扩大次间，而梢间与侧面各间则由于结构关系，仍需保持逐间相等。

进深方向逐间间广皆同，一间分为两椽，是全部实例使用的基本方式［图版41、42］。这就确定了每一条柱子必定在槫缝之下，使间椽必相对应，成为最适合于屋架构造的形式。二十七例中除应县木塔外，四个进深两间的，都分为四椽。七个进深三间的，有五个分为六椽；一个南禅寺大殿分为四椽，因为它是面广三间的九脊殿，通檐用二柱，不产生间椽不对应的现象；另一个保国寺大殿分为八椽，是使用了特殊的间广布置，即侧面前梢间和心间间广大，各分为三椽，后梢间窄，只分为两椽。进深四间的实例最多，共有十二例，除一个可能经过后代改造的三清殿，每间分为三椽，共十二椽外，其余都是每间分两椽，共八椽。进深五间的有三例，都是每间分两椽，共十椽。

其次，九脊殿梢间正面、侧面间广宜相等，四阿殿次间、梢间宜与侧面间广相等。如此才便于转角构造，使角梁、续角梁沿45°对角线接续至脊。虽为大多数实例所采用，但并不因此而受局限，有些两面间广不相等的实例，使用了灵活处理的方法，解决转角构造［图版43、44］，更突出地反映了平面间广的布置和转角结构构造的密切关系。我们将在以后各节再作详细的说明。

《法式》正是总结了历史的经验，把厅堂间缝用梁柱确定为侧面逐间间广皆同与一间分两椽的标准制度。而殿堂结构则利用它分层构造的特点，允许柱子布置不必一定与椽架相对应，而创立了三间平均分为八椽或四间平均分为十椽的新形式，使间广不再受椽架转角构造的制约，突破了传统方式的长期束缚。

三、房屋面广与进深的比例［图版35、36，表31、34］

以间为单位计，实例中有进深两间、面广三间或五间，进深三间、面广五间，进深四间、面广七间等，均为《法式》所采用。这类房屋长宽比，如以材份数计（按表34所列间广、进深总份数），在1：1.2至1：2.8之间。而按第五章表29所推算的《法式》可能的比例，在1：1.5至1：2.75之间，也大致相符。而实例中常见的进深三间、面广三间，进深四间、面广五间的方形或近于方形的平面，以及进深五间的平面，《法式》均未作记述。似乎《法式》时期房屋平面趋向于增加正面间数，避免采用方形或近于方形的平面。

这种将平面向长的方向扩大，很可能出于对立面外观的考虑。因为方形或近于方形的平面，使立面屋身与屋盖的比例不适当（详下节），所以即使是八椽五间或十椽七间屋，尚需特为规定“两头增出脊槫各三尺”，作为调整立面外观的措施。可见《法式》对房屋平面、立面的关系，确实经过认真的总结，故不将方形平面列入标准制度。

第三节　立面

一、屋盖形式

各实例所用屋盖［表31］有不厦两头、九脊、四阿和鬬尖四种形式。不厦两头只有两例，均用于平面长方形的厅堂结构形式房屋。鬬尖屋盖仅应县木塔一例，是只适宜于方形或正多边形平面的形式。九脊和四阿形式的实例较多，现即着重讨论这两种形式［图版37］。

四阿屋盖九例，以结构形式论，佛光寺大殿、独乐寺山门、善化寺山门为殿堂［（结构形式）］，其余六例为厅堂［（结构形式）］。九脊屋盖十五例，独乐寺观音阁、雨华宫、圣母殿、薄伽教藏殿、摩尼殿、三清殿六例为殿堂，其余九例为厅堂。所以，屋盖形式并不受殿堂、厅堂结构形式的制约，而与平面关系较密切。我们看，凡是平面为方形或近于方形的房屋，均用九脊屋盖，具体地说，凡是进深三间、面广三间的均用九脊屋盖，进深四间、面广五间的多数用九脊屋盖。进深三间、面广五间或进深四间、面广七间的多数用四阿屋盖，进深五间、面广七至九间的全部用四阿屋盖。另一方面又可归纳为房屋规模小的，多用九脊屋盖，规模愈大，用四阿屋盖的愈多。看来，《法式》把厦两头造规定在厅堂形式，而于注文中说明“今亦用此制为殿阁”[①]，正反映出房屋规模和屋盖形式的关系。

---

① 李诫:《营造法式（陈明达点注本）》第一册卷五《大木作制度二·阳马》第105页:“凡厅堂并厦两头造，则两梢间用角梁转过两椽。（亭榭之类转一椽。今亦用此制为殿阁者，俗谓之曹殿，又曰汉殿，亦曰九脊殿。按《唐六典》及《营缮令》云:‘王公以下居第并厅厦两头者，此制也。’）”

但是平面方形或近于方形的房屋，它的立面总轮廓也近于方形，致屋盖与屋身的比例不佳，如保国寺大殿屋盖显得过于高耸，有头重脚轻之感。长方形平面的房屋，可用九脊或四阿屋盖，但如正面较短仍不宜用四阿。如三大士殿与薄伽教藏殿同为五间八椽，前者用四阿屋盖，正脊过短极为局促，不如后者用九脊屋盖适当。图版 37 充分显示出各种屋盖的立面形式与面广、进深的密切关系。由此，大致可以判明，用四阿屋盖的房屋，平面需具备两个条件，才能既便于施工又取得较好的外形：一是长方形平面正面需较长，使正脊有足够的长度；二是正面梢间、次间间广需与侧面相应各间相等，使角梁、续角梁接续至脊槫，恰好在 45° 对角线上，它的平面投影成一直线，以便于施工。但是，如实例所示，在各种原因的影响下，往往不能完全取得这两个条件，而产生了适应各种间广不匀的措施。

九个四阿屋盖实例中，华严寺大殿未详测，其余八例包含着四种不同的处理方式［图版 43］。第一种有佛光寺大殿、独乐寺山门、奉国寺大殿、三大士殿等例，正面梢间、次间广与侧面间广相差极少；或仅梢间两面间广相同，而进深只有八椽，使角梁恰好沿 45° 线逐架接续成一直线，于脊槫尽处另用平梁一缝。第二种为善化寺大殿，进深十椽，角梁、续角梁与前一种相同，接续成一直线，但它的正面次间广 320 份，侧面心间广 294 份，相差 26 份，因此侧面第一槫缝在次间柱中线之外，为此不得不在内柱栌枓口内出华栱一跳，承托位于中线以外的上平槫。第三种是开善寺大殿，进深六椽，它的梢间侧面广 306 份，正面广 289 份，对角线约为 46.5°，角梁即沿此线至脊槫成一直线，而将正面梢间各槫逐架增加长度，使与侧面各槫相交于角梁缝上。第四种是善化寺三圣殿进深八椽，山门进深四椽，它们的角梁、续角梁相续均成为一条折线，而两者又各不同。三圣殿是逐架相续向外折，其结果是正脊增长；山门是末一架向内折，使正脊减短。这是由于三圣殿侧面梢间广 302 份，心间广 255 份，而正面梢间广 298 份，次间广 424 份，山门侧面两间各广 314 份，正面梢间广 325 份等，两面间广份数不同所形成的。

如上所述，说明房屋正面、侧面间广影响角梁、续角梁的布置，从而影响着四阿屋盖正脊的长短，房屋立面外观各部分的比例。但是，它们都是由间广不匀产生的，不是出于有意识的安排，其处理方法也各不相同。这些现象可能早就为古代工匠所熟知，并且积累了各种经验，直到《法式》时期才总结出正面、侧面的间数比例，规定出八椽五间、十椽七间需增长脊槫的制度。

二、殿身形式

殿身柱高与间广之比及柱子生起，都是影响立面外观的重要因素，已经在材份和平面讨论中论及，不再重复。这里只补充由侧脚产生的变化。经过详细测量的实例侧脚，目前只有应县木塔和开善寺大殿。前者各层塔身柱侧脚为 0.7% 至 4.6%，平坐为 3.1% 至 8%；后者正面侧脚 2%，侧面侧脚 1.3%。而且每条柱子除向屋内方向侧脚外，同时还每面向中间侧脚，因此，逐间柱头间广大多数小于柱脚间广［表 36］。开善寺大殿向中侧 0.6% 至 1.6%，应县木塔塔身向中侧 0.6% 至 2%。这种侧脚方法对房屋结构的稳定和外观轮廓都有较好的效果，可是柱头、柱脚间广的零星差数，给设计和施工都增加了麻烦。古代匠师也曾发现并解决了这个问题，我曾在应县木塔的研究中发现间广是以柱头为标准的。它反映出当时的解决方法是使柱头间广为整数，柱脚向外侧，借以使柱头以上众多的结构构件都成为整数，以利施工。但它毕竟较复杂，因此《法式》制度只保持了以柱头间广为标准的方法，规定正面侧 1%，侧面侧 0.8%，而抛弃了每面更向中间侧脚的方法。

表 36　唐宋木结构建筑实测记录（五）——柱头及柱脚间广

名称		柱脚（厘米 / 份）			柱头（厘米 / 份）		
		心间	次间	梢间	心间	次间	梢间
应县木塔	副阶	447/263	403/237		444/261	403/237	
	塔身一层	447/263	268/158		442/260	263/165	
	二层	421/248	255/150		417/245	255/150	
	三层	384/226	255/150		381/224	251/148	
	四层	377/222	235/138		376/221	233/137	
	五层	368/216	217/128		364/214	217/128	

续表

名称		柱脚（厘米 / 份）			柱头（厘米 / 份）		
		心间	次间	梢间	心间	次间	梢间
应县木塔	平坐二层	422/248	260/153		421/248	255/150	
	三层	417/245	242/142		384/226	255/150	
	四层	380/224	235/138		377/222	235/138	
	五层	370/218	220/129		368/216	217/128	
开善寺大殿	正面	579/369	547/348	453.5/289	579/369	545/347	449/286
	侧面	481/306		481/306	471/300		476/303

表 37　唐宋木结构建筑实测记录（六）——高度

名称		檐柱（厘米 / 份）				普拍方高（厘米 / 份）	铺作（厘米 / 份）		前后橑檐方心长（厘米 / 份）	举高（橑檐方背至脊榑背）（厘米 / 份）	举高比（%）	总高（地面至脊榑背）（厘米 / 份）
		径	平柱高	角柱高	生起		出跳总长	高（栌枓底至橑檐方背）				
南禅寺大殿		41/25	382/239	390/244	8/5		81/51	157/98	1129/705	201/126	36	740/463
佛光寺大殿		54/27	499/250	523/262	24/12		198/99	249/125	2160/1080	441/221	41	1189/595
镇国寺大殿		46/31	342/233	347/236	5/3		143/97	185/126	1363/927	360/245	53	887/604
华林寺大殿		64/29	478/218	486/221	8/4		208/95	265/120	1884/856	458/208	49	1201/546
独乐寺山门		50/31	437/268	445/273	8/5		84/51.5	174.5/107	1030/632	264.5/162	51	876/537
独乐寺观音阁	下层	48/30	406/254	417/260	11/6		166/104	258/161		82/61		
	平坐	48/30	448/280	453/283	5/3	17/11	112/70	143.5/90				
	上层	48/30	424/265	430/269	6/3		190/119	221/138	1698/1061	459/287	54	1975/1234
虎丘二山门		38/28	382/279	382/279			42.5/31	87.5/64	785/573	289/211	74	758.5/554
永寿寺雨华宫		48/30	408/255	417/261	9/6	10/6	78/49	154/96	1476/923	380/238	52	952/595
保国寺大殿		56/39	422/295	422/295			165/115	175/122	1665/1164	552/386	66	1149/803

续表

名称		檐柱（厘米／份）				普拍方高（厘米／份）	铺作（厘米／份）		前后橑檐方心长（厘米／份）	举高（橑檐方背至脊槫背）（厘米／份）	举高比（%）	总高（地面至脊槫背）（厘米／份）
		径	平柱高	角柱高	生起		出跳总长	高（栌枓底至橑檐方背）				
奉国寺大殿		67/35	595/309	635/329	40/21	20/10	191/99	248/128	2895/1500	728/377	50	1591/824
晋祠圣母殿	殿身	48/34	783/548	803/561	20/14	13/9	110/77	180/126	1692/1183	470/329	56	1446/1012
	副阶	48/34	386/270	412/288	26/18	13/9	80/56	148/103	385/269	158/110		705/492
广济寺三大士殿		51/32	438/273			18/12	80/49	175/109	1960/1225	485/303	49	1116/697
开善寺大殿		53/34	482/307	493/314	11/7	17.5/11	85/54	173.5/111	1613/1027	407.5/260	51	1080.5/688
华严寺薄伽教藏殿		51/32	499/312	515/322	16/10	17/11	81/51	169/106	2008/1256			
善化寺大殿		67/39	626/362	668/386	42/24	22/13	98/57	193/112	2671/1544	691/399	52	1532/886
华严寺海会殿		45/28	435/272	450/281	15/9	16/10	61/38	100/63	2048/1280	470/294	46	1021/638
隆兴寺摩尼殿	殿身	63/45	856/611	872/621	16/11	19.5/14	80/57	95/68	1992/1423	595/425	60	1565/1118
	副阶	53/38	368/263	392/280	24/17	15/11	80/57	155/111		217/155		755/539
	东龟头殿	53/38	382/273				80/57	159/114		217/155		758/541
	西龟头殿	53/38	382/273				80/57	159/114		217/155		758/541
	南龟头殿	53/38	382/273	387/276	5/3		80/57	159/114		312/223		853/609
	北龟头殿	53/38	382/273				80/57	156/111		237/169		775/554
应县木塔	一层塔身	64/38	868/510			17/10	179/105	208/122		105/62		
	副阶	58/34	420/247	426/251	6/4	17/10	85/50	170.5/100		142/84		
	二层平坐	62/36	408/240			17/10	120.5/71	155/91				
	二层塔身	64/38	441/259			17/10	180/106	214/126		95/56		
	三层平坐	62/36	410/241			17/10	120/71	154/91				

续表

名称		檐柱（厘米 / 份）				普拍方高（厘米 / 份）	铺作（厘米 / 份）		前后橑檐方心长（厘米 / 份）	举高（橑檐方背至脊槫背）（厘米 / 份）	举高比（%）	总高（地面至脊槫背）（厘米 / 份）
		径	平柱高	角柱高	生起		出跳总长	高（栌枓底至橑檐方背）				
应县木塔	三层塔身	60/35	438/258			17/10	118/69	209/123		101/59		
	四层平坐	60/35	412/242			17/10	124/73	155/91				
	四层塔身	60/35	438/258			17/10	81/48	181/106		92/54		
	五层平坐	58/34	344/202			17/10	127/75	122/72				
	五层塔身	56/33	395/232			17/10	74/44	146/86	2070/1218	528/311	51	4981/2930
善化寺普贤阁	下层	53/35	503/335	511/340	8/5	16/11	78/52	125/83		48/32		
	平坐		280/186			16/11	85/57	113/75				
	上层		382/254			16/11	79/53	160/107	1138/759	293/195	52	1666/1111
佛光寺文殊殿		56/36	448/285	478/304	30/19	20/13	95/61	158/101	1950/1243	425/271	44	1051/669
华严寺大殿		67/34	724/362			24/12	100/50	215/108	2950/1475			
崇福寺弥陀殿		53/32	593/355	610/365	17/10	23/14	173.5/104	208/125	2577/1543	669.5/401	52	1493.5/894
善化寺三圣殿		58/34	618/357	659/381	41/24	28/16	158/92	226/131	2242/1296	720/416	64	1592/920
善化寺山门		47/29	586/366	600/375	14/9	22/14	93/58	164/103	1184/740	364/228	61	1136/710
隆兴寺转轮藏殿	下层	54/39	475/338	478/340	3/2	17/13	80/57	147/105		64/44		
	副阶	36/26	377/269	377/269			46/33	106/76		224/160		
	平坐	44/31	345/246	345/246			115/82	136/97				
	上层	54/39	512/366	512/366			90/64	137/98	1455/1039	450/321		1936/1383
玄妙观三清殿	殿身	56/35	945/591			16/10	136.5/86	250/156	2024/1265			
	副阶	43/34	493/388			16/13	40/32	100/79		265/209		

续表

名称		檐柱（厘米／份）				普拍方高（厘米／份）	铺作（厘米／份）		前后橑檐方心长（厘米／份）	举高（橑檐方背至脊槫背）（厘米／份）	举高比（%）	总高（地面至脊槫背）（厘米／份）
		径	平柱高	角柱高	生起		出跳总长	高（栌枓底至橑檐方背）				
隆兴寺慈氏阁	永定柱平坐	45/32	780/558	783/560	3/2	16/11	115/82	120/86				
	副阶	33/24	359/256	359/256		16/11	45/32	98/70		206/147		
	缠腰	40/18	452/323	452/323			114/81	145/104		60/43		
	上层	35/25	454/325	454/325		16/11	79/56	174/124	1297/914	368/263		

186 第七章 实例与《法式》制度的比较　　　　第三节 立 面 187

表37—1 唐 宋 木 结 构 建 筑 实 测 记 录（六）——高 度

名称	檐柱（厘米/份）				普拍方高（厘米/份）	铺作（厘米/份）		前后橑檐方心长（厘米/份）	举高（橑檐方背至脊槫背）（厘米/份）	举高比%	总高（地面至脊槫背）（厘米/份）
	径	平柱高	角柱高	生起		出跳总长	高（栌斗底至橑檐方背）				
南禅寺大殿	41/25	382/239	390/244	8/5		81/51	157/98	1129/705	201/126	36	740/463
佛光寺大殿	54/27	499/250	523/262	24/12		198/99	249/125	2160/1080	441/221	41	1189/595
镇国寺大殿	46/31	342/233	347/236	5/3		143/97	185/126	1363/927	360/245	53	887/604
华林寺大殿	64/29	478/218	486/221	8/4		208/95	265/120	1884/856	458/208	49	1201/546
独乐寺山门	50/31	437/268	445/273	8/5		84/51.5	174.5/107	1030/632	264.5/162	51	876/537
独乐寺观音阁下层	48/30	406/254	417/260	11/6		166/104	258/161		82/61		
平坐	48/30	448/280	453/283	5/3	17/11	112/70	143.5/90				
上层	48/30	424/265	430/269	6/3		190/119	221/138	1698/1061	459/287	54	1975/1234
虎丘二山门	38/28	382/279	382/279			42.5/31	87.5/64	785/573	289/211	74	758.5/554
永寿寺雨华宫	48/30	408/255	417/261	9/6	10/6	78/49	154/96	1476/923	380/238	52	952/595
保国寺大殿	56/39	422/295	422/295			165/115	175/122	1665/1164	552/386	66	1149/803
奉国寺大殿	67/35	595/309	635/329	40/21	20/10	191/99	248/128	2895/1500	728/3[illegible]	50	1591/824
晋祠圣母殿殿身	48/34	783/548	803/561	20/14	13/9	110/77	180/126	1692/1183	470/329	56	1446/1012
副阶	48/34	386/270	412/288	26/18	13/9	80/56	148/103	385/269	158/110		705/492
广济寺三大士殿	51/32	438/273			18/12	80/49	175/109	1960/1225	485/303	49	1116/697
开善寺大殿	53/34	482/307	493/314	11/7	17.5/11	85/54	173.5/111	1613/1027	407.5/260	51	1080.5/688
华严寺薄伽教藏殿	51/32	499/312	515/322	16/10	17/11	81/51	169/106	2008/1256	[illegible]/281		[illegible]
善化寺大殿	67/39	626/362	668/386	42/24	22/13	98/57	193/112	2671/1544	691/399	52	1532/886
华严寺海会殿	45/28	435/272	450/281	15/9	16/10	61/38	100/63	2048/1280	470/294	46	1021/638
隆兴寺牟尼殿殿身	63/45	856/611	872/621	16/11	19.5/14	80/57	95/68	1992/1423	595/425	60	1585/1118
副阶	53/38	368/263	392/280	24/17	15/11	80/57	155/111		217/155		755/539
东龟头殿	53/38	382/273				80/57	159/114		217/155		758/541
西龟头殿	53/38	382/273				80/57	159/114		217/155		758/541
南龟头殿	53/38	382/273	387/276	5/3		80/57	159/114		312/223		853/609

插图二一　作者在初版表37上所作批改

三、殿身立面高度及檐出比例

这里只讨论单层房屋。表 37 所列除楼阁及薄伽教藏殿平綦以上经后代改建，华严寺大殿、玄妙观三清殿未详测外共十九例。

屋盖举高，厅堂以虎丘二山门达 74% 最高，南禅寺大殿 36% 最低；殿堂以善化寺山门 61% 最高，佛光寺大殿 41% 最低。从全部举高数字看，显然没有殿堂、厅堂的差别；除虎丘二山门举高特大，颇疑为后代改修所致外，保国寺举高 66%、善化寺三圣殿 64%、善化寺山门 61%、隆兴寺摩尼殿 60% 等四例略小于三分举一，其余十四例均在 56% 以下，即相当于《法式》瓪瓦厅堂以下的举高标准。时代早于《法式》的，举高一般较低，与《法式》同时或较晚的，举高一般较高。所以，举高是随时代逐渐增高的。

房屋立面外观的高度比，仍按平柱高（包括普拍方）、铺作高（栌枓底至橑檐方背）、举高（橑檐方背至脊槫背）三部分衡量。

据表 37 所列材份计算，南禅寺大殿、独乐寺山门、虎丘二山门、善化寺山门等四个四椽屋以及永寿寺雨华宫、开善寺大殿两个六椽屋等六例的柱高，大致等于铺作高加举高。即平柱高与总高之比在 1∶2 左右，最大不超过 1∶2.28。如果从椽数看，恰巧四椽屋的总高为平柱高的二倍，六椽屋的总高不超过平柱高的 2.28 倍，可以说是以柱高二倍为标准而略有伸缩。

镇国寺大殿六椽，佛光寺大殿、华林寺大殿、保国寺大殿、广济寺三大士殿、华严寺海会殿、佛光寺文殊殿、崇福寺弥陀殿、善化寺三圣殿等八个八椽屋，奉国寺大殿、善化寺大殿等两个十椽屋，以上六至十椽共十一例的平柱高大致等于举高，一般为 1∶0.9 至 1∶1.1，个别如保国寺、奉国寺大至 1∶1.2 至 1∶1.3。可以认为六至十椽屋的总高为平柱高的二倍加铺作高。

用副阶的四例，副阶柱高与殿身柱高之比为：圣母殿 1∶1.98，摩尼殿 1∶2.3，应县木塔 1∶2.03，三清殿 1∶1.89。即殿身柱高略为副阶柱高的二倍左右。而其中圣母殿、摩尼殿两个八椽屋用副阶，殿身平柱与总高之比各为 1∶1.8 左右。

综上所述，实例立面高度比例按房屋规模而不同，四至六椽屋、六椽以上屋及用副阶屋采用三种不同比例。如以第五章按《法式》制度推定的结果与此相较，则四至六椽屋高度比例大致与实例相同，八椽以上屋及用副阶屋的比例相差较大，这当然是《法式》增大了举高的结果。

其次，檐出与檐高的比例［表35］，四个用副阶的殿身，檐出为檐高的25%至35%。不用副阶各例，除善化寺山门、三大士殿二例最小，只33%至34%外，其余各例在37%至55%之间，并以40%左右和50%左右的占多数。第五章推定《法式》檐出、檐高比例，恰恰与此相符合。

第四节　铺作［图版38、39、40］

一、铺作朵数

铺作原是结构所必需的组成部分，没有结构上的需要，就不一定使用铺作。所以早期只用柱头铺作，不用补间铺作。如南禅寺大殿、雨华宫、海会殿，都因为没有结构上的需要，不用补间铺作。随后由于间广加大或以补间为装饰，才加用补间铺作。如晋祠圣母殿殿身及副阶正面各间及两侧面前梢间，各用补间铺作一朵，两侧面其他各间及背面各间，一律不用补间铺作，就是以铺作为装饰的最好说明。各实例用补间铺作［表31］有心间用一朵、梢间不用，逐间均用一朵，心间用两朵、次梢间各用一朵或心间次间各用两朵、梢间用一朵等各种方式。而铺作分布并不要求“远近皆匀”，也不受间广和每朵增减不得超过25份的限制。所以“逐间皆用双补间”及分布“远近皆匀”的制度，均开始于《法式》的时代。

转角铺作用栌枓三枚、每面互见两枓、于附角枓上另加铺作一缝的做法，见于奉国寺大殿、善化寺大殿［图版44］、三圣殿及山门，它是对转角铺作的扩大和加强。这种做法在《法式》中由于铺作每朵间距125份，尚可减至100份，分布已较密集，因此，无须再采用加强转角铺作的措施，而只用于平坐缠柱造，不再用于殿身。

二、铺作铺数

实例用铺作铺数，以外檐柱头铺作外跳为准：用五铺作的最多，计有十三例；用七铺作的次之，计有九例；其余用六铺作的三例，用四铺作及枓口跳的各一例，而没有用八铺作的。（补注一）

殿堂结构房屋中，佛光寺、三清殿各七间，观音阁五间重楼，应县木塔三间八面重楼，均用七铺作。圣母殿五间，副阶周匝，用六铺作。摩尼殿五间，副阶周匝，薄伽教藏殿、善化寺山门各五间，独乐寺山门、雨华宫各三间，均用五铺作。故殿阁用铺作铺数，大致是与房屋规模成正比的。但厅堂用铺作与房屋规模并无关系，例如镇国寺大殿、保国寺大殿、华林寺大殿，都是规模不大的三间屋，却使用七铺作出双抄双下昂，均超过《法式》厅堂用铺作铺数；华严寺大殿九间十椽，反而只用五铺作出双抄。

五个楼阁实例中，观音阁、普贤阁、转轮藏殿、慈氏阁上屋、下屋铺作铺数相同。应县木塔下两层七铺作，第三层六铺作，第四层五铺作，第五层四铺作，正如《法式》制度规定“凡楼阁上屋铺作或减下屋一铺”[①]。六个有副阶的实例中，摩尼殿、转轮藏殿副阶铺作，铺数与殿身相同。晋祠圣母殿副阶铺作，减殿身一铺。应县木塔第一层副阶及慈氏阁副阶，均减殿身两铺。三清殿副阶，减殿身一铺。而《法式》规定“副阶、缠腰铺作不得过殿身，或减殿身一铺”[②]，是缩小了殿身与副阶用铺作的差距。

五个有平坐的楼阁中，只有观音阁平坐、应县木塔第二层平坐各减上屋一铺。普贤阁、慈氏阁、应县木塔第三层平坐，用铺作铺数均同上屋。应县木塔第四、五层及转轮藏殿平坐，各较上屋多一铺。显然，平坐需保持一定铺数，才能有可供使用的挑出深度。《法式》一律规定“其铺作减上屋一跳或两跳”[③]，按照这项规定，当上屋用五铺作时平坐只能用四铺作，上屋用四铺作时平坐只能用枓口跳，似乎是不合理的，可能是一项错误或有脱漏的条文。

---

① 李诫：《营造法式（陈明达点注本）》第一册卷四《大木作制度一·总铺作次序》，第 92 页。

② 同上。

③ 李诫：《营造法式（陈明达点注本）》第一册卷四《大木作制度一·平坐》，第 92 页。

三、减铺及加铺

《法式》规定，铺作以外檐外跳为准，里跳较外跳跳数、铺数少，是为减铺，并规定“里跳减一铺或两铺”[①]。实例做法变化较多，并且还有里跳多于外跳的做法。

一般外檐柱头铺作里跳上承乳栿，栿下用一跳或两跳华栱。因此，外跳五铺作以上，里跳必须减一或两铺。里跳跳头上一般不再用栱方，如有平棊，则于乳栿上再用骑栿令栱承平棊方。大致与《法式》做法相近。

《法式》殿堂身槽内铺作，一律规定里外跳跳数相同，即“里外俱匀”。十个殿堂实例中，有六个均用此做法，其余四例却大不相同。佛光寺大殿、独乐寺观音阁、华严寺薄伽教藏殿及应县木塔，四个早于《法式》的殿堂，身槽内铺作的外跳铺数均多于里跳，内槽平棊高于外槽，是《法式》所没有记录的做法。按照《法式》的概念，或可称为“外跳减铺”。但是现在按第六章里、外跳的推论，将身槽内里、外跳的称谓颠倒过来，于是早期铺作无论外檐或身槽内，一律都是里跳减铺。而身槽内外跳与外檐外跳铺数相同，或更加一至两铺。所以，我们在实例各图中按照这个方式区分里、外跳，看来确实合理一些。（补注二）

补间铺作的铺数，五铺作以下大部分与柱头铺数相同。少数柱头用五铺作以上的，如华林寺大殿、保国寺大殿、奉国寺大殿、华严寺大殿、善化寺三圣殿等，其补间铺作也都是与柱头铺作相同。而多数用五铺作以上的补间，较柱头铺作减跳或减铺，是《法式》中所没有的做法。如佛光寺大殿、应县木塔，柱头用七铺作双抄双下昂，补间用五铺作出双抄，铺数跳数均减少。独乐寺山门、同济寺三大士殿、华严寺薄伽教藏殿等，柱头用五铺作出双抄，外跳用令栱，而补间铺作栌枓提高一足材，不用泥道栱出双抄，外跳跳头直承替木，亦即用减铺不减跳方法。

又有外檐补间铺作里跳跳数多于柱头铺作外跳的做法。例如独乐寺山门、三大士殿，外跳出两跳，里跳出四跳。善化寺大殿、华严寺大殿，外跳出两跳，里跳出五跳。这种做法确实是里跳加铺，但传跳最长只至下平槫下，都是《法式》未曾记录的做法。

[①] 李诫：《营造法式（陈明达点注本）》第一册卷四《大木作制度一·总铺作次序》，第 91 页。

四、铺作用栱昂

铺作自四铺作至七铺作出跳用栱昂，从铺数看，用全卷头造的大多数为五铺作，个别为六或七铺作，如观音阁下屋七铺作出四抄，应县木塔第三层六铺作出三抄。五铺作用一抄一下昂或六铺作用一抄两下昂的，只有雨华宫、文殊殿、摩尼殿三例。可以认为六铺作以下一般不用下昂。七铺作诸例，除观音阁下屋外，全部用双抄双下昂。并且除三清殿外，其下昂均于屋内上出，昂身长一般不超过一椽，即《法式》所谓昂身至下平槫。但华林寺大殿、保国寺大殿［图版39］两例，部分昂身皆长两椽，似是早期下昂做法的遗迹。有些用假昂或插昂的，如三清殿、三圣殿、善化寺山门等例，只具昂的外形，并无昂的作用，实质上仍同卷头。

可以理解用卷头或下昂，主要是由结构功能决定的。例如观音阁下屋、上屋都是七铺作，下屋出四抄，上屋出双抄双下昂，应县木塔一、二层，七铺作出双抄双下昂，三至五层用六至四铺作全卷头造，都是在一定的构造形式下才使用下昂，并且只用于柱头铺作，不用于补助性的补间铺作。（补注三）或有形式上的要求，也只用假昂或插昂。但在晚于《法式》诸例中，产生了如三圣殿、三清殿副阶等柱头铺作不用下昂、补间铺作用下昂的做法。至于虎丘二山门、开善寺大殿，补间铺作外跳不出昂，里跳用挑斡，或者可视为早期上昂的形式。

五铺作、六铺作诸实例，用偷心造或计心造的约各占半数。偷心造均为下一抄偷心。七铺作九例全部偷心造，其中三清殿一例，下一抄偷心，其余八例，又都是一、三抄偷心。还有最上一跳头头上偷心的做法，即上跳跳头不用令栱而由华栱直接承替木、橑檐方，如独乐寺山门、三大士殿、薄伽教藏殿等补间铺作；或里跳上跳不用令栱，跳头直承平棊方或下平槫，如善化寺大殿、华严寺大殿等。这种情况就产生了跳数和铺数的差距，上跳不用令栱减少了一铺而并不减跳。所以只有按《法式》规定“皆于上跳之上横施令栱与耍头相交，以承橑檐方”[①]，这才固定了跳数和铺数的关系。

---

① 李诫：《营造法式（陈明达点注本）》第一册卷四《大木作制度一·总铺作次序》，第89页。

五、出跳份数

出跳份数是个细致而又变化较多的问题。诸实例出跳份数如表38，从表中约可看到如下现象：

表38　唐宋木结构建筑实测记录（七）——铺作出跳份数①

<table>
<tr><th colspan="2" rowspan="2">名称</th><th colspan="4">外檐外跳</th><th colspan="4">外檐里跳</th><th rowspan="2">外檐扶壁栱</th><th colspan="4">身槽内里跳</th><th colspan="4">身槽内外跳</th><th rowspan="2">身槽内扶壁栱</th></tr>
<tr><th>一跳</th><th>二跳</th><th>三跳</th><th>四跳</th><th>一跳</th><th>二跳</th><th>三跳</th><th>四跳</th><th>一跳</th><th>二跳</th><th>三跳</th><th>四跳</th><th>一跳</th><th>二跳</th><th>三跳</th><th>四跳</th></tr>
<tr><td colspan="2">南禅寺大殿</td><td>48/30</td><td>33/21</td><td></td><td></td><td>52/33</td><td></td><td></td><td></td><td>单栱二方</td><td></td><td></td><td></td><td></td><td></td><td></td><td></td><td></td><td></td></tr>
<tr><td colspan="2">佛光寺大殿</td><td>63/32</td><td>37/19</td><td>53/26</td><td>45/23</td><td>54/27</td><td>43/22</td><td></td><td></td><td>单栱四方</td><td>50/25</td><td>50/25</td><td></td><td></td><td>63/32</td><td>37/19</td><td>51/26</td><td>37/19</td><td>单栱五方</td></tr>
<tr><td colspan="2">镇国寺大殿</td><td>42/29</td><td>31/21</td><td>37/25</td><td>33/22</td><td>42/29</td><td>41.5/28</td><td></td><td></td><td>单栱四方</td><td></td><td></td><td></td><td></td><td></td><td></td><td></td><td></td><td></td></tr>
<tr><td colspan="2" rowspan="2">华林寺大殿</td><td>60/27</td><td>40/18</td><td>46/21</td><td>56/25</td><td>60/27</td><td>40/18</td><td></td><td></td><td rowspan="2">三令栱三方</td><td></td><td></td><td></td><td></td><td></td><td></td><td></td><td></td><td></td></tr>
<tr><td></td><td></td><td></td><td></td><td>47/21</td><td>26/12</td><td>24/11</td><td>*24/11</td><td>53/33</td><td>30/18</td><td></td><td></td><td>53/33</td><td>30/18</td><td></td><td></td><td>四方</td></tr>
<tr><td colspan="2">独乐寺山门</td><td>53/33</td><td>30/18</td><td></td><td></td><td>53/33</td><td>30/18</td><td>53/34</td><td>41/25</td><td>单栱三方</td><td>48/30</td><td></td><td></td><td></td><td>48/30</td><td>37/23</td><td></td><td></td><td>单栱三方</td></tr>
<tr><td rowspan="3">独乐寺观音阁</td><td>下层</td><td>49/30</td><td>34/21</td><td>42/26</td><td>41/26</td><td>49/31</td><td>34/21</td><td></td><td></td><td>单栱四方</td><td></td><td></td><td></td><td></td><td>50/31</td><td>28/18</td><td></td><td></td><td>单栱三方</td></tr>
<tr><td>平坐</td><td>45/28</td><td>34/21</td><td>33/21</td><td></td><td></td><td></td><td></td><td></td><td>单栱三方</td><td>50/31</td><td></td><td></td><td></td><td>50/31</td><td>40/25</td><td>34/21</td><td>36/23</td><td>单栱四方</td></tr>
<tr><td>上层</td><td>50/31</td><td>42/26</td><td>50/31</td><td>50/31</td><td>50/31</td><td></td><td></td><td></td><td>单栱四方</td><td></td><td></td><td></td><td></td><td></td><td></td><td></td><td></td><td></td></tr>
<tr><td colspan="2">虎丘二山门</td><td>42.5/31</td><td></td><td></td><td></td><td>35.5/26</td><td>22/16</td><td></td><td></td><td>重栱一方</td><td>52/32</td><td></td><td></td><td></td><td>52/32</td><td></td><td></td><td></td><td>单栱五方</td></tr>
</table>

① 作者在“外檐里跳”栏与“外檐扶壁栱”栏之间加批注：“实高不计平欹：南禅寺大殿95厘米，佛光寺大殿202厘米，镇国寺大殿160厘米，华林寺大殿215厘米，独乐寺山门133.5厘米，独乐寺观音阁下层179.5厘米、平坐141厘米、上层179.5厘米，虎丘二山门78厘米，永寿寺雨华宫156厘米，保国寺大殿112.5厘米，奉国寺大殿244厘米，晋祠圣母殿殿身149.5厘米、副阶117.5厘米，广济寺三大士殿132厘米，开善寺大殿130厘米，华严寺薄伽教藏殿127.5厘米，善化寺大殿176厘米，华严寺海会殿94厘米，应县木塔一层塔身213厘米、副阶138厘米、二层平坐138厘米、二层塔身213厘米、三层平坐138厘米、三层塔身213厘米、四层平坐138厘米、四层塔身175.5厘米、五层平坐100.5厘米、五层塔身138厘米，善化寺普贤阁下层89.5厘米、平坐89.5厘米、上层159.5厘米，佛光寺文殊殿175.5厘米，华严寺大殿250厘米，崇福寺弥陀殿205厘米，善化寺三圣殿137厘米，善化寺山门94厘米，玄妙观三清殿殿身158厘米、副阶73厘米。”见插图二二。

续表

名称		外檐外跳				外檐里跳				外檐扶壁栱	身槽内里跳				身槽内外跳				身槽内扶壁栱
		一跳	二跳	三跳	四跳	一跳	二跳	三跳	四跳		一跳	二跳	三跳	四跳	一跳	二跳	三跳	四跳	
永寿寺雨华宫		52/33	26/16			52/33				单栱四方									
保国寺大殿		40/28	23/16	52/36	50/35	36/25	22/15			两令栱两方									
奉国寺大殿		56/29	42/21	53/28	40/21	56/29	42/21			单栱五方									
晋祠圣母殿	殿身	46/32	31/22	33/23		46/32	32/22	35/24		单栱四方	46/32	32/22	35/24		46/32	32/22	35/24		令栱二方又慢栱一方
	副阶	46/32	34/24			46/32	35/24	35/24		单栱三方									
广济寺三大士殿		50/31	30/18			50/31	30/18			单栱三方	53/33	30/18			53/33	30/18			四方
						55/35	50/31	55/35	67/42										
开善寺大殿		48/30	37/24			48/30	37/24			单栱三方									
华严寺薄伽教藏殿		48/30	33/21			48/30	34/21			单栱三方	51/32	37/23			51/32	37/23	42/26	38/24	单栱四方
善化寺大殿		57/33	41/24			57/33	41/24			单栱四方									
						57/33	41/24	40/23	**40/23										
华严寺海会殿		31/19	30/18			30/18				单栱二方									
应县木塔	一层塔身	50/29	35/21	45/27	49/28	50/29	35/21			单栱五方	45/26	38/22			48/28	37/22	44/26	44/26	五方
	一层副阶	50/29	35/21			49/29	35.5/21			单栱三方									
	二层平坐	52.5/31	31/18	37/22						四方									
	二层塔身	53/31	30/18	47/28	50/29	53/31	34.5/20			单栱五方	50/29	35/21			50/29	35/21	46/27	37/22	五方
	三层平坐	45.5/27	35/21	39.5/23						四方									
	三层塔身	50/29	28/17	40/23		48.5/29	36/21			单栱五方	50/29	35/21			50.5/30	32.5/19	35/21	35/21	五方
	四层平坐	46/27	37/22	41/24						四方									
	四层塔身	48/28	33/20			50/29	33/19			单栱四方	47/28	37/22			49.5/29	34.5/20	36.5/21	34.5/20	五方
	五层平坐	49/29	35/21	43/25						三方									
	五层塔身	41/24	33/20			37.5/22	33.5/20			单栱三方	51/30	35/21			50.5/30	36/21	35.5/21	42.5/25	五方

续表

名称		外檐外跳				外檐里跳				外檐扶壁栱	身槽内里跳				身槽内外跳				身槽内扶壁栱
		一跳	二跳	三跳	四跳	一跳	二跳	三跳	四跳		一跳	二跳	三跳	四跳	一跳	二跳	三跳	四跳	
善化寺普贤阁	下层	47/31	31/21			48/32	32/21			三方									
	平坐	48/32	37/25							单栱二方									
	上层	46/31	33/22			45/30	33/22			单栱四方									
佛光寺文殊殿		45/29	50/32			50/32	36/23	40/26		单栱四方									
华严寺大殿		50/25	50/25			50/25 50/25	50/25 50/25	50/25	*** 50/25	单栱五方									
崇福寺弥陀殿		53/31	38.5/23	41/25	41/25	55/33	38/23	41.5/25	38/23	单栱五方									
善化寺三圣殿		60/35	50/29	48/28		54/31	58/34	54/31		重栱三方									
善化寺山门		50/31	43/27			50/31	34/21			重栱二方	46/29	40/25			46/29	40/25			重栱二方
玄妙观三清殿	殿身	45.5/28	37.5/23	27/18	26.5/17	45.5/28	37.5/23	27/18	26.5/17	重栱一方又单栱一方	45.5/28	37.5/23	27/18	26.5/17	45.5/28	33/21	53/33		重栱一方又单栱一方
	副阶	40/32				32/25				重栱一方									

* 第五跳 27/12。
** 第五跳 50/29。
*** 第五跳 40/20。

第一跳出跳最长，一般在30份上下，但也有大至35份或小至19份的。第二跳出跳最短，一般在20份左右，也有大至27份或小至16份的。第三、第四跳短于第一跳，而长于第二跳。所以《法式》规定“七铺作以上即第二里外跳各减四分”[①]，尚留有第二跳最短的余意。其次凡偷心跳跳长，计心跳跳短（但也有个别出四跳，一、三跳偷心，第四跳略长于第三跳的）。所以《法式》“若八铺作下两跳偷心，则减第三跳”[②]的规定，以第二跳偷心故不减短而减第三跳计心，大体也应是早期做法的残迹。逐跳出跳份数有长短的变化，可以肯定与外观形式无关，既然随着偷心、计心分长短，可能和结构构造有一定关系，只是现在还难于解答，仅提出此一概略现象，说明《法式》制度是有历史的依据的。

① 李诫：《营造法式（陈明达点注本）》第一册卷四《大木作制度一·栱》，第76页。
② 同上。

表38—1 唐宋木结构建筑实测记录（七）——铺作出跳份数

名称	外檐外跳				外檐里跳				外檐扶壁栱	身槽内里跳				身槽内外跳				身槽内扶壁栱
	一跳	二跳	三跳	四跳	一跳	二跳	三跳	四跳		一跳	二跳	三跳	四跳	一跳	二跳	三跳	四跳	
南禅寺大殿	48/30	33/21			52/33				单栱二方									
佛光寺大殿	63/32	37/19	53/26	45/23	54/27	43/22			单栱四方	50/25	50/25			63/32	37/19	51/26	37/19	单栱五方
镇国寺大殿	42/29	31/21	37/25	33/22	42/29	41.5 28			单栱四方									
华林寺大殿	60/27	40/18	46/21	56/25	60/27 47/21	40/18 26/12	24/11	*24/11	三令栱三方									
独乐寺山门	53/33	30/18			53/33	30 18	53/34	41/25	单栱三方	53 33	30/18			53/33	30/18			四方
独乐寺观音阁下层	49/30	34/21	42/26	41/26	49/31	34 21			单栱四方	48/30				48/30	37/23			单栱三方
平坐	45/28	34/21	33/21						单栱三方					50/31	28/18			单栱三方
上层	50/31	42/26	50/31	50/31	50/31				单栱四方	50/31				50/31	40/25	34/21	36/23	单栱四方
虎丘二山门	42.5/31				35.5/26	22/16			重栱一方									
永寿寺雨华宫	52/33	26/16			52/33				单栱四方	52/32				52/32				单栱五方
保国寺大殿	40/28	23/16	52/36	50/35	36/25	22/15			两令栱两方									
奉国寺大殿	56/29	42/21	53/28	40/21	56/29	42/21			单栱五方									
晋祠圣母殿殿身	46/32	31/22	33/23		46/32	32/22	35/24		单栱四方	46/32	32/22	35/24		46 32	32 22	35/24		令栱二方又慢栱一方
副阶	46/32	34/24			46/32	35/24	35/24		单栱三方									
广济寺三大士殿	50/31	30/18			50/31 55/35	30/18 50/31	55/35	67/42	单栱三方									
开善寺大殿	48/30	37/24			48/30	37/24			单栱三方									
华严寺薄伽教藏殿	48/30	33/21			48/30	34/21			单栱三方	51/32	37/23			51 32	37 23	42/26	38/24	单栱四方
善化寺大殿	57/33	41/24			57/33 57/33	41/24 41/24	40/23	**40/23	单栱四方									
华严寺海会殿	31/19	30/18			30/18				单栱二方									
应县木塔一层塔身	50/29	35/21	45/27	49/28	50/29	35/21			单栱五方	45/26	38/22			48/28	37/22	44/26	44/26	五方

* 第五跳27/12。** 第五跳50/29。

插图二二　作者在初版表38上所作批改

六、殿堂柱头铺作

早期殿堂结构实例，外檐柱头铺作与身槽内柱头铺作实际上是不可分割的构造，我称之为横架［图版38、42］。这种结构形式在《法式》制度中虽尚存外形，但已起了本质的变化。而这种变化过程，在实例中可以明确地察觉出来。

最早如佛光寺大殿，里跳第一跳所用乳栿，实际上是外檐和身槽内柱头铺作第二跳足材华栱的栱身。身槽内第四跳华栱，又延伸到外檐铺作里跳。内槽四椽明栿栿尾，则延伸为外槽铺作上的平棊方。如此，外檐和身槽内铺作上有三个构件互相交织，组成一组横架。两个柱头上的栌枓，成为这个横架两端的支点，主要构件均只一足材，这就很难明确地区别这两朵铺作的界线。另一方面，各柱头上的横架又由内外铺作上的扶壁栱——我称之为纵架——联系，使整座房屋的铺作成为一层整体构造。其次如独乐寺观音阁、应县木塔也同此情况，只是逐渐加大了两朵铺作间的乳栿和少用一条素方。而它们的下层外檐里跳，乳栿下用华栱两跳，身槽内里跳或只用一跳华栱，由此，使内柱高于外柱一足材。最后如晋祠圣母殿［图版 40］、隆兴寺摩尼殿等，则均已改里外跳俱匀的做法，外檐里跳、身槽内里外跳铺数相同，将乳栿安于上跳之上，并且乳栿截面更大。这样虽然也将内外两柱头铺作联系起来，却可以截然分清外檐和身槽内铺作的界线，也可以分清铺作和梁栿的界线，乳栿与铺作的结合，也只是简单的重叠关系，与前三例的构造大不相同，而接近于《法式》的形式。

综合以上用铺作铺数、补间朵数、减铺或加铺、用栱昂、出跳份数以及铺作的整体构造等各项分析，可以看到唐宋早期实例的铺作构造灵活多样，都是为了适应整体构造形成的。《法式》大木作诸制度与实例相较，以铺作做法变革最大。它为铺作的铺数、朵数规定了标准制度，并规定外檐里跳及身槽内所用铺数相同。这就使减铺只限于外檐里跳，并消除了补间里跳加铺，栱昂用法又一律成为固定形式，于是大大降低了铺作运用的灵活性，削弱了对各种构造变化的适应能力。这就必须加大乳栿截面，使之代替早先的横架，从而引起了全部结构形式的改革，促使铺作脱离整体构造，逐渐成为徒具形式的装饰。这一改革不仅节省了大量设计、施工的工作量，而且更加有利于标准化。

第五节　结构形式[①]

一、厅堂结构形式（一）

共有十一例［图版 35、41］，基本上均与《法式》厅堂结构形式相近。它们的柱梁布置除规模较小的四椽、六椽屋，如南禅寺大殿、镇国寺大殿、普贤阁等通檐用二柱外，又可分为两种不同做法。

第一种如开善寺大殿，它的心间两缝，大致与《法式》六架椽屋乳栿对四椽栿用三柱相同。但是檐柱以上，第二层梁栿不是用劄牵三椽栿，而是用四椽栿。因此内柱长只至四椽栿下，而不是至平梁梁首下。四椽栿跨过内柱头，它的首尾两个支点落在内柱两侧的梁栿上。这样就加强了屋架抗水平推力的性能，不易倾斜拔榫，但制作较

[①] 对于结构形式的分析，作者在本书之后又有所发展，参阅本卷第 178 页脚注。

为费工。其他如三圣殿及厅堂（二）中的奉国寺大殿、三大士殿、善化寺大殿等例的梁栿，也都是采用此种做法。

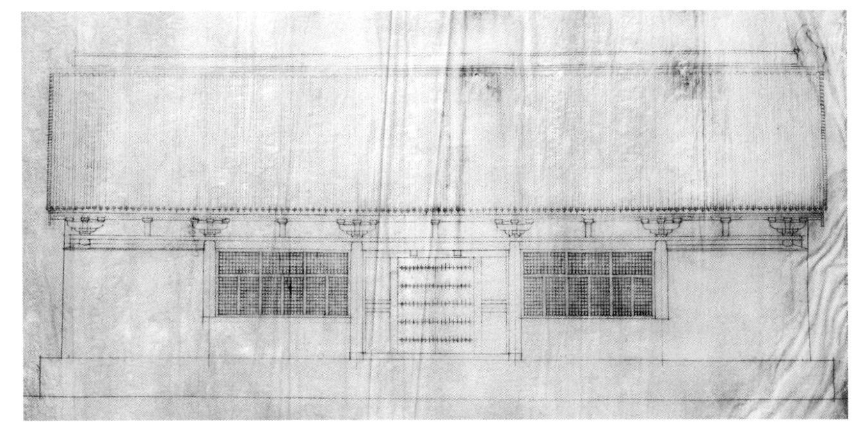

插图二三之① 海会殿正立面图（莫宗江绘）

第二种以海会殿为例，它使用八架椽屋前后乳栿用四柱的形式，梁柱布置简洁明了，易于制作施工，但是不用顺栿串，屋架的稳定性显然不及上一种做法优越，是其缺点。又如虎丘二山门，是四架椽屋分心用三柱形式，而中柱随举势直至脊槫下，也具有与海会殿相同的缺点。［插图二三］

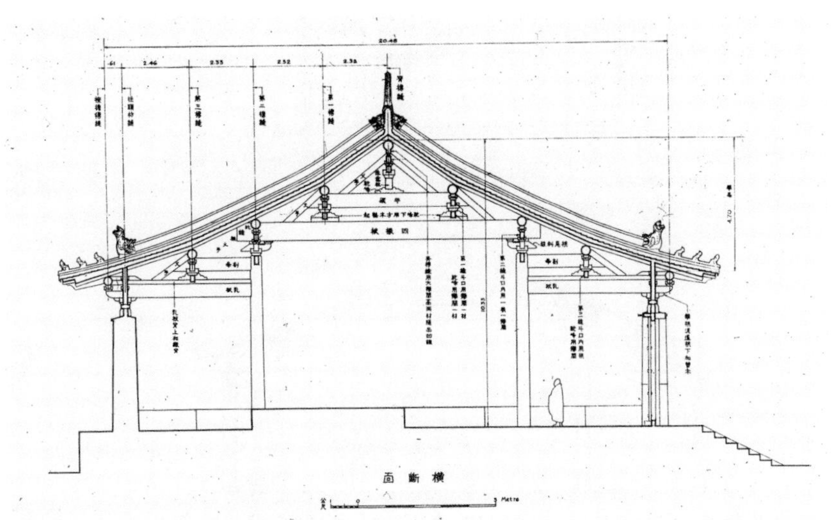

插图二三之② 海会殿横断面图（莫宗江绘）

《法式》厅堂结构形式兼取上两种做法的优点。用中柱的屋架，柱长一律至平梁之下，使平梁跨越中柱柱头。不用中柱的六椽以上屋，则采用海会殿形式，而在主梁之下加用顺栿串。

至于使用檐额及桁架的文殊殿、弥陀殿两例，虽晚于《法式》三四十年，但参考封建社会早期房屋的遗址，平面柱子排列多纵向成行列、横向不成行列的现象，似乎使用纵向屋架是较原始的形式。至辽宋时也只是在一定地区内才偶存此种做法，一般已不再使用，故为《法式》所不取。

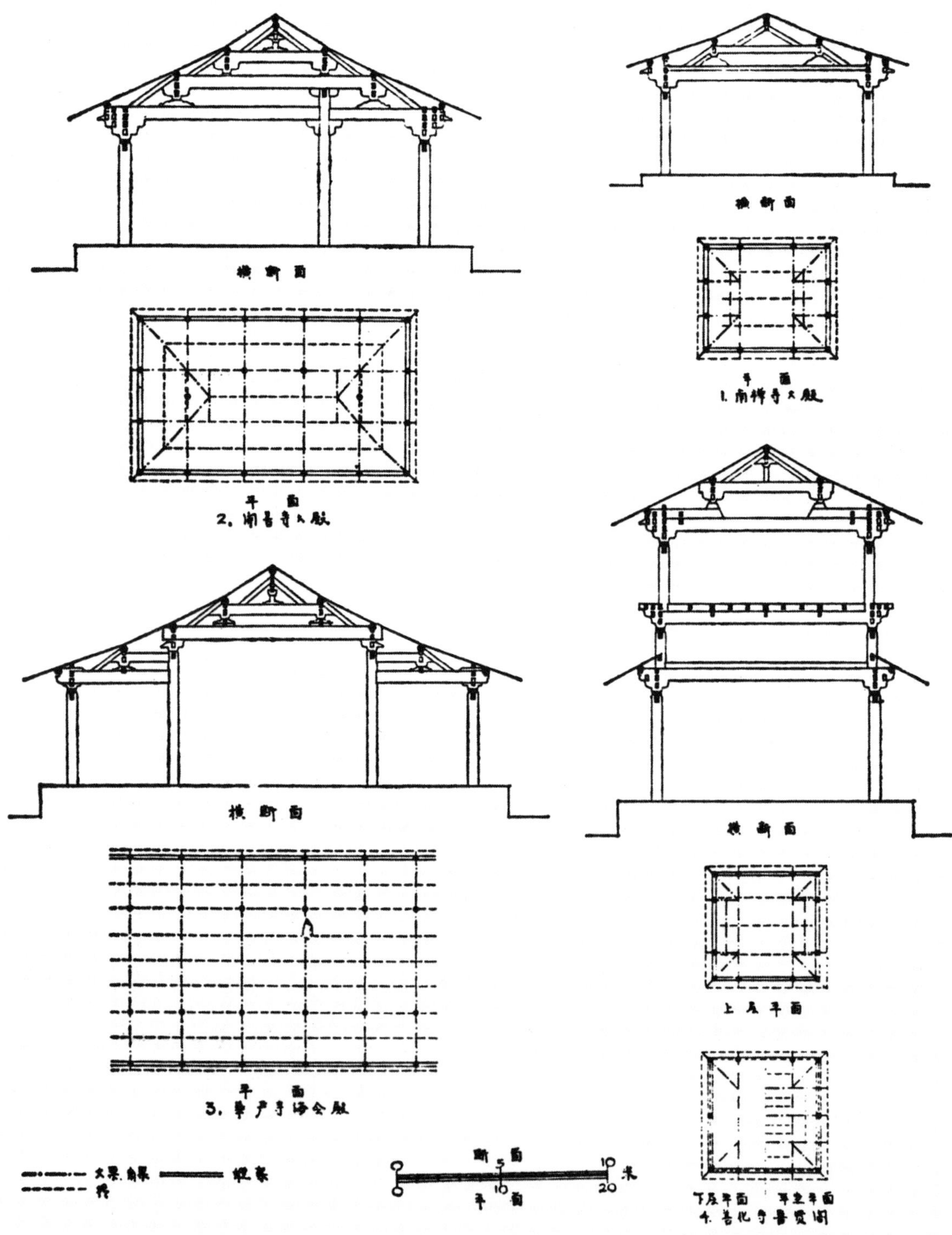

插图二三之③ 海会殿结构形式图(陈明达绘)

二、殿堂结构形式［图版36、42］

十个殿堂实例所表现的结构特点，大多为《法式》所承袭应用，未予改变，或改变极小。它们都是整个结构有显著的水平层次——柱额、铺作、屋盖。铺作是一整体结构层，梁架均采用逐架层叠的抬梁，所用梁栿随分槽形式分别用乳栿、四椽栿，平棊之上用草栿。但也有如下一些《法式》所没有明确记录的做法。

独乐寺山门、雨华宫、圣母殿、善化寺山门四例，均用彻上明造，屋架只用明梁、不再加草栿，梁头相叠处均用栌枓、华栱等结合。《法式》殿堂虽以用平棊为标准做法，但也并未指明不能用彻上明造。可能当时殿堂仍有用彻上明造的，只是不作为殿堂的标准形式，亦未可知。

佛光寺大殿、独乐寺观音阁等例的内外柱头铺作，实际上是一组横架，已详前节。它们的身槽内铺作不是像《法式》规定那样里外俱匀，而是外跳出跳多于里跳，因此内槽平棊高于外槽平棊，取得屋内空间良好的艺术形象。

独乐寺观音阁是说明殿堂结构形式特点的最好范例，它的下屋及上屋平坐的内槽不用梁栿、平棊，使房屋中心成为通连三层的筒状空间，突出了这种结构形式的特点。每层都是用前后两个双排柱及柱上的纵架，组成沿房屋周边的方框形构造。每个双排柱纵架间，又各在内外柱头间用横架连接，成为一个整体结构层，极明确地显示出纵架是这个结构层的主体，横架只是连接构造。如果将它的双排柱构造分离出来看，此种结构形式或即起源于阁道，《法式》“平坐”又名“阁道”，正反映了它的历史来源。所以，双槽就是前后各用一个阁道，然后在两个阁道间加大梁，连接两个阁道为楼面或承屋盖。其承屋盖的阁道，更将外侧出跳栱改为斜梁——下昂，以适应屋面坡度。这大致就是分槽结构形成的过程。因此，双排柱、纵架、横架结构即阁道结构——《法式》称为“槽”——是殿堂结构的基础形式。［插图二四］

如上所述，纵架、横架组成的结构层，也就是《法式》殿堂的铺作结构层。现在又可进一步看到所谓铺作，只不过是纵架、横架的结合点。而《法式》确实已开始使铺作从整体结构中分离出来，并简化了横架的构造，加大了梁栿截面，从而引起了全部结构构造的改革。

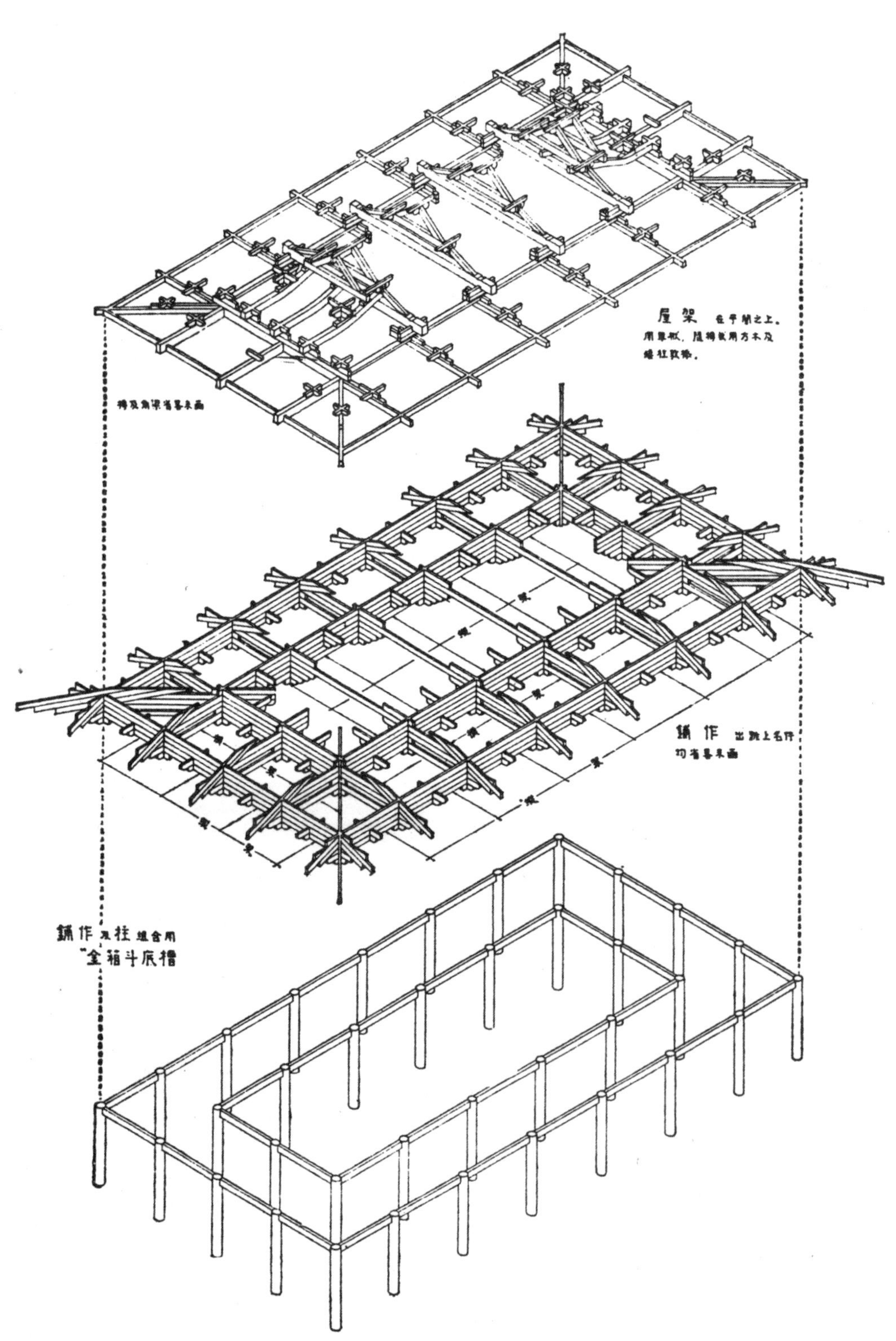

插图二四之① 佛光寺大殿木构架分析图（陈明达绘）

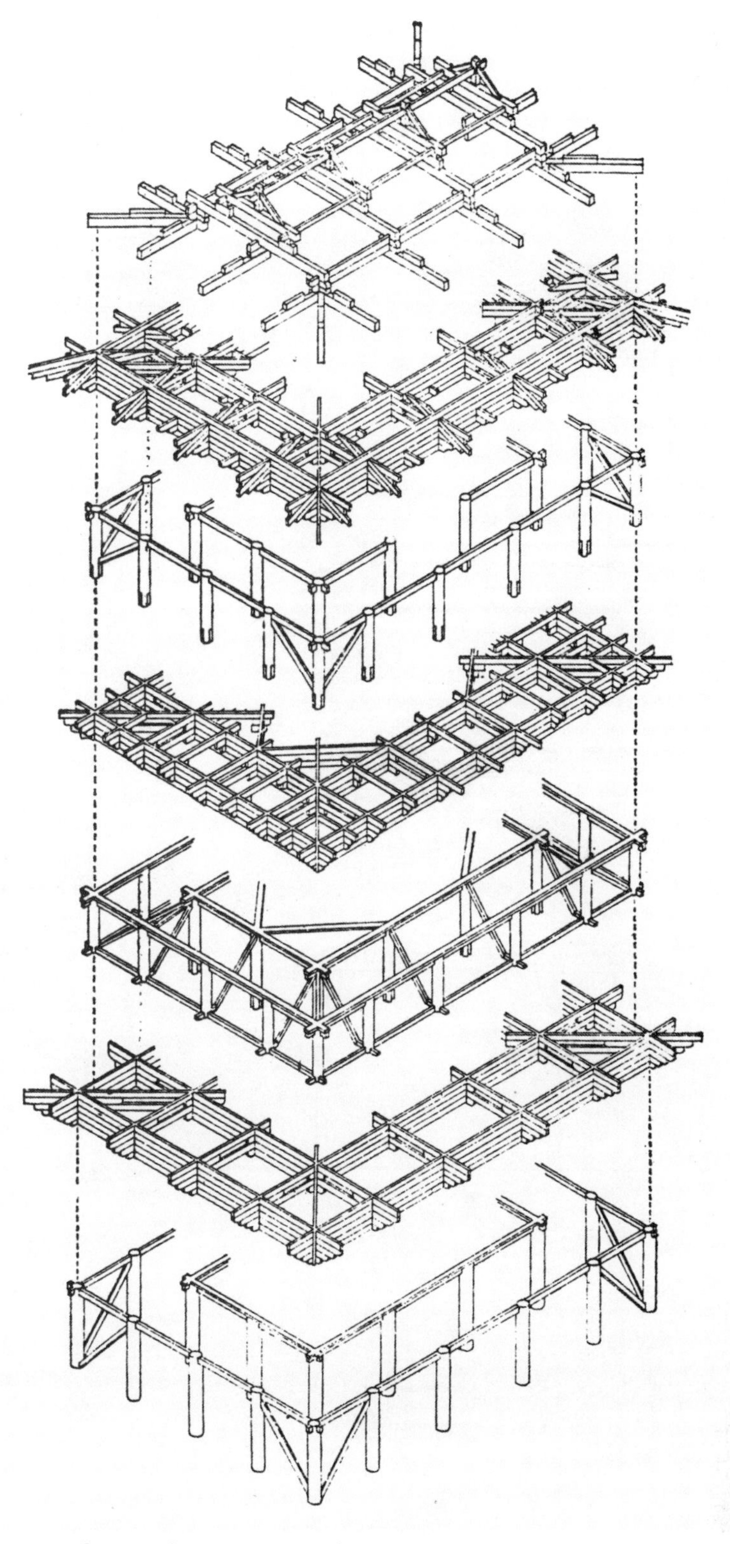

插图二四之② 独乐寺观音阁木构架分析图(陈明达绘)

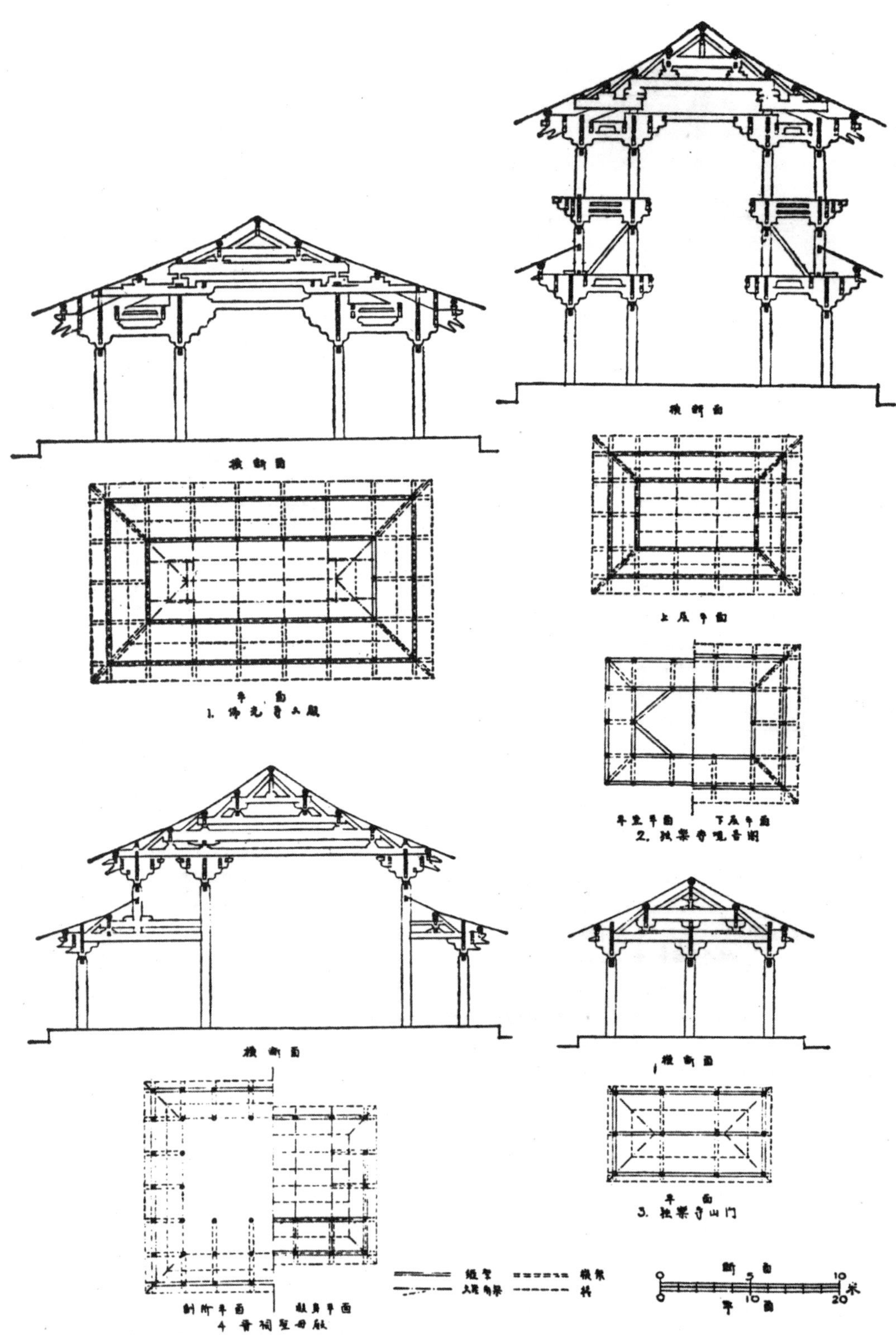

插图二四之③ 佛光寺结构形式实例（陈明达绘）

三、厅堂结构形式（二）[图版 35、41]

这是一种在《法式》中完全没有反映过的结构形式。整座建筑的结构是一个整体，既不能像厅堂用梁柱，按间缝分为若干个屋架，也不能像殿堂结构，按水平方向分为若干层次。梁思成先生描写三大士殿的结构说："枓栱与梁方构架，完全织成一体，不能分离。"（原注一）他用"织"字形象地、确切地指出了这种结构的特点。

表 31 所列六个实例中，华林寺大殿、保国寺大殿、奉国寺大殿、三大士殿四例，早于《法式》成书一百五十余年至七十余年，善化寺大殿略早于《法式》，华严寺大殿晚于《法式》四十年。故此种结构形式应为较早期的形式，可能因其结构繁难，经后代逐渐改进而消失。

这种形式兼有前两种形式的特点。以奉国寺大殿为例，它的梁柱布置与厅堂（一）相似，即采用屋内柱随举势增长和上下梁交错的布置。同时又兼有殿堂分槽做法，使用内外两圈扶壁栱组成方［框］形纵架，但内圈扶壁栱位置高于外圈，又不同于殿堂两圈扶壁栱同高的做法。华林寺大殿、保国寺大殿，还将内外柱头铺作组成更为切合檐部坡度的横架和使用长达一椽至两椽的下昂。它显示出早期阁道横架和下昂的结构形式和功能。[插图二五]

使用插栱是华林寺大殿、保国寺大殿结构上的另一个特点。屋内柱随举势增长，铺作栱方即穿插于内柱柱身。殿堂形式中的三清殿，明、次间的后排屋内柱也都用直通铺作之上的长柱，铺作栱方均穿插通过柱身。此三例均在江、浙、闽地区，可能和江南普遍使用穿逗结构的习惯有关，而为《法式》所未记录。所以《法式》制度是有一定的地区性的。

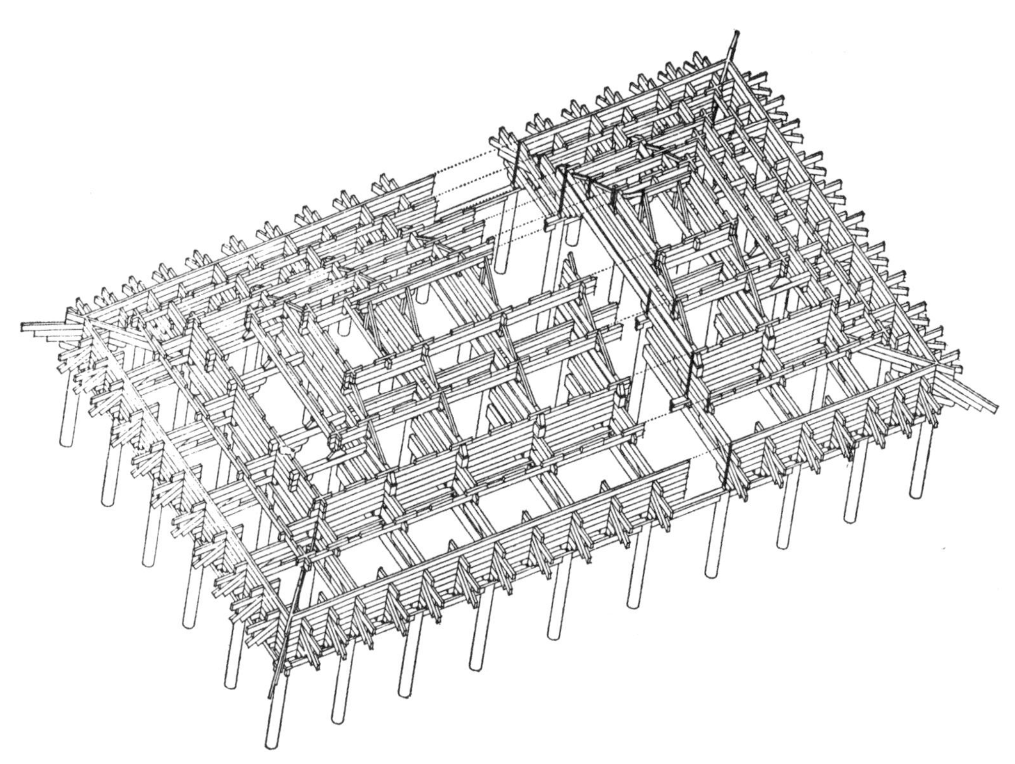

插图二五之① 奉国寺大殿构架示意图（陈明达绘）

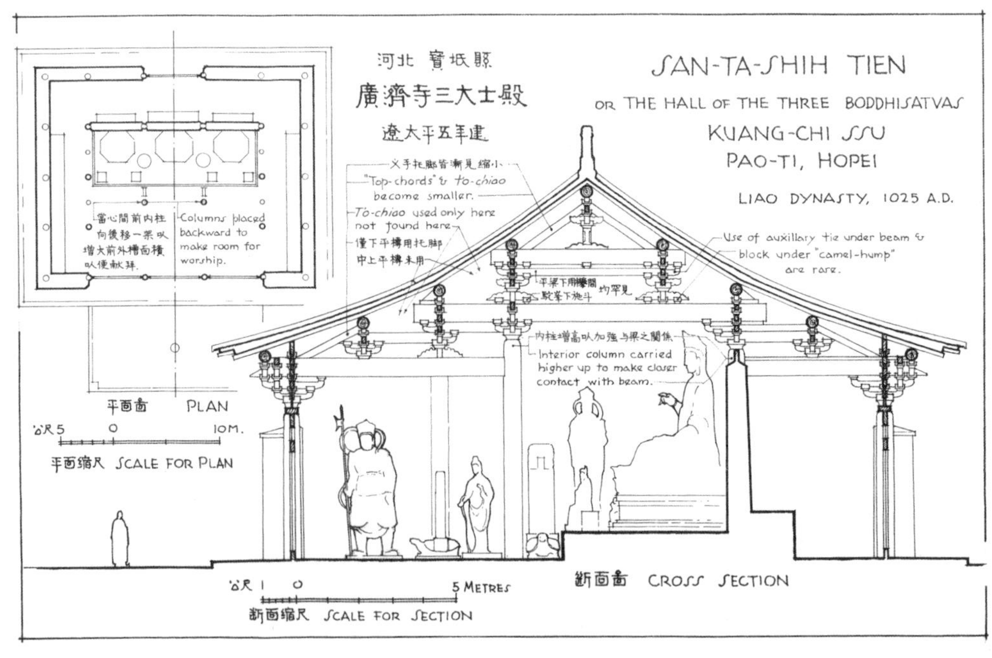

插图二五之② 三大士殿平面剖面图（莫宗江绘）

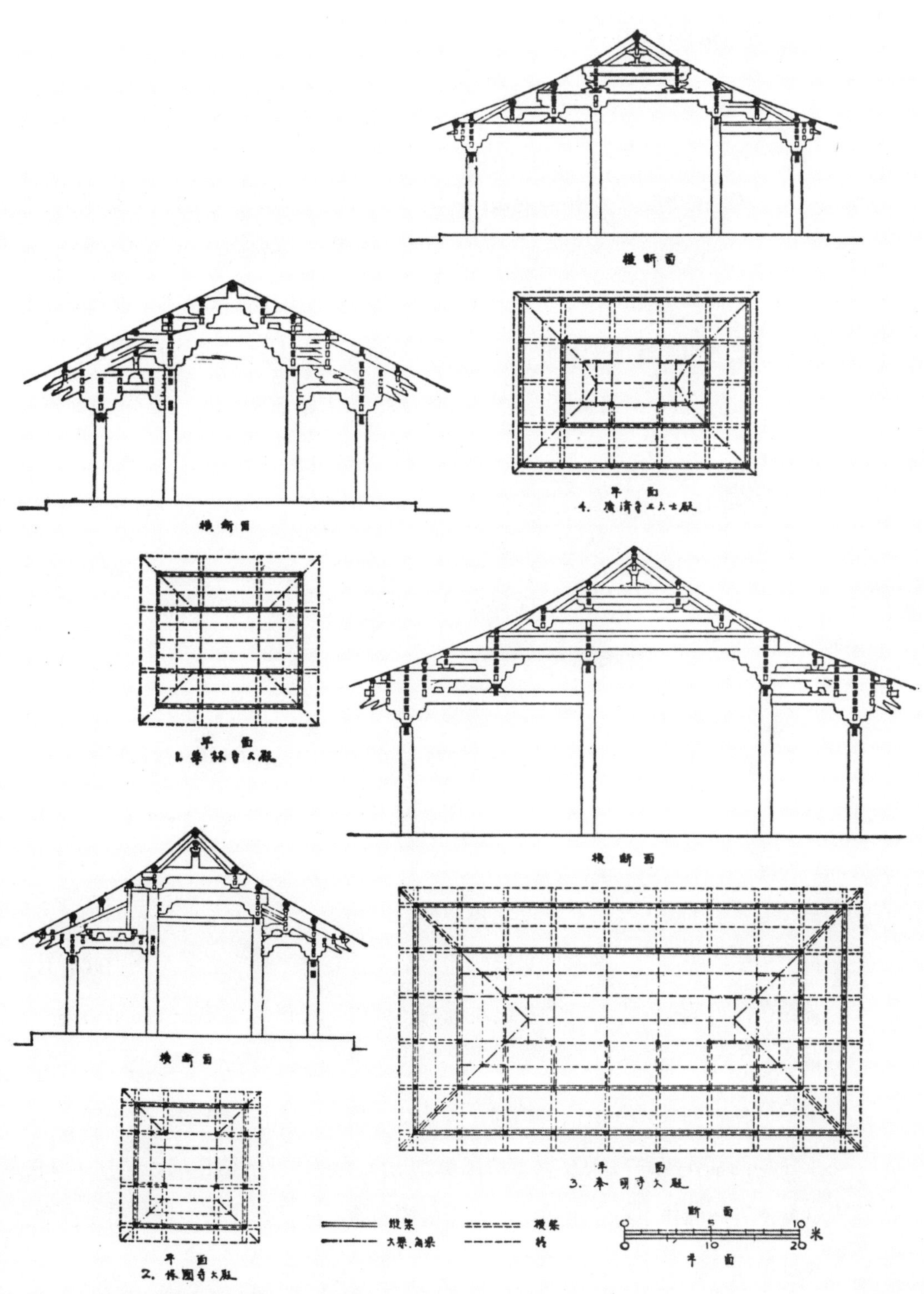

插图二五之③　奉国寺大殿结构形式图（陈明达绘）

四、梢间转角构造

四阿及厦两头造，槫至梢间用角梁转过两侧，正侧两面的下平槫交点如何构造，是一个颇为重要的问题。综合各实例所使用的做法计可分为四种［图版 44］。

1. 殿堂结构形式，梢间两面间广相等，转角用角乳栿，如有平棊或更加草栿，栿上用方木枝樘下平槫交点。如佛光寺大殿、观音阁、雨华宫、薄伽教藏殿等均用之。

2. 梢间两面间广不等，于两次角补间铺作上用递角栿，或于前后补间铺作上用丁栿，栿上用驼峰等支承下平槫交点。例如善化寺山门，梢间正面广 325 份，侧面广 314 份，于两次角补间铺作上斜出华栱一跳，跳上施［抹］角［梁］。或如开善寺大殿，梢间正面广［289］份，侧面广［306］份，于前后补间铺作上施丁栿。

3. 转角铺作里跳角内华栱传跳共长一椽，承托下平槫交点。此种做法虽不受梢间间广影响，但强度似较弱。华林寺大殿、圣母殿均用此法。

4. 转角铺作及次角两补间铺作，里跳传跳均共长一椽，分别支承下平槫交点及靠近交点的尾端。这种做法使用较多，又有三种具体做法：

其一，如善化寺大殿做法，梢间正侧两面间广略相等。平均分为两椽，转角铺作角内华栱跳头，正在下平槫交点之下。又在转角栌枓外加用附角枓，此附角枓缝除加强转角铺作外，并使其次角补间铺作在附角枓和梢间柱头之中，故其里跳跳头在下平槫尾端。［插图二六］

其次，如三大士殿，梢间正侧两面间广相等，平均分为两椽，如按正常做法，转角角内栱跳头与次角两补间里跳跳头将会重合在下平槫交点之下，因此将补间铺作出跳缝稍向内偏——令补间铺作出跳缝与扶壁栱不成正角相交——使里跳跳头移至下平槫尾端。［插图二七］

其三，如独乐寺山门，梢间正面广 321 份，侧面广 269 份，下一椽长 117 份。为了使补间铺作里跳跳头在下平槫尾端，采取了使两补间铺作均距角柱 140 份的布置。这就使补间铺作不是在梢间中心，而是侧面的补间铺作靠近中柱，而正面的补间铺作靠近角柱。［插图二八］

如上所述，再次说明梢间间广及椽长与转角结构构造的互相关系。实例转角构造

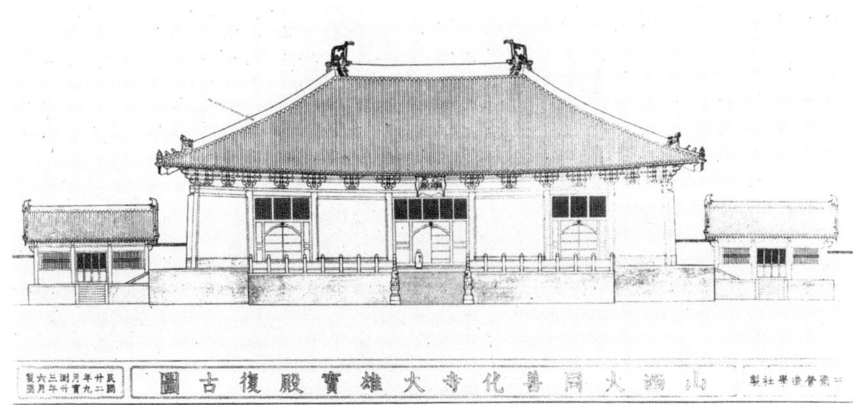

插图二六之① 善化寺大殿正立面图(莫宗江绘)

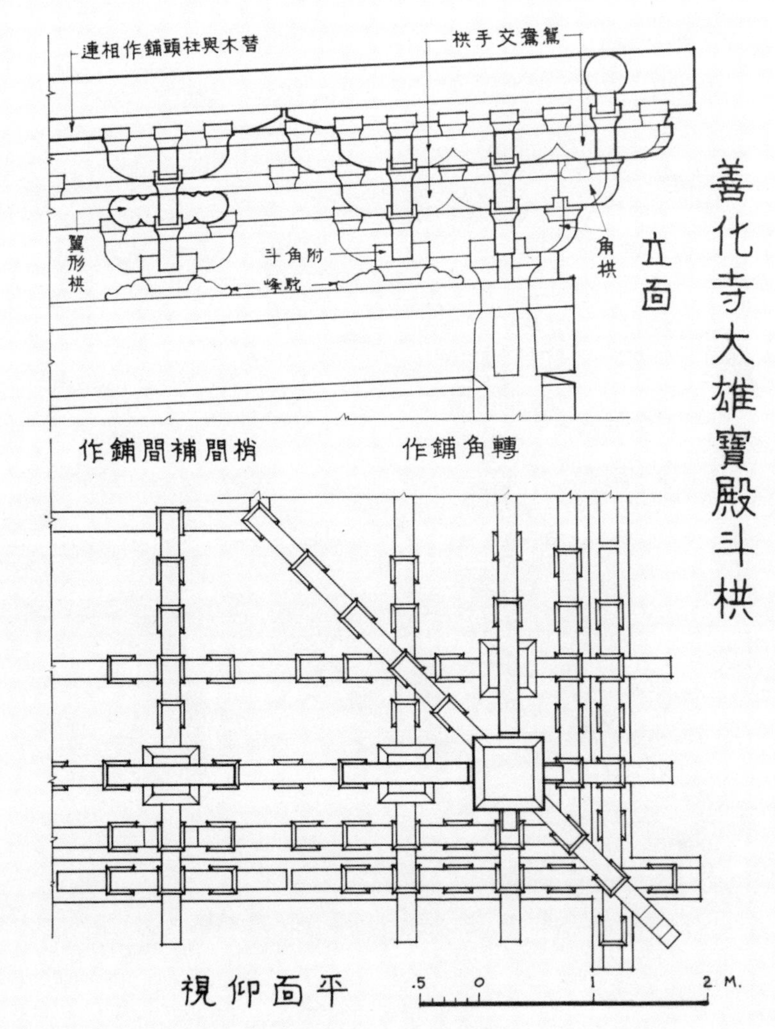

插图二六之② 善化寺大殿补间转角铺作(莫宗江绘)

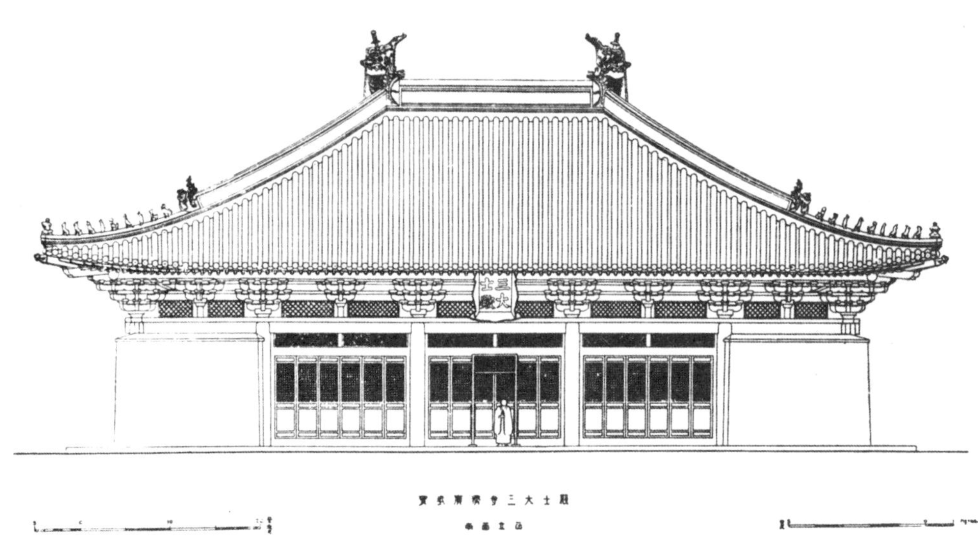

插图二七之① 三大士殿正立面图(梁思成绘)

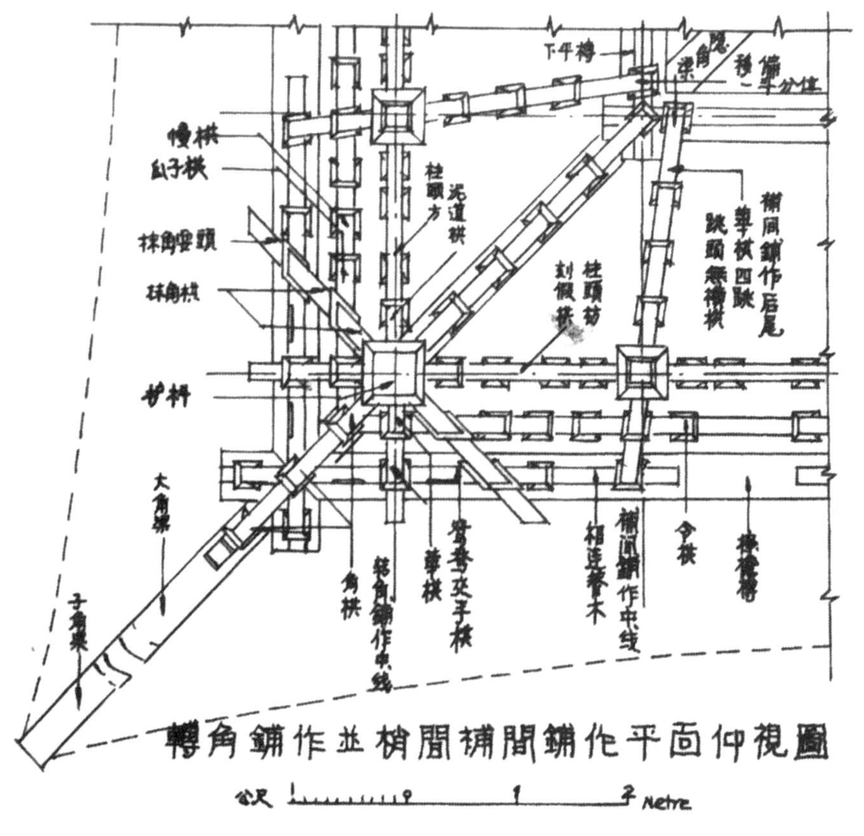

插图二七之② 三大士殿转角铺作及梢间补间铺作平面仰视图(莫宗江绘)

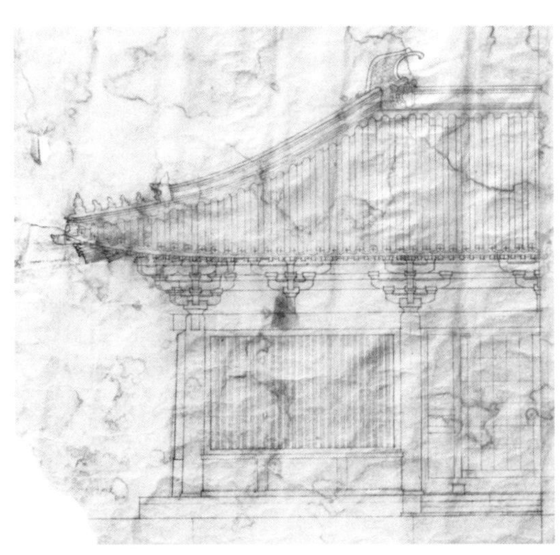

插图二八之① 独乐寺山门梢间正面（梁思成绘）

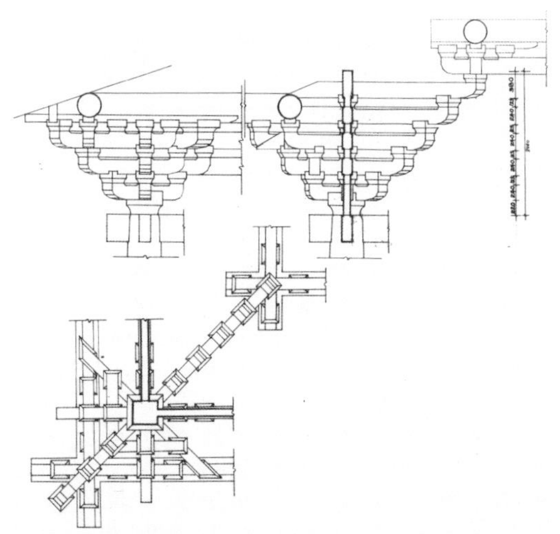

插图二八之② 独乐寺山门转角铺作（天津大学建筑学院绘）

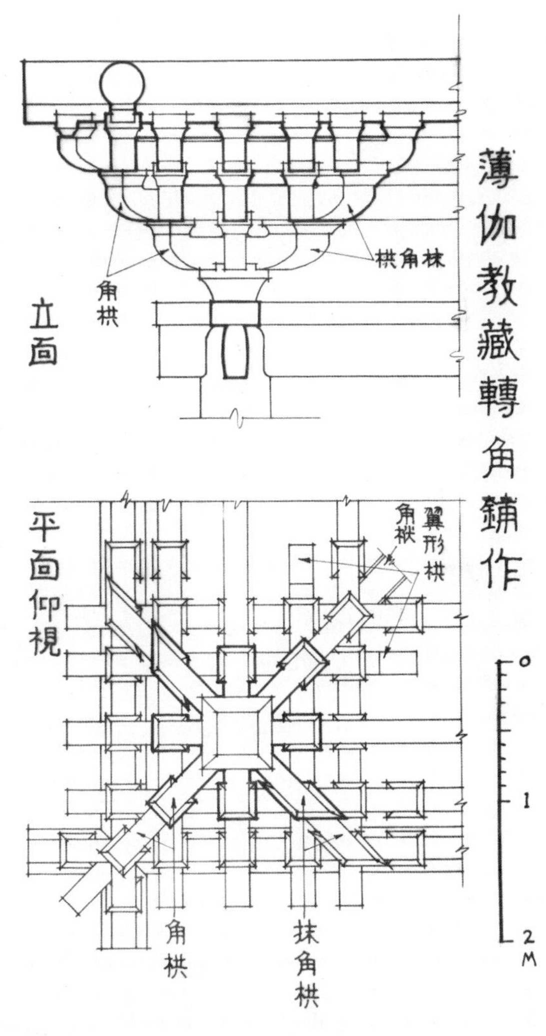

插图二九 薄伽教藏殿转角铺作（莫宗江绘）

形式灵活多样，大多数是由于梢间两面间广不匀引起的。《法式》既规定了间广、椽长的标准，转角结构的形式就较为简易、固定。所以我们在第四章第五节铺作朵数的分析中，推定《法式》做法只是用角内及次角补间昂尾承下平槫，必要时则加用乳栿、櫼衬角栿，这也是标准化的必然结果。[插图二九]

第六节 小结

以前各章中曾扼要地指出了《法式》大木作制度与现存实例的关系。这一章按材份制、平面、立面、铺作、结构形式五项内容，较为系统地再加分析对比，并列举有关实测记录，以供核对参考。其目的只是证实《法式》各项制度都有它的历史根源，确是“自来工作相传”的房屋建筑技术发展到十一世纪时的可靠记录。

然而这些内容，仅仅是对一些较重要的问题作出粗略的、表面的分析比较，不详尽，更不够深入。例如只对间广、柱高、檐出等的上下限份数加以比较，而没有就实例间广不匀的现象进一步了解它的规律；对铺作只就朵数、铺数、里外跳减铺、出跳减份等等作了对比，而没有深入探明它所以要如此做的原理以及与整体结构的关系。在分析中，间或也指出了某些发展过程中的迹象，而没有详尽探讨它的全部发展过程。例如指出了自唐至宋才有降低一等的趋势，铺作由不用补间到《法式》可用两朵补间，殿堂结构形式由唐到宋的变化概况，以至宋末已孕育着明清殿堂的雏形等等，都只是指出了表面现象，没有进行实质的分析。这均有待于继续对古代建筑实例逐一进行专题的分析研究之后，才能得到解答。

虽然如此，在已作的各种分析比较中，仍可概括出以下几个要点：

一、材份制度——古代的模数制，包括材的广厚比、份值、材等及其应用范围、主要尺度的份数等等，至少是自八世纪就已行之有效的传统设计方法。它的创始应远在八世纪以前，是我国古代工匠对建筑科学技术的重大贡献。

二、北宋时期的建筑工匠，系统地整理、总结了古代材份制和房屋建筑的实践经验，把房屋平面、立面、结构三者之间的相互关系纳入材份制中，进一步提高了材份制的科学性，完善了标准化、定型化的方法。

三、通过实例与《法式》制度的差别——例如各种结构形式、铺作、栱昂等做法，可以看到当时工匠力求提高功效，从标准化的角度出发，对旧制度进行的改革、推进，也看到《法式》对宋代以后房屋建筑发展所产生的作用、影响。

作者原注

一、《中国营造学社汇刊》第三卷第四期,《宝坻广济寺三大士殿》。

作者补注

一、七铺作 120 份，小于一椽，八铺作 150 份，等于一椽。《法式》加一跳，或增长了椽长?

二、里、外跳称谓与铺作的产生有关，即由双排柱或阁道结构所形成的。

三、华林寺大殿、保国寺大殿补间用昂，为早期做法？应为特例。

总　结

大木作制度研究，是围绕着三个主要问题进行的，它们是：

一、寻求间广、椽长、柱高、檐出等原书中未明文记录的材份标准；

二、探讨铺作的详细制度，以充实过去认识的不足；

三、探讨厅堂等间缝用梁柱图及殿堂草架侧样图的结构形式。

第一个问题，是先找出书中记录的各种具体尺寸的材等，然后折合成份数，并与各项有关制度核对确定后，再与有代表性的各实例的材份数比较，证明与唐宋时期实际应用的材份数相近似。最后还在绘制厅堂、殿堂断面图时具体运用，确证是当时可以行用之法。

第二个问题，是以卷十七、十八《大木作功限》所记铺作用栱昂等数为依据，绘出铺作图样，以之与原书图样及卷四各项制度相互比较分析，对《法式》时期的铺作构造，取得了更具体的认识。

第三个问题，是以卷三十一《图样》为基础，应用上两项研究结果，重新绘制图样，不但证明了上两项研究结果的正确性，还明确了厅堂、殿堂是两种不同的结构形式以及这两种形式各自的特点，澄清了过去对结构形式的模糊观点。

而第一个问题，可以说是一个关键性的问题，由于取得了间广、椽长的材份数，一些与之相关联的问题也得到解答或得到解答的线索。例如：为什么殿堂侧样图所表示的槫［可以和］柱中线不相对？原来是间广 375 份和椽长不得超过 150 份所形成的。为什么传跳虽多不过 150 份？原来就是传跳虽多，不过一椽平长。为什么会产生里跳太远或平棊低？原来是出跳份数与槽深份数的比例关系宜与不宜的缘故。如此等等，都迎刃而解。

在各项研究过程中，还附带地解决或提出了许多问题。例如铺作的铺数、跳数，里跳、外跳的位置，上昂的作用及上昂铺作的应用方式，铺作铺数与房屋规模的关系，结构形式与平面、立面的关系，房屋间、椽（正面、侧面）的比例，柱、铺作、举高的比例关系等，都作出了解释，均详见各章，不一一列举。

总括以上结果，可以归结为一条，即我们现在已经基本上认识、懂得了《法式》中的材份制，它确实是一种相当完善的古代模数制，是当时房屋结构及建筑设计的根本原则。

为什么只说基本上认识、懂得？因为还有个别的不懂之处，而在懂的基础上，又新产生了一些不懂的问题，需要再继续探讨、阐明。科学技术的研究成果是逐步提高积累的，不断地取得新进展，同时又不断地发现新问题，是研究工作必然的进程，否则就是停滞不前。

现在重复一次卷四《材》：

“凡构屋之制，皆以材为祖，材有八等，度屋之大小，因而用之。”①

“各以其材之广分为十五分，以十分为其厚。凡屋宇之高深，名物之短长，曲直举折之势，规矩绳墨之宜，皆以所用材之分以为制度焉。”②

这两段记述，现在看来是当时房屋设计的总纲，即材份制的总纲。现在就利用它来作总结，看看在开始大木作制度研究之前懂得多少，现在懂得多少，达到什么程度。

“名物之短长”，是指各种构件的长短和截面的规格，主要是卷四、五中的各项制度。“曲直举折之势”中的“曲直”，应是各种构件的轮廓、形状，包括卷杀、讹䫜、昂尖、爵头等类形象；而“举折之势”应包括屋面举折、角柱生起、椽头生出等有关房屋外形轮廓的制度。上列各项在开始研究之前，大部分已经熟知，少数是知而不确。如各种梁的长度，只知道长几椽，而既然不知道椽长的材份数，当然不可能知道梁的确实长度，现在可以说确实知道了。另外，还有如冲脊柱、两下栿、栿项柱、束阑方之类还不了解的名物，而爵头的龙牙口、楷头绰幕、蝉肚绰幕之类的曲直卷杀方法，也还不能确知。总之，这两项是过去基本懂，现在略有补充，虽还有不懂的，但为数

---

① 李诫：《营造法式（陈明达点注本）》第一册卷四《大木作制度一·材》，第73页。

② 同上书，第75页。

不多了。

“屋宇之高深”，过去由于不了解间广、椽长、柱高、檐出等项材份，以为这一句不过是强调“以材为祖”，并无具体含义，以为它们不受材份制约，而是由设计者假定其具体尺寸，那实在是完全不懂。现在已经找到了这些重要尺度的材份数，这才懂得它不是泛泛的空话，确有具体的内容。于是才知道如何确定“屋宇之高深”。“规矩绳墨之宜”是什么意思？过去很不重视，也不求深解，终于模模糊糊，现在也可以作出解答了。由于每一项制度（包括间广、椽长、柱高等在内）都是既规定了标准材份又允许有一定的、也是按份数规定的伸缩幅度，具体运用时就产生了宜与不宜的问题。例如梢间间广250份，宜用六铺作以下，逐间皆广375份，宜用六铺作以上，从而用六铺作以上草乳栿广宜两材两絜，六铺作以下只用两材等类，以至正面、侧面间椽数、檐出、柱高等都有是否得当、宜与不宜的选择余地。可见并不是一切都有了标准规定，设计者就无所作为了，他还要考虑伸缩幅度的规定，做到“宜”。在当时，这大概就是都料匠的职责。以上两句过去完全不懂，现在基本懂得了。

“材有八等，度屋之大小，因而用之。”八个材等的具体尺寸，几间殿或厅应用几等材，早就自以为理解了，其实并不是真懂，只不过有一个初步的或抽象的概念。现在理解了材有八等是按强度原则划分的，才明白材等的实质意义。而度屋之大小，虽然有间数的概念，却不知道间广的具体份数，更不知道间椽的关系、间椽与份数的关系，从而不能知道房屋的具体规模。因此，某一等材适用的房屋规模究竟多大，只是个抽象概念。现在明确了材份数，也就明确了具体尺寸和间、椽与材份制的关系，这才对屋之大小有了确实具体的概念，于是才能够“度”屋之大小以定材等，才确实弄懂这句话的内容。

“各以其材之广分为十五分，以十分为其厚……皆以所用材之分以为制度焉。”可以说自接触《法式》，最先知道的就是材的高度是15份，厚度是10份，栔的高度是6份，以为一切制度都是按材、栔、份制定标准的。然而现在研究了大木作之后，终于发现原来的懂只是似懂非懂，现在才懂了一半，更重要的一半还不能懂。看“皆以所用材之分以为制度焉”，这一句明白交代了一切制度都是按份数规定的，而以前将材、栔、份三者混为一谈，其实是似懂非懂。现在既明确了一切制度都是按份数制定的，并且将一些过去所不了解的标准份数也找出来了，懂得更多了，这才感觉到实际上应当说是以“份”为祖，只不过份值是随着材等确定的罢了。这就提出了一个重要的新问题：为什么要以材广的十五分之一为“份”？材究竟是什么性质？又是怎么产生的？

卷四、五两卷中有些制度表面以材栔规定，实质仍然是份。例如殿阁柱径两材两栔至三材，即是 42 份至 45 份。“屋内额广一材三分至一材一栔”，是 18 份至 21 份。“地栿广加材二分至三分”，是 17 份至 18 份。它们都不过是份数的另一种写法。也可以说某项份数恰好是材栔的整倍数，就写成几材几栔，某项份数如大于 15 份又不足 21 份，就写成一材几份或加材若干份。这在卷五《梁》一篇中表现得最明显，开篇五种造梁之制，都用几材几栔表达，而造月梁之制全部用份数表达。其实按份数制订制度，如前所述原文已明白交代，过去先看到开首一句是“凡构屋之制，皆以材为祖”，就忽略了下句“皆以所用材之分以为制度焉”，明白具体地交代了“份”，以致对大量制度规定实际是以“份”为祖反视而不见，造成了错误印象。

另一方面，我们从来没有忽视用材栔表达梁栿广厚的另一含义，那就是凡构造上与铺作结合的梁栿，需适应铺作构件的尺度。而铺作构件尺度只有单材（一材）、足材（一材一栔）两种，于是梁栿就只能用一材一栔、两材一栔或两材两栔，不与铺作直接结合的草栿才用两材、三材或四材。再看佛光寺大殿、独乐寺观音阁等较早期的实例，与铺作构造结合的、相当于乳栿的构件，只是一足材（即 21 份 ×10 份），或略大于一足材（即 21 份 ×14 份）。在此以后的实例才逐渐增大成乳栿。综合这类现象，很有可能更早的制度确是“以材为祖”，使绝大部分构件都是用单材或足材，大截面的构件使用极少。而以材广十五分之一为份，以份为制度，是由此改革发展而成的。《法式》保留了早期“材”的传统概念，实质是应用份制订制度，又由于“以材为祖”，极容易简单地理解为份产生于材，就长期忽略了它们的差别。所以，“以材为祖”很可能是以份为制度的前身，包含着材的来源。材、份如何形成发展的问题，是我们现在还不懂、还不能解答的问题。而一旦解答出来了，定将为建筑技术发展史作出重要贡献。这问题产生于大木作制度研究之后，要解决它，却需从实例中探索。

在大木作制度中所提出的或新产生的问题，最重要的就是上述材的性质及来源。此外，还有如：[后期的] 栔高为什么逐渐减小？铺作是怎么产生的？出跳减份的实质是什么？什么情况用偷心、单栱，什么情况用计心、重栱？这一系列的新问题，从《法式》本身都是难于解答的。因此，要再进一步深入下去，必须求助于实例分析，从总结实例的技术发展过程中逐渐求得解答。这当然不是一朝一夕之功，也不是轻而易举的事。

幸好，现在已经明白了的材份制，反过来又成为研究古代建筑技术发展史的锐利武器。我在应县木塔的研究中，曾发现它的各层层高的规律、层高与面阔的关系和全部立面构图的严密的数字比例。现在应用材份制的原则，重新检讨应县木塔的设计原则，就又取得一些新收获。例如将木塔各层每面总面阔折合成份数，立刻就发现每层总面阔相差25份，如仍以第三层面阔为基数，即是上下各层依次递增减25份。为什么要用25这个数字？立刻又理解到它正是《法式》所记录的、古代工匠对正八边形边长与直径关系的概数，即边长25、直径60，亦即每面面阔增减25份，即直径增减60份。很明显这是极便于设计和施工操作的数字。仅此一例，就可看到材份制对研究实例定将起重大作用，可以使我们对实例较易于深入了解。

在各章的讨论中曾累次援引了实例为证，最后第七章更集中对二十七个实例作了简略综合分析，主要的目的仍是帮助说明对《法式》制度的探讨、阐明和判断都是可能的，是有实践依据的，即用客观存在的实物，证明探讨结果的正确性。但是还不是对实例的深入研究。而在那些简略的分析中，已经多少涉及某些建筑技术发展的迹象。例如早先铺作的铺和跳可能是分别计数的；身槽内铺作里跳、外跳的关系及位置，可能因结构形式的发展而被颠倒；介于《法式》殿堂、厅堂之间的结构形式，可能是更早的形式等等。虽然都是一些极初步的看法，意在指出《法式》和实例之间继承发展的迹象，但是也就此提出了对实例进一步研究的某些课题，并为研究建筑发展史提供了新的线索。

仅此二十七个实例，已经看到从公元782年至十二世纪末，四个多世纪中的房屋建筑都显著地存在着材份制的迹象。于是只要找出每一个实例所用材份的份值，折算出它们的各项尺寸的份数，就较易找出和理解它们的设计原则。而从各时代材份的变化、设计原则的变化，又可探索建筑技术的发展过程，从而大大充实建筑发展史的内容。所以，理解了材份制，又为研究建筑发展史开辟了一条新的途径。

如上所论，对《法式》的研究和对实例的研究，确有相互启发、相互促进的作用。现在《法式》大木作的研究，已经为研究实例提供了一个新的武器和许多线索。为了提高建筑发展史研究水平，为了再进一步深入理解《法式》，需要积极开展对实例的研究，按实例时代逐个进行详细的剖析。

我们终于基本上认识了古代的材份制，还应当重视《法式》及其著者的功绩。没有《法式》的记录，虽然可能从实例的实测数据中找出各种设计规律，但是要花费很大的功夫，而且可能有更多、更重要的规律不易被发现，更未必能总结出存在一个古代的模数制。在现代建筑学中，模数制、标准化、定型化设计，都是本世纪才出现的技术。而《营造法式》成书于十一世纪末，它的内容以模数制为基础，包含着各种设计原则，丰富、详细的设计及施工技术规程，对建筑学作出了巨大的贡献。大木作仅仅是其中的一小部分。我们应当充分重视这份遗产，继续努力，彻底读懂它的全部内容。

图　版

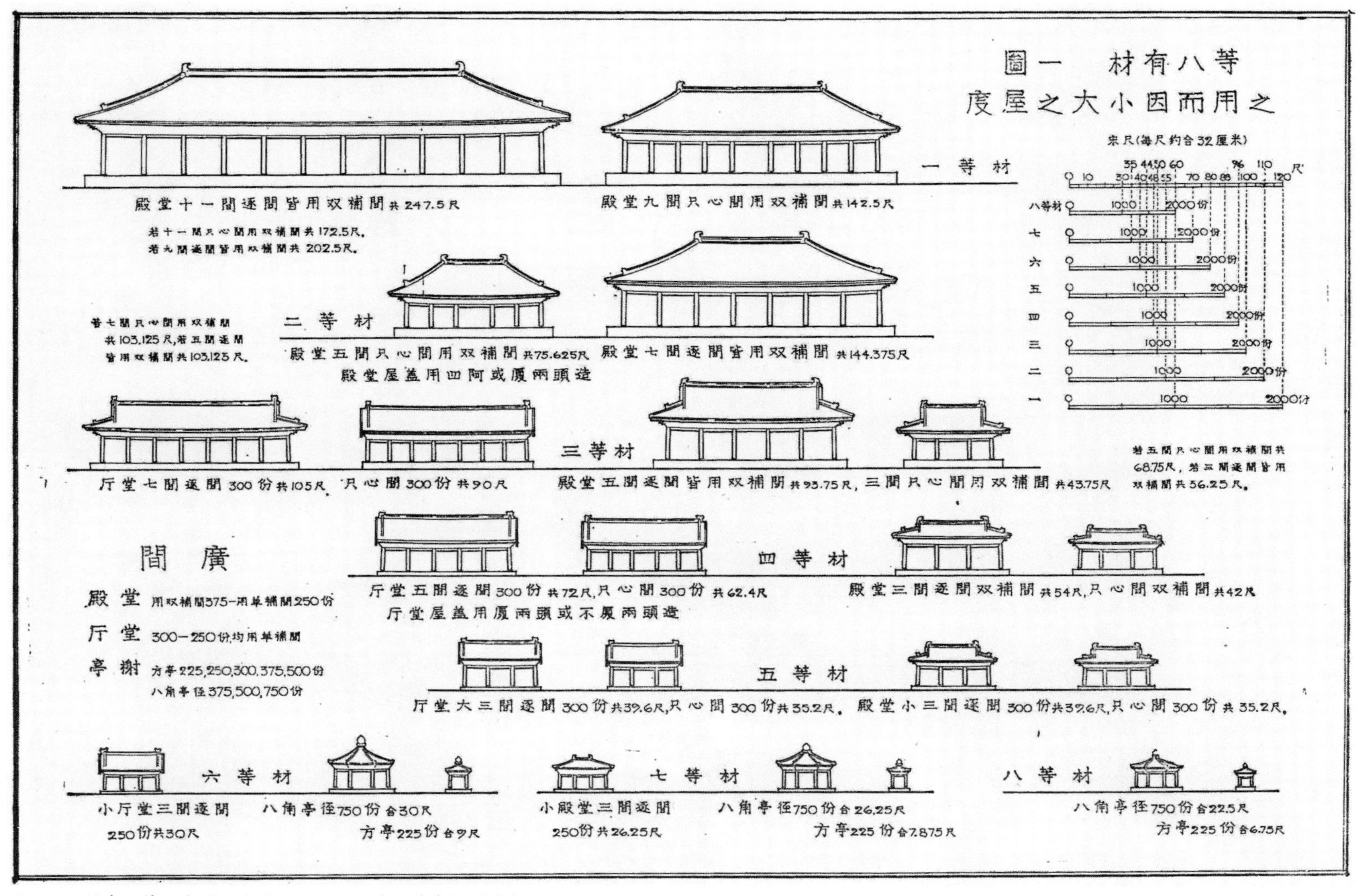

图版 1 材有八等，度屋之大小，因而用之（附作者批改本）

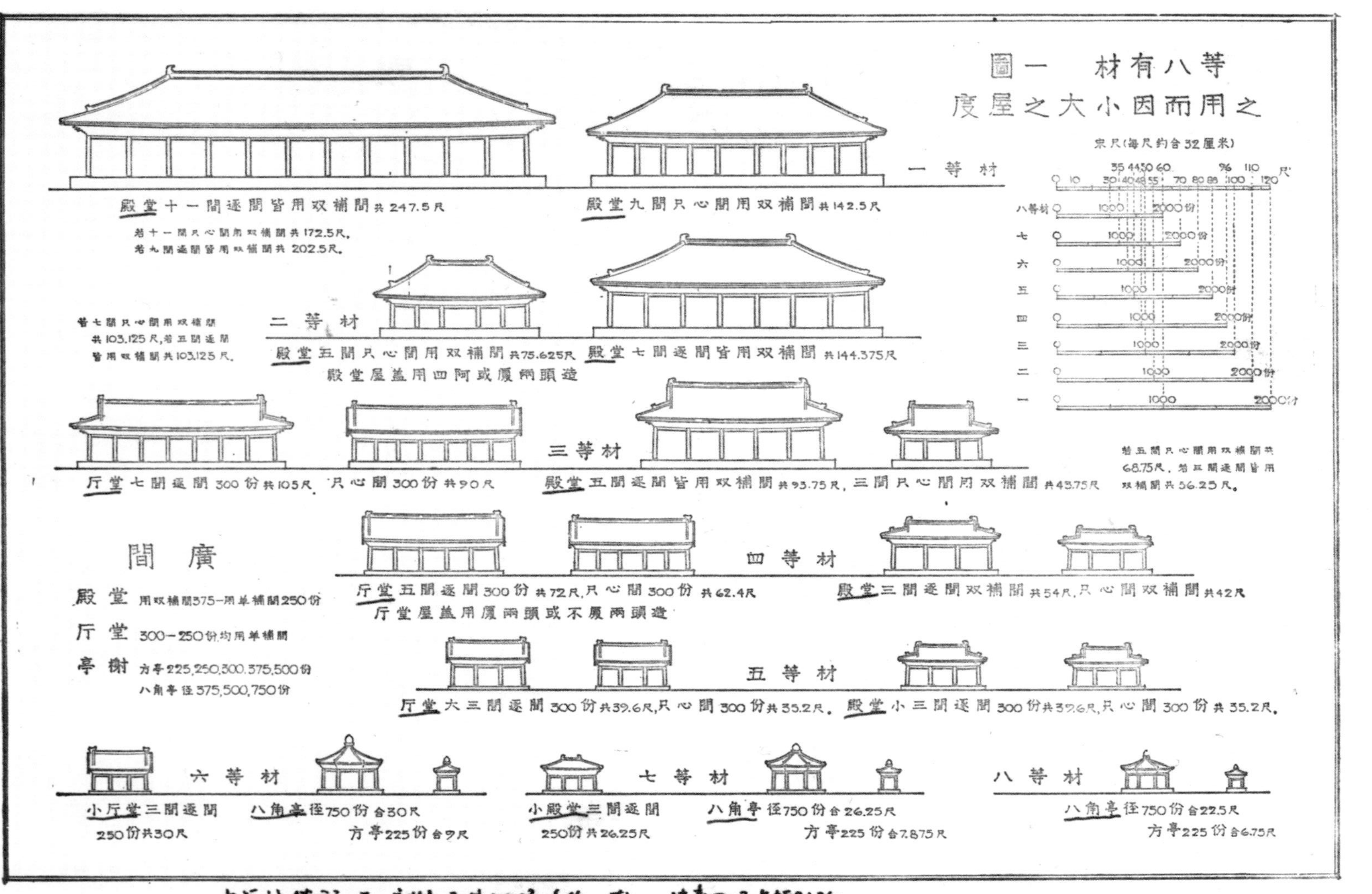
圖一 材有八等
度屋之大小因而用之
宋尺(每尺約合32厘米)
一 等 材
殿堂十一間逐間皆用双補間共247.5尺
若十一間只心間用双補間共172.5尺，
若九間逐間皆用双補間共202.5尺，
殿堂九間只心間用双補間共142.5尺
二 等 材
殿堂五間只心間用双補間共75.625尺
殿堂七間逐間皆用双補間共144.375尺
殿堂屋蓋用四阿或廈兩頭造
若七間只心間用双補間共103.125尺，若五間逐間皆用双補間共103.125尺，
三等材
厅堂七間逐間300份共105尺，只心間300份共90尺
殿堂五間逐間皆用双補間共93.75尺，三間只心間用双補間共43.75尺
若五間只心間用双補間共68.75尺，若三間逐間皆用双補間共56.25尺，
間 廣
殿堂 用双補間375—用单補間250份
厅堂 300—250份均用单補間
亭榭 方亭225,250,300,375,500份
八角亭径375,500,750份
四 等 材
厅堂五間逐間300份共72尺,只心間300份共62.4尺
厅堂屋蓋用廈兩頭或不廈兩頭造
殿堂三間逐間双補間共54尺,只心間双補間共42尺
五 等 材
厅堂大三間逐間300份共39.6尺,只心間300份共35.2尺，
殿堂小三間逐間300份共37.6尺,只心間300份共35.2尺，
六 等 材
小厅堂三間逐間 250份共30尺
八角亭径750份合30尺 方亭225份合9尺
七 等 材
小殿堂三間逐間 250份共26.25尺
八角亭径750份合26.25尺 方亭225份合7.875尺
八 等 材
八角亭径750份合22.5尺 方亭225份合6.75尺

图版1之作者批改本

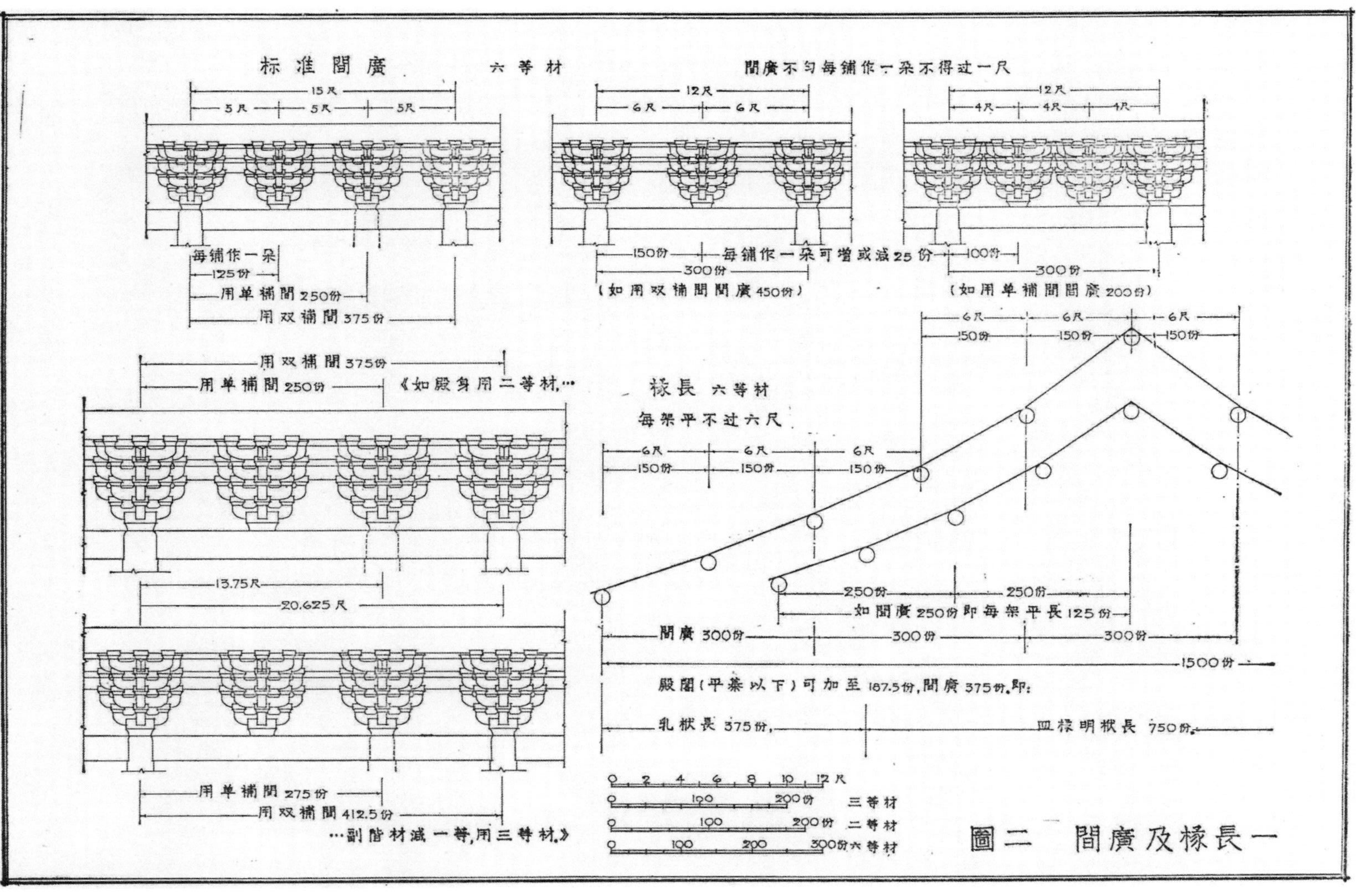

图版 2 间广及椽长一（附作者批改本）

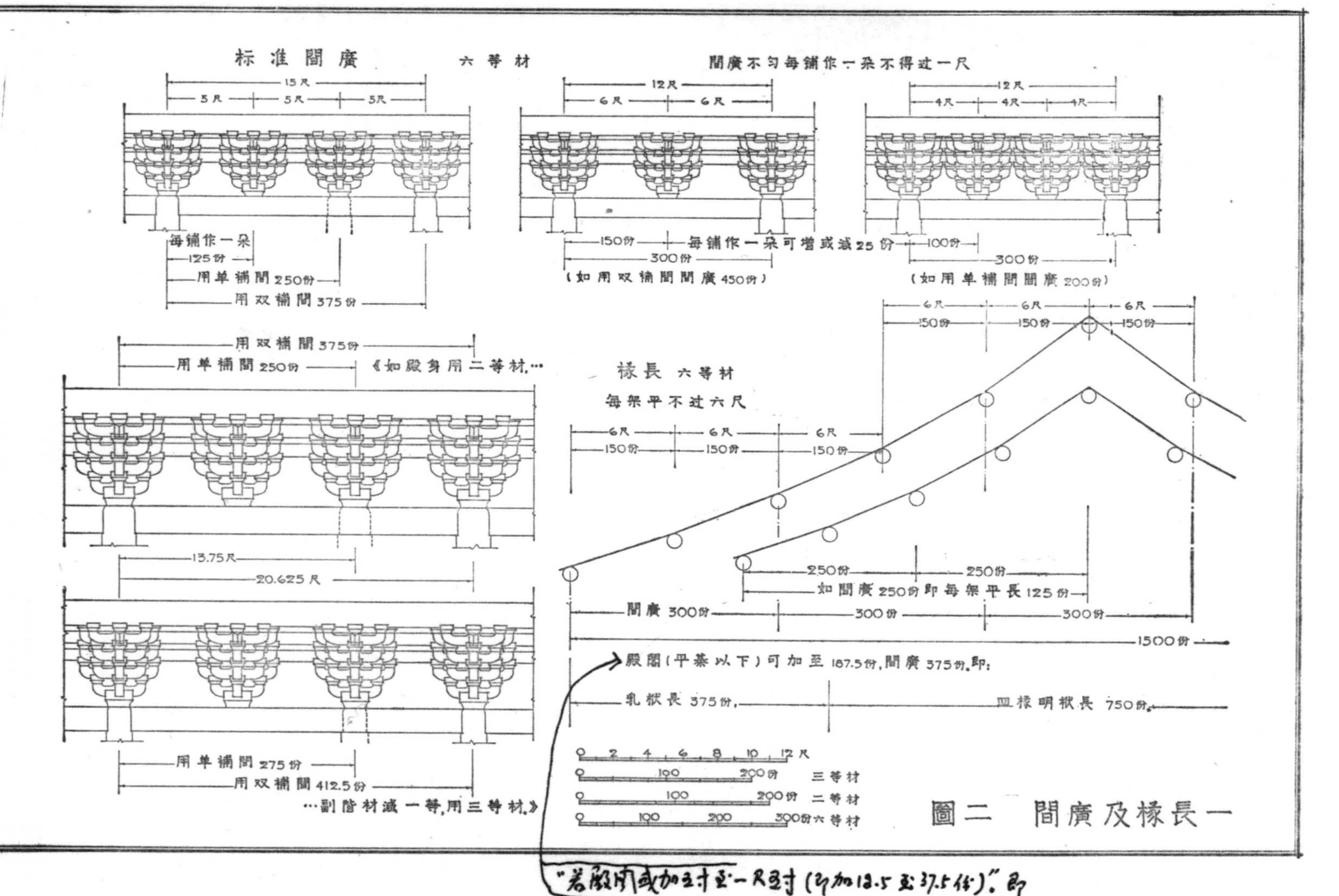
标准間廣
六等材
15尺
5尺 5尺 5尺
每鋪作一朵
125份
用单補間250份
用双補間375份
間廣不勻每鋪作一朵不得过一尺
12尺
6尺 6尺
150份
每鋪作一朵可增或減25份
300份
(如用双補間間廣450份)
12尺
4尺 4尺 4尺
100份
300份
(如用单補間間廣200份)
用双補間375份
用单補間250份
《如殿身用二等材…
13.75尺
20.625尺
用单補間275份
用双補間412.5份
…副階材減一等,用三等材。》
椽長 六等材
每架平不过六尺
6尺 6尺 6尺
150份 150份 150份
6尺 6尺 6尺
150份 150份 150份
250份 250份
如間廣250份即每架平長125份
間廣300份 300份 300份
1500份
殿閣(平綦以下)可加至187.5份,間廣375份,即:
乳栿長375份,
四椽明栿長750份。
0 2 4 6 8 10 12尺
100 200份 三等材
100 200份 二等材
100 200 300份 六等材
圖二 間廣及椽長一
"若殿閣或加五寸至一尺五寸(即加13.5至37.5份)"。即

图版2之作者批改本

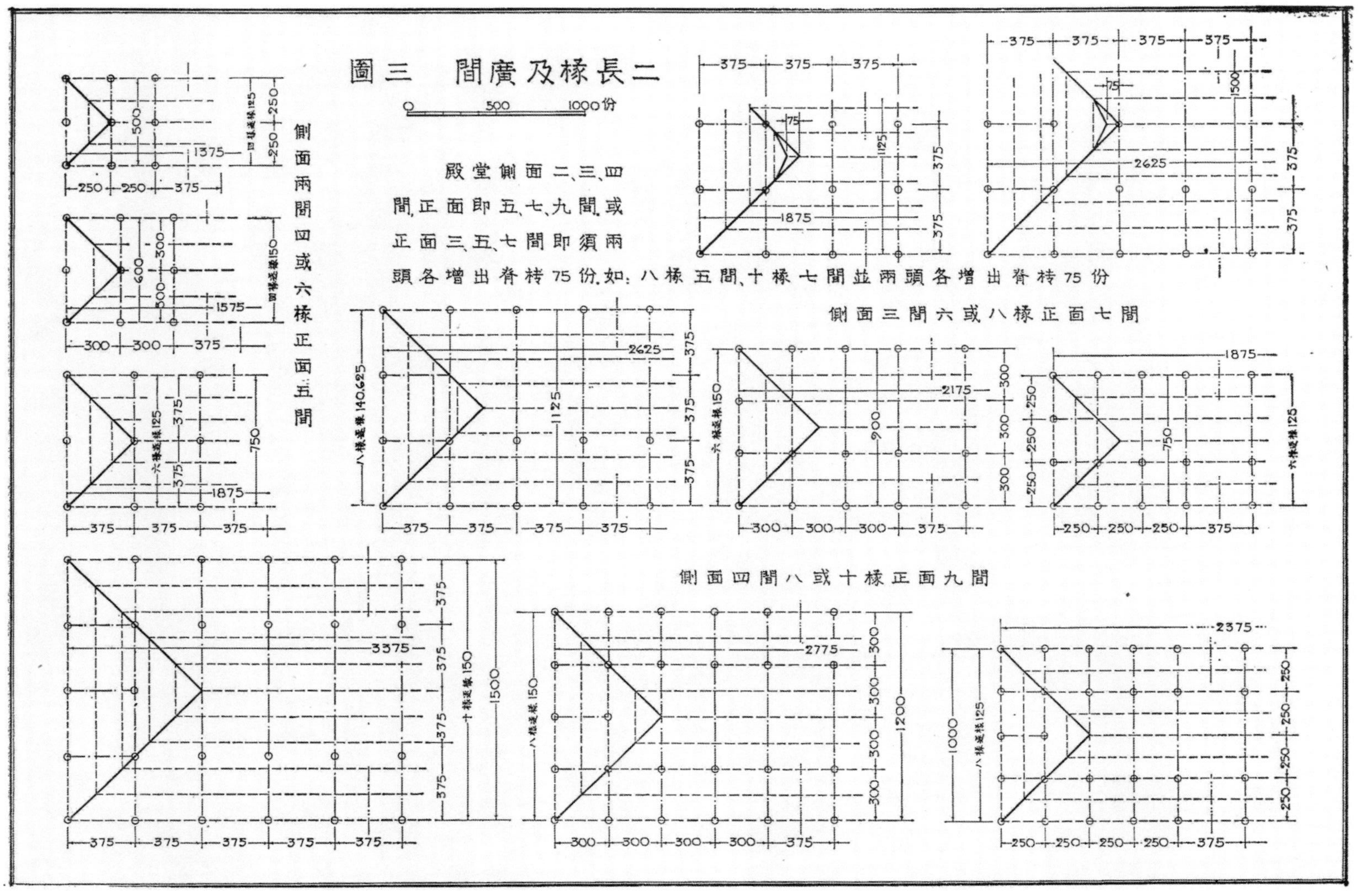

图版 3 间广及椽长二（附作者批改本）

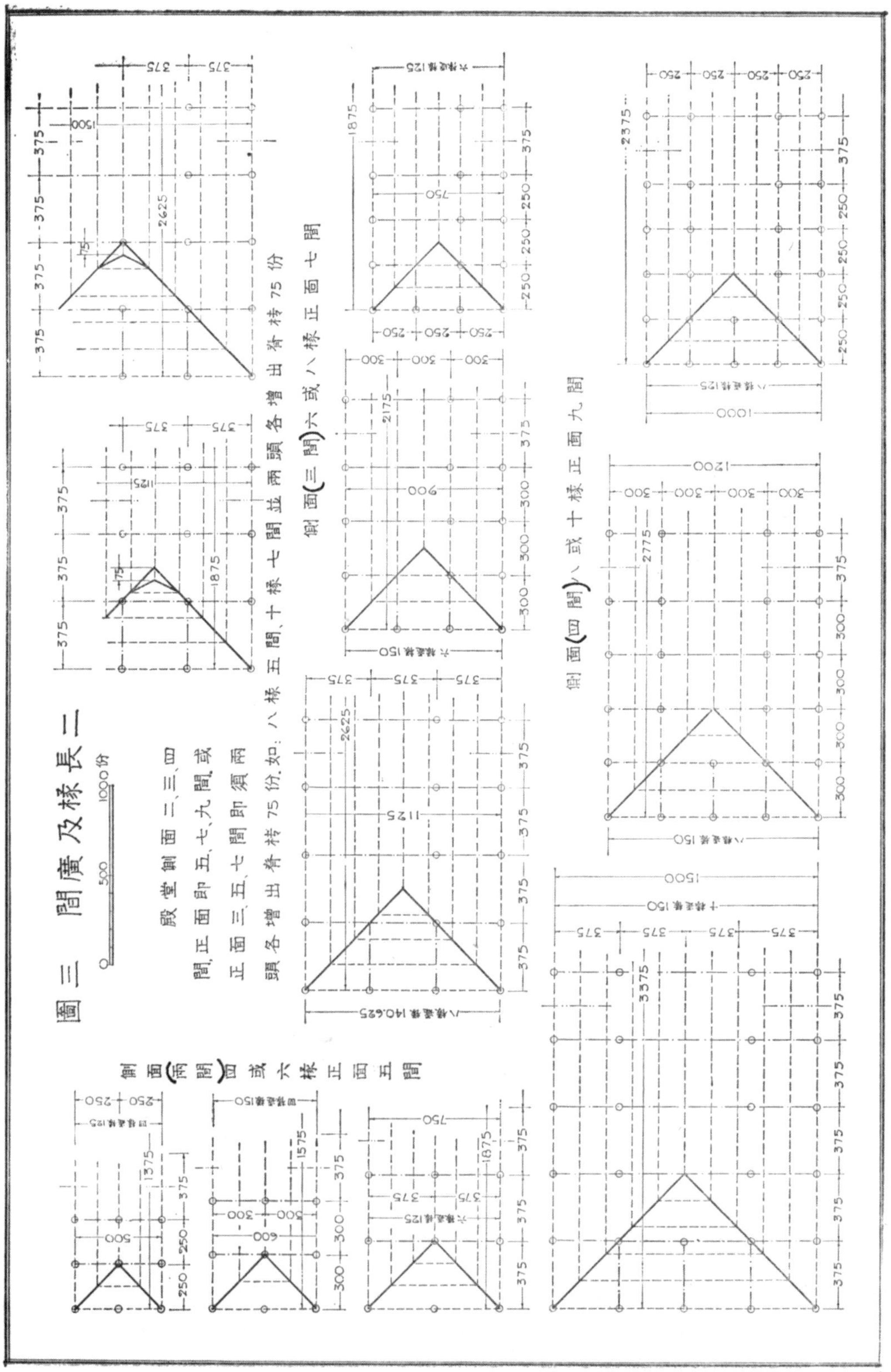

圖三 間廣及椽長二

0 500 1000份

殿堂側面二、三、四間，正面即五、七、九間，或正面三、五、七間，即須兩頭各增出脊槫75份。如：八椽五間、十椽七間並兩頭各增出脊槫75份

側面(兩間)四或六椽正面五間

側面(三間)六或八椽正面七間

側面(四間)八或十椽正面九間

參閱表24（127頁）

图版3之作者批改本

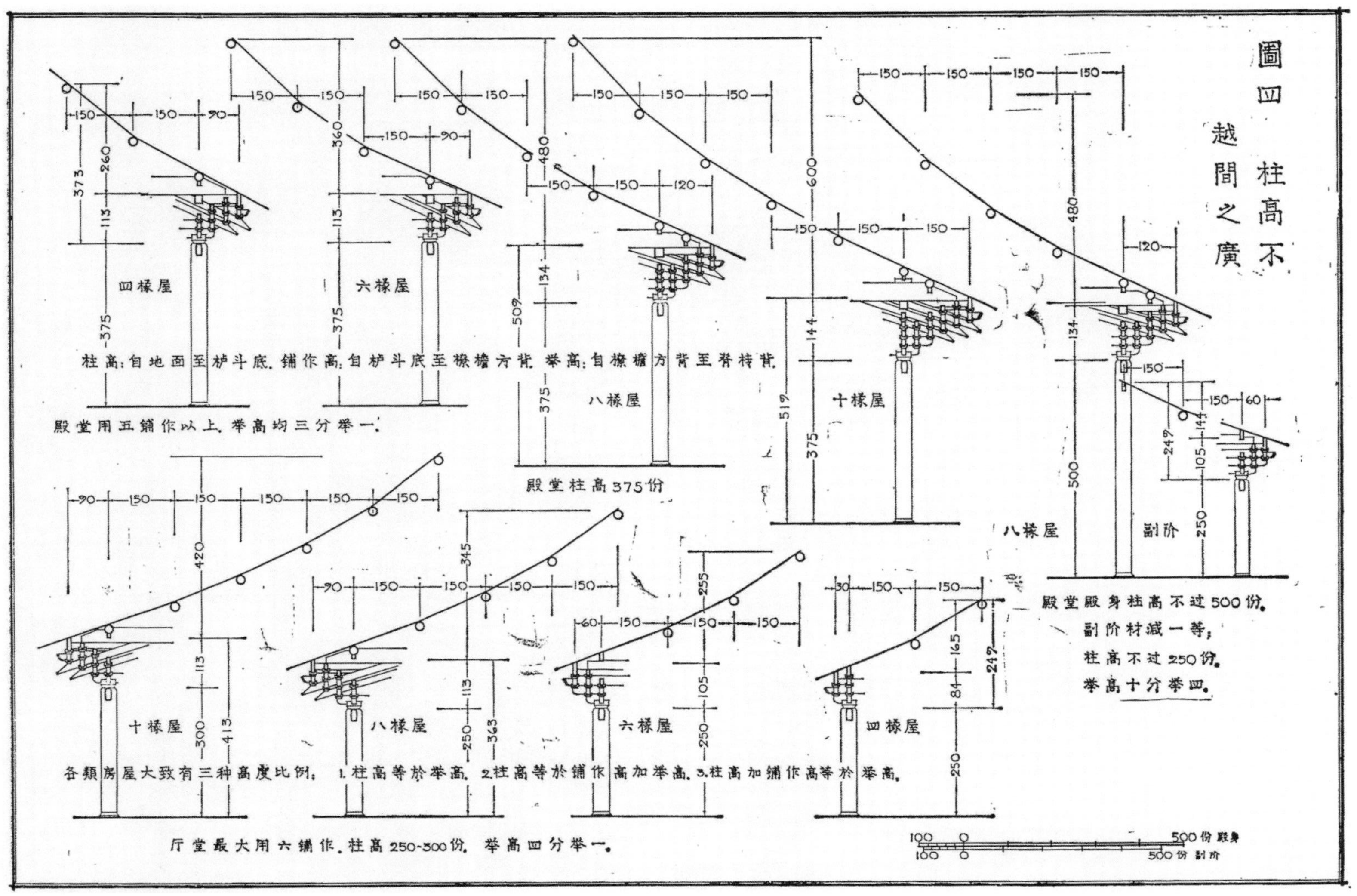
圖四 柱高不越間之廣
四椽屋
六椽屋
八椽屋
十椽屋
八椽屋
副阶
柱高：自地面至栌斗底。铺作高：自栌斗底至橑檐方背。举高：自橑檐方背至脊槫背。
殿堂用五铺作以上，举高均三分举一。
殿堂柱高375份
殿堂殿身柱高不过500份。
副阶材减一等；
柱高不过250份。
举高十分举四。
十椽屋
八椽屋
六椽屋
四椽屋
各類房屋大致有三种高度比例：1.柱高等於举高。2.柱高等於铺作高加举高。3.柱高加铺作高等於举高。
厅堂最大用六铺作，柱高250-300份，举高四分举一。
500份 殿身
500份 副阶

图版4 柱高不越间之广

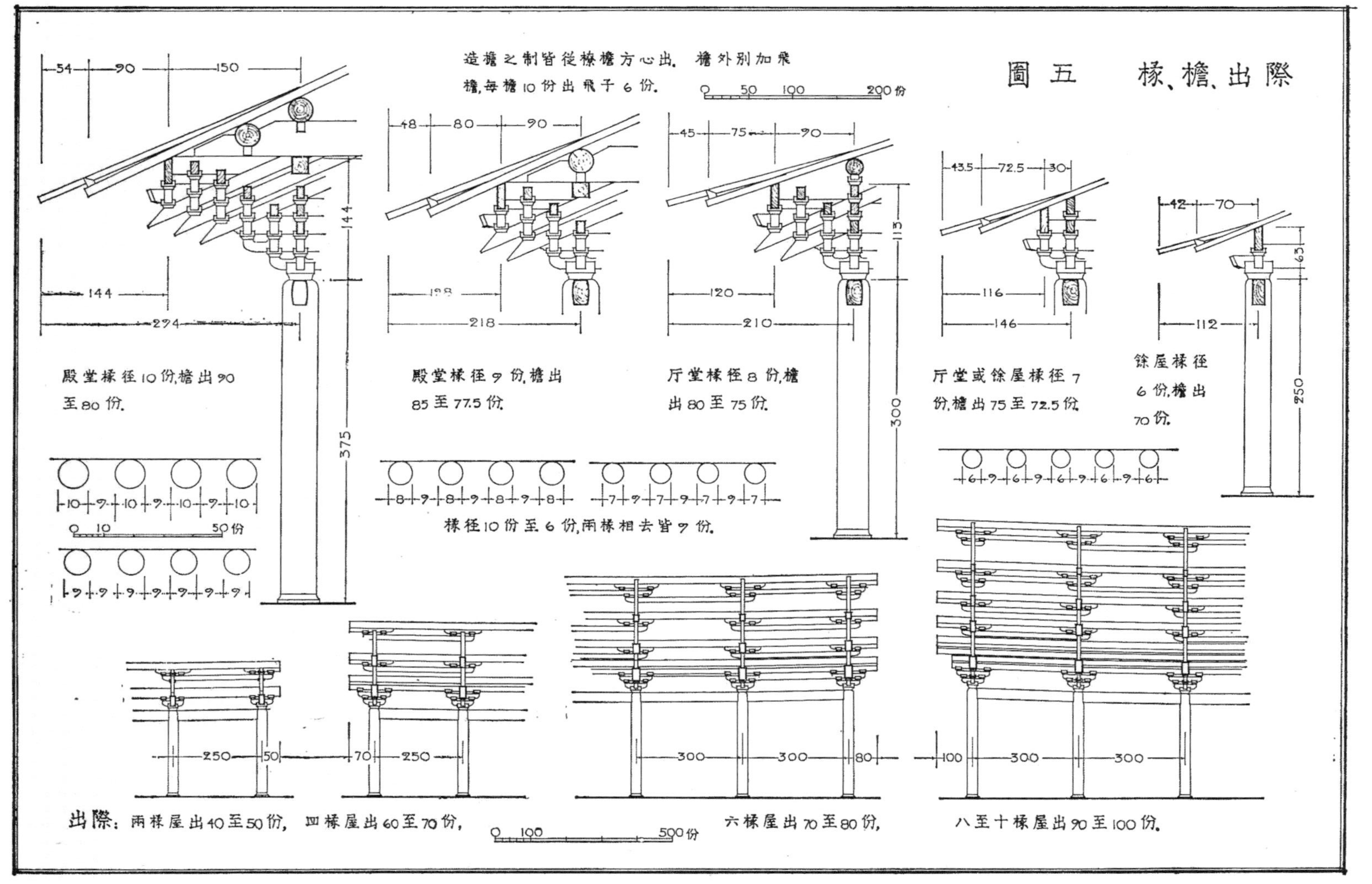

图版5 椽、檐、出际（附作者批改本）

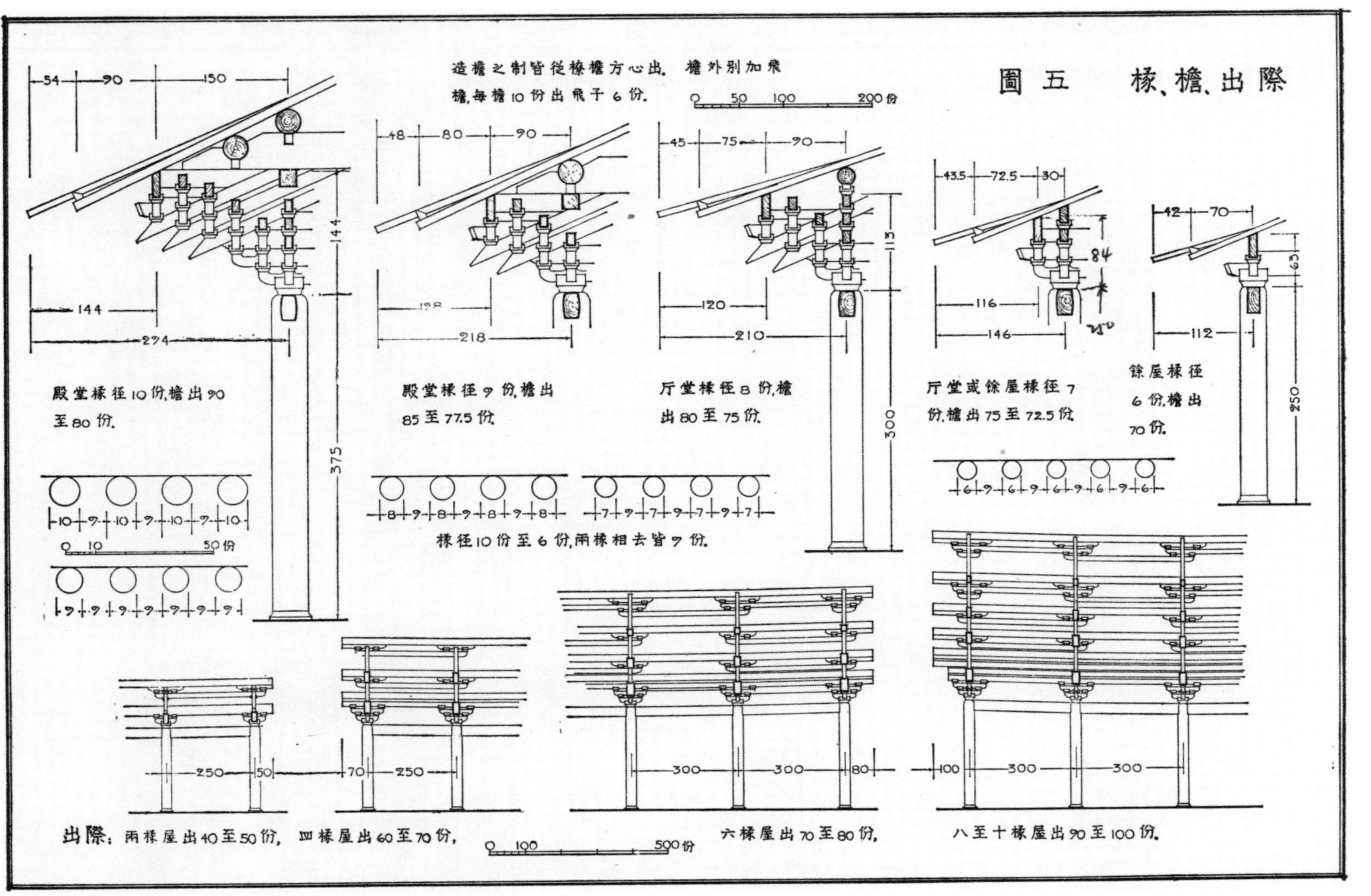
圖五 椽、檐、出際
造檐之制皆從椽檐方心出，檐外別加飛檐，每檐10份出飛子6份。
0 50 100 200份
殿堂椽徑10份，檐出90至80份。
殿堂椽徑9份，檐出85至77.5份。
斤堂椽徑8份，檐出80至75份。
斤堂或餘屋椽徑7份，檐出75至72.5份
餘屋椽徑6份，檐出70份。
椽徑10份至6份，兩椽相去皆7份。
0 10 50份
出際：兩椽屋出40至50份，四椽屋出60至70份，
六椽屋出70至80份，
八至十椽屋出90至100份。
0 100 500份

图版 5 之作者批改本

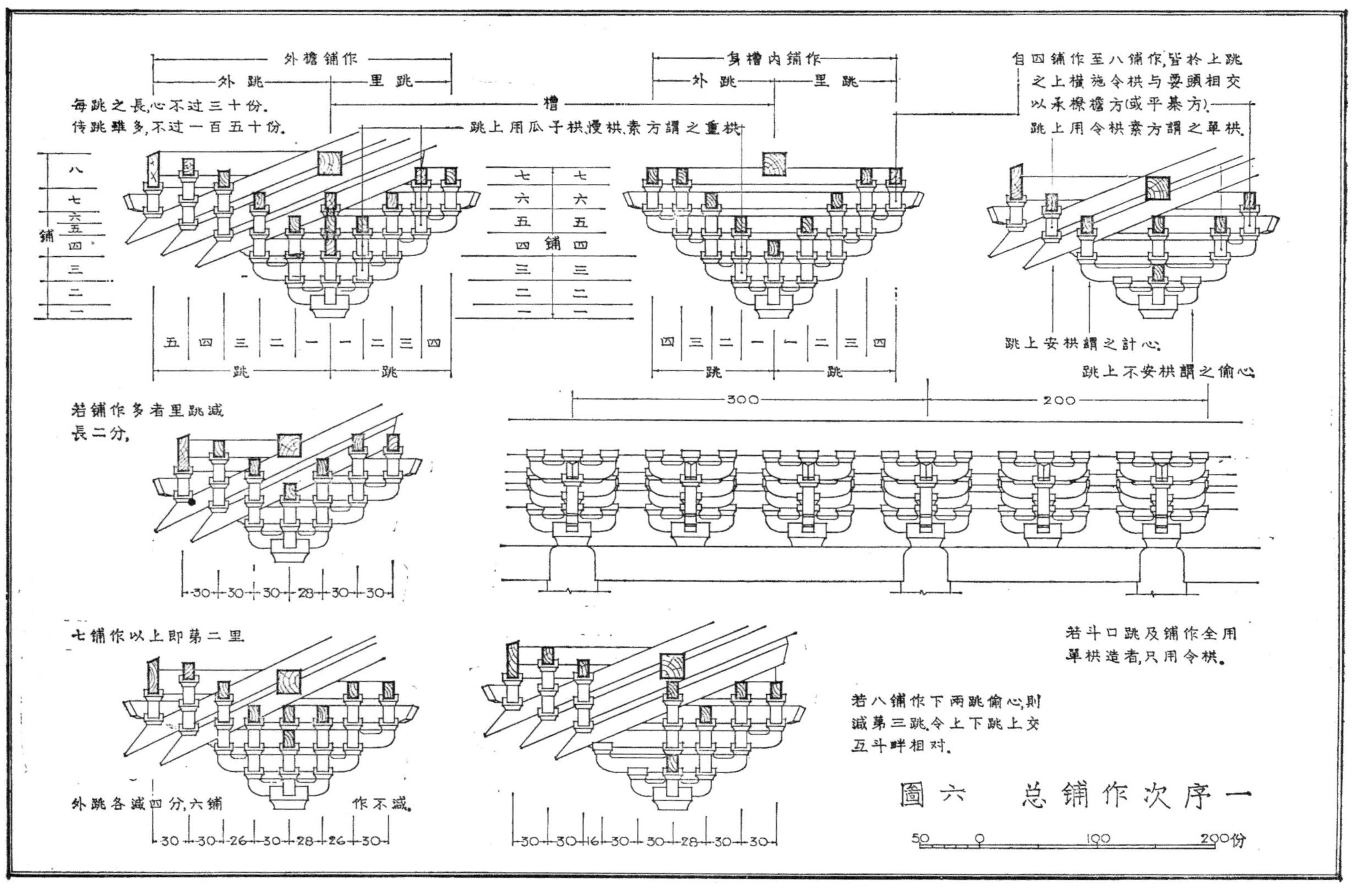

图版 6 总铺作次序一（附作者批改本）

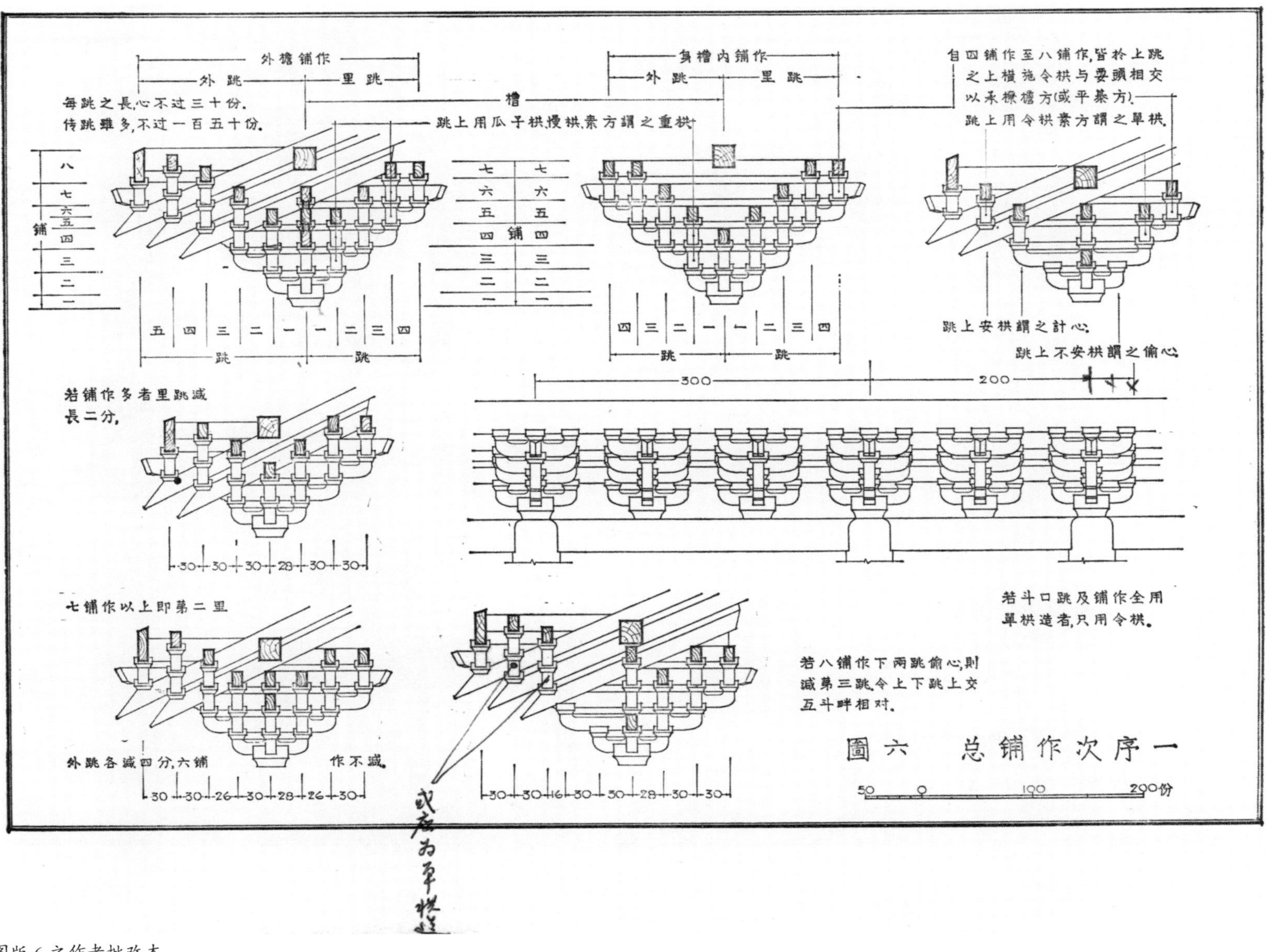

外檐鋪作
外跳
里跳
每跳之長,心不过三十份.
传跳雖多,不过一百五十份.
槽
跳上用瓜子拱,慢拱,素方謂之重拱
身槽内鋪作
外跳
里跳
自四鋪作至八鋪作,皆於上跳之上横施令拱与耍頭相交以承橑檐方(或平棊方).
跳上用令拱素方謂之單拱.
跳上安拱謂之計心.
跳上不安拱謂之偷心.
300
200
若鋪作多者里跳減長二分.
-30-30-30-28-30-30-
若斗口跳及鋪作全用單拱造者,只用令拱.
七鋪作以上即第二里
若八鋪作下兩跳偷心,則減第三跳,令上下跳上交互斗畔相对.
圖六 总鋪作次序一
外跳各減四分,六鋪作不減.
30-30-26-30-28-26-30
30-30-16-30-30-28-30-30
50 0 100 200份
或应为单拱造

图版6之作者批改本

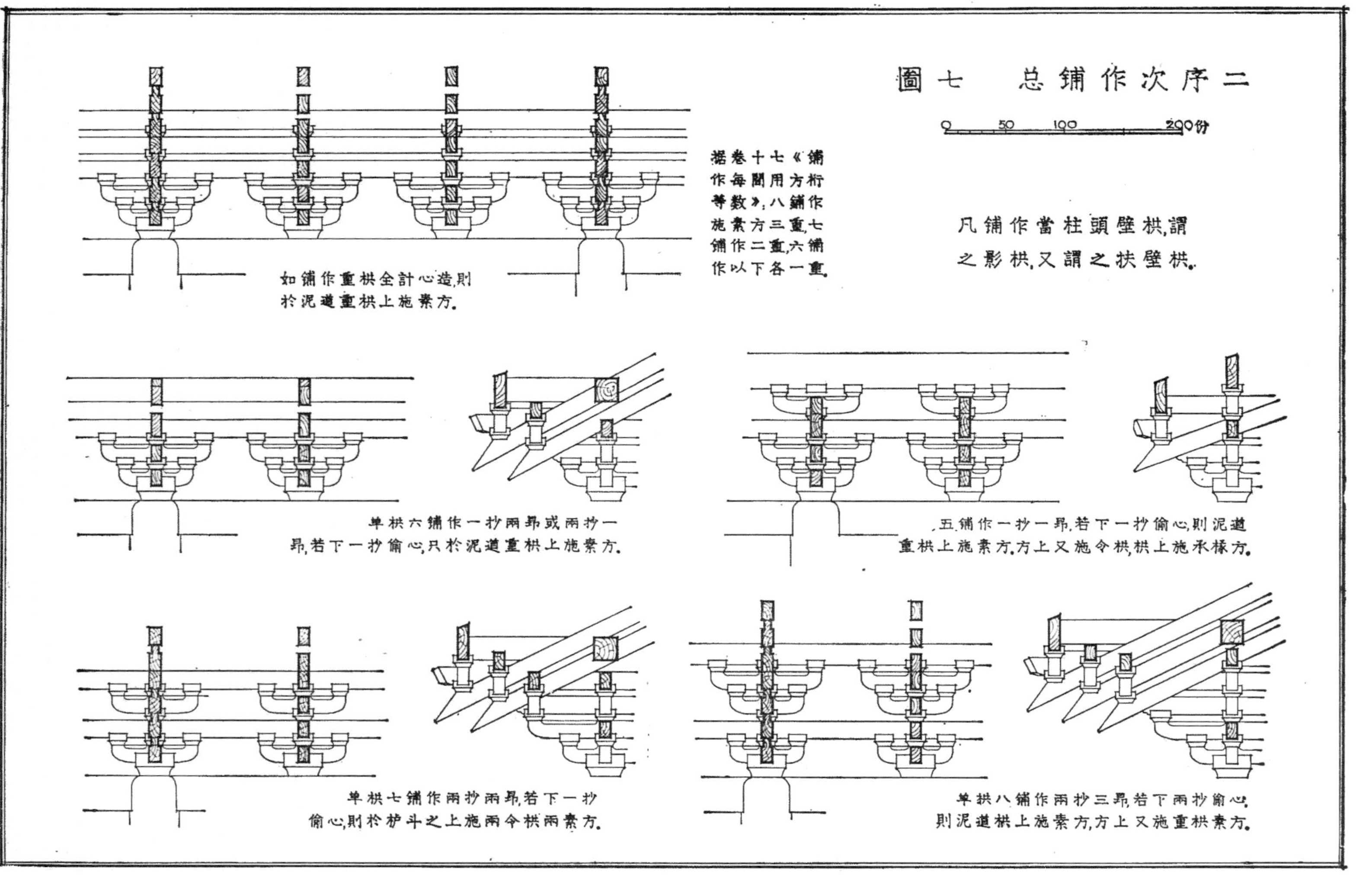

圖七 总铺作次序二
0 50 100 200份
凡铺作當柱頭壁拱,謂
之影拱,又謂之扶壁拱。
据卷十七《铺
作每間用方桁
等数》,八铺作
施素方三重,七
铺作二重,六铺
作以下各一重。
如铺作重拱全計心造,則
於泥道重拱上施素方。
单拱六铺作一抄兩昂或兩抄一
昂,若下一抄偷心,只於泥道重拱上施素方。
五铺作一抄一昂,若下一抄偷心,則泥道
重拱上施素方,方上又施令拱,拱上施承椽方。
单拱七铺作兩抄兩昂,若下一抄
偷心,則於栌斗之上施兩令拱兩素方。
单拱八铺作兩抄三昂,若下兩抄偷心,
則泥道拱上施素方,方上又施重拱素方。

图版 7　总铺作次序二

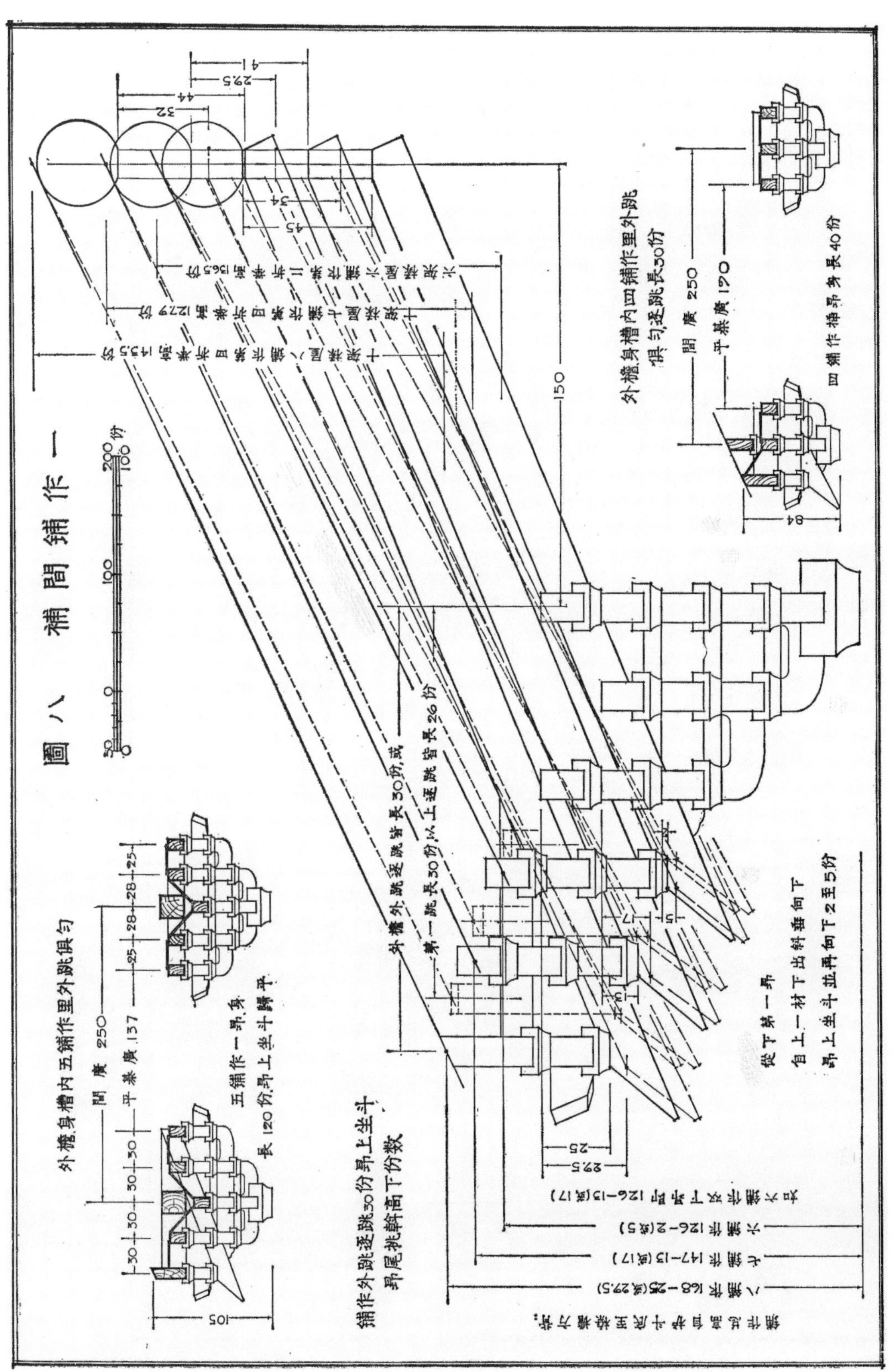

图版 8 补间铺作一（附作者批改本）

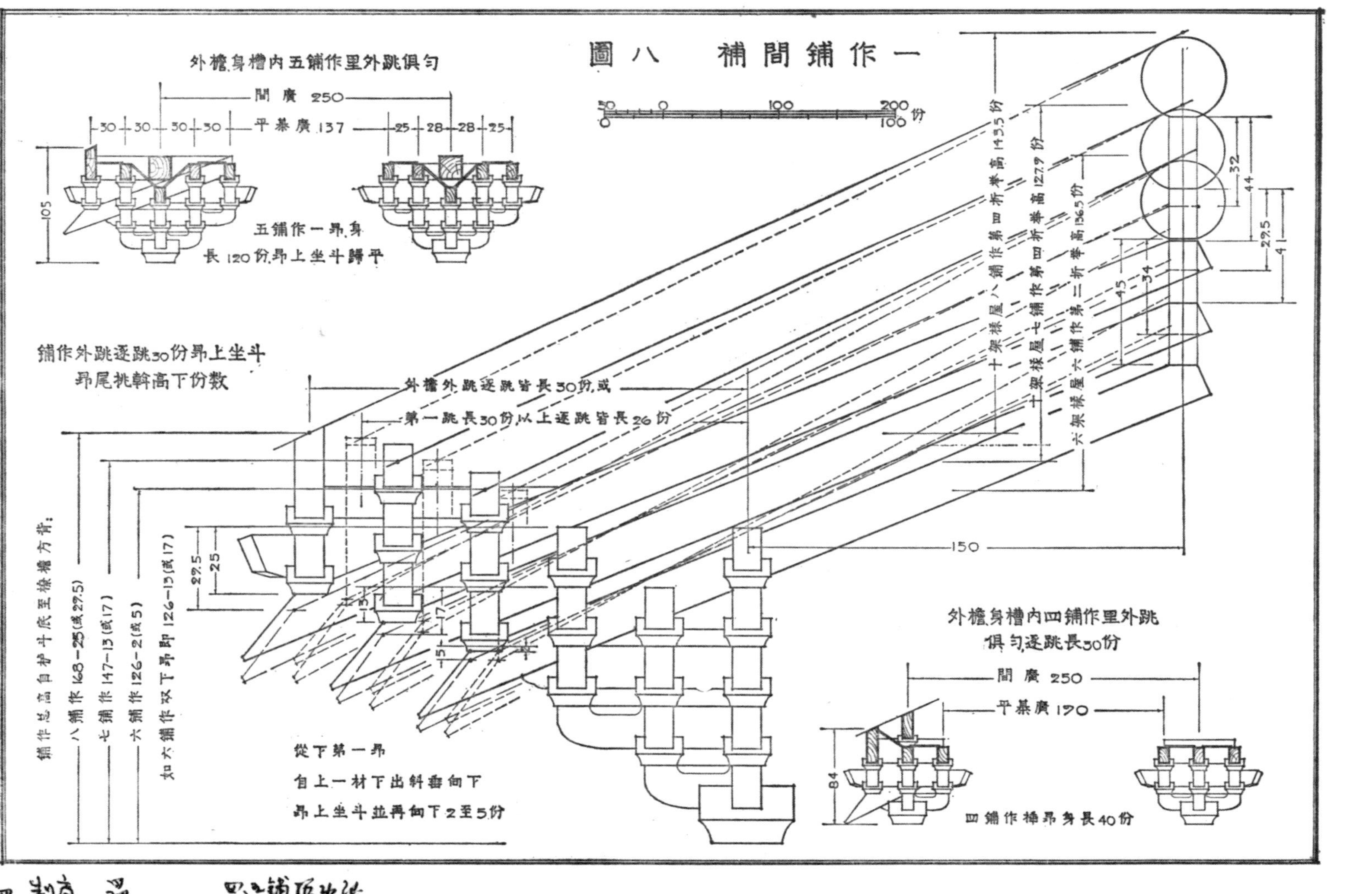
圖八 補間鋪作一
外檐身槽内五鋪作里外跳俱匀
間廣 250
平棊廣 137
五鋪作一昂身
長120份昂上坐斗歸平
鋪作外跳逐跳30份昂上坐斗
昂尾挑斡高下份數
外檐外跳逐跳皆長30份或
第一跳長30份以上逐跳皆長26份
十架椽屋八鋪作第四折举高143.5份
十架椽屋七鋪作第四折举高127.9份
六架椽屋六鋪作第三折举高136.5份
150
外檐身槽内四鋪作里外跳
俱匀逐跳長30份
間廣 250
平棊廣 170
四鋪作插昂身長40份
從下第一昂
自上一材下出斜垂向下
昂上坐斗並再向下2至5份

图版 8 之作者批改本

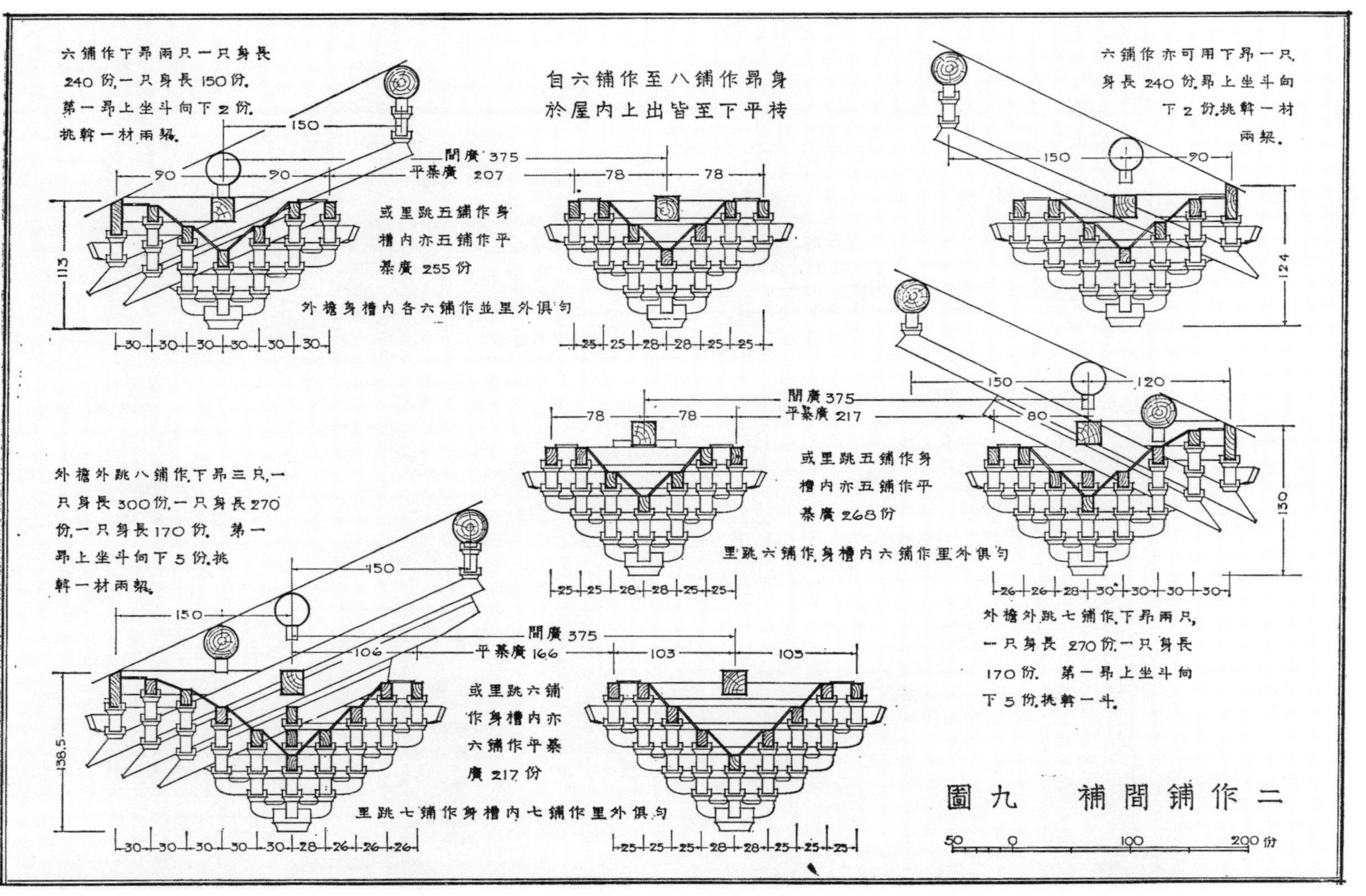

图版 9 补间铺作二（附作者批改本）

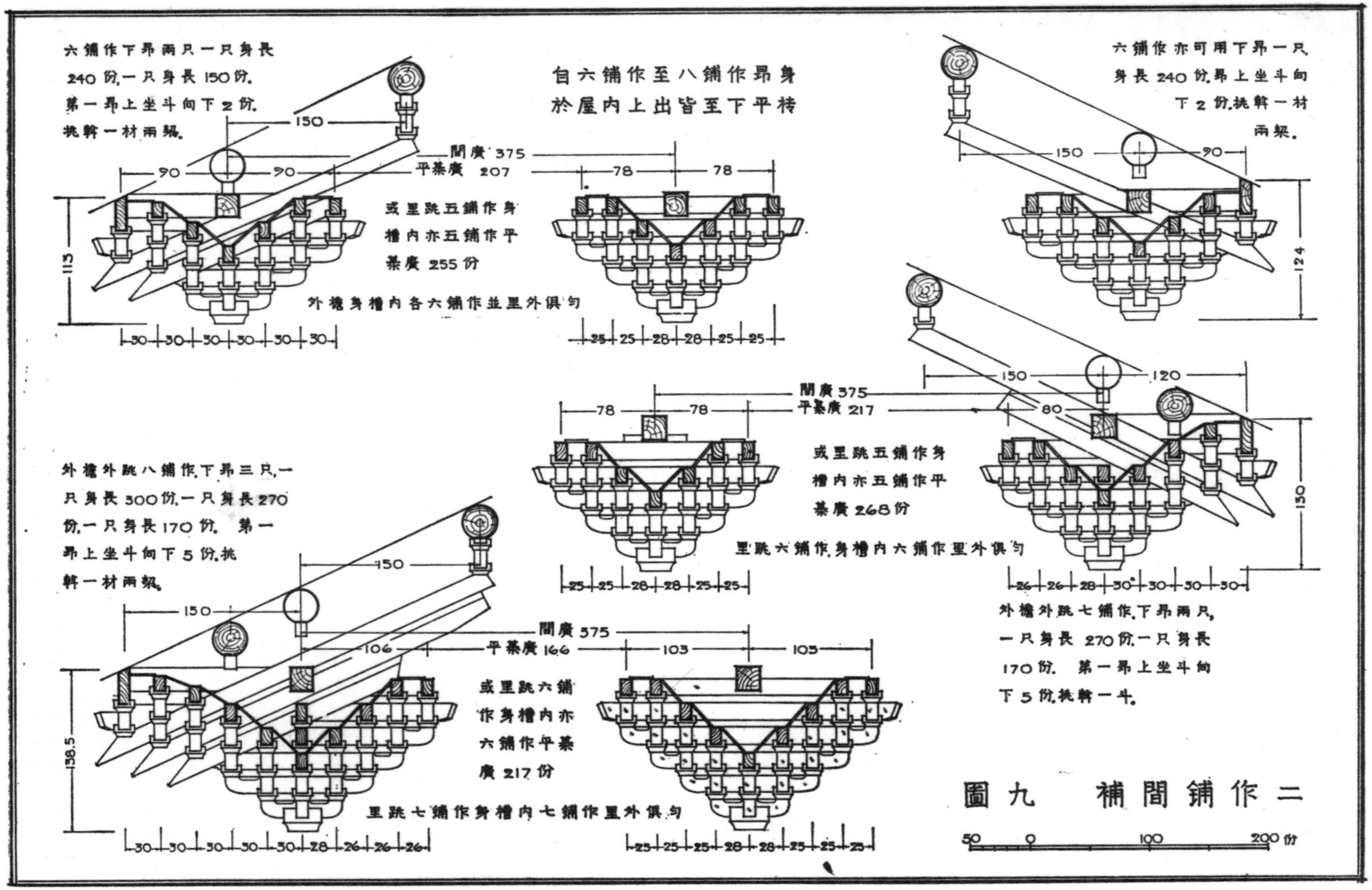
六鋪作下昂兩只一只身長
240份,一只身長150份.
第一昂上坐斗向下2份.
挑斡一材兩栔.
自六鋪作至八鋪作昂身
於屋内上出皆至下平槫
六鋪作亦可用下昂一只,
身長240份,昂上坐斗向
下2份,挑斡一材
兩栔.
閒廣375
平棊廣 207
或里跳五鋪作身
槽内亦五鋪作平
棊廣 255份
外檐身槽内各六鋪作並里外俱匀
閒廣375
平棊廣 217
或里跳五鋪作身
槽内亦五鋪作平
棊廣 268份
里跳六鋪作身槽内六鋪作里外俱匀
外檐外跳七鋪作,下昂兩只,
一只身長 270份,一只身長
170份. 第一昂上坐斗向
下5份,挑斡一斗.
外檐外跳八鋪作,下昂三只,一
只身長300份,一只身長270
份,一只身長170份. 第一
昂上坐斗向下5份,挑
斡一材兩栔.
閒廣375
平棊廣166
或里跳六鋪
作身槽内亦
六鋪作平棊
廣 217份
里跳七鋪作身槽内七鋪作里外俱匀
圖九 補間鋪作二
50 0 100 200份

图版9之作者批改本

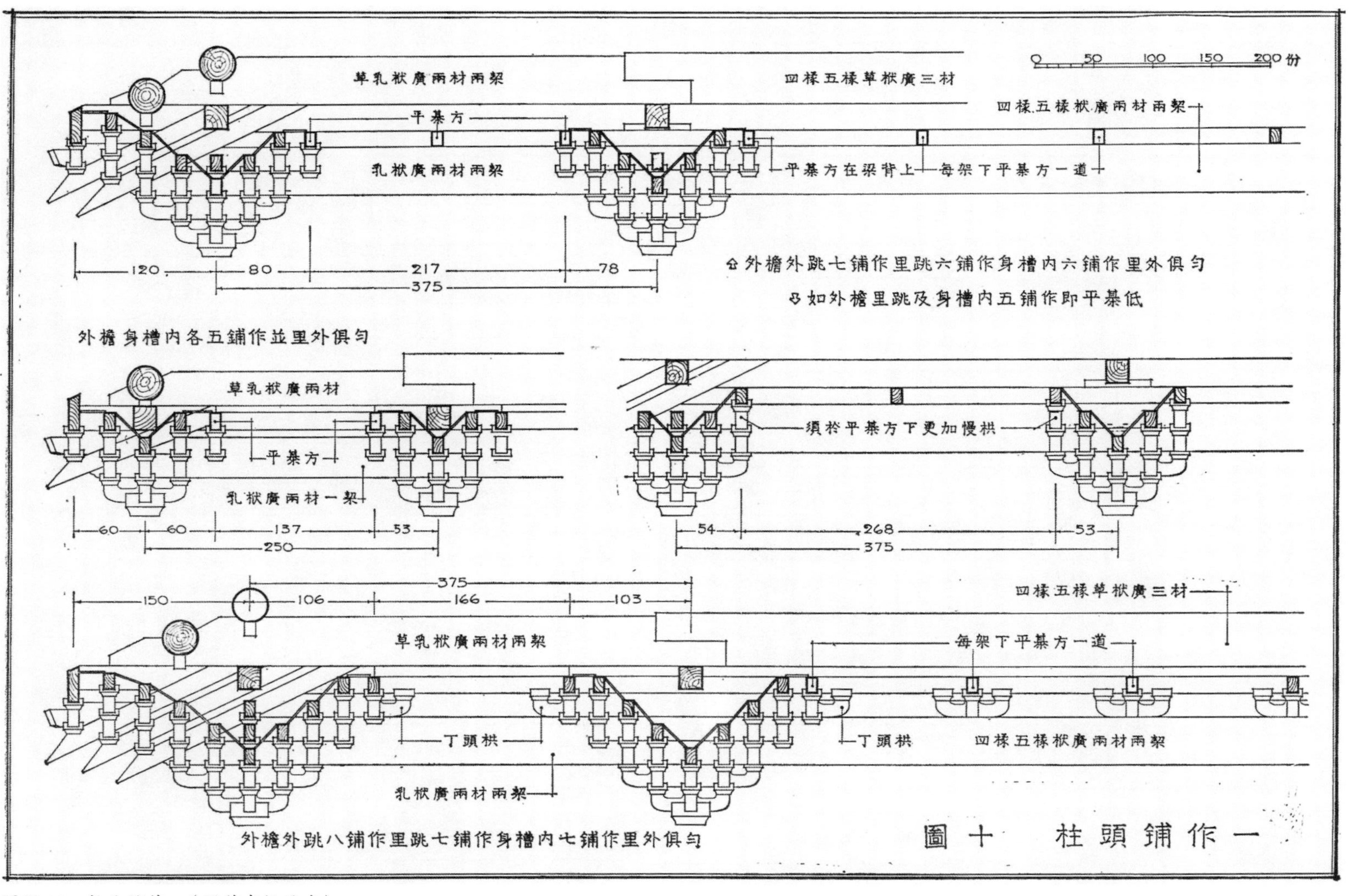

图版 10　柱头铺作一（附作者批改本）

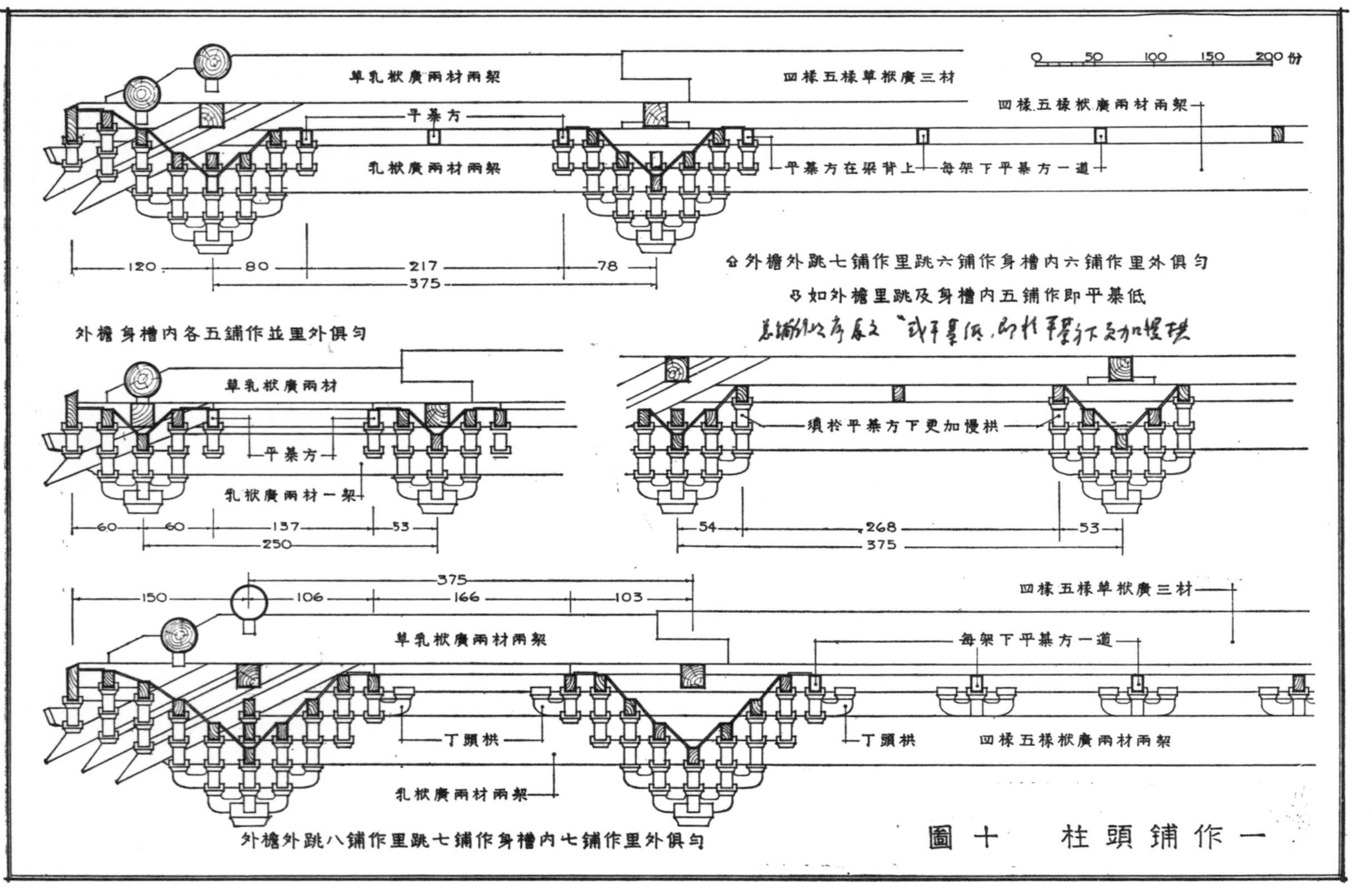
0 50 100 150 200 份
草乳栿廣兩材兩絜
四椽五椽草栿廣三材
四椽五椽栿廣兩材兩絜
平棊方
乳栿廣兩材兩絜
平棊方在梁背上
每架下平棊方一道
外檐外跳七鋪作里跳六鋪作身槽內六鋪作里外俱勻
如外檐里跳及身槽內五鋪作即平棊低
外檐身槽內各五鋪作並里外俱勻
草乳栿廣兩材
平棊方
乳栿廣兩材一絜
綴於平棊方下更加慢栱
四椽五椽草栿廣三材
草乳栿廣兩材兩絜
每架下平棊方一道
丁頭栱
丁頭栱
四椽五椽栿廣兩材兩絜
乳栿廣兩材兩絜
外檐外跳八鋪作里跳七鋪作身槽內七鋪作里外俱勻
圖十 柱頭鋪作一

图版10之作者批改本

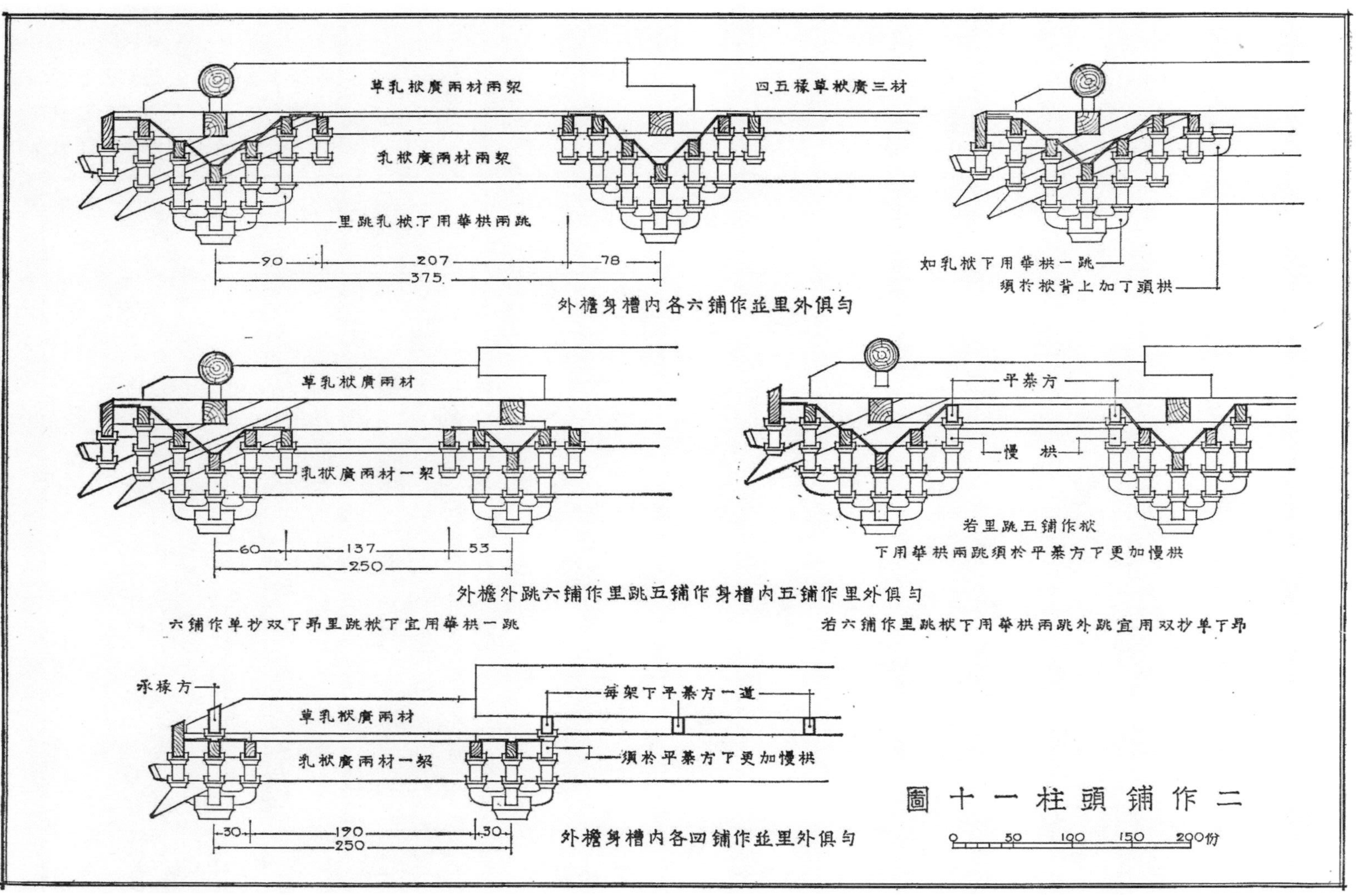

图版 11 柱头铺作二（附作者批改本）

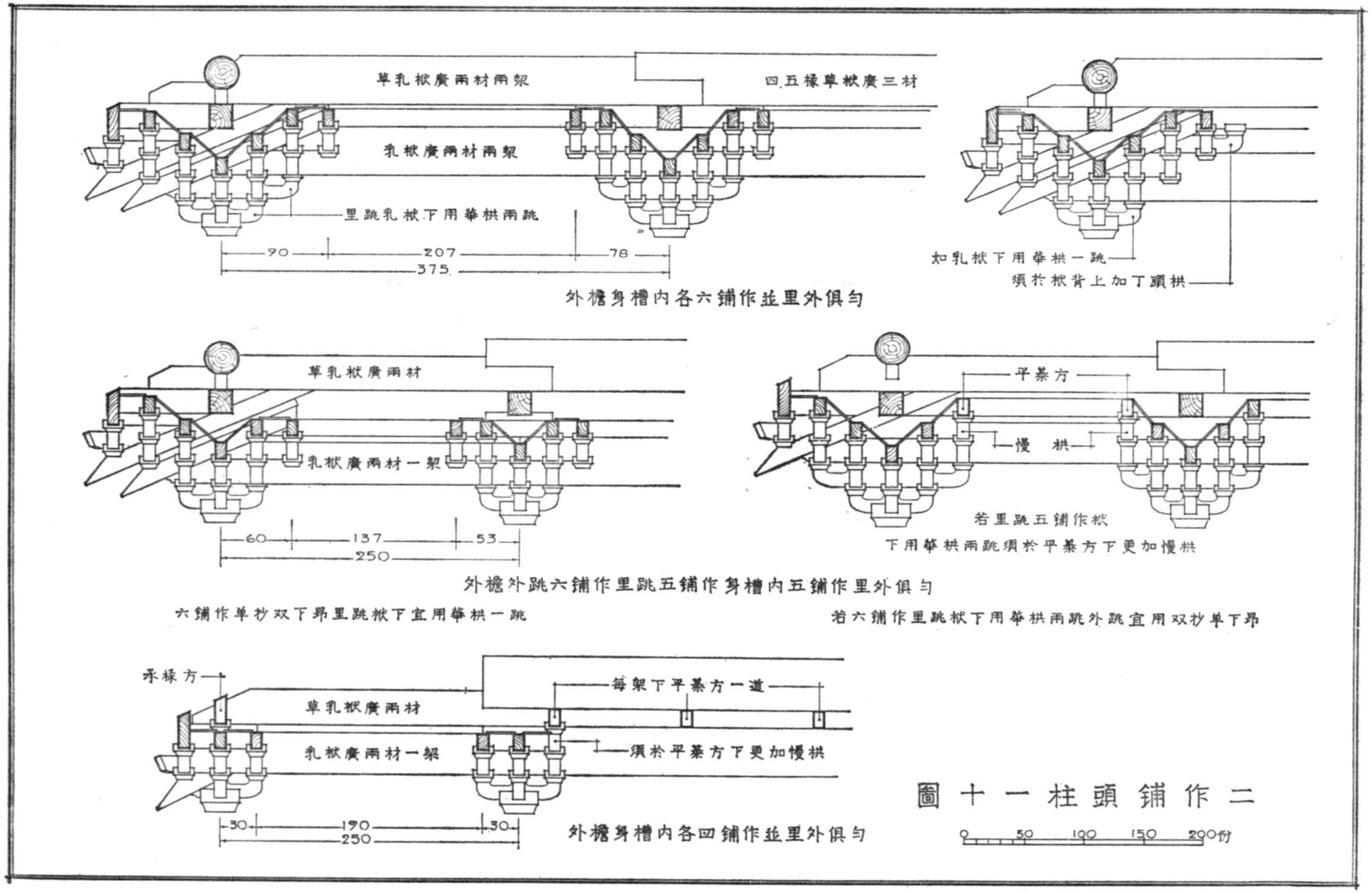
草乳栿廣兩材兩架
四五椽草栿廣三材
乳栿廣兩材兩架
里跳乳栿下用華栱兩跳
90
207
78
375
如乳栿下用華栱一跳
須於栿背上加丁頭栱
外檐身槽内各六鋪作並里外俱匀
草乳栿廣兩材
乳栿廣兩材一架
60
137
53
250
平綦方
慢栱
若里跳五鋪作栿
下用華栱兩跳須於平綦方下更加慢栱
外檐外跳六鋪作里跳五鋪作身槽内五鋪作里外俱匀
六鋪作單抄双下昂里跳栿下宜用華栱一跳
若六鋪作里跳栿下用華栱兩跳外跳宜用双抄單下昂
承椽方
每架下平綦方一道
草乳栿廣兩材
乳栿廣兩材一架
須於平綦方下更加慢栱
30
190
30
250
外檐身槽内各四鋪作並里外俱匀
圖十一 柱頭鋪作二
0 50 100 150 200份

11

铺作在柱头中线上须有柱方四层，似为铺作最小高度？故四铺作柱头
其栿上只有柱方三层，不得不另加承椽方。？
五、六铺作有昂上柱方辅助，故可不加承椽方。？

缺六铺作里外俱匀，双抄单下昂图，乳栿下一或二抄、
里跳减一铺，单抄双下昂图。乳栿下二抄、
〃 〃 〃 双抄单下昂，乳栿下一抄。

图版 11 之作者批改本

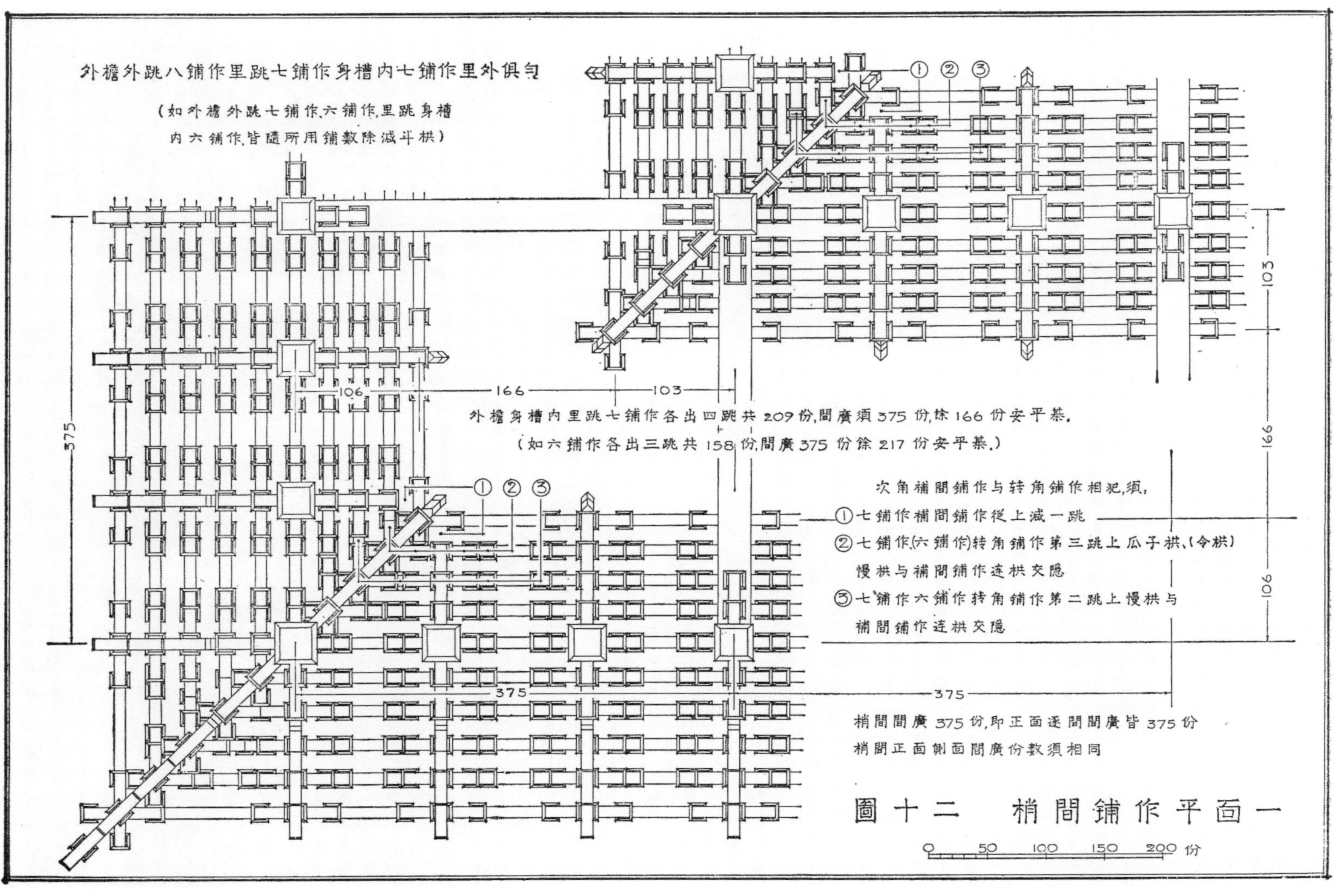

图版 12　梢间铺作平面一

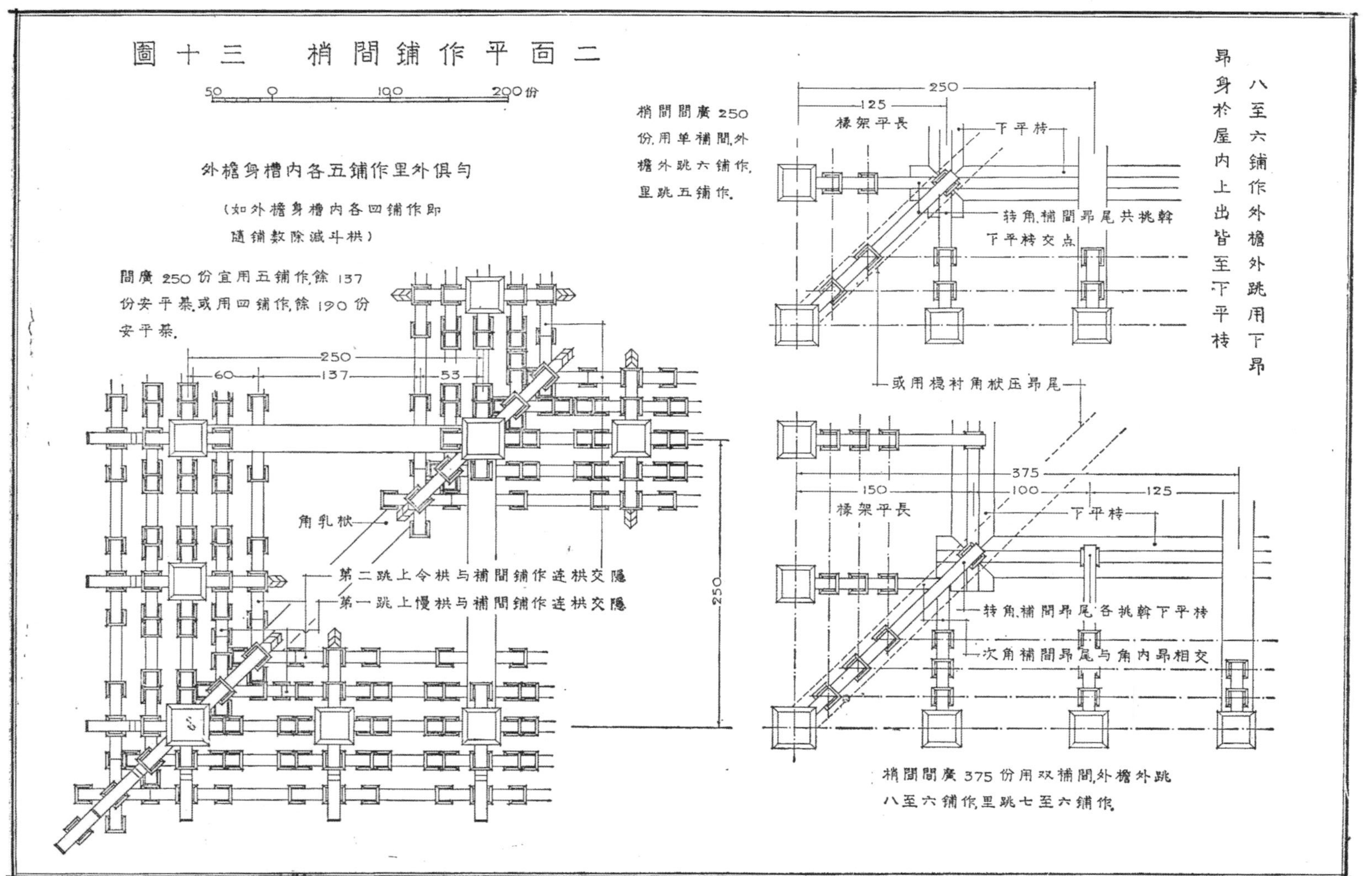

图版13　梢间铺作平面二（附作者批改本）

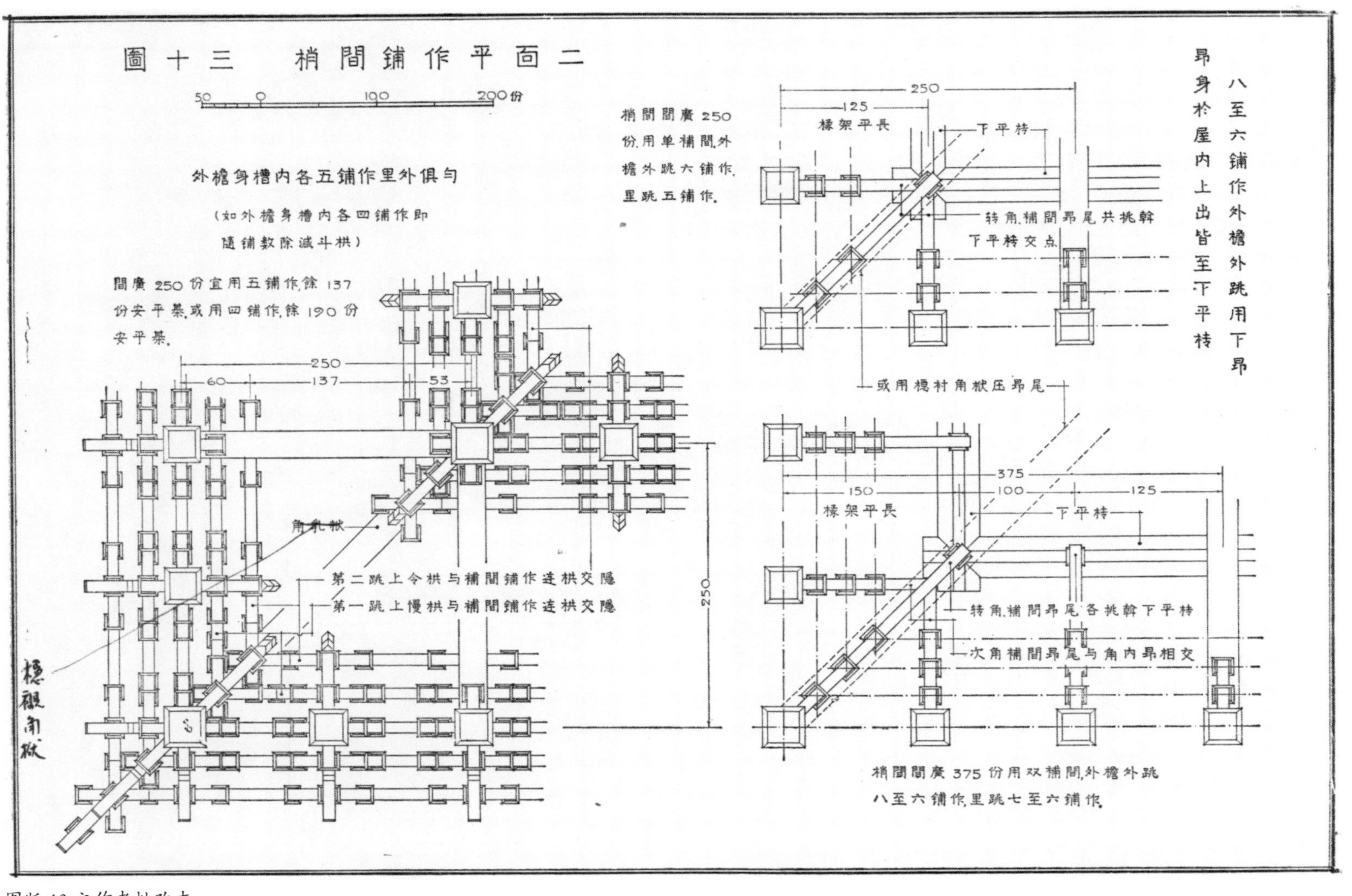
圖十三 梢間鋪作平面 二
50 0 100 200份
外檐身槽内各五鋪作里外俱勻
(如外檐身槽内各四鋪作即隨鋪數除減斗栱)
間廣250份宜用五鋪作,餘137份安平棊,或用四鋪作,餘190份安平棊。
梢間間廣250份,用单補間,外檐外跳六鋪作,里跳五鋪作。
梢間間廣375份,用双補間,外檐外跳八至六鋪作,里跳七至六鋪作。
八至六鋪作外檐外跳用下昂
昂身於屋内上出皆至下平槫
下平槫
槫架平長
轉角補間昂尾共挑斡下平槫交点
或用槫衬角栿压昂尾
轉角補間昂尾各挑斡下平槫
次角補間昂尾与角内昂相交
第二跳上令栱与補間鋪作連栱交隱
第一跳上慢栱与補間鋪作連栱交隱
250
125
375
100
150
53
137
60

图版13之作者批改本

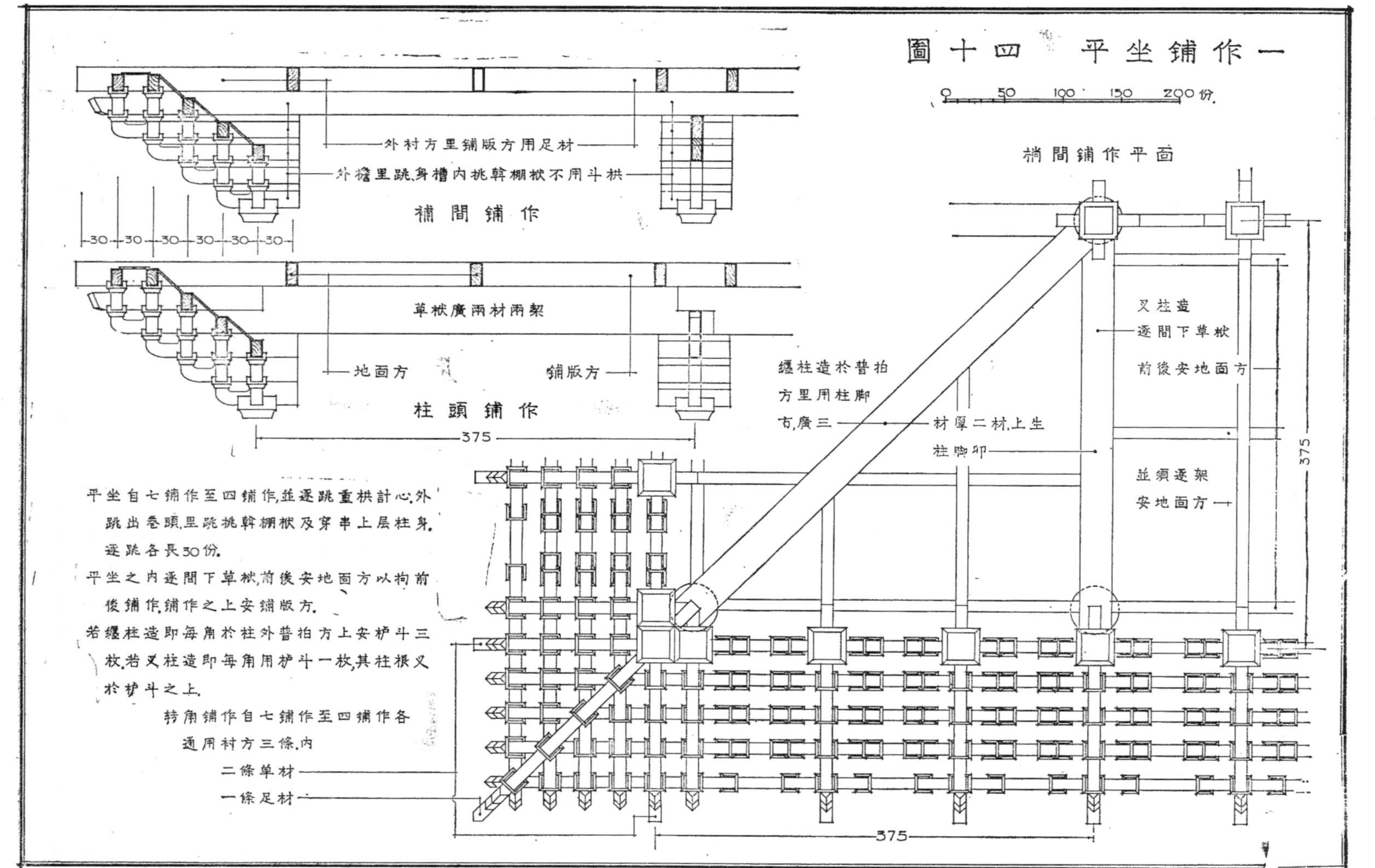

图版14 平坐铺作一（附作者批改本）

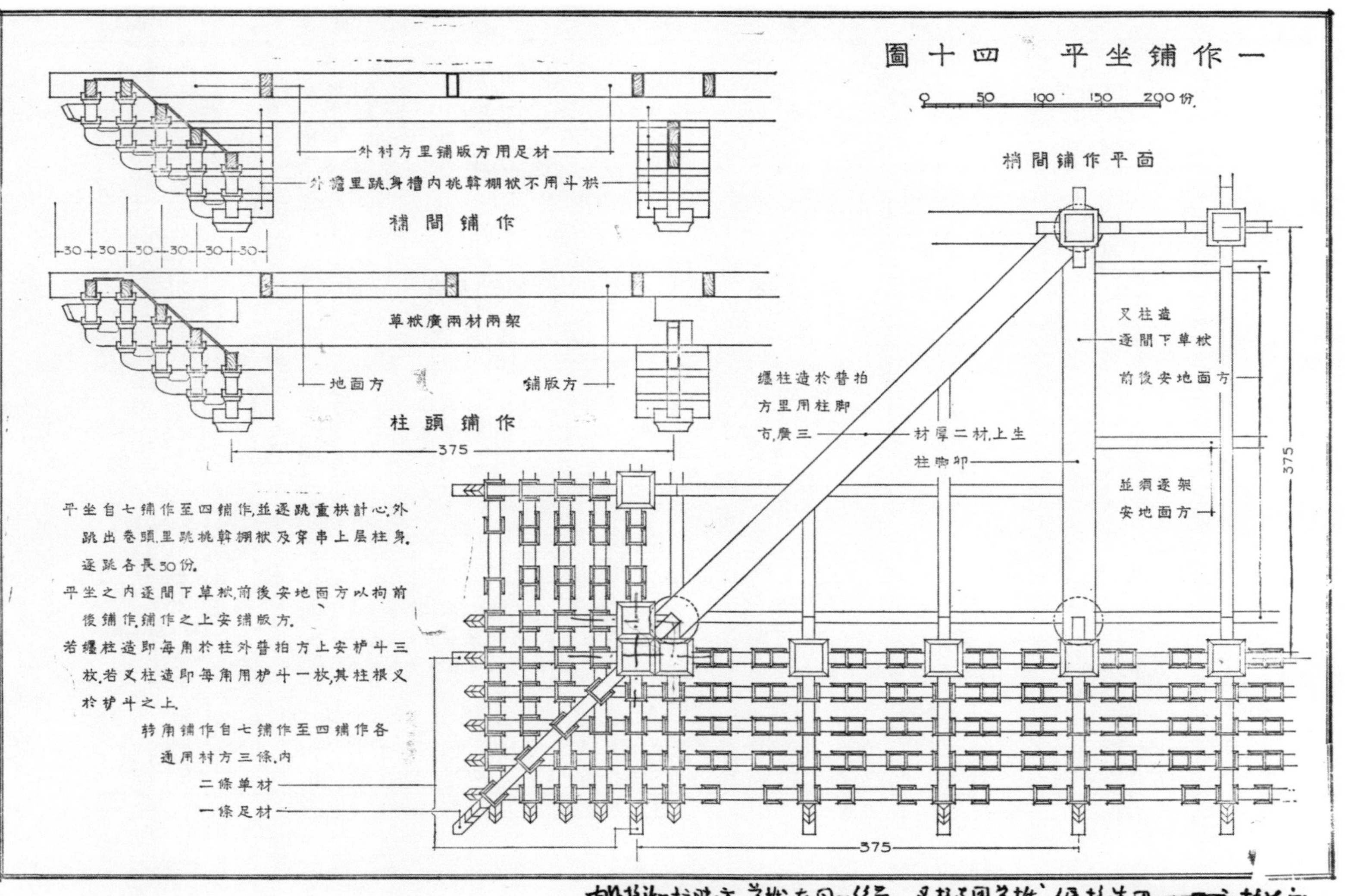
圖十四 平坐鋪作一
0 50 100 150 200份
外村方里鋪版方用足材
外檐里跳身槽内挑斡棚栿不用斗栱
梢間鋪作
30 30 30 30 30 30
草栿廣兩材兩絜
地面方
鋪版方
柱頭鋪作
375
梢間鋪作平面
叉柱造
逐間下草栿
前後安地面方
纏柱造於普拍
方里用柱脚
方,廣三
材厚二材,上生
柱脚卯
並須逐架
安地面方
375
平坐自七鋪作至四鋪作,並逐跳重栱計心,外跳出卷頭,里跳挑斡棚栿及穿串上層柱身,逐跳各長30份。
平坐之内逐間下草栿,前後安地面方,以拘前後鋪作,鋪作之上安鋪版方。
若纏柱造即每角於柱外普拍方上安櫨斗三枚,若叉柱造即每角用櫨斗一枚,其柱根叉於櫨斗之上。
轉角鋪作自七鋪作至四鋪作各通用材方三條,内
二條單材
一條足材
375

图版 14 之作者批改本

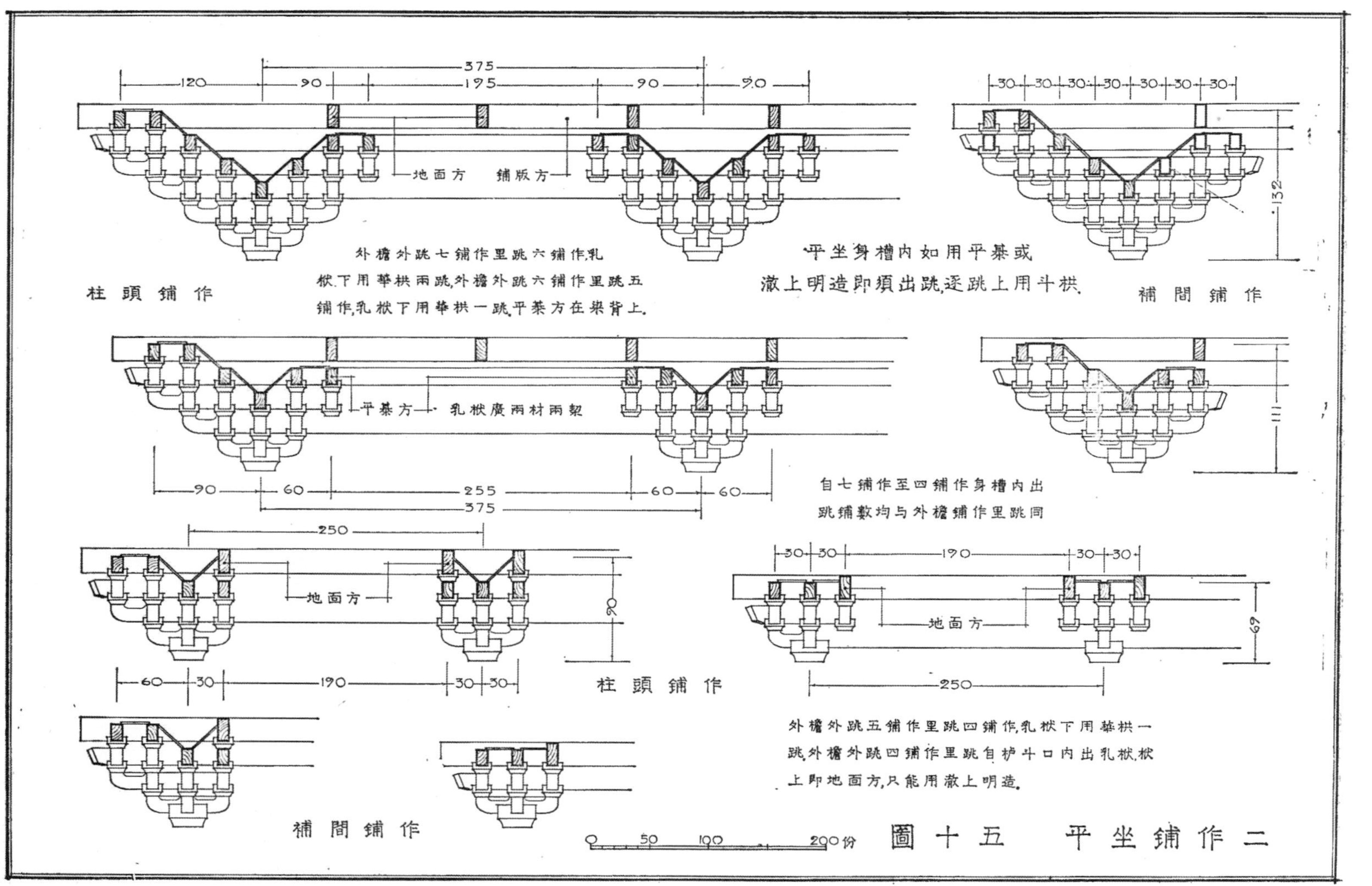

柱頭鋪作
外檐外跳七鋪作里跳六鋪作,乳栿下用華拱兩跳,外檐外跳六鋪作里跳五鋪作,乳栿下用華拱一跳,平棊方在栿背上.
地面方
鋪版方
平坐身槽内如用平棊或徹上明造即須出跳逐跳上用斗拱.
補間鋪作
平棊方
乳栿廣兩材兩栔
自七鋪作至四鋪作身槽内出跳鋪數均与外檐鋪作里跳同
柱頭鋪作
外檐外跳五鋪作里跳四鋪作,乳栿下用華拱一跳,外檐外跳四鋪作里跳自栌斗口内出乳栿,栿上即地面方,只能用徹上明造.
補間鋪作
0 50 100 200份
圖十五 平坐鋪作二

图版 15 平坐铺作二

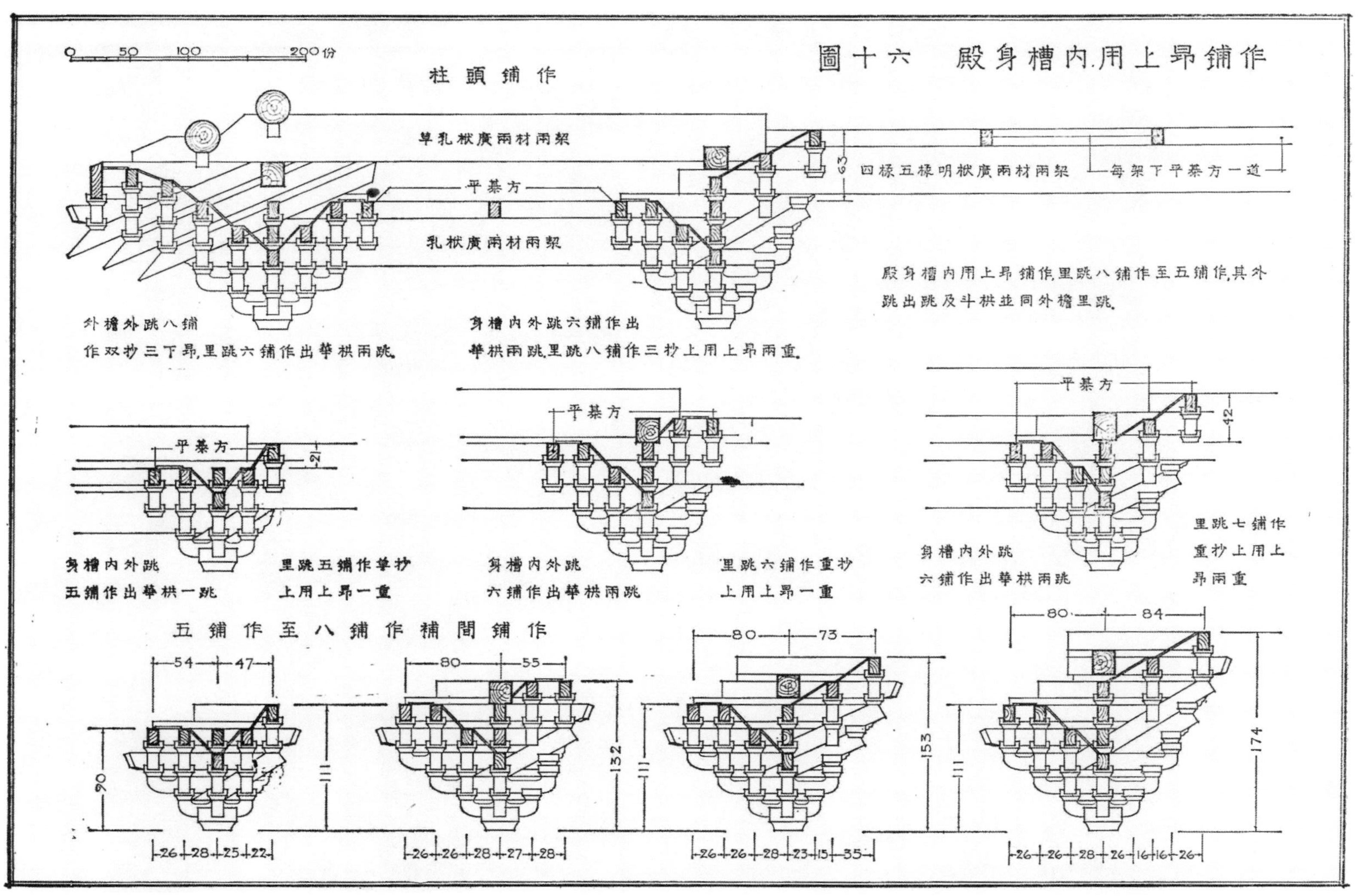

图版 16 殿身槽内用上昂铺作

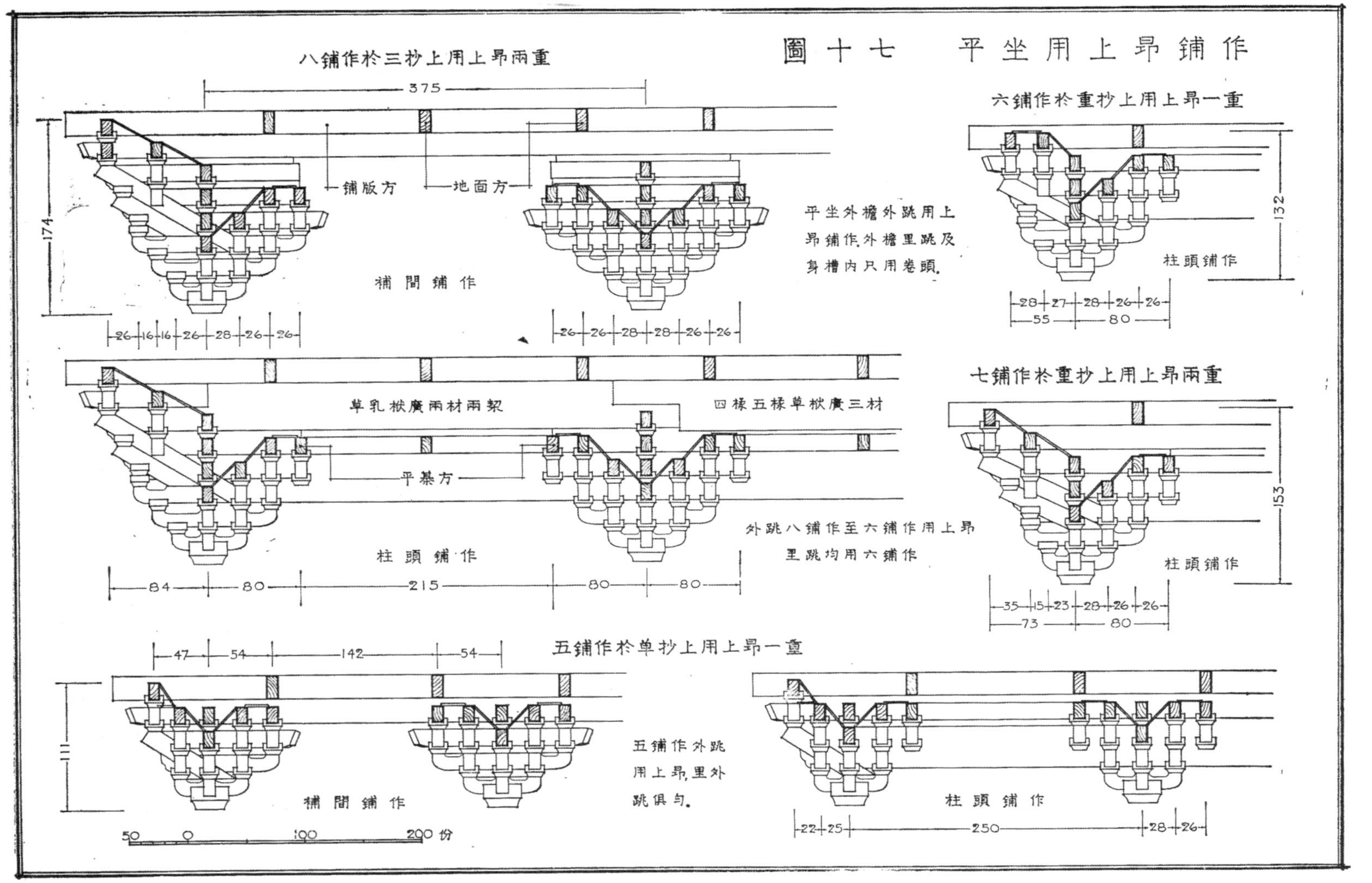

图版 17　平坐用上昂铺作

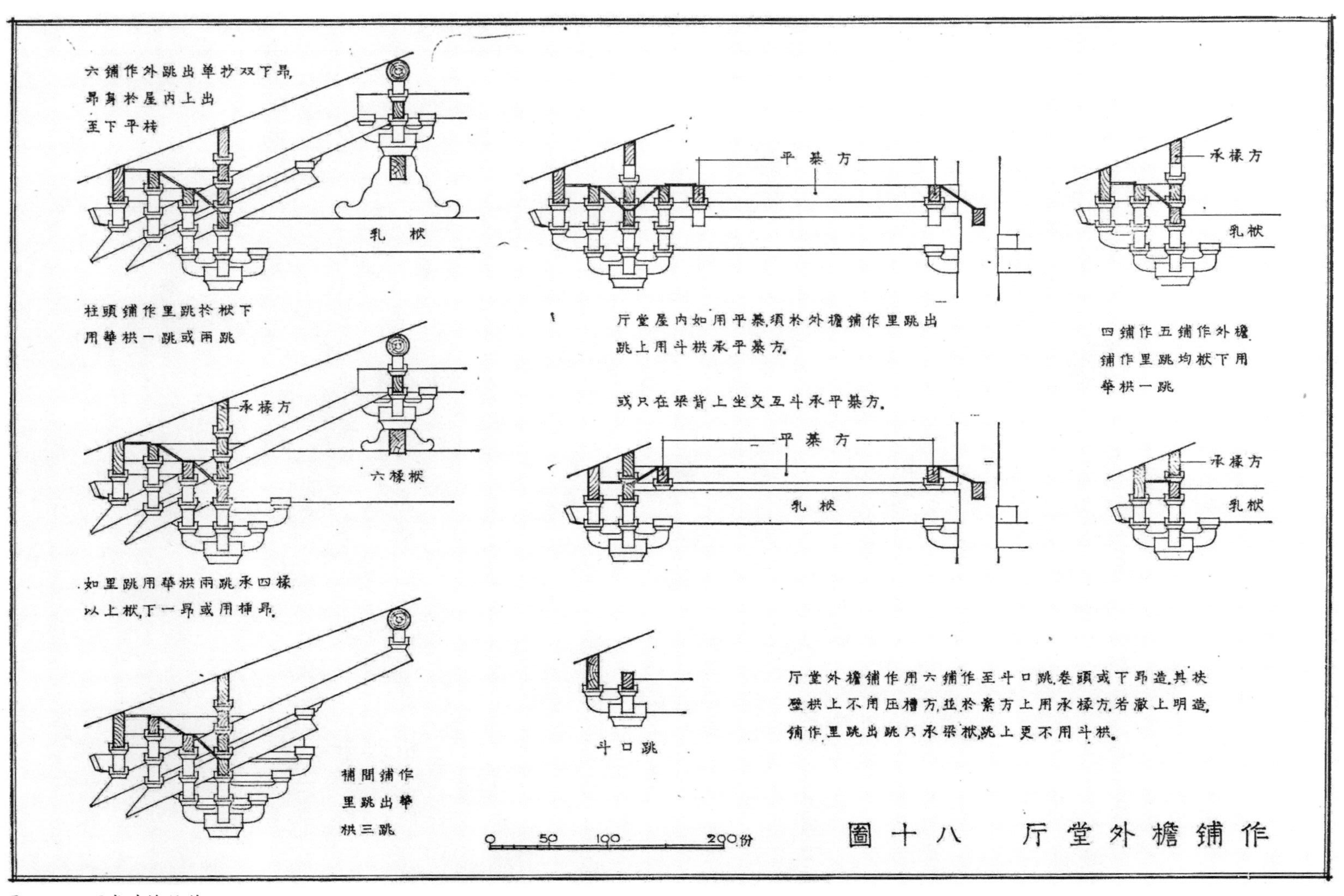
六铺作外跳出单抄双下昂,
昂身於屋内上出
至下平槫
乳栿
柱頭鋪作里跳於栿下
用華栱一跳或兩跳
承椽方
六椽栿
如里跳用華栱兩跳承四椽
以上栿,下一昂或用挿昂.
補間鋪作
里跳出華
栱三跳
平棊方
厅堂屋内如用平棊,須於外檐鋪作里跳出
跳上用斗栱承平棊方.
或只在梁背上坐交互斗承平棊方.
平棊方
乳栿
承椽方
乳栿
四鋪作五鋪作外檐
鋪作里跳均栿下用
華栱一跳
承椽方
乳栿
斗口跳
厅堂外檐鋪作用六鋪作至斗口跳,卷頭或下昂造.其栱
壁栱上不用压槽方,並於素方上用承椽方.若徹上明造,
鋪作里跳出跳只承梁栿,跳上更不用斗栱.
0 50 100 200份
圖十八　厅堂外檐鋪作

图版 18　厅堂外檐铺作

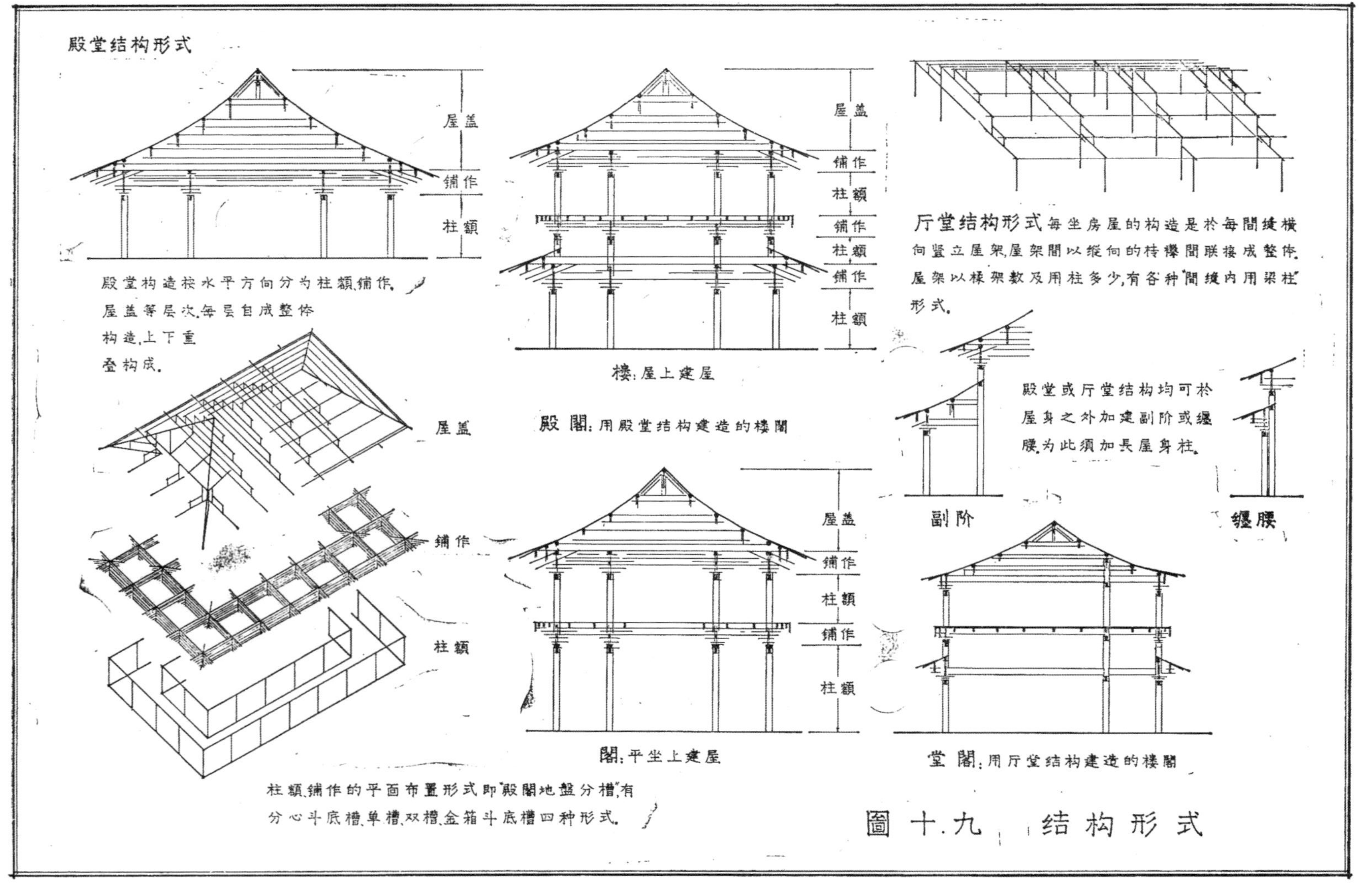

图版 19 结构形式（附作者批改本）

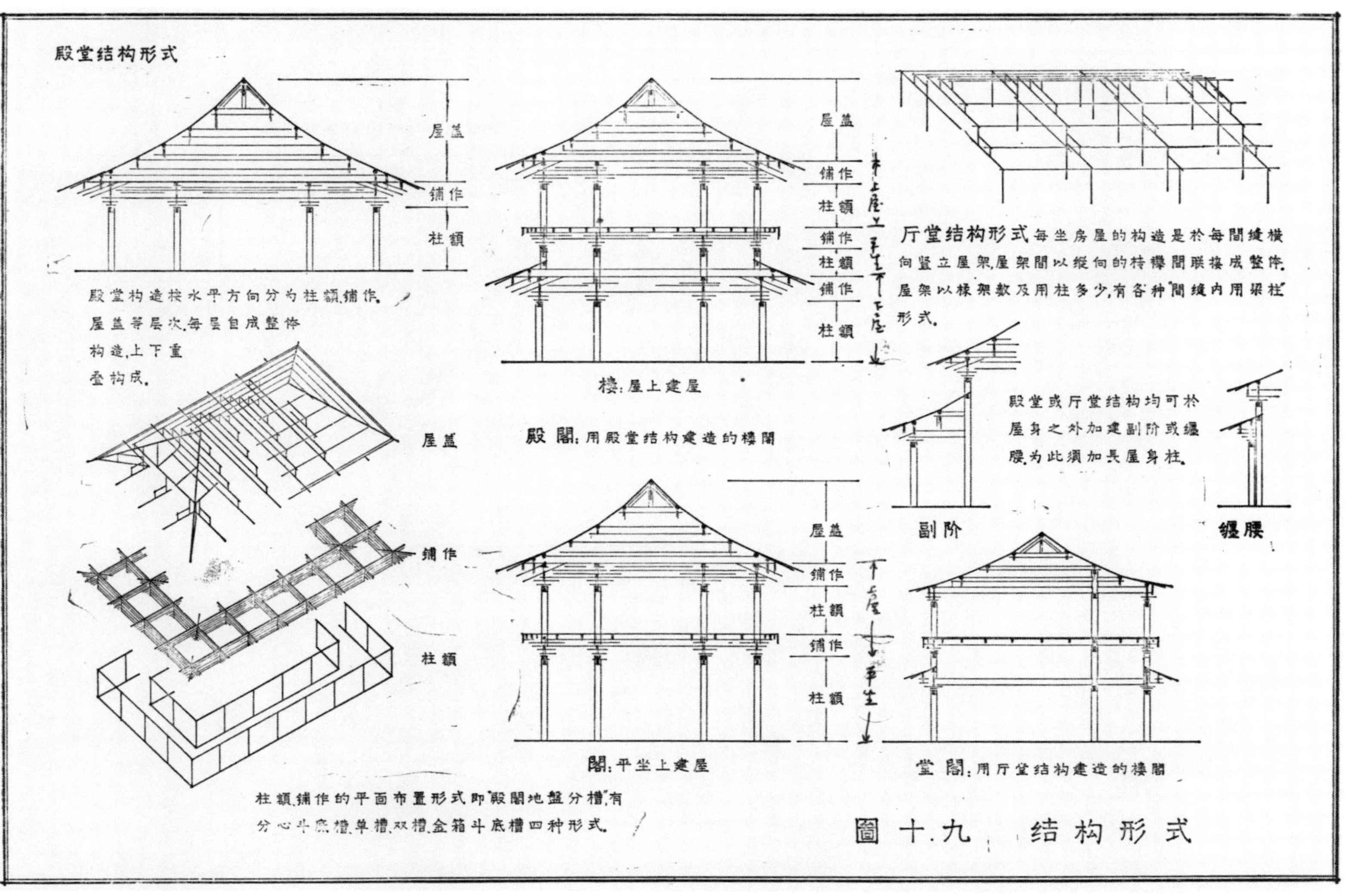
殿堂结构形式
屋盖
铺作
柱额
殿堂构造按水平方向分为柱额,铺作,
屋盖等层次,每层自成整体
构造,上下重
叠构成。
屋盖
铺作
柱额
柱额,铺作的平面布置形式即"殿閣地盤分槽",有
分心斗底槽,单槽,双槽,金箱斗底槽四种形式。
屋盖
铺作
柱额
铺作
柱额
铺作
柱额
樓:屋上建屋
殿閣:用殿堂结构建造的樓閣
屋盖
铺作
柱额
铺作
柱额
閣:平坐上建屋
厅堂结构形式 每坐房屋的构造是於每間縫横
向竖立屋架,屋架間以縱向的枓欂間联接成整体.
屋架以椽架数及用柱多少,有各种"間縫内用梁柱"
形式。
殿堂或厅堂结构均可於
屋身之外加建副阶或缠
腰,为此须加長屋身柱。
副阶
缠腰
堂閣:用厅堂结构建造的樓閣
圖十.九 结构形式

图版 19 之作者批改本

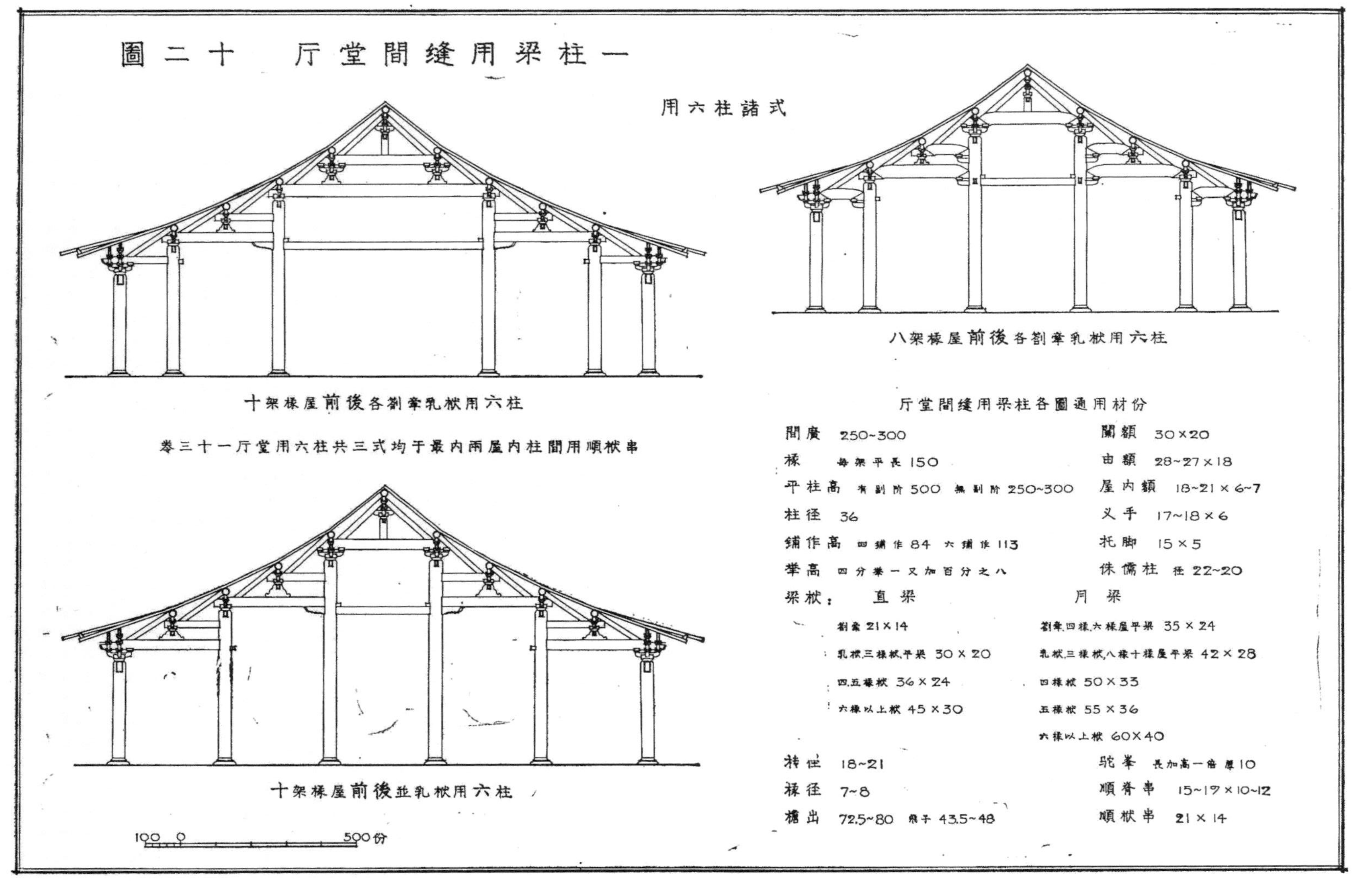

图版 20 厅堂间缝用梁柱一（附作者批改本）

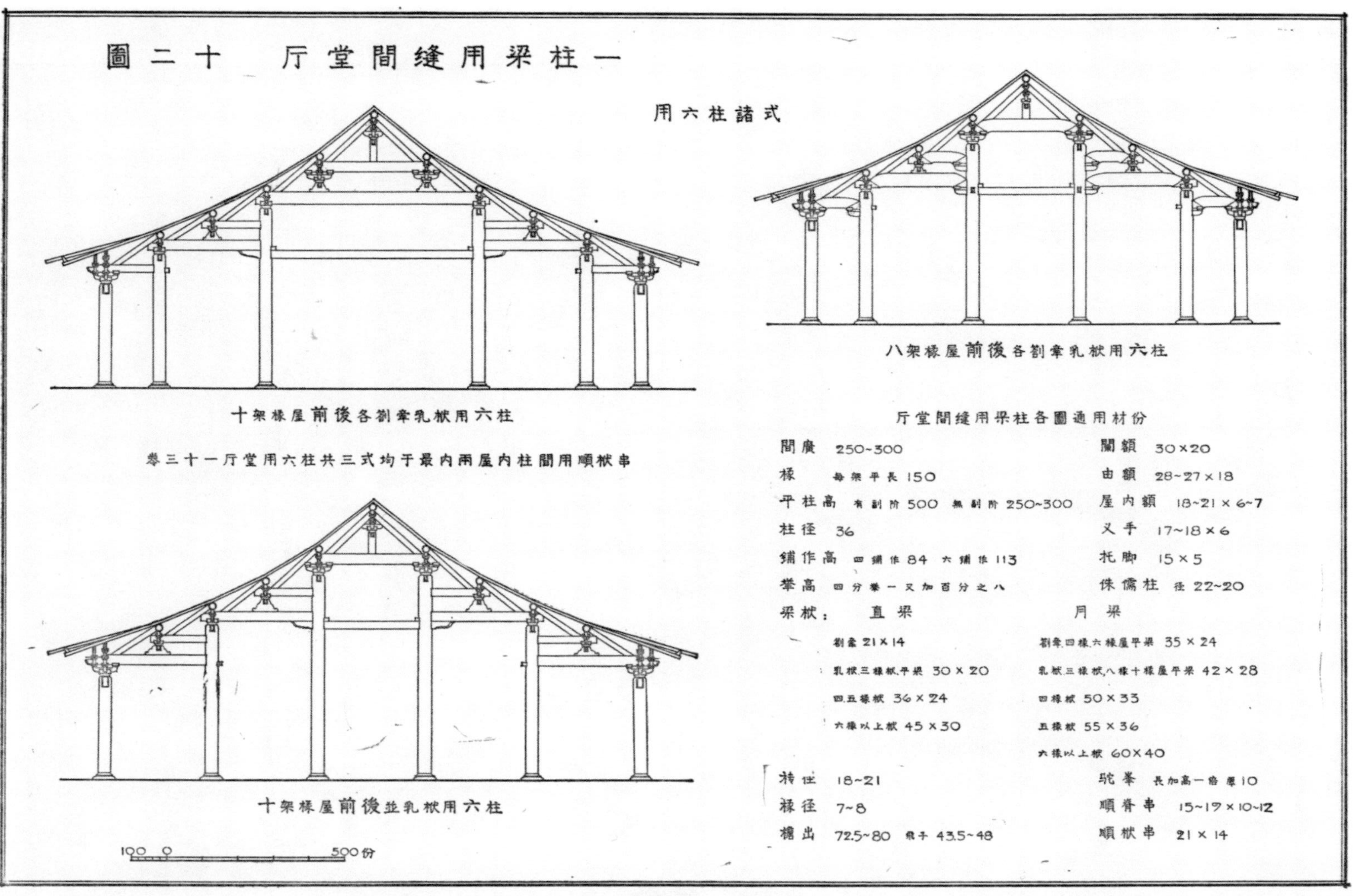
圖二十 厅堂間縫用梁柱一
用六柱諸式
十架椽屋前後各劄牽乳栿用六柱
卷三十一厅堂用六柱共三式均于最内兩屋内柱間用順栿串
十架椽屋前後並乳栿用六柱
100 0 500份
八架椽屋前後各劄牽乳栿用六柱
厅堂間縫用梁柱各圖通用材份
間廣 250~300
椽 每架平長 150
平柱高 有副階 500 無副階 250~300
柱徑 36
鋪作高 四鋪作 84 六鋪作 113
舉高 四分舉一又加百分之八
梁栿： 直梁
劄牽 21×14
乳栿三椽栿平梁 30×20
四五椽栿 36×24
六椽以上栿 45×30
月梁
劄牽四椽六椽屋平梁 35×24
乳栿三椽栿八椽十椽屋平梁 42×28
四椽栿 50×33
五椽栿 55×36
六椽以上栿 60×40
闌額 30×20
由額 28~27×18
屋内額 18~21×6~7
叉手 17~18×6
托脚 15×5
侏儒柱 徑 22~20
栱 18~21
椽徑 7~8
檐出 72.5~80 飛子 43.5~48
駝峯 長加高一倍厚10
順脊串 15~17×10~12
順栿串 21×14

图版 20 之作者批改本

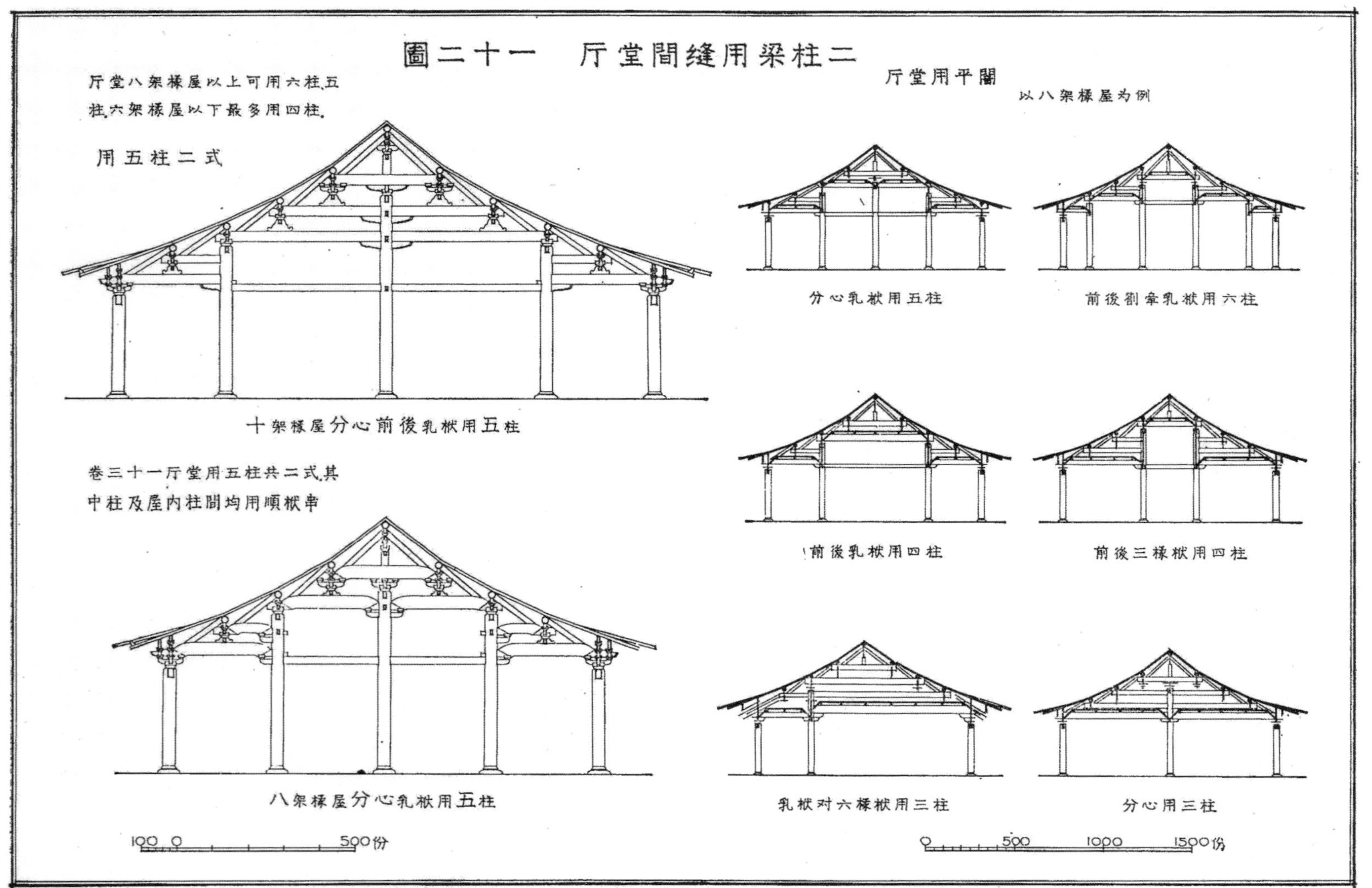

图版 21 厅堂间缝用梁柱二

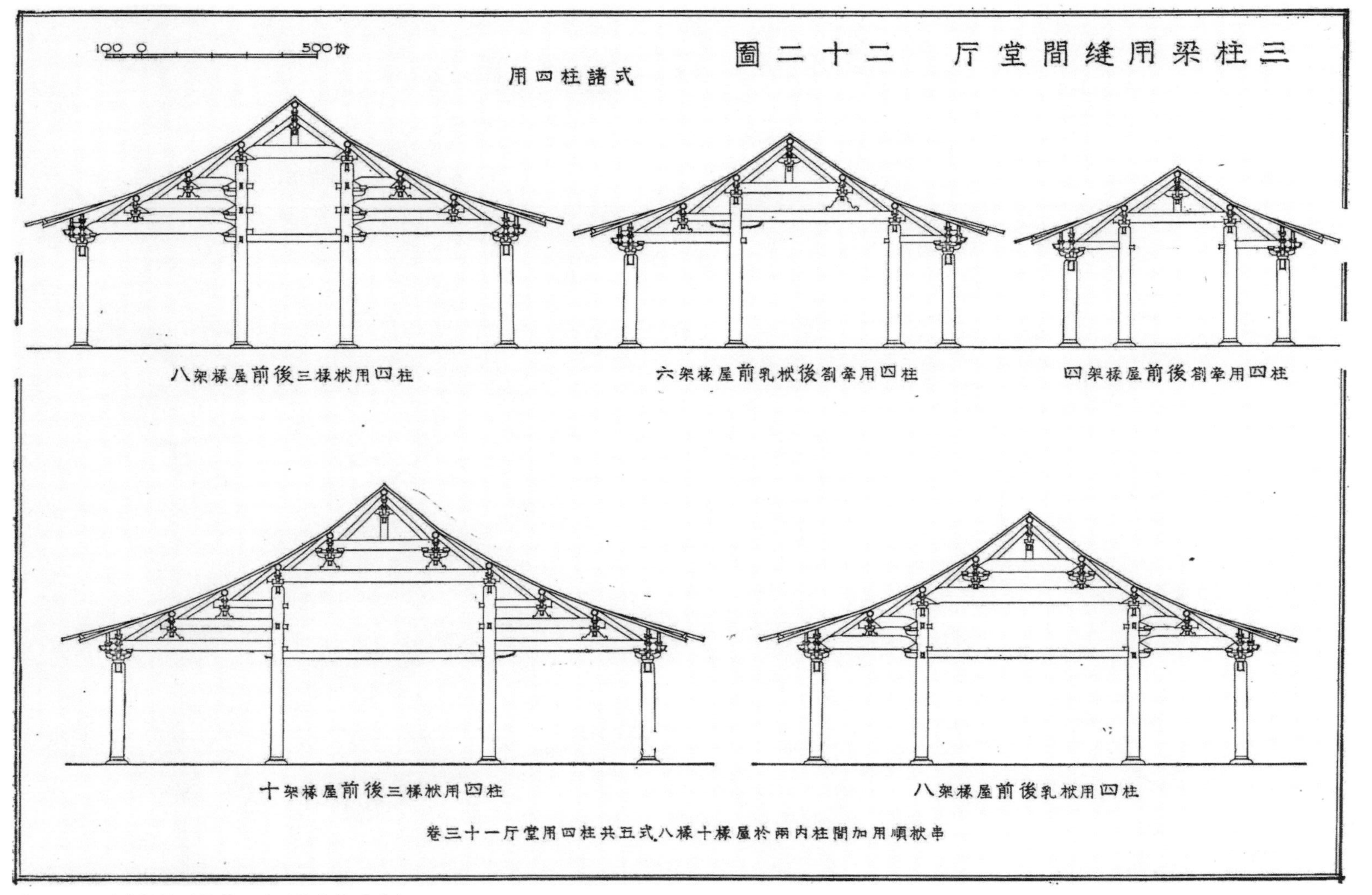

图版 22　厅堂间缝用梁柱三（附作者批改本）

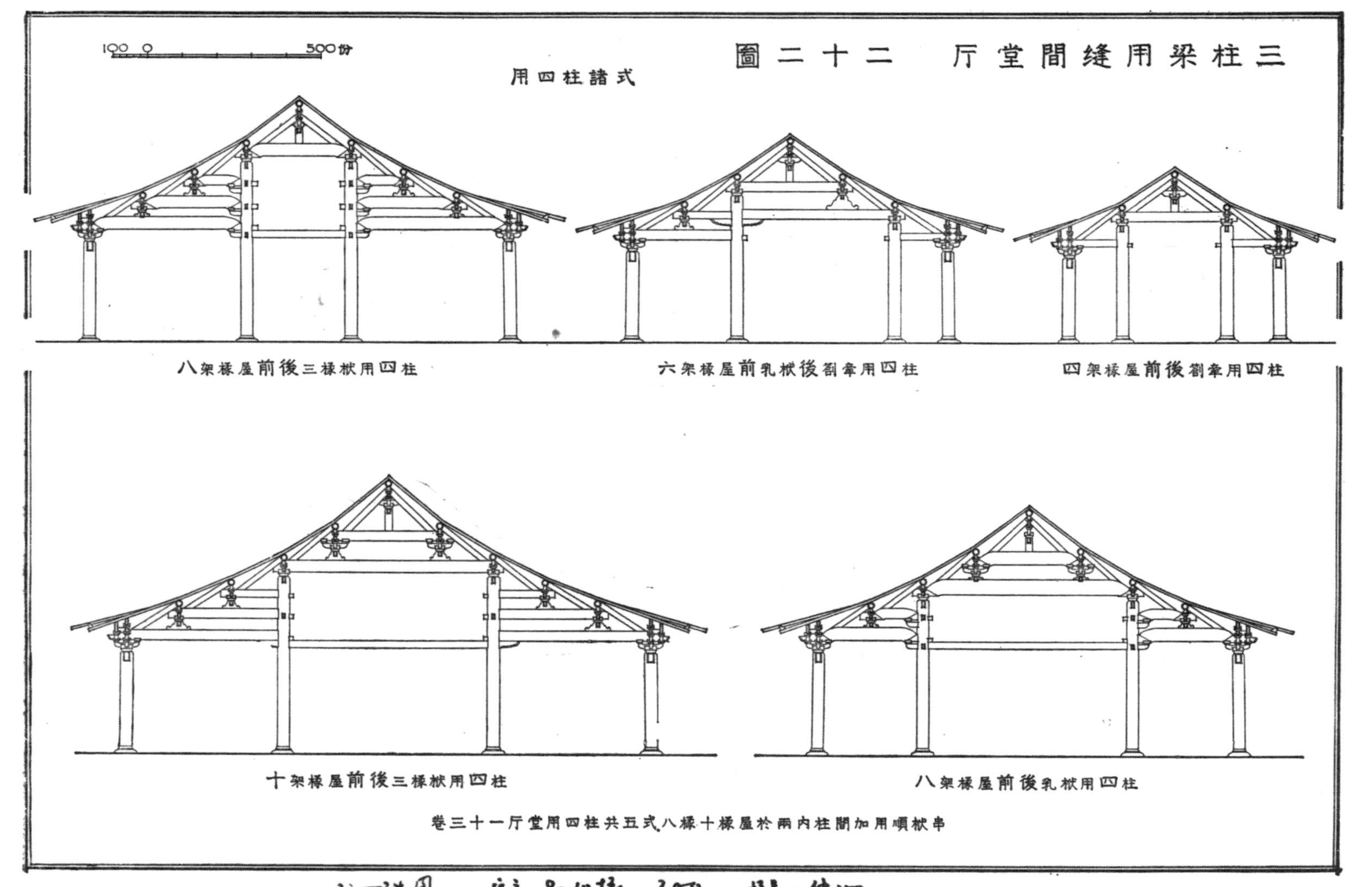
圖二十二 厅堂間縫用梁柱三
100 0 500份
用四柱諸式
八架椽屋前後三椽栿用四柱
六架椽屋前乳栿後劄牽用四柱
四架椽屋前後劄牽用四柱
十架椽屋前後三椽栿用四柱
八架椽屋前後乳栿用四柱
卷三十一厅堂用四柱共五式八椽十椽屋於兩内柱間加用順栿串

图版22之作者批改本

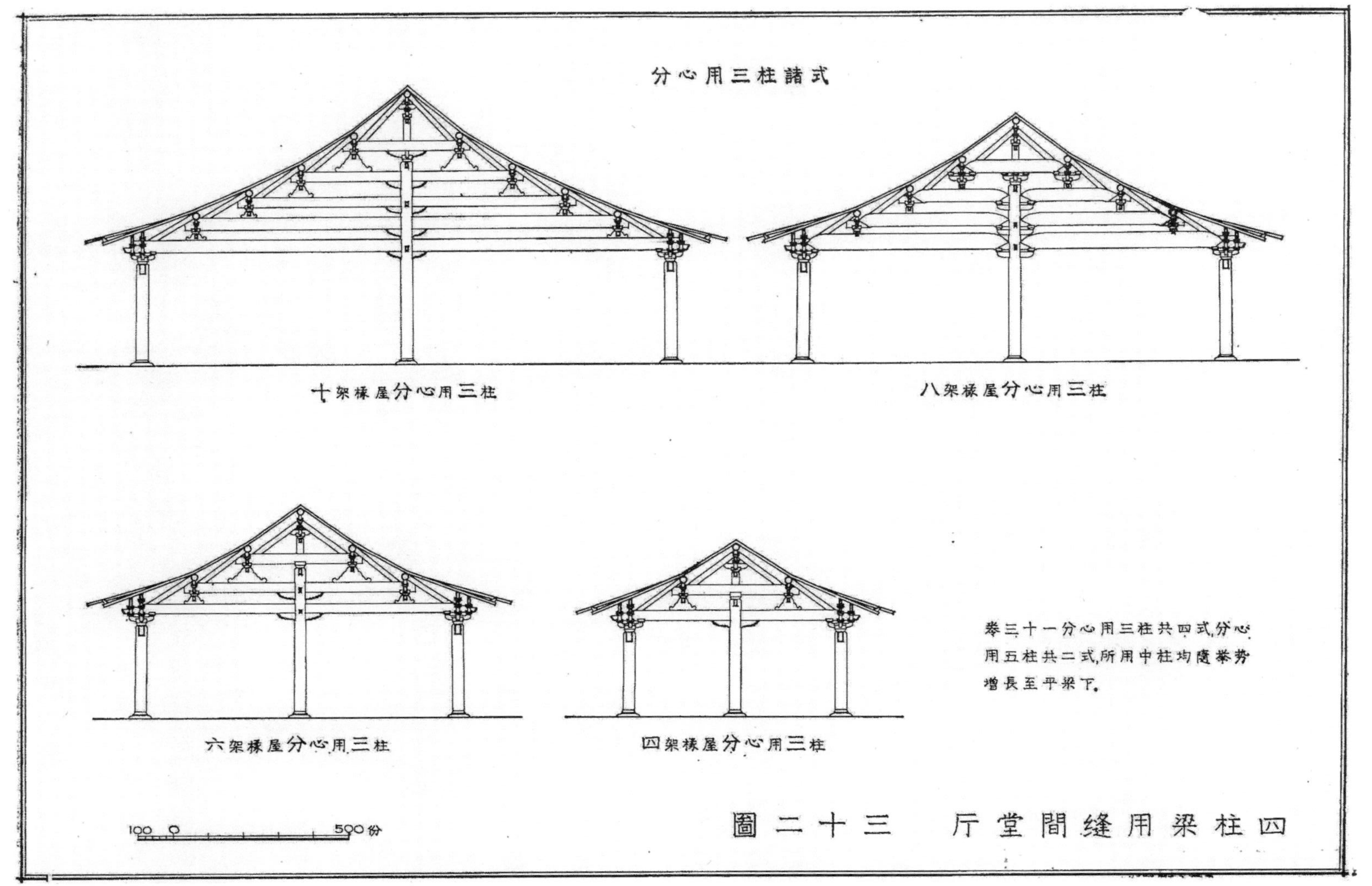

图版 23 厅堂间缝用梁柱四

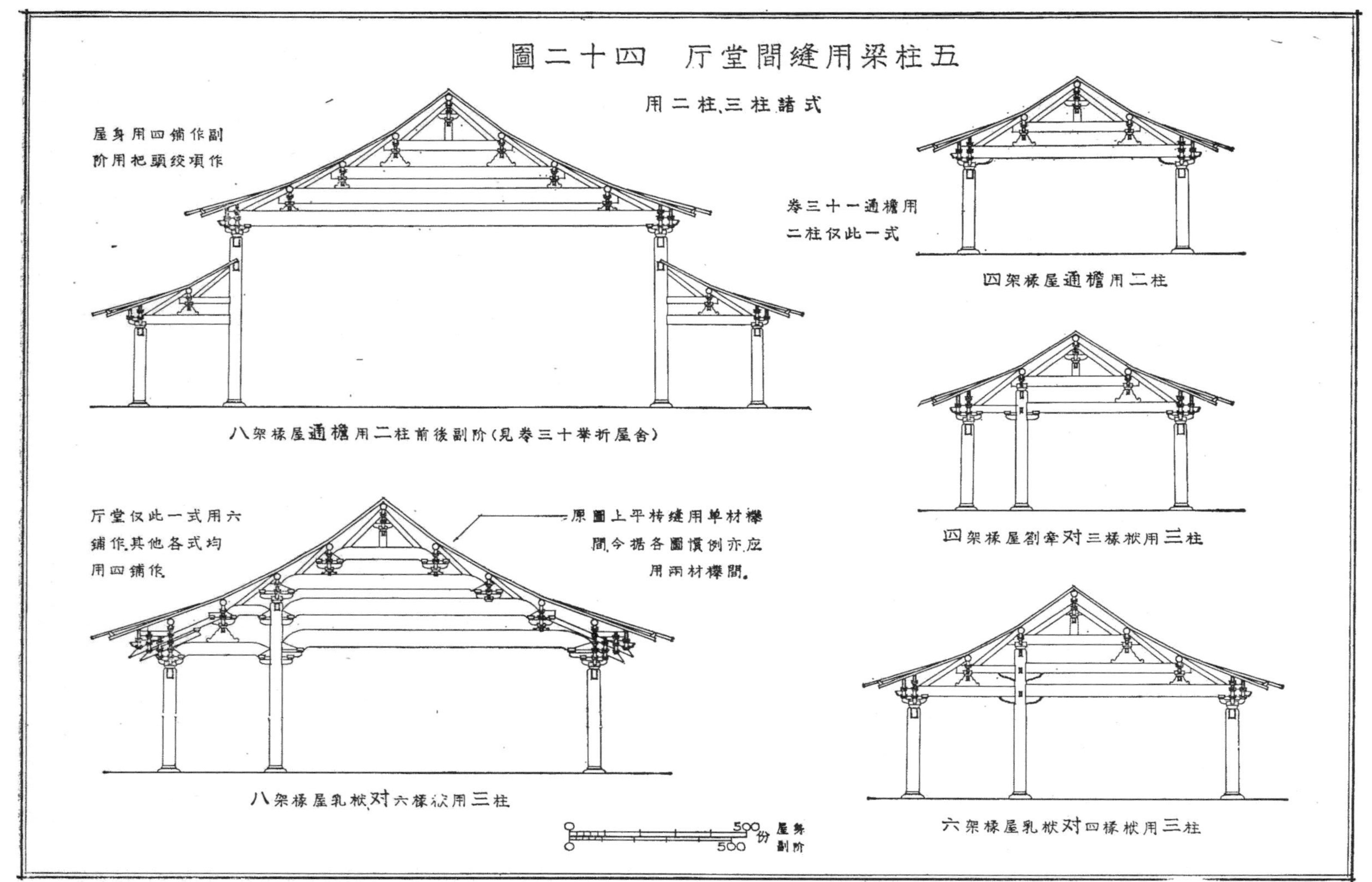

图版 24 厅堂间缝用梁柱五

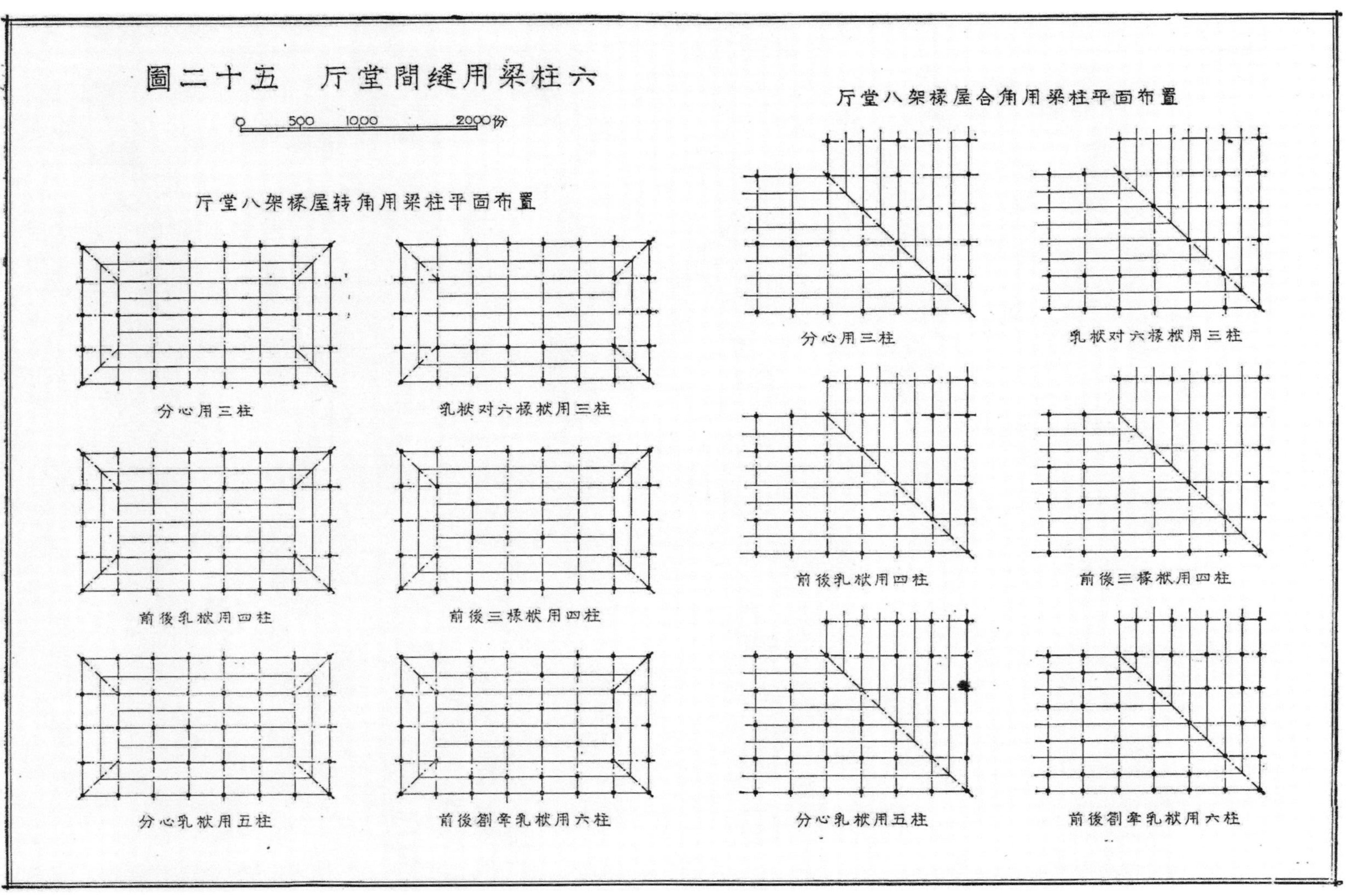

图版25　厅堂间缝用梁柱六

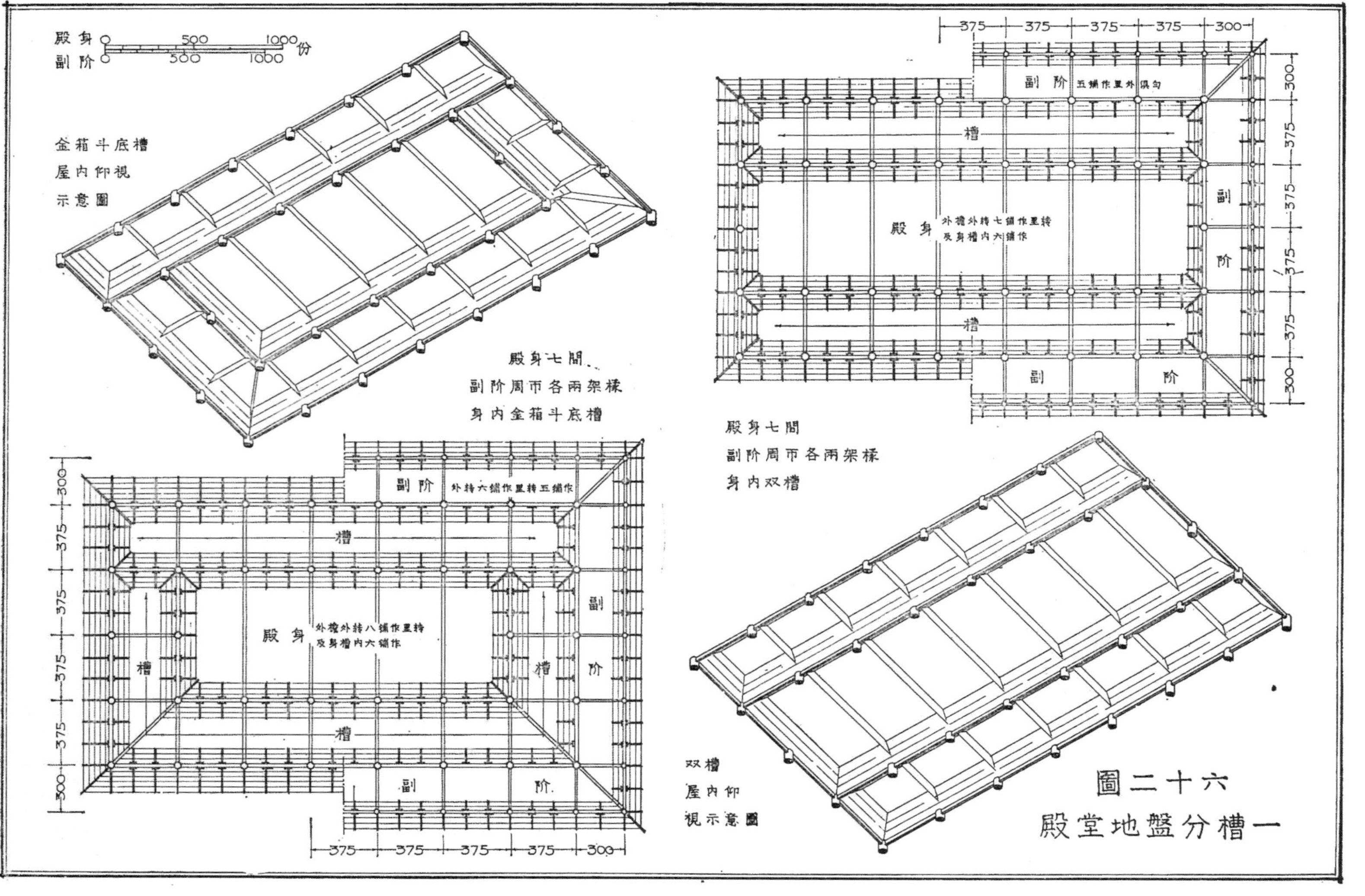

图版 26 殿堂地盘分槽一

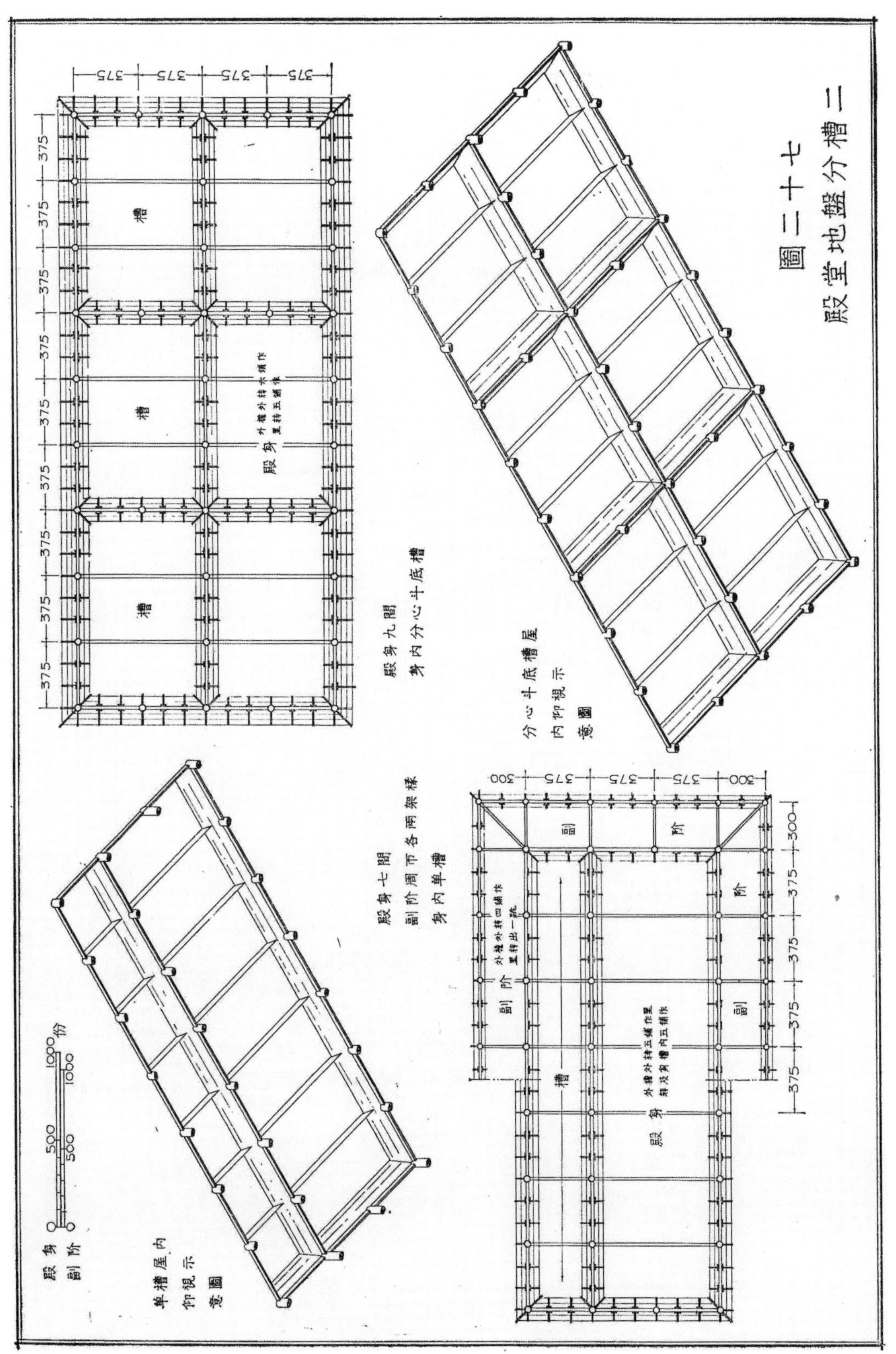

图版 27 殿堂地盘分槽二

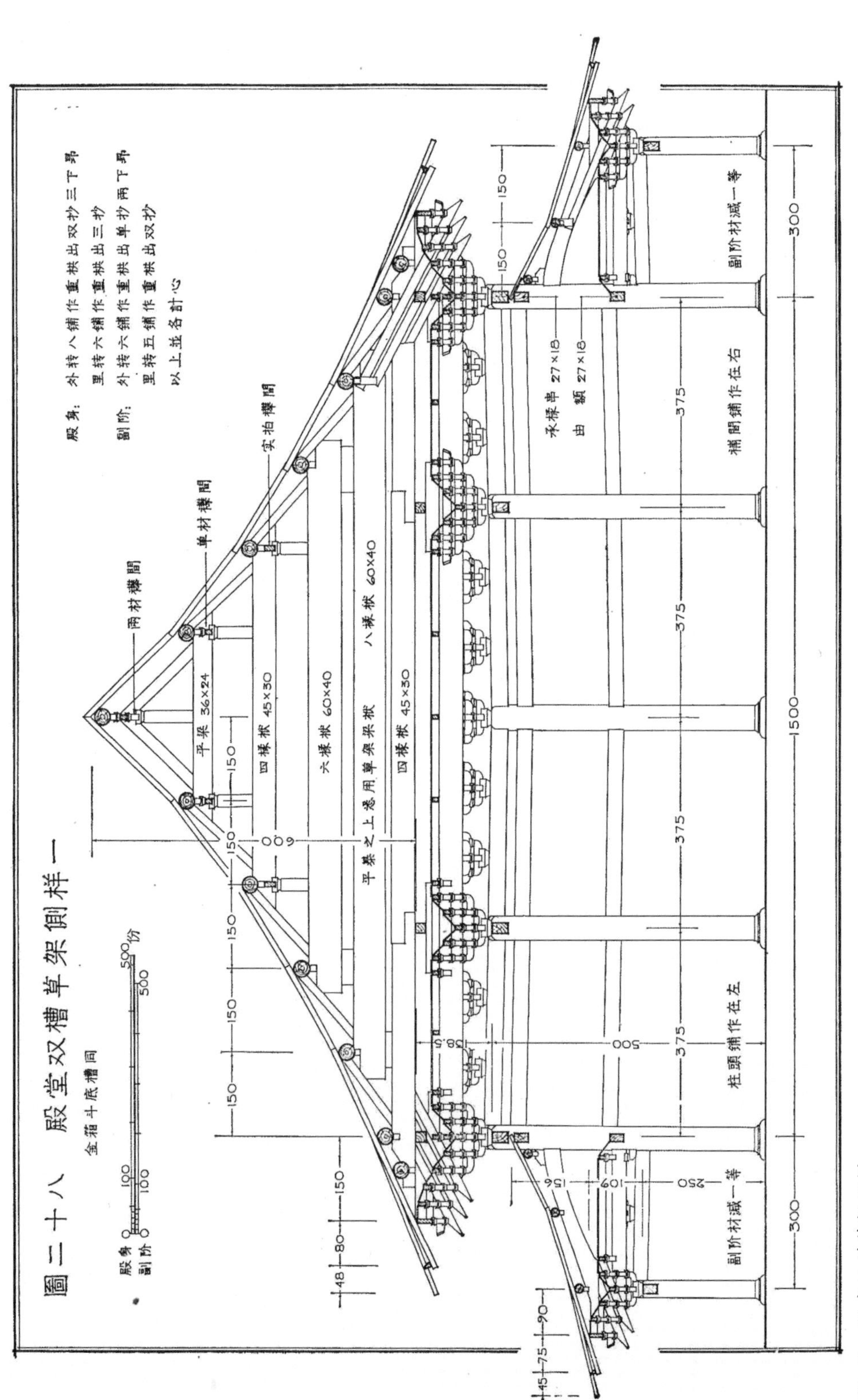

图版 28 殿堂双槽草架侧样一

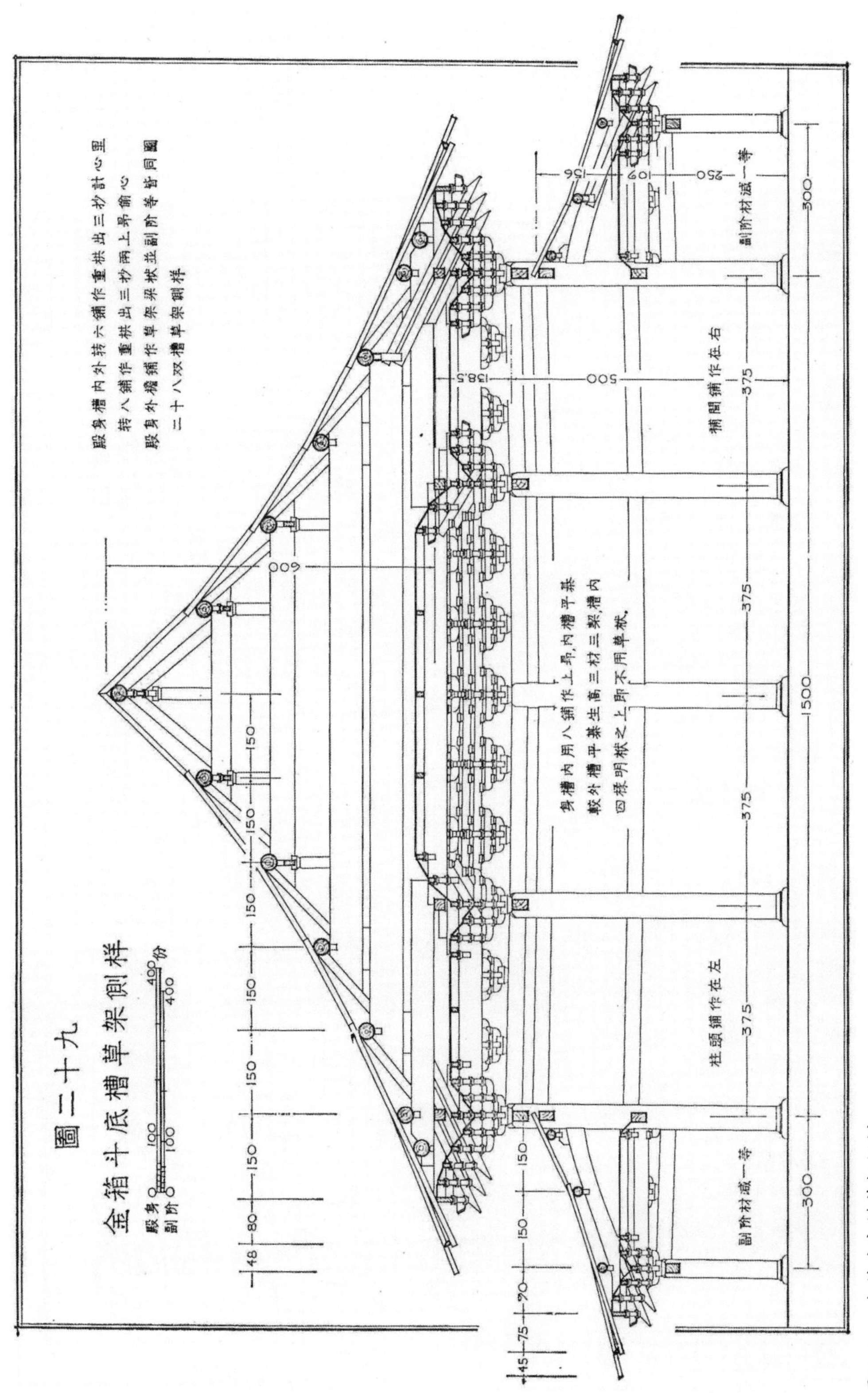

图版 29 金箱斗底槽草架侧样

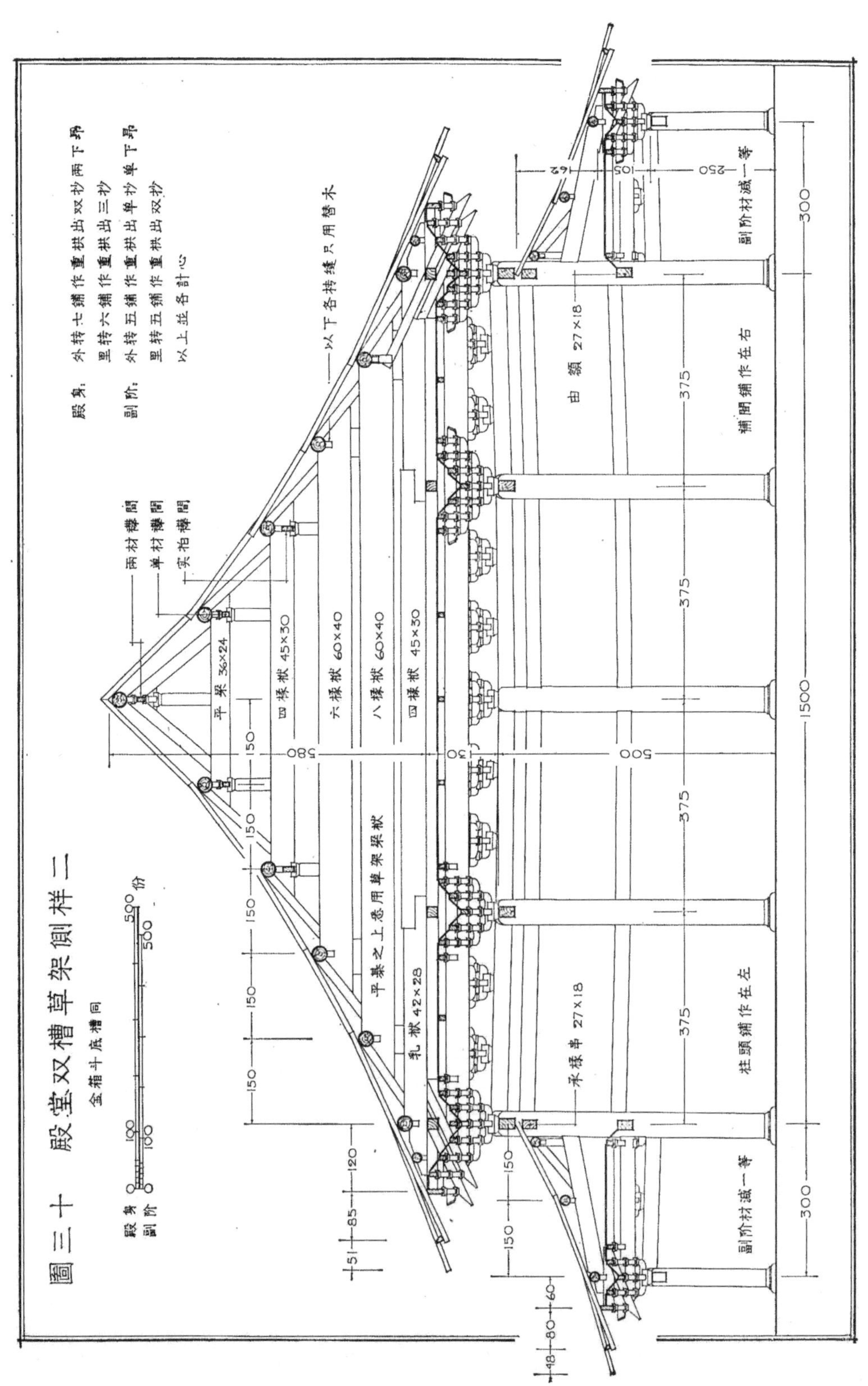

图版 30 殿堂双槽草架侧样二

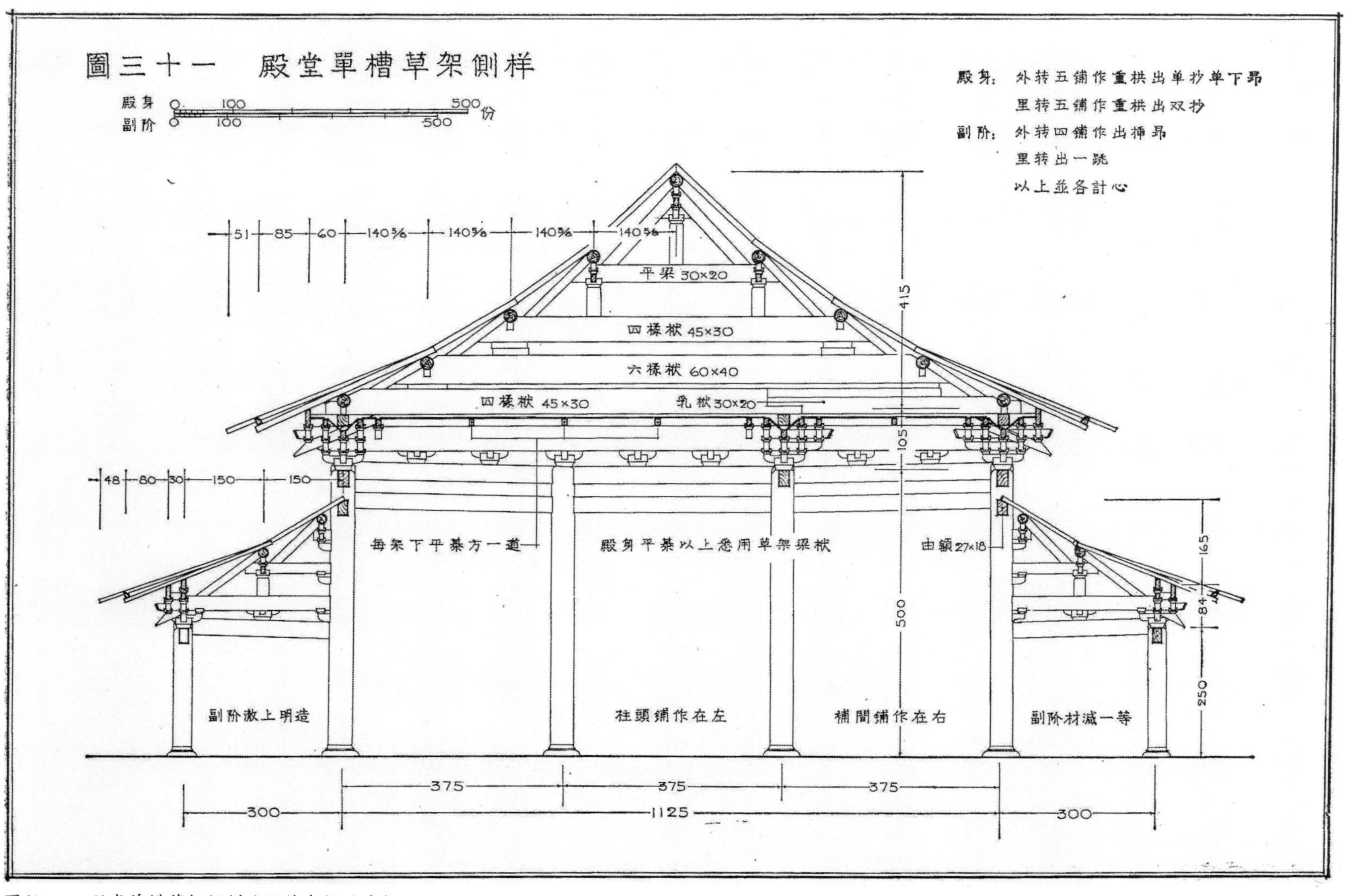

图版31 殿堂单槽草架侧样（附作者批改本）

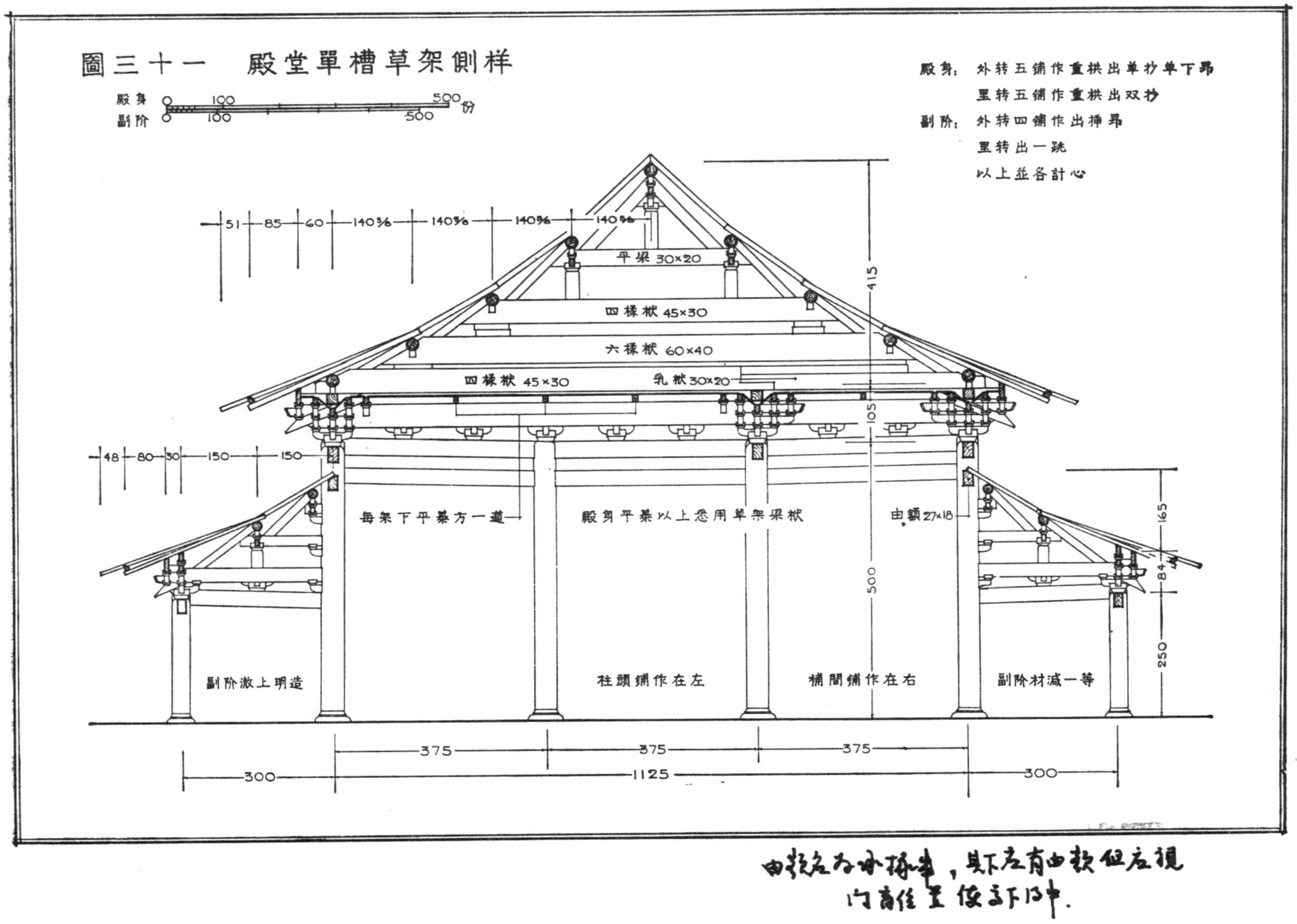

圖三十一　殿堂單槽草架側样

殿身　100　500 份
副阶　100　500

殿身：外转五铺作重栱出单抄单下昂
　　　里转五铺作重栱出双抄
副阶：外转四铺作出插昂
　　　里转出一跳
　　　以上並各計心

平梁 30×20
四椽栿 45×30
六椽栿 60×40
四椽栿 45×30
乳栿 30×20
每架下平棊方一道
殿身平棊以上悉用草架梁栿
由额 27×18
副阶澈上明造
柱頭鋪作在左
補間鋪作在右
副阶材減一等

51　85　60　140%　140%　140%　140%
48　80　30　150　150
415　105　500
165　84　250
375　375　375
300　1125　300

图版 31 之作者批改本

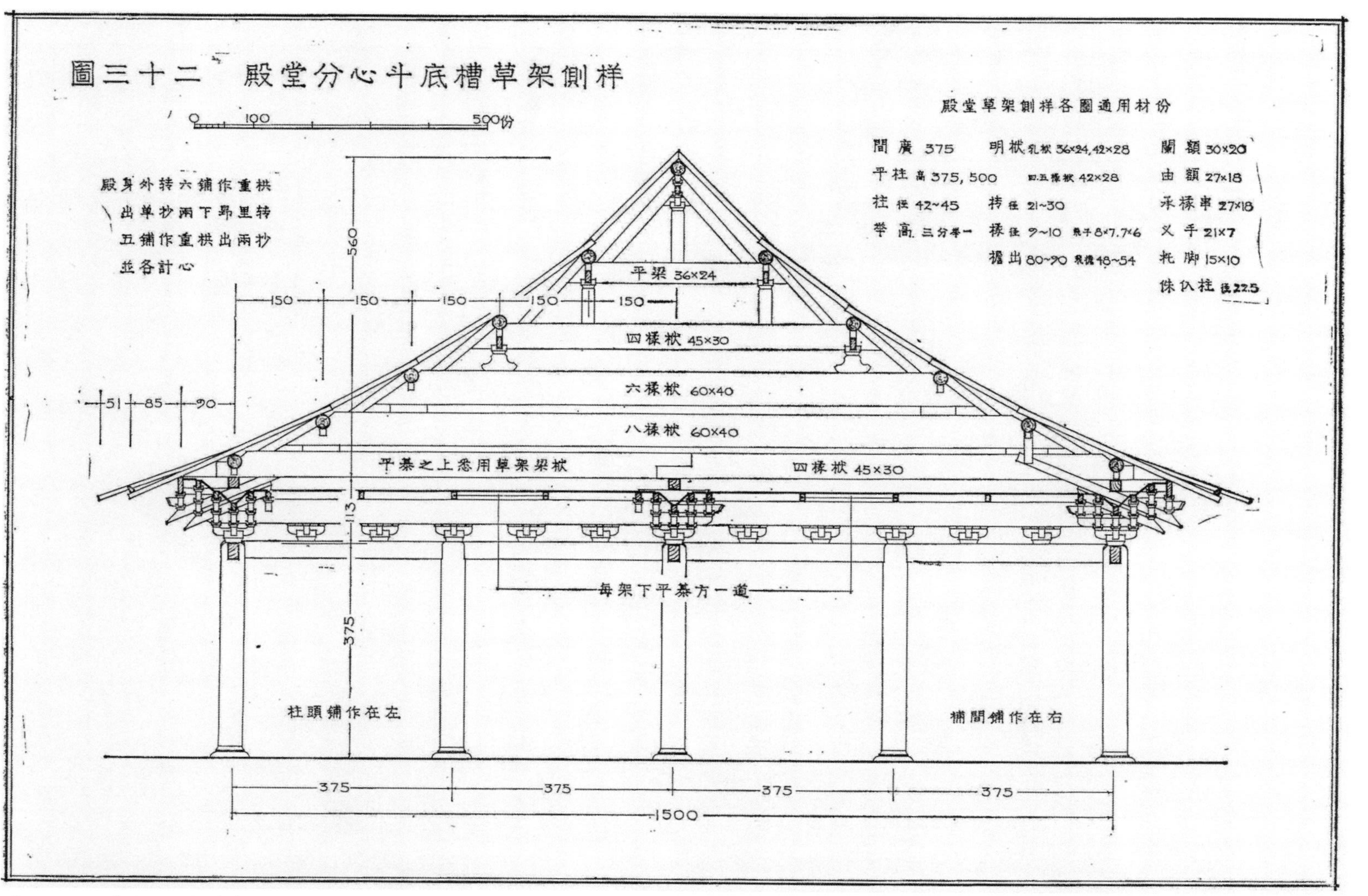

图版 32 殿堂分心斗底槽草架侧样

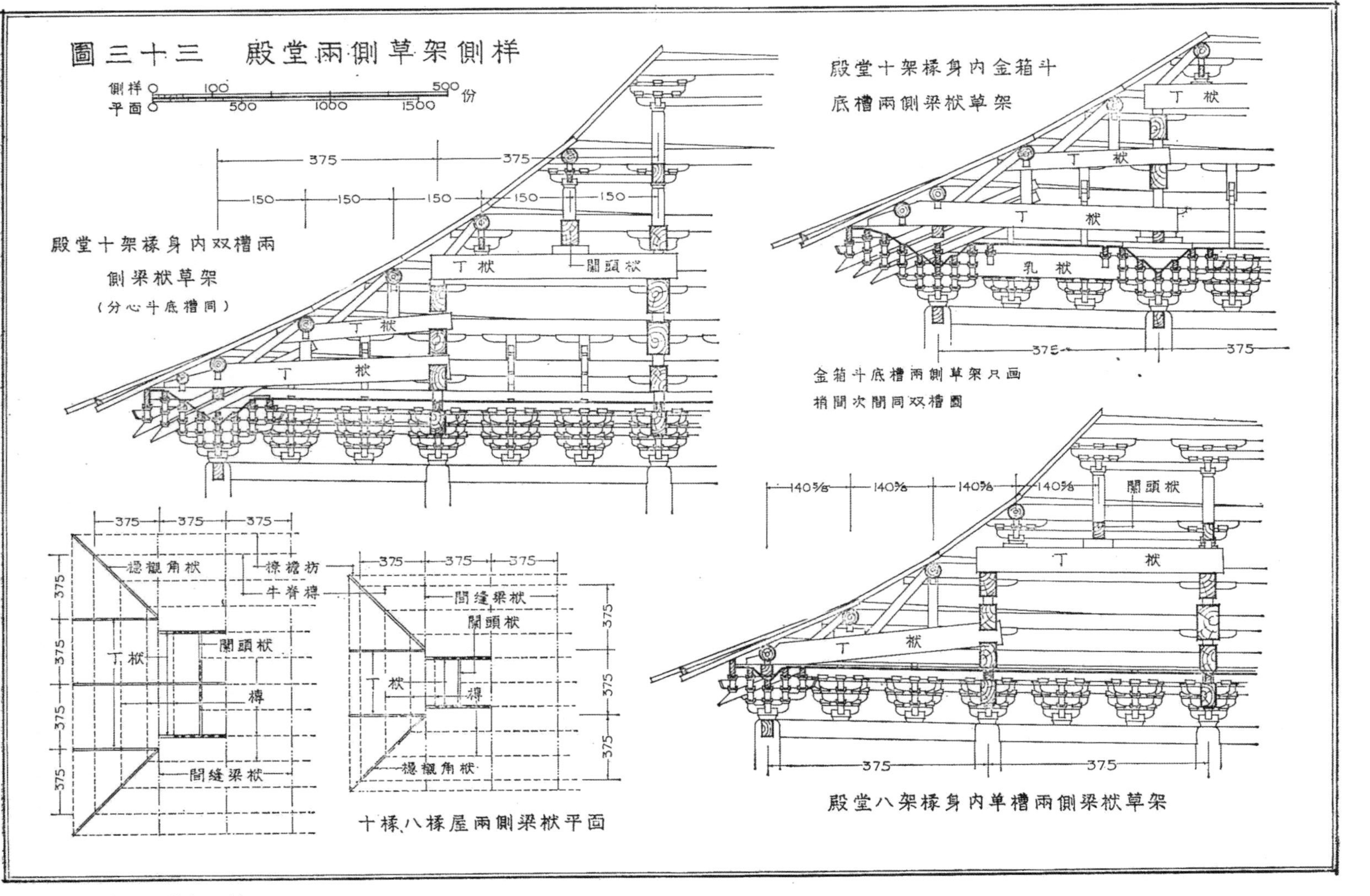

图版 33 殿堂两侧草架侧样

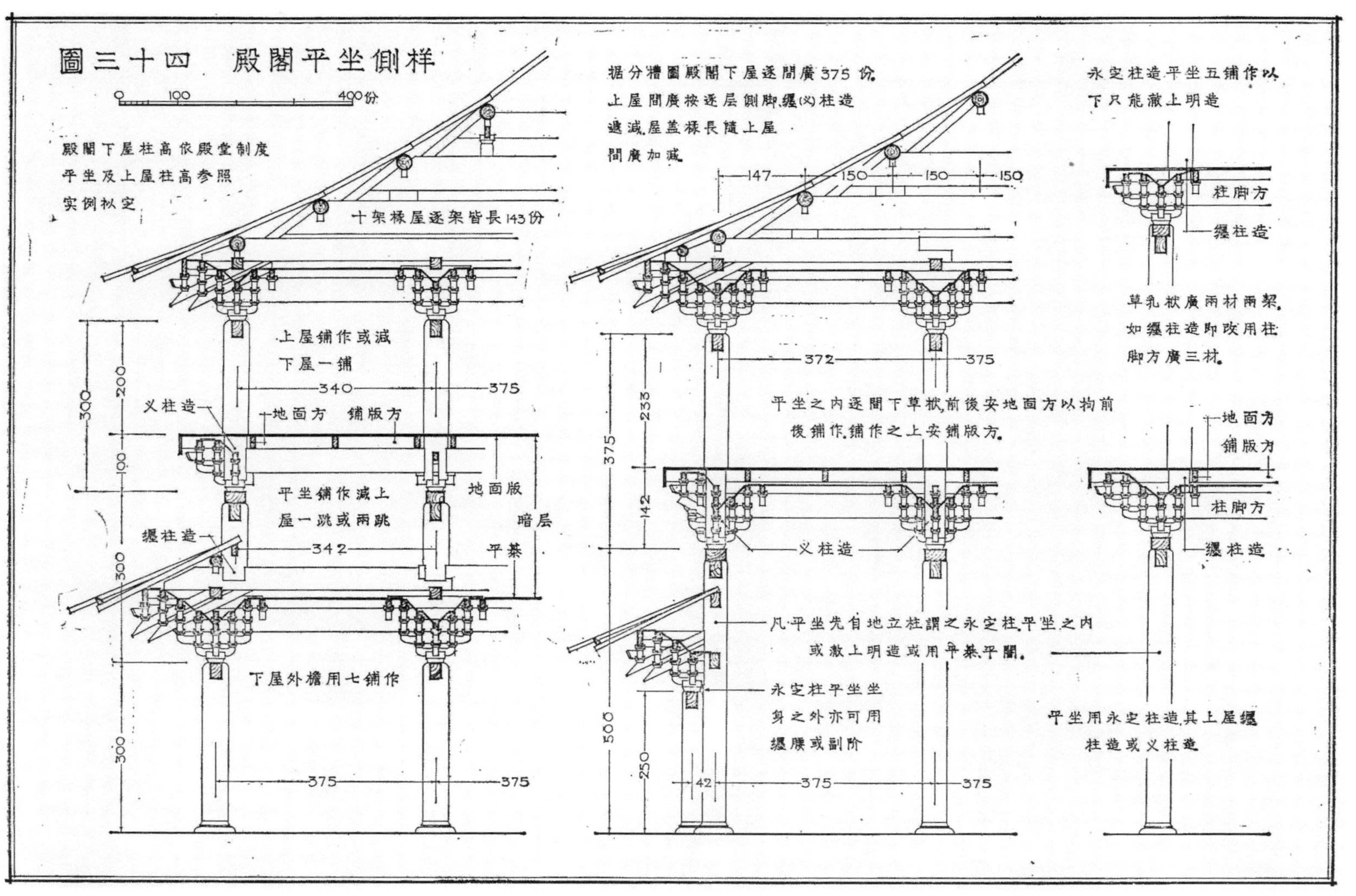

图版 34 殿阁平坐侧样（附作者批改本）

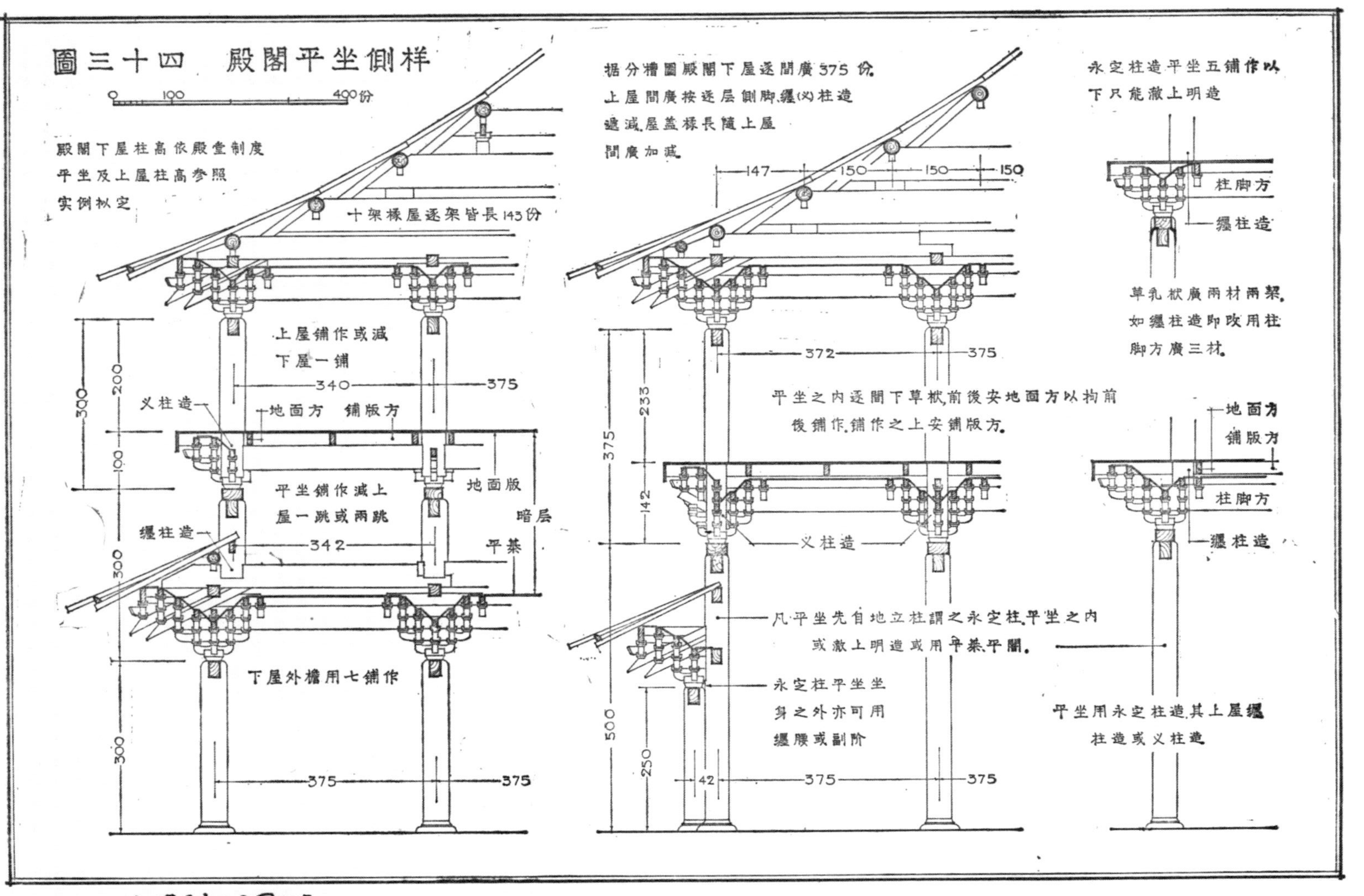
圖三十四 殿閣平坐側樣
100
400份
殿閣下屋柱高依殿堂制度
平坐及上屋柱高参照
实例拟定
十架椽屋逐架皆長143份
上屋鋪作或減
下屋一鋪
340
375
叉柱造
地面方 鋪版方
平坐鋪作減上
屋一跳或兩跳
地面版
暗层
平綦
纏柱造
342
下屋外檐用七鋪作
375
375
300
200
100
300
300
據分槽圖殿閣下屋逐間廣375份
上屋間廣按逐层側脚纏(叉)柱造
遞減,屋蓋椽長隨上屋
間廣加減
147
150
150
150
372
375
平坐之内逐間下草栿,前後安地面方,以拘前
後鋪作,鋪作之上安鋪版方
375
233
142
叉柱造
凡平坐先自地立柱,謂之永定柱,平坐之内
或做上明造或用平綦平闇
永定柱平坐坐
身之外亦可用
纏腰或副阶
500
250
42
375
375
永定柱造平坐五鋪作以
下只能做上明造
柱脚方
纏柱造
草乳栿廣兩材兩栔,
如纏柱造即改用柱
脚方廣三材
地面方
鋪版方
柱脚方
纏柱造
平坐用永定柱造,其上屋纏
柱造或叉柱造
此图层高亦可用375.
图版 34 之作者批改本

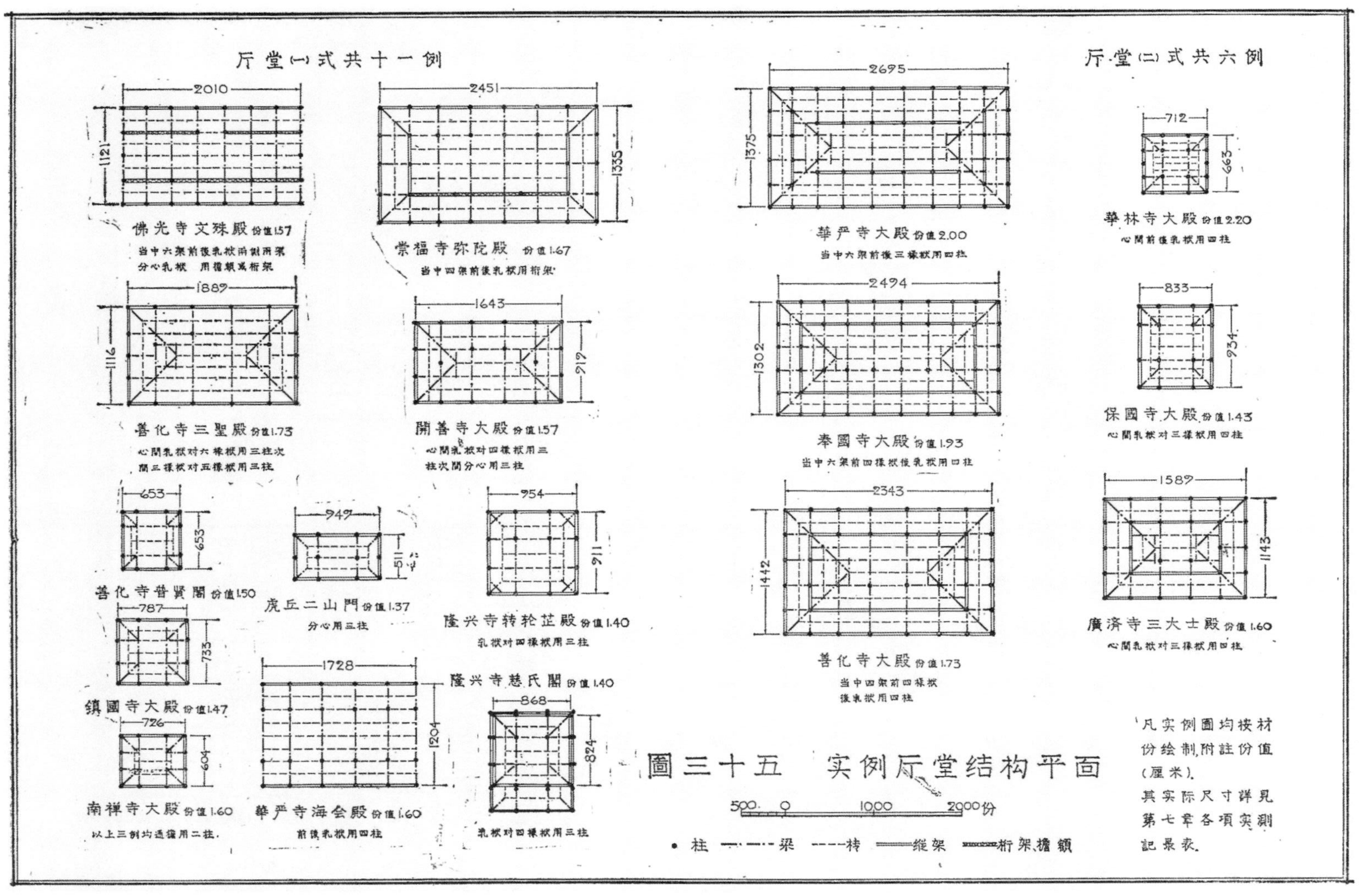

图版35　实例厅堂结构平面（附作者批改本）

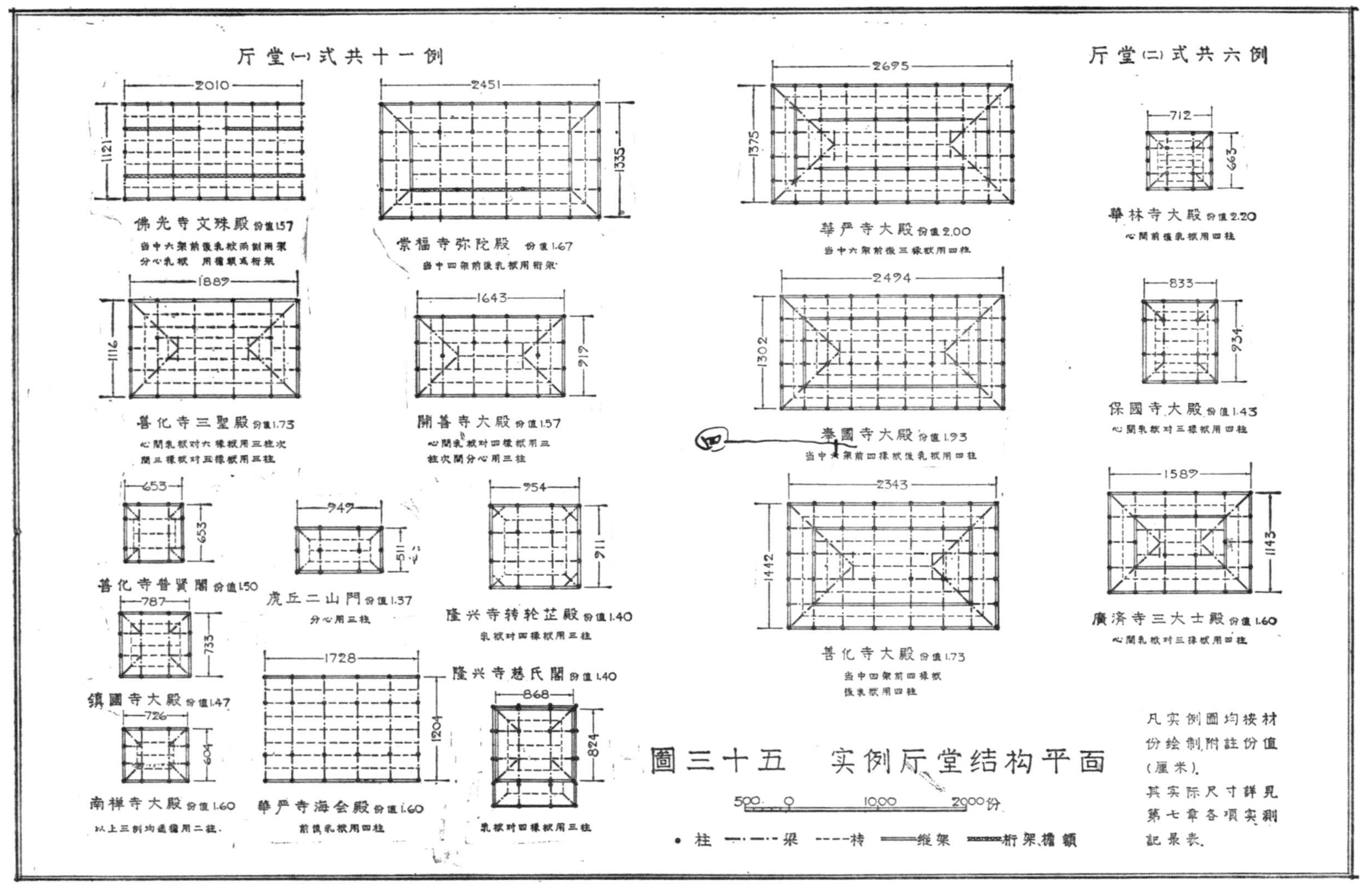
厅堂(一)式共十一例
厅堂(二)式共六例
佛光寺文殊殿 份值1.57
崇福寺弥陀殿 份值1.67
華严寺大殿 份值2.00
華林寺大殿 份值2.20
善化寺三聖殿 份值1.73
開善寺大殿 份值1.57
奉國寺大殿 份值1.93
保國寺大殿 份值1.43
善化寺普賢閣 份值1.50
虎丘二山門 份值1.37
隆兴寺转轮藏殿 份值1.40
善化寺大殿 份值1.73
廣済寺三大士殿 份值1.60
鎮國寺大殿 份值1.47
隆兴寺慈氏閣 份值1.40
南禅寺大殿 份值1.60
華严寺海会殿 份值1.60
圖三十五 实例厅堂结构平面
凡实例圖均按材份绘制附註份值(厘米)。
其实际尺寸詳見第七章各項实測記录表。
柱 梁 栿 縫架 槫架橑額

图版 35 之作者批改本

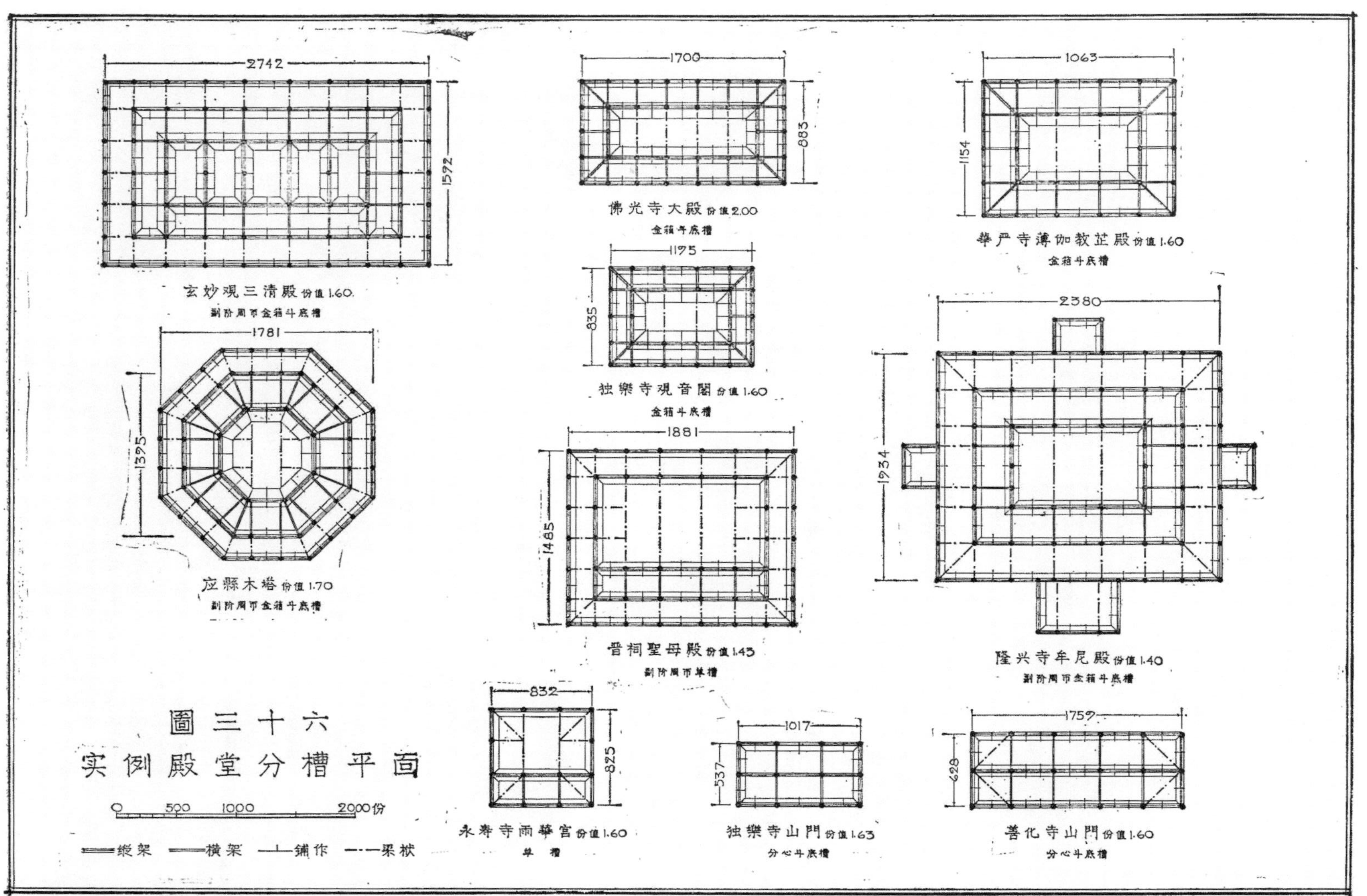

图版 36 实例殿堂分槽平面

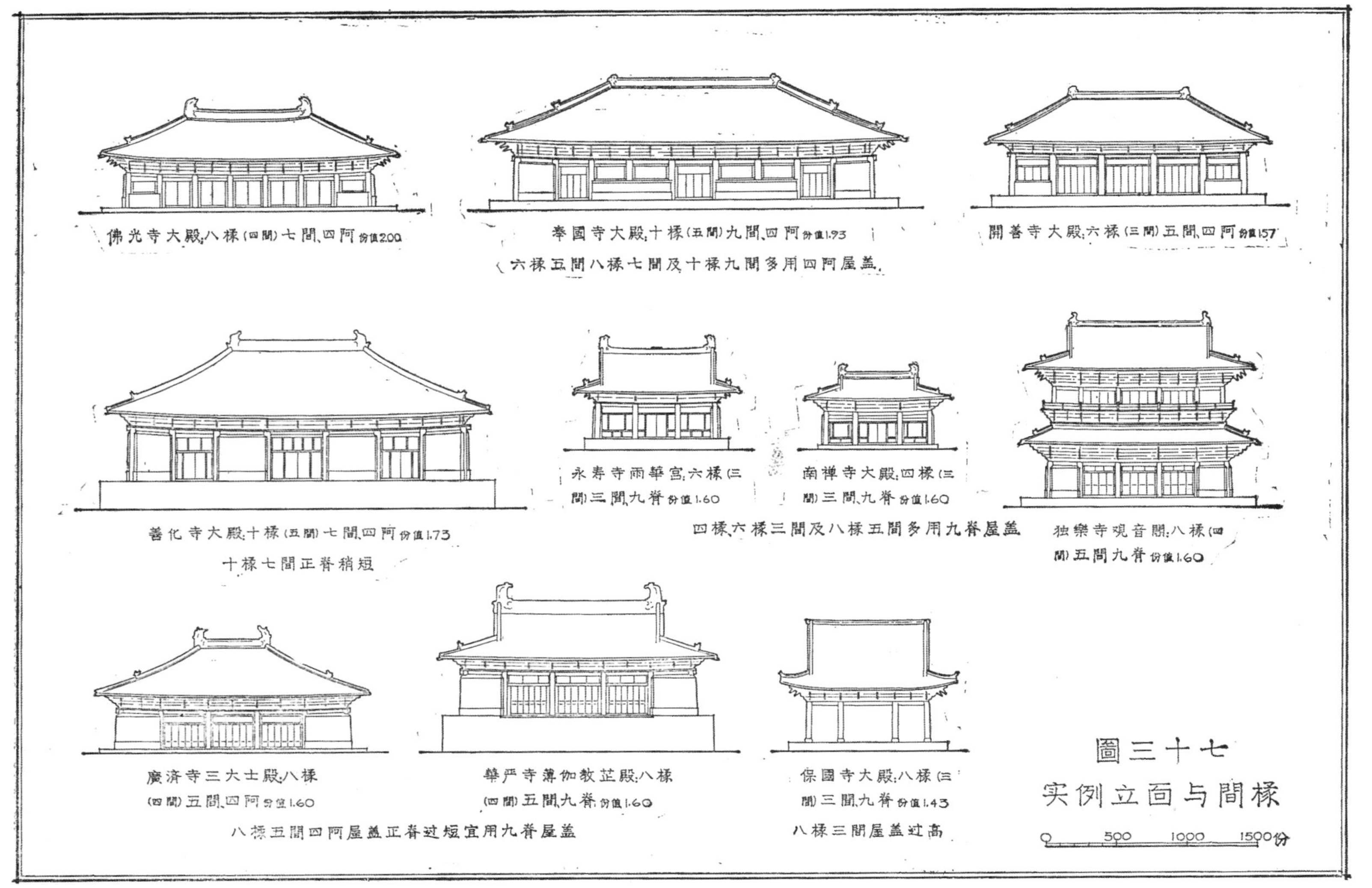

图版 37　实例立面与间椽

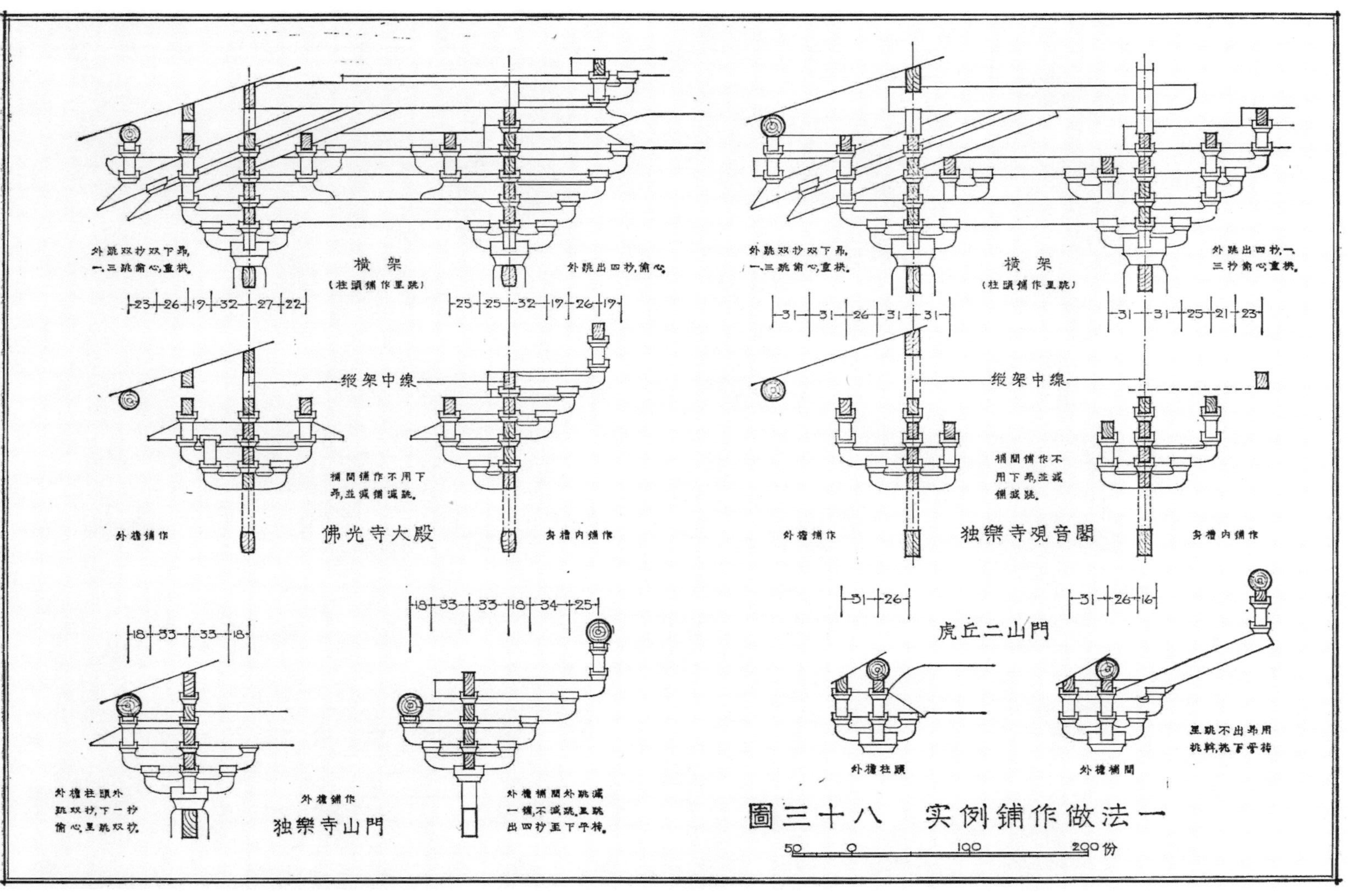

图版 38　实例铺作做法一（附作者批改本）

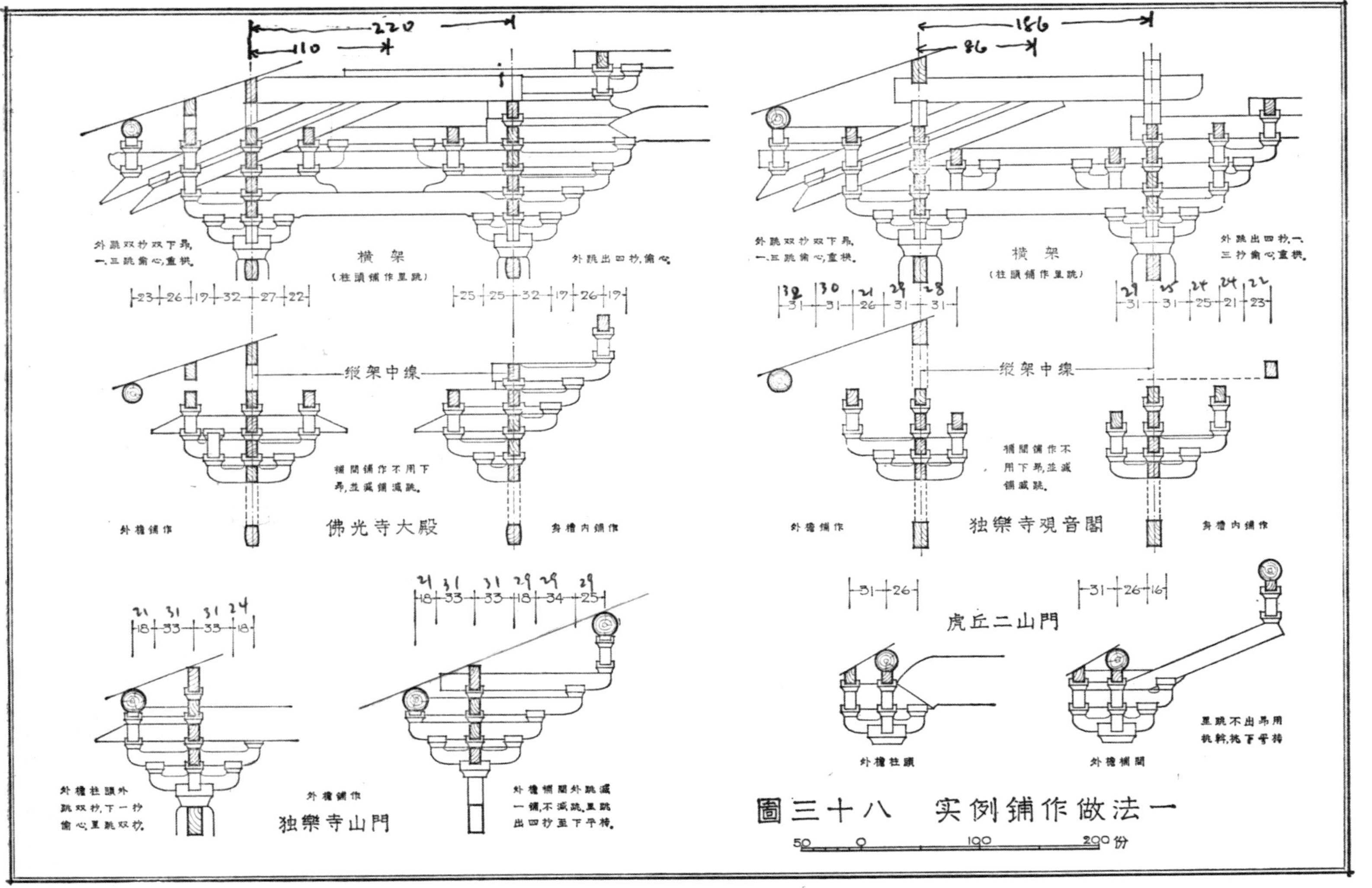
220
110
186
86
外跳双抄双下昂，
一、三跳偷心，重栱。
横 架
（柱頭铺作里跳）
外跳出四抄，偷心。
外跳出四抄，一、
三抄偷心，重栱。
缝架中线
補間铺作不用下
昂，並減铺減跳。
補間铺作不
用下昂，並減
铺減跳。
外檐铺作
佛光寺大殿
身槽内铺作
独樂寺观音閣
虎丘二山門
外檐柱頭
外檐補間
里跳不出昂用
挑斡，挑下平槫
外檐柱頭外
跳双抄，下一抄
偷心，里跳双抄。
外檐铺作
独樂寺山門
外檐補間外跳減
一铺，不減跳，里跳
出四抄至下平槫。
圖三十八　实例铺作做法一
50 0 100 200 份

图版 38 之作者批改本

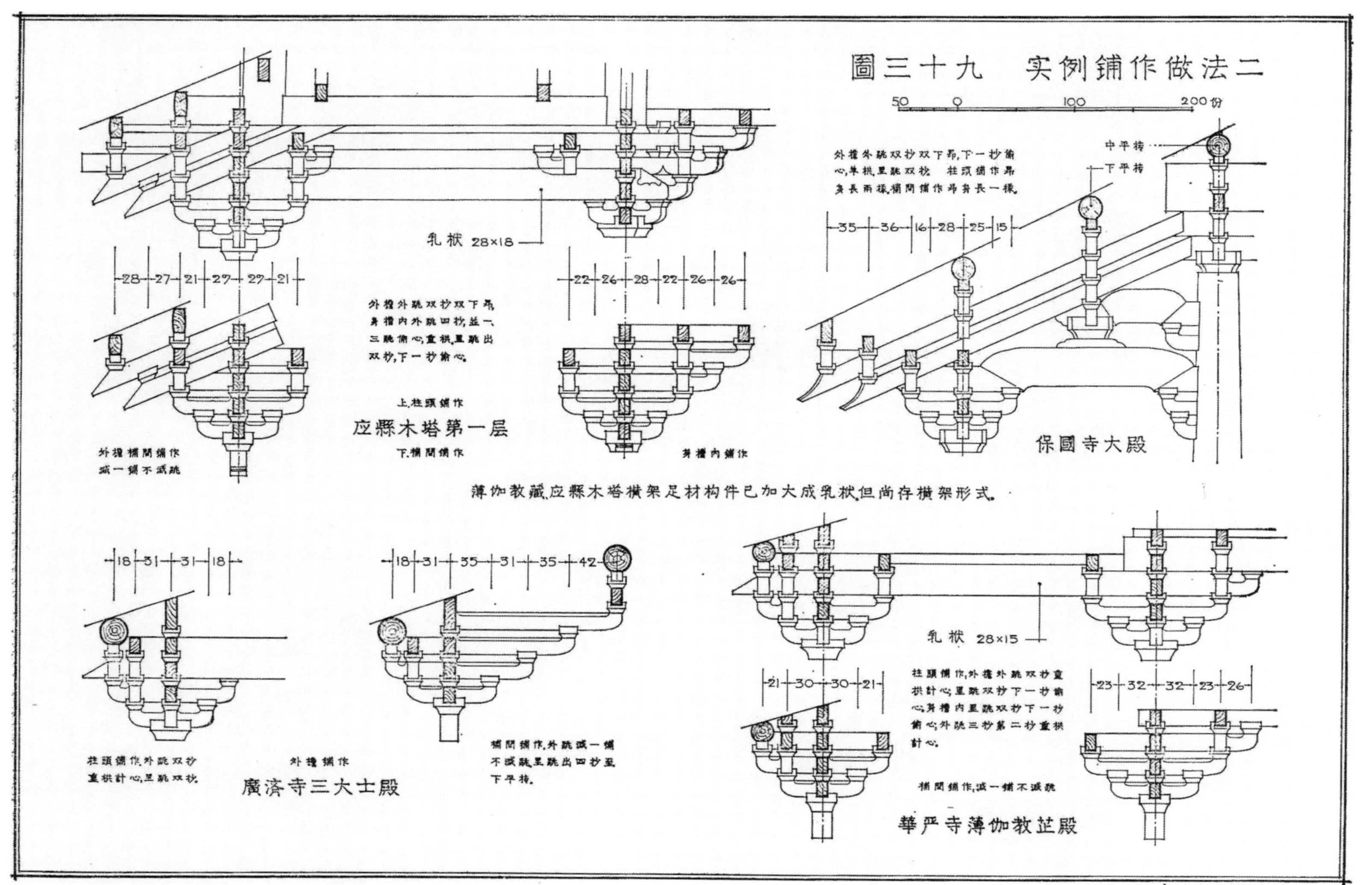

图版 39 实例铺作做法二（附作者批改本）

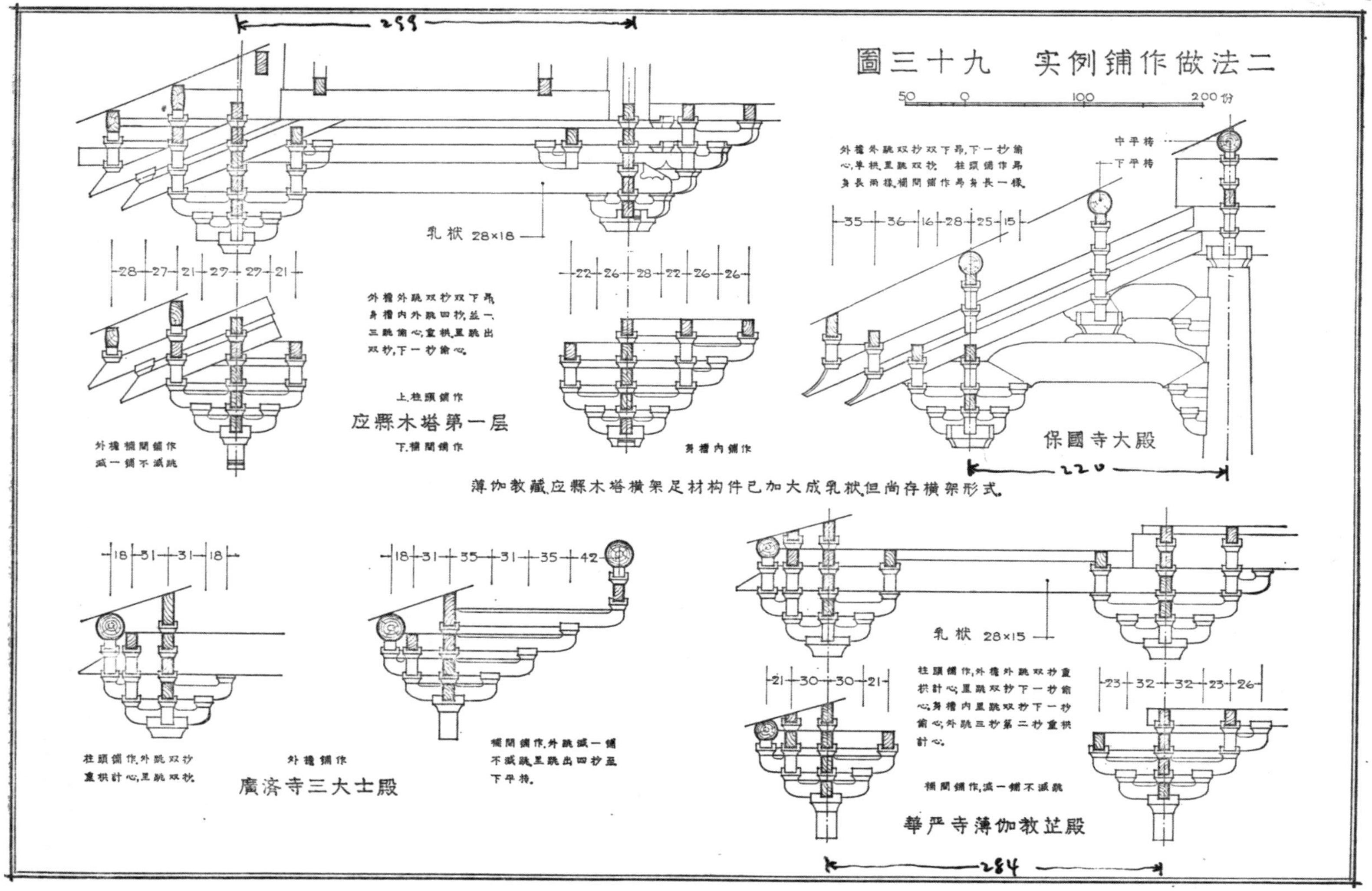
圖三十九　实例鋪作做法二
50 0 100 200份
外檐外跳双抄双下昂,下一抄偷心,單栱,里跳双抄。柱頭鋪作昂身長兩椽,補間鋪作昂身長一椽。
中平槫
下平槫
35 36 16 28 25 15
保國寺大殿
220
259
乳栿 28×18
28 27 21 27 27 21
22 26 28 22 26 26
外檐外跳双抄双下昂,身槽内外跳四抄,並一、三跳偷心,重栱。里跳出双抄,下一抄偷心。
上.柱頭鋪作
应縣木塔第一层
下.補間鋪作
外檐補間鋪作減一鋪不減跳
身槽内鋪作
薄伽教藏应縣木塔横架足材构件已加大成乳栿但尚存横架形式
18 31 31 18
18 31 35 31 35 42
柱頭鋪作,外跳双抄重栱計心,里跳双抄。
外檐鋪作
廣済寺三大士殿
補間鋪作,外跳減一鋪不減跳,里跳出四抄至下平槫。
乳栿 28×15
21 30 30 21
23 32 32 23 26
柱頭鋪作,外檐外跳双抄重栱計心;里跳双抄下一抄偷心。身槽内里跳双抄下一抄偷心;外跳三抄第二抄重栱計心。
補間鋪作,減一鋪不減跳
華严寺薄伽教荘殿
284

图版 39 之作者批改本

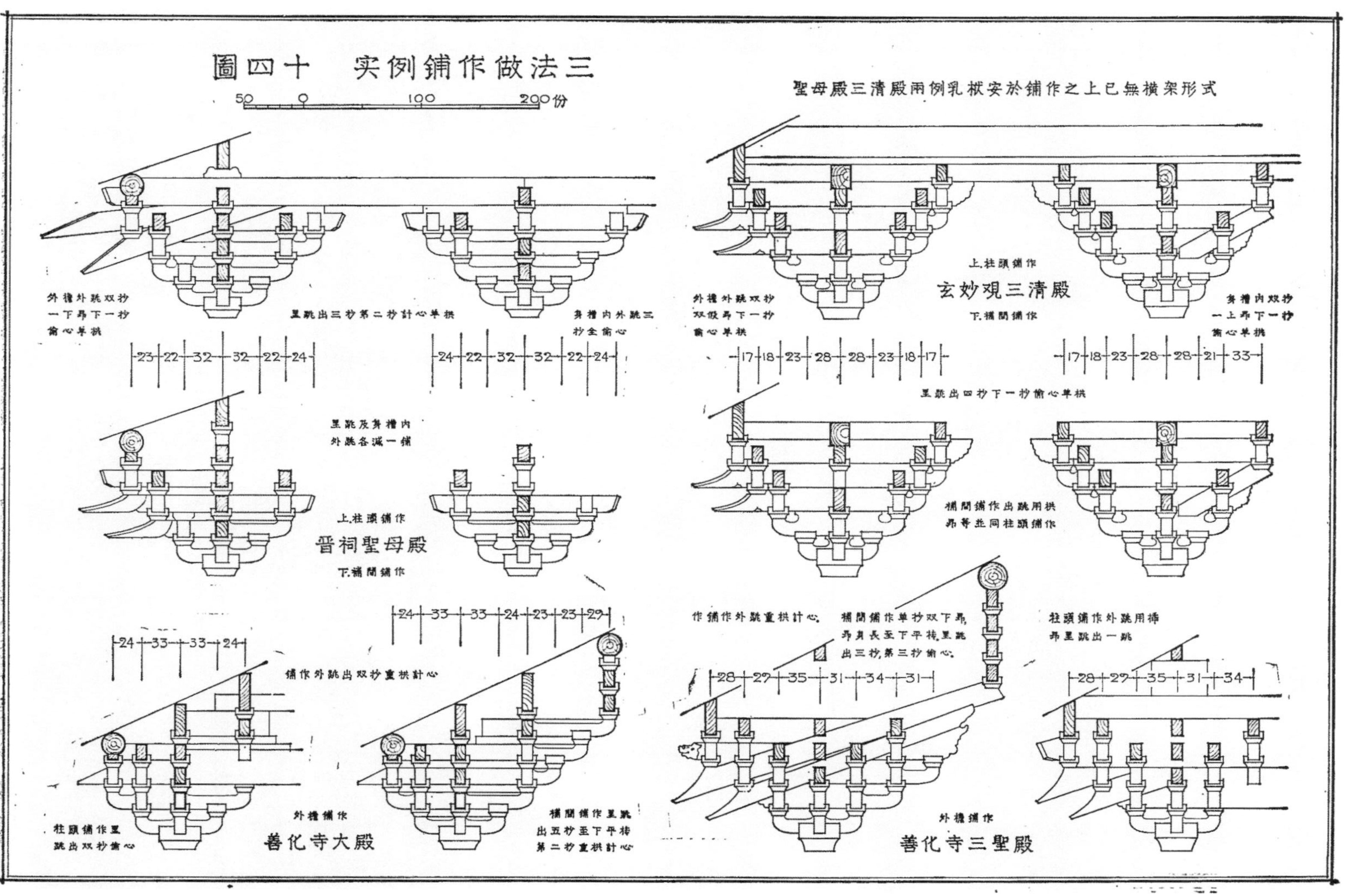

图版 40　实例铺作做法三（附作者批改本）

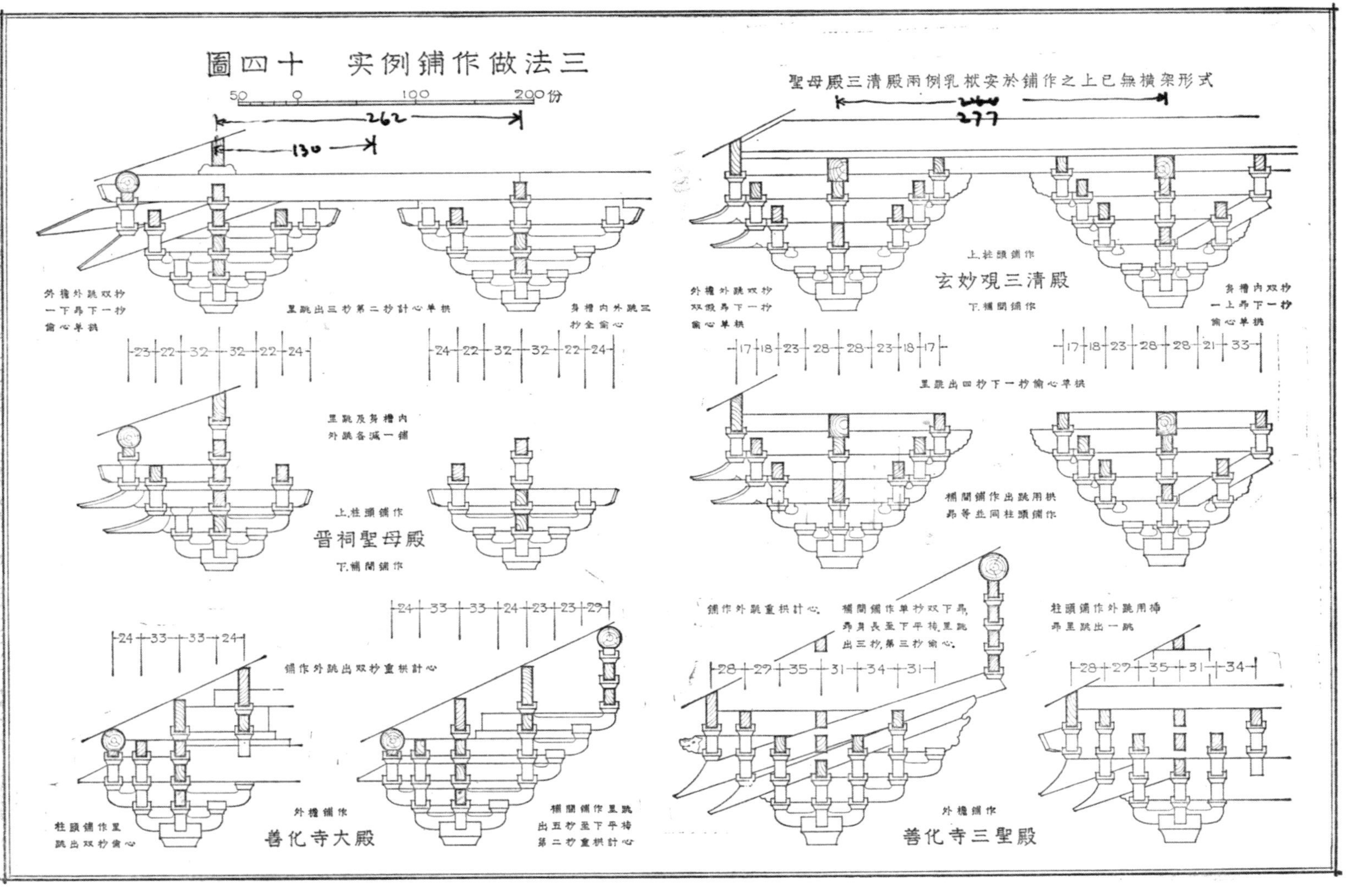
圖四十 实例鋪作做法三
50 0 100 200份
262
130
聖母殿三清殿兩例乳栿安於鋪作之上已無橫架形式
277
外檐外跳双杪一下昂下一杪偷心单栱
里跳出三杪第二杪計心单栱
身槽内外跳三杪全偷心
外檐外跳双杪双假昂下一杪偷心单栱
上.柱頭鋪作
玄妙观三清殿
下.補間鋪作
身槽内双杪一上昂下一杪偷心单栱
里跳出四杪下一杪偷心单栱
里跳及身槽内外跳各減一鋪
上.柱頭鋪作
晋祠聖母殿
下.補間鋪作
補間鋪作出跳用栱昂等並同柱頭鋪作
鋪作外跳出双杪重栱計心
外檐鋪作
善化寺大殿
柱頭鋪作里跳出双杪偷心
補間鋪作里跳出五杪至下平槫第二杪重栱計心
鋪作外跳重栱計心
補間鋪作单杪双下昂，昂身長至下平槫，里跳出三杪，第三杪偷心。
柱頭鋪作外跳用插昂里跳出一跳
外檐鋪作
善化寺三聖殿

图版 40 之作者批改本

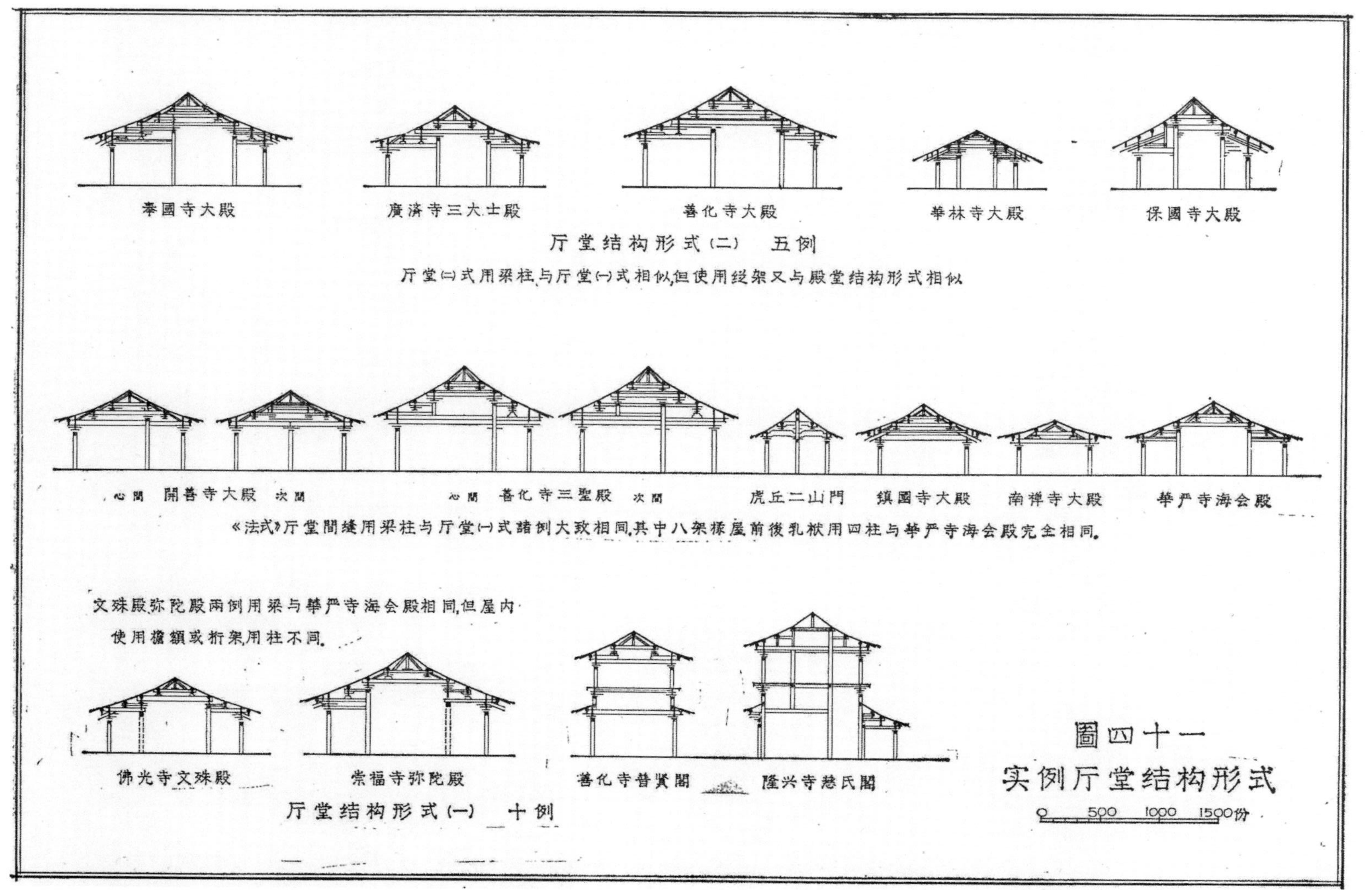

图版 41　实例厅堂结构形式

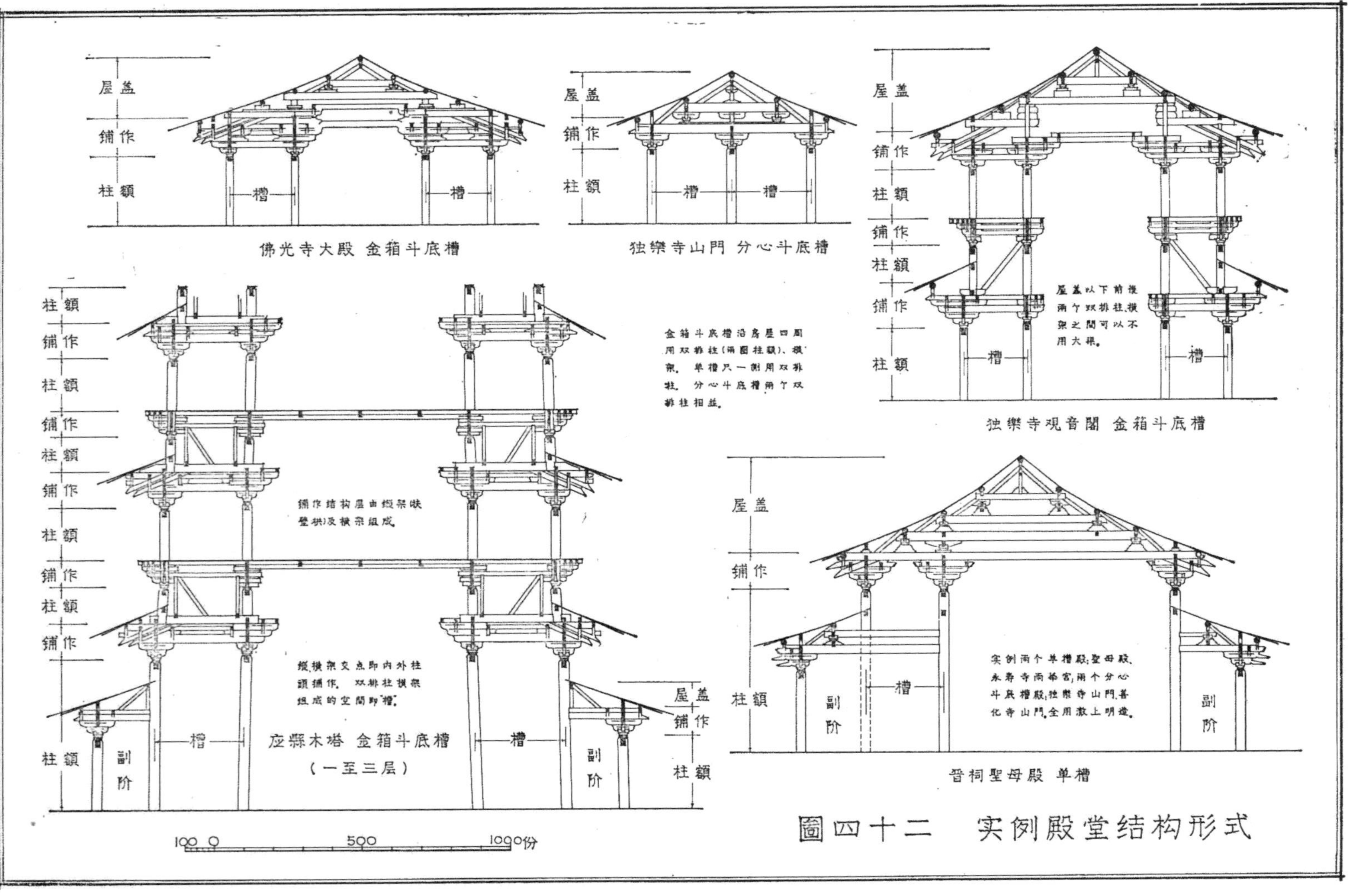

图版 42 实例殿堂结构形式

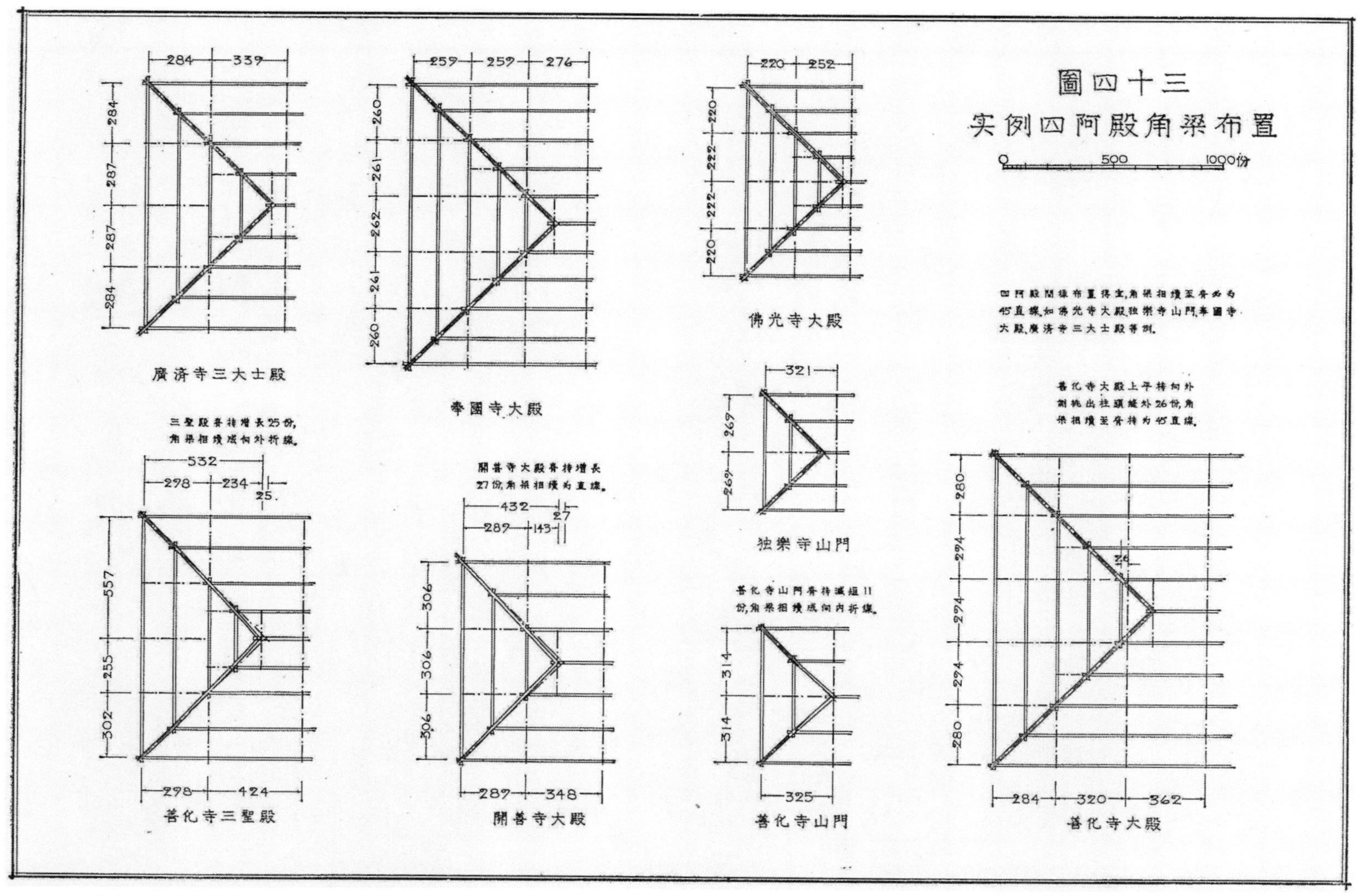

图版 43　实例四阿殿角梁布置

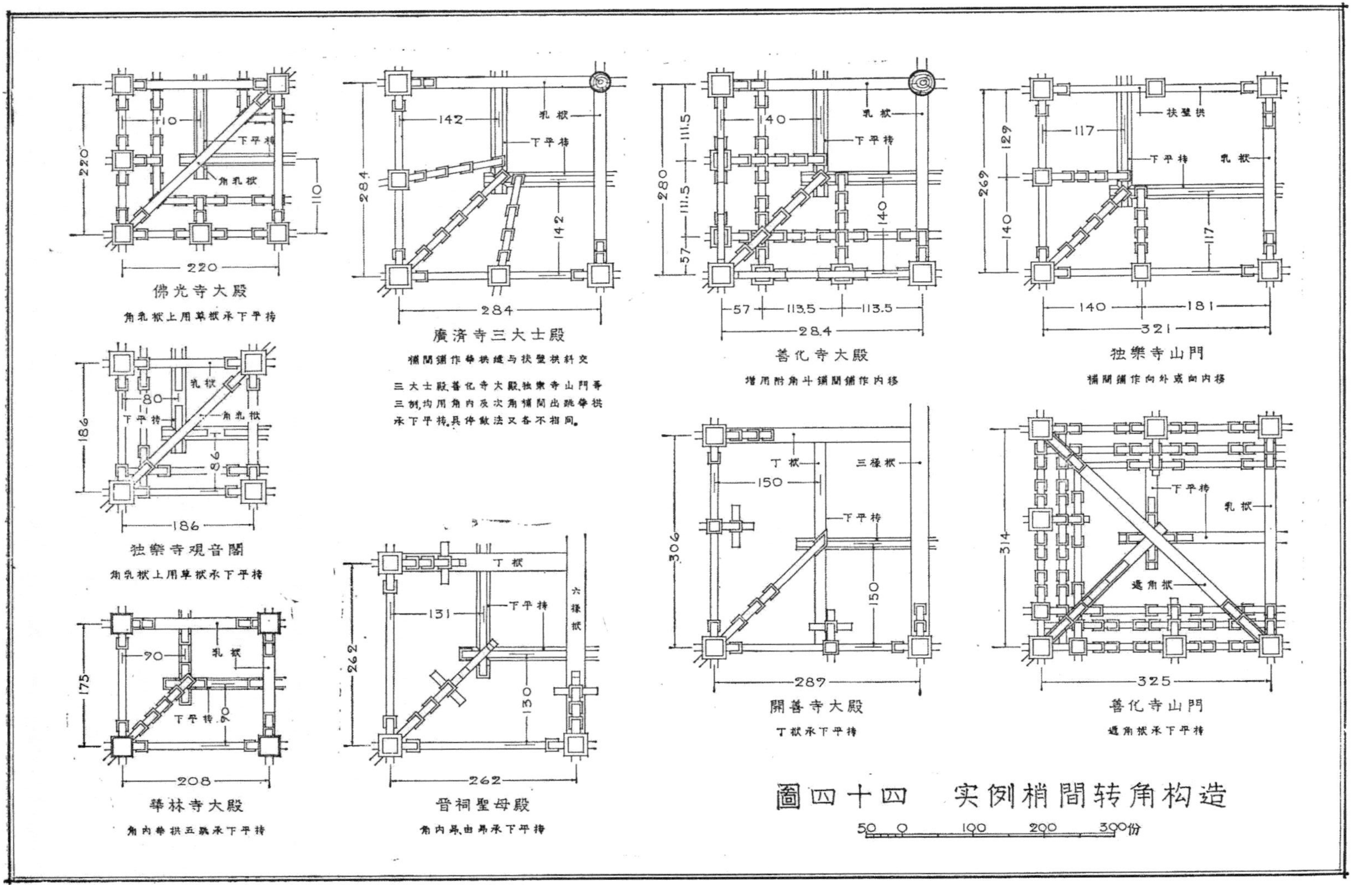

图版 44 实例梢间转角构造（附作者批改本）

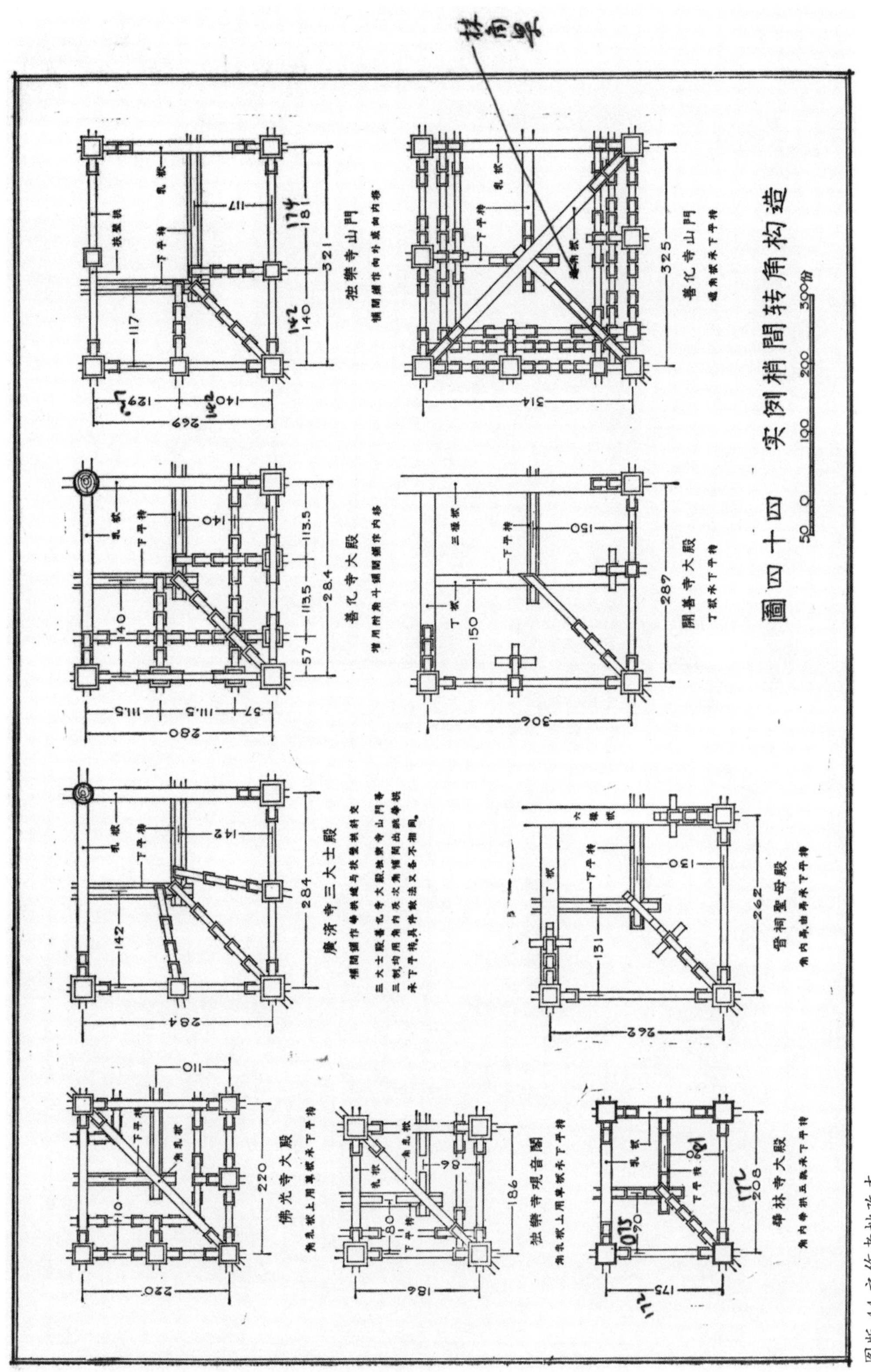

圖四十四 实例梢間转角构造
佛光寺大殿
独樂寺觀音閣
華林寺大殿
廣濟寺三大士殿
善化寺大殿
開善寺大殿
晉祠聖母殿
独樂寺山門
善化寺山門

图版 44 之作者批改本

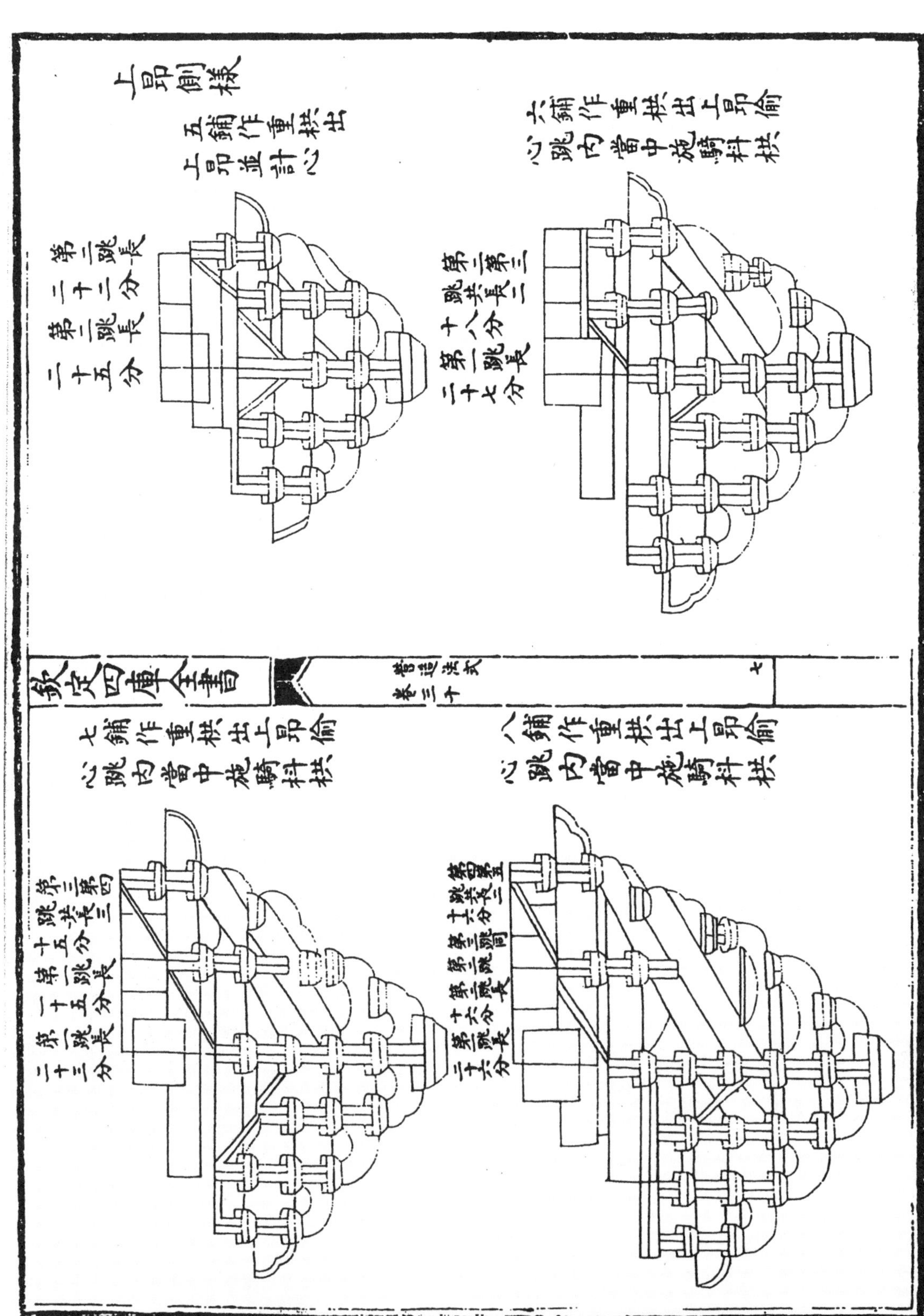

图版 45a 文渊阁本原图 出跳份数第三

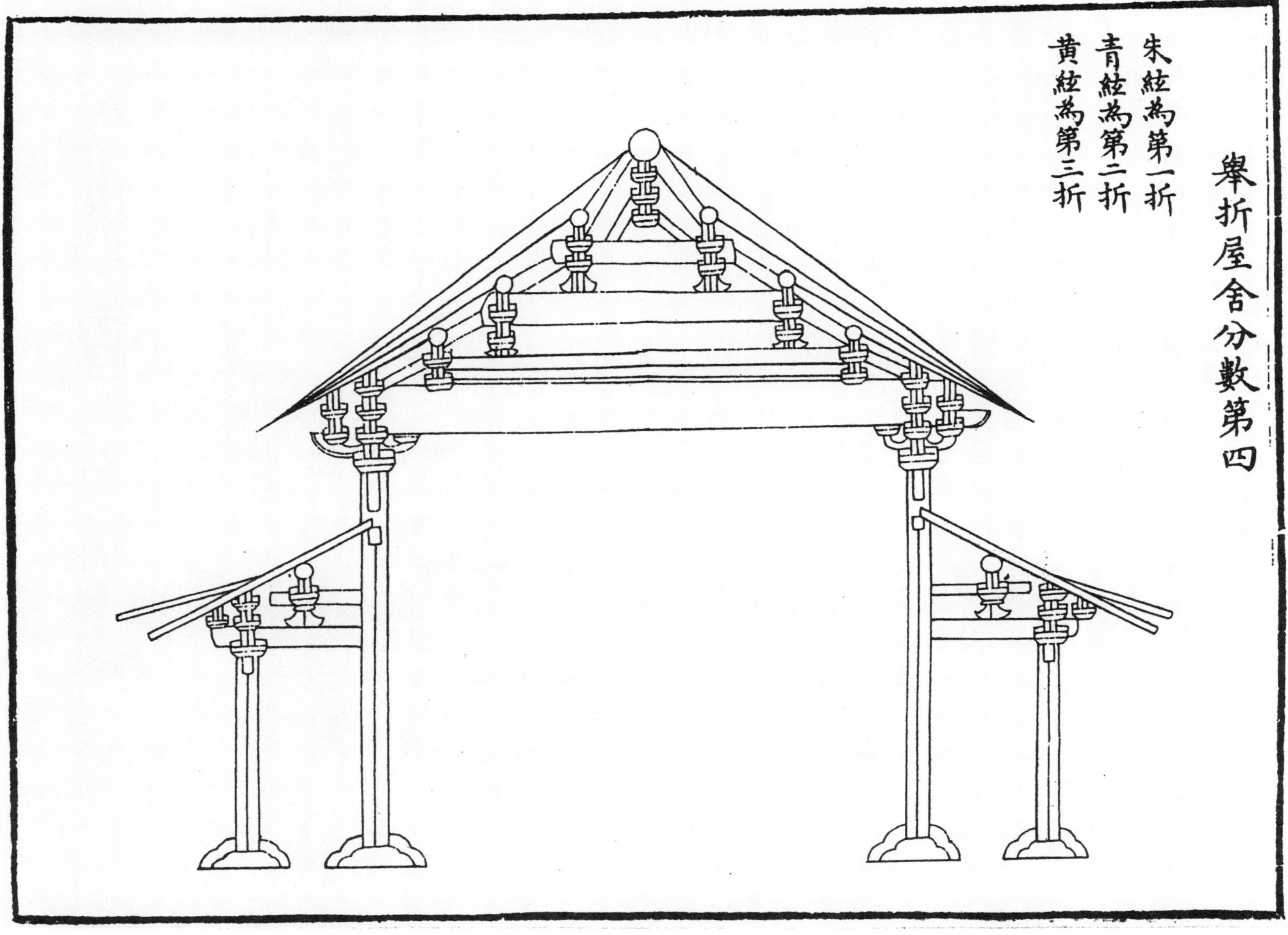

图版 45b　文渊阁本原图　举折屋舍份数第四

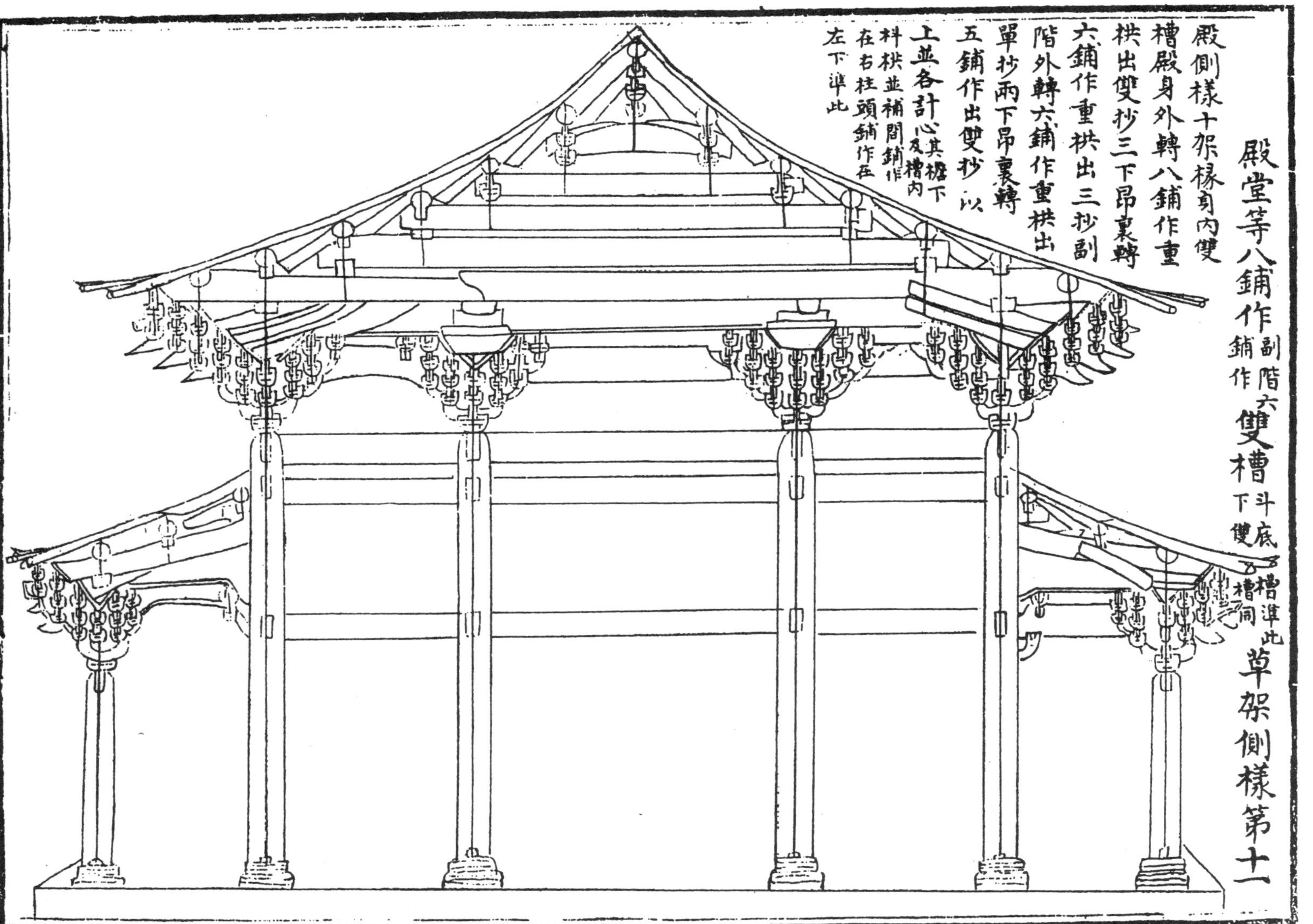

图版 46a 文渊阁本原图 殿堂等八铺作双槽草架侧样第十一

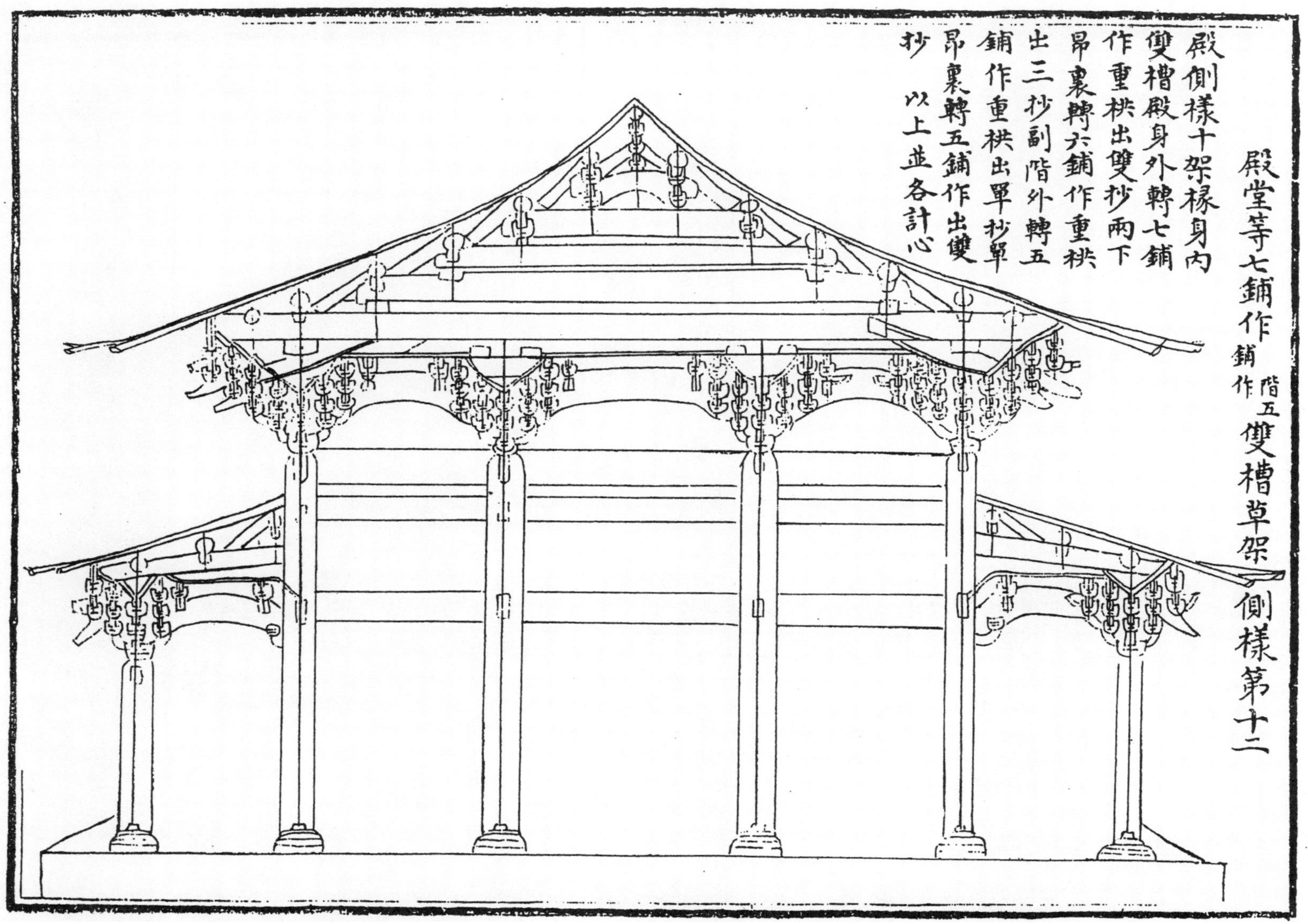

图版 46b　文渊阁本原图　殿堂等七铺作双槽草架侧样第十二

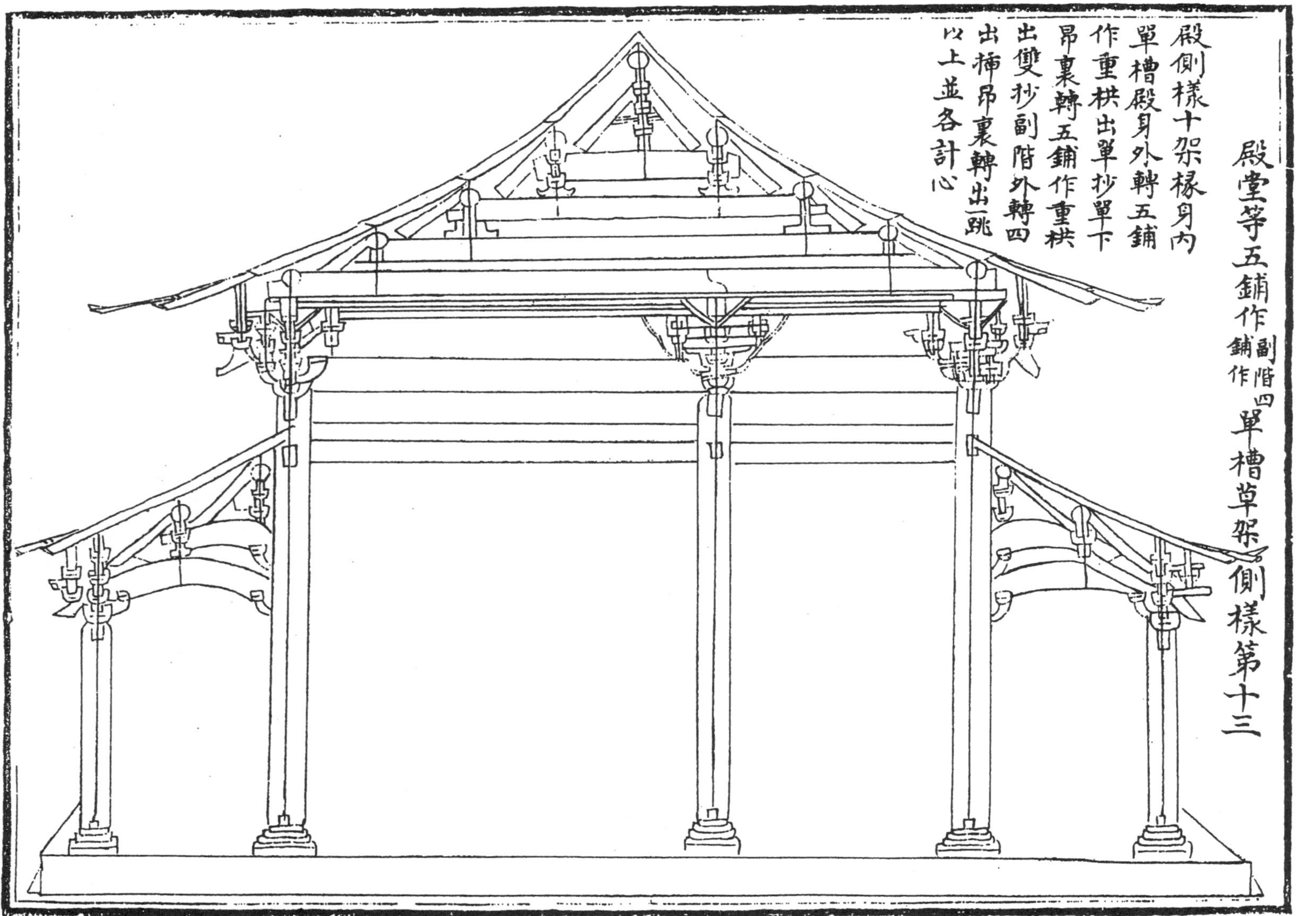

图版 47a 文渊阁本原图 殿堂等五铺作单槽草架侧样第十三

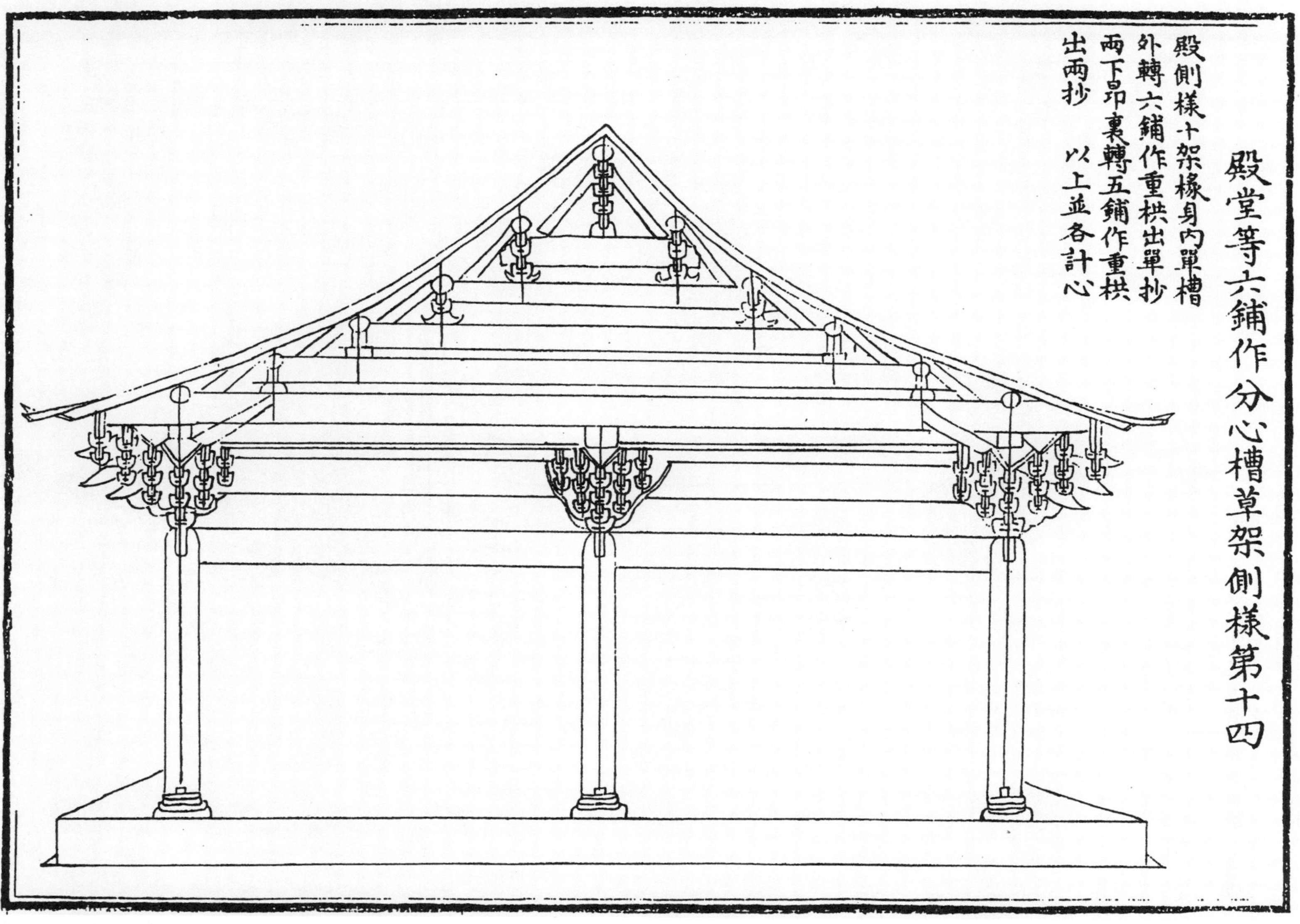

图版 47b　文渊阁本原图　殿堂等六铺作分心槽草架侧样第十四

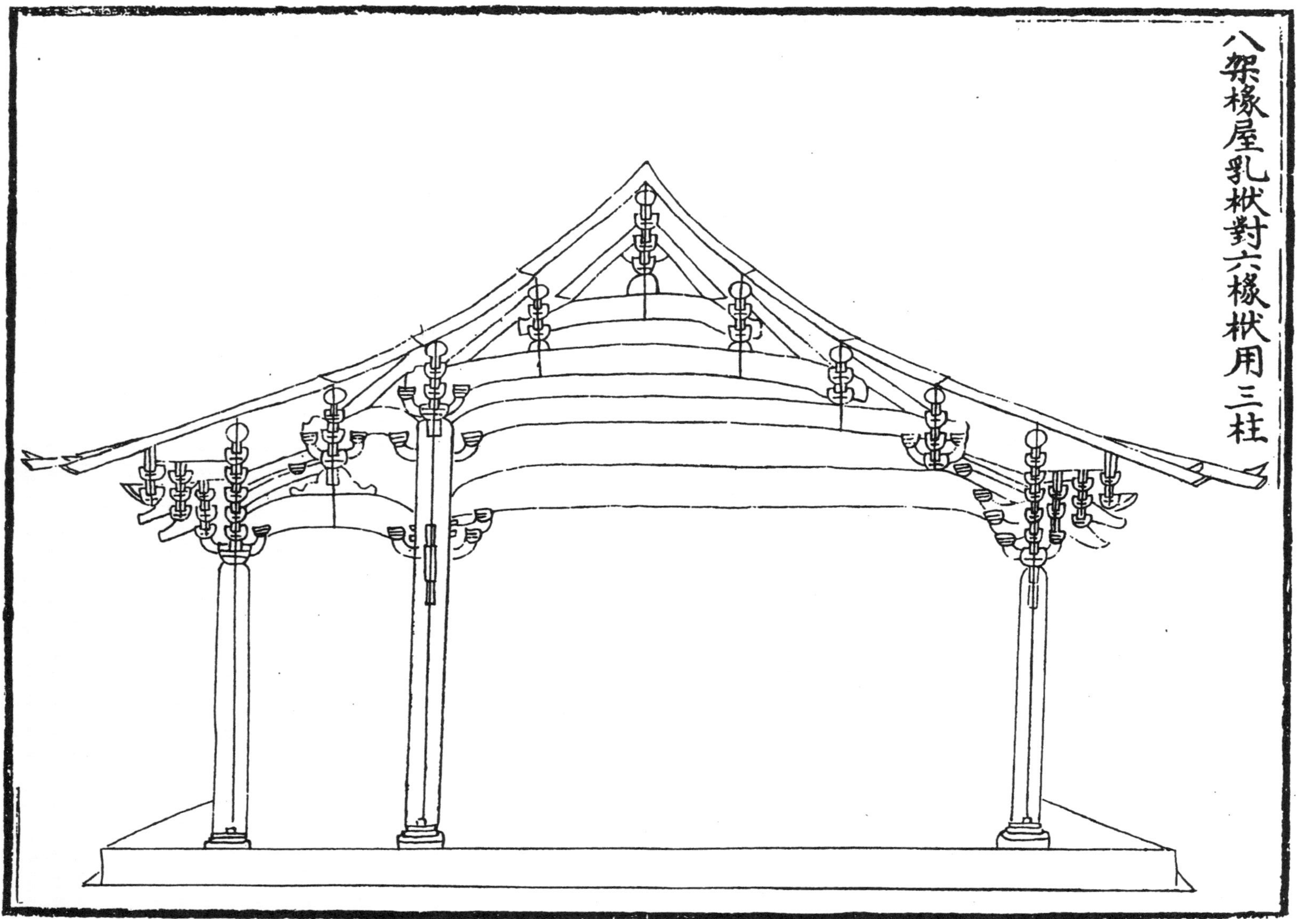

图版48a 文渊阁本原图 厅堂间缝内用梁柱第十五之一 八架椽屋乳栿对六椽栿用三柱

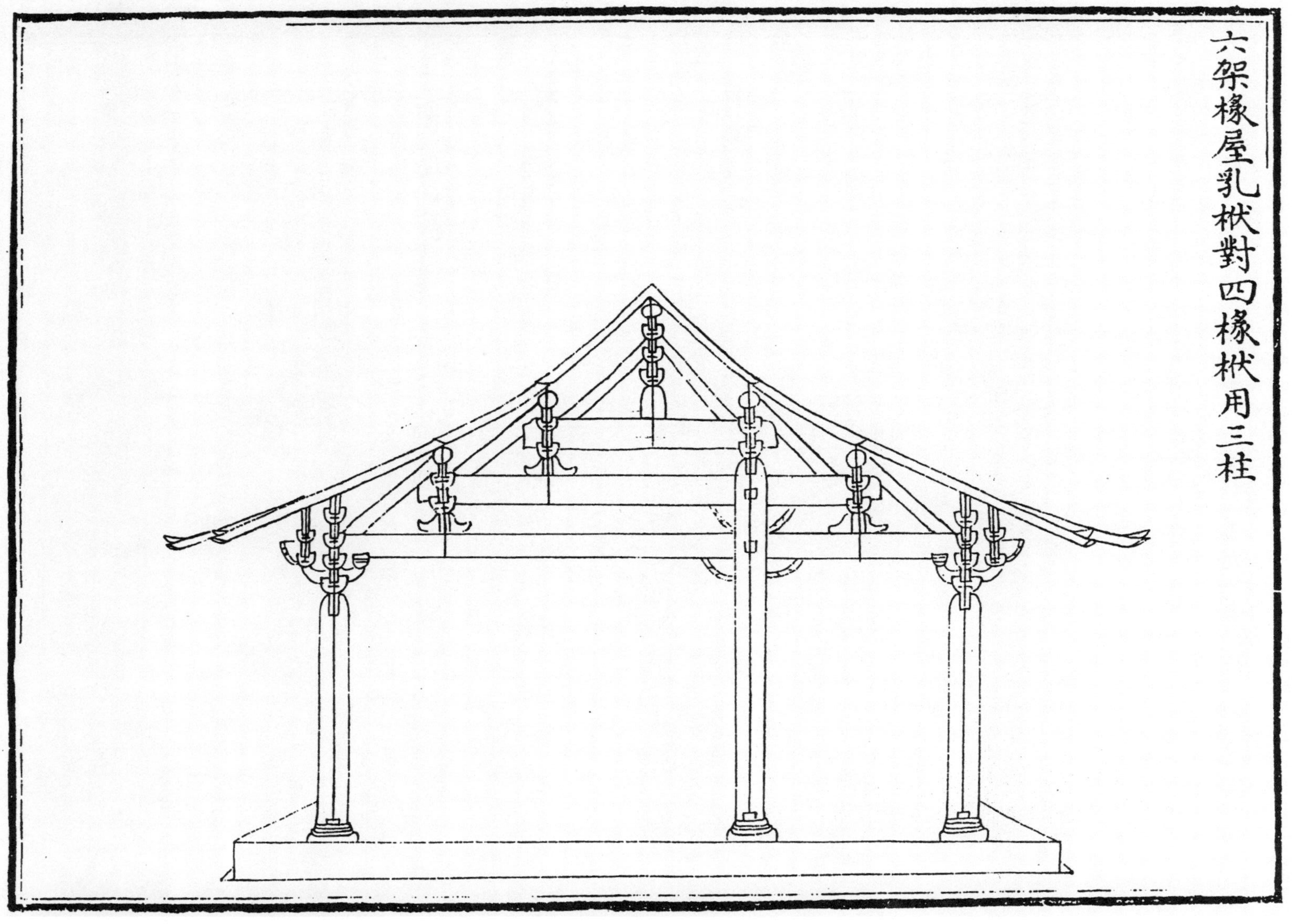

图版48b 文渊阁本原图 厅堂间缝内用梁柱第十五之一 六架椽屋乳栿对四椽栿用三柱

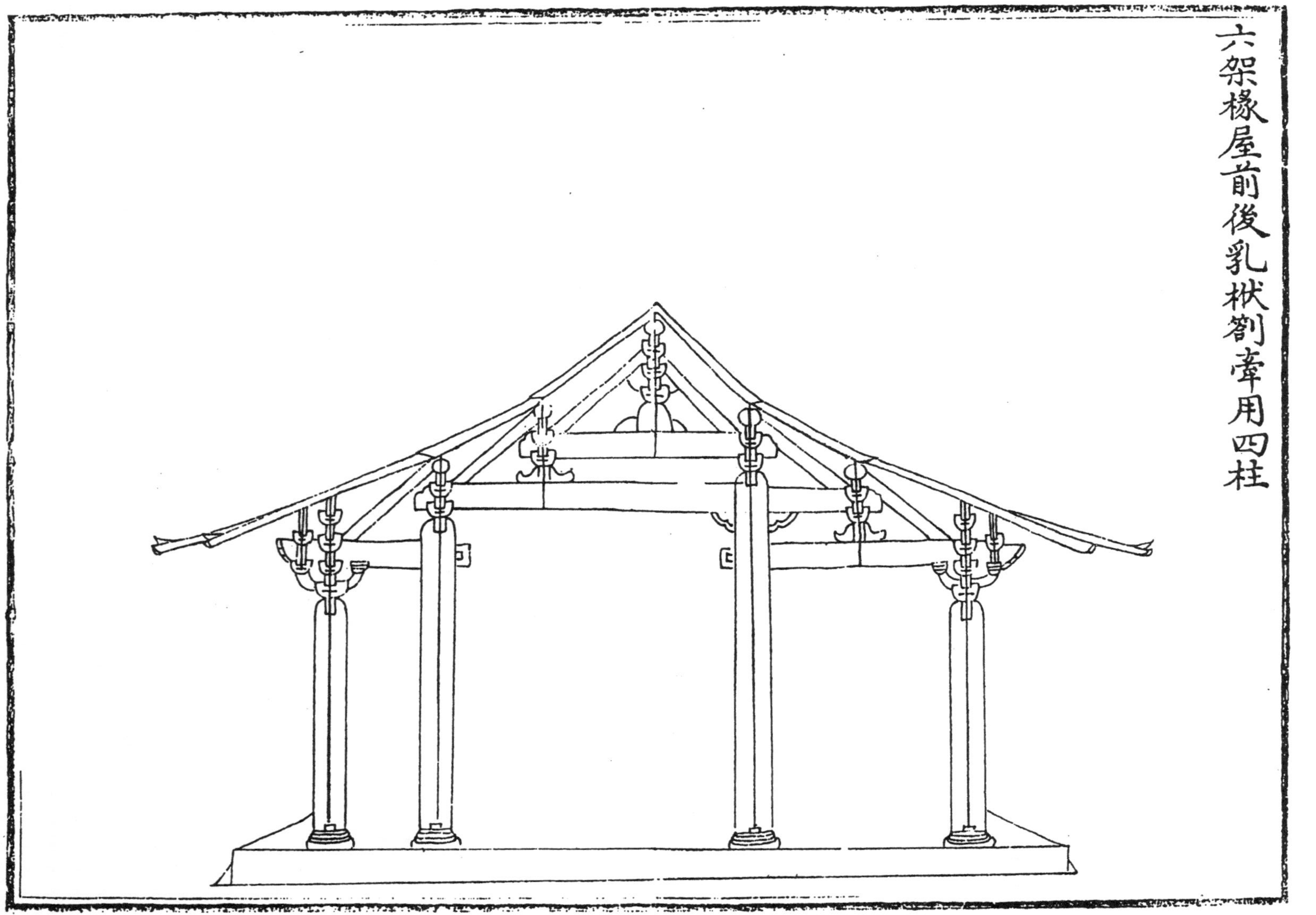

图版 49a 文渊阁本原图 厅堂间缝内用梁柱第十五之二 六架椽屋前后乳栿劄牵用四柱

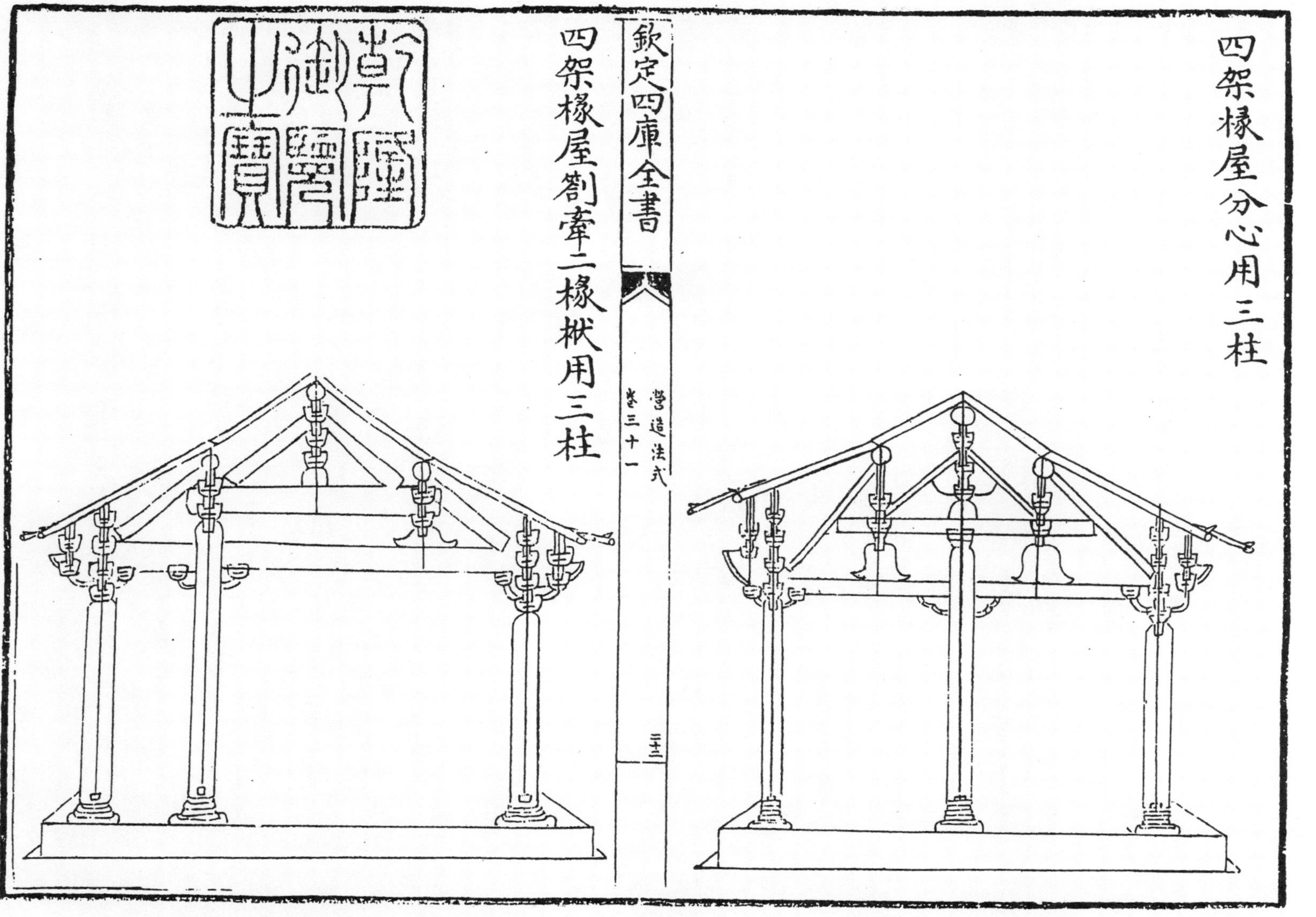

图版 49b　文渊阁本原图　厅堂间缝内用梁柱第十五之二　四架椽屋劄牵二椽栿用三柱、四架椽屋分心用三柱

附 录 一

宋营造则例大木作总则

营造法式大木作制度研究既已肯定《法式》制度是当时房屋结构及建筑设计的模数制，是根本法则，就应当能据以编写为宋代营造则例。现在仅就本书研究范围内的结果拟此总则。由于其中不包括原书卷四、五中已经很明确并为我们所早已熟知的细则，而且迄今仍有未能解答的问题，内容并不完备，所以只能作为试拟稿附于书末，仅供参考，兼作本书提要和索引之用。

目 次

（叁）屋架

一、厅堂间缝用梁柱

二、殿堂草架

三、平坐构造

四、楼阁构造

五、梁栿制度

（壹）总例

一、材、份　　**图版 1，表 1、11，一章一节，二章二节，三章一节、三节。**

1. 房屋结构及建筑是用标准化、定型化的设计方法。使用模数“份”，固定份数变动份值，使规模大小不同的同类房屋以及它们的每一种构件的尺寸，都是几何相似的、成正比例的。

2. 材（单材）是房屋结构用料中尺度最小的矩形方料。以材高的十五分之一为模数“份”，材的截面是 15 份 ×10 份。

3. 材高的实际尺寸从九寸到四寸半，按强度原则成等比级数划分为八个等级（详表 11）。而模数份，即有八种不同份值。

主要结构材——一至六等材——的相邻材等既有一定的强度差别，又有比较均匀的比值，强度增减不超过三分之一。必要时，可以用下一等材代替上一等材。

4. 各等材的尺寸、份值及其应用范围见表 1。其中三等材是最普遍应用的材等，自殿堂至余屋均可使用。

5. 矩形方料截面　结构所用矩形方料截面的高宽比，除足材外，一律为 3∶2。

6. 足材截面高宽比为 21∶10。它的强度较单材增加约一倍。

二、类型及形式　　**二章一节、四节，五章一节、三节、五节，六章四节。**

1. 房屋分殿堂、厅堂、余屋、亭榭四大类。殿堂规模最大，质量最高，厅堂、余屋依次递减。亭榭规模最小，质量可高可低。

结构形式分殿堂（分槽草架）、厅堂（间缝用梁柱）、亭榭（簇角梁）三类。

2. 殿堂（单层）包括殿阁（多层），用殿堂结构形式，五铺作至八铺作，补间一或两朵，四阿或九脊屋盖，殿身内用平棊（平闇）藻井。

3. 厅堂（单层）包括堂阁（多层），用厅堂结构形式，枓口跳至六铺作，补间铺作一朵或不用，厦两头造或不厦两头造屋盖，身内彻上明造，或用平闇。

4. 余屋（包括仓廒库屋、常行散屋、官府廊屋、营房屋等）用厅堂结构形式，单枓只替至四铺作，补间一朵或不用，不厦两头造屋盖。仓廒库屋或用四阿、厦两头造屋盖。廊屋转角用合角造。

5. 亭榭用殿堂、厅堂、簇角梁结构形式，铺作不限铺数、朵数，厦两头或四角、八角鬭尖屋盖。

6. 殿堂、厅堂及永定柱平坐外沿，均可加建副阶或缠腰。

副阶用厅堂结构形式，彻上明造或用平棊（平闇）藻井。

7. 彻上明造全部梁架构造显露在外，所有构件需作艺术加工。

屋内如用平棊（平闇），隐蔽在平闇之上的梁架构造只用毛料，不需作艺术加工。

三、间广　　图版 2、3、12、13，表 3，一章二节，二章二节，四章五节，五章二节、五节，六章四节。

1. 间广　以柱头中线上铺作朵数为准，每铺作一朵，中距 125 份，可增减 25 份。

2. 殿堂间广　用补间铺作一朵 250 份，可增减 50 份。用补间铺作两朵 375 份，可增减 75 份。

3. 殿堂梢间间广 375 份，即逐间广 375 份。梢间间广 250 份，即逐间广 250 份或心间、次间广 375 份。

4. 殿堂梢间间广 250 份，外檐宜用五铺作内外俱匀或七铺作里跳减二铺、六铺作里跳减一铺。梢间间广 375 份，外檐宜用六铺作里外俱匀或八铺作里跳减二铺、七铺作里跳减一铺。

5. 楼阁逐层梢间间广需随侧脚递减，如缠柱造除侧脚外应再递减 32 份。

6. 厅堂间广　200 至 300 份，心间可增至 375 份。

7. 余屋间广　200 至 250 份。

8. 殿堂大三间　梢间广 250 份，心间广 375 份。

　　小三间　梢间广 250 份，心间广 300 份。

9. 厅堂大三间　梢间广 200 份，心间广 300 份。

小三间　梢间广 200 份，心间广 250 份。

10. 八角亭　径 375 至 750 份。方亭　方 225 至 500 份。

11. 副阶梢间间广 250 至 300 份。

四、椽长及进深　　图版 2，表 3，一章三节，二章二节，四章五节，五章二节、四节、五节。

1. 椽平长　承屋盖之重每架平长 100 份，每递增 12.5 份为法，最大不得超过 150 份。殿阁平棊以下不承屋盖之重，每椽平长可增至 187.5 份。

2. 进深　每两椽为一间。椽长最大 150 份，即间广最大 300 份。

3. 殿堂平棊以下间广最大亦可增至 375 份，但椽长仍不得超过 150 份。故：进深两间，每间 375 份，共 750 份，平棊以上需分六椽，每椽 125 份；进深三间，每间 375 份，共 1125 份，平棊以上需分八椽，每椽 140.625 份；进深四间，每间 375 份，共 1500 份，平棊以上需分十椽，每椽 150 份。

五、平面　　图版 1、3、19、25 ~ 27，表 8、29，二章二节，四章五节，五章一节、二节、四节、五节。

1. 柱头平面　殿堂（殿阁）平面包括柱头以上、平棊以下的结构布置。

2. 平面最大规模　殿堂十椽九间或十二椽十一间。厅堂厦两头造十椽七间或十椽九间。门楼屋六椽三间。

厅堂不厦两头造及余屋以椽计，不限间数。厅堂或仓廒库屋十椽。廊屋六椽。常行散屋八椽。营屋四椽。

3. 房屋进深与面广之比　厅堂厦两头造及殿堂约在 1∶1.5 至 1∶2.75 之间（详表 29）。如小于 1∶2 即需增长脊槫或用厦两头造。

4. 殿堂用四阿屋盖，进深二、三、四间，面广宜五、七、九间。如面广三、五、七间，即需增长脊槫。

5. 槽　殿堂外檐柱、屋内柱及柱上铺作组成的空间为“槽”（后代称外槽），两柱的中距即槽深。

前后两内柱之间的空间，后代称为内槽。外槽、内槽槽深之比宜 1∶2。

6. 殿堂地盘分槽有四种形式：

分心斗底槽进深宜二或四间。

金箱斗底槽及双槽进深宜四间。

单槽进深宜三间。

7. 厅堂厦两头造或殿堂，梢间正侧两面间广宜相等。殿堂外槽深与梢间间广宜相等。

8. 厅堂厦两头或廊屋转角、合角造，需增改梢间及转角各缝用梁柱，其平面如图版 25。

六、柱高　　图版 4、19［、34］，表 3，一章四节，五章一节、三节，六章四节。

1. 柱高　副阶及单层房屋以不超过间广为原则。

2. 殿堂及永定柱平坐柱高　250 至 375 份。

厅堂外檐柱高　200 至 300 份。

副阶、缠腰柱高　不超过 250 份。

3. 用副阶屋身或平坐永定柱，柱高不超过 500 份。

4. 殿堂屋内柱与檐柱同高。

厅堂屋内柱随举势增高。

5. 角柱生起　三间生 5 份，每增两间递增 5 份，至十三间生 30 份。

6. 楼阁平坐柱高包括下屋铺作高。

楼阁上屋柱高包括柱下平坐铺作高。

七、屋盖　　图版 2、4、5，表 4、5、6、7，一章五节、六节，二章四节，六章四节。

1. 椽　椽径殿堂 9 或 10 份，厅堂 7 或 8 份，余屋 6 或 7 份。

椽中距　椽径 6 份中距 15 份。径每增 1 份中距亦增 1 份，即不论椽径大小，净距一律 9 份。

2. 檐出　椽径 6 份即檐出 70 份。椽径每递增 1 份，檐出递增 2.5 至 5 份，至椽径 10 份，檐出 80 至 90 份。

3. 梢间檐角生出　一间生 8 份，三间生 10 份，五间生 14 份。五间以上随宜酌定。

4. 脊槫增长　四阿屋盖脊槫总长应不小于间广总数之半。如不足总广之半，即脊槫两头各增长 75 份。

5. 厦两头造　房屋平面方形或近于方形，如八椽三间或十椽五间，宜用厦两头造。

6. 出际　殿堂及厅堂厦两头，用角梁转过两椽，出际即长一椽 150 份。亭榭厦两头转过一椽，即出际长半椽 75 份。

7. 不厦两头出际长　两椽屋 40 至 50 份。四椽屋 60 至 70 份。六椽屋 70 至 80 份。八至十椽屋 90 至 100 份。

8. 屋面坡度

殿堂 66.66%（三分举一）。

厅堂用甋瓦 54%（四分举一，又每尺加八分）。

厅堂用瓪瓦、廊屋用甋瓦 52.5%（四分举一，又每尺加五分）。

廊屋用瓪瓦 51%（四分举一，又每尺加二分）。

亭榭用甋瓦 50%（二分举一）。

亭榭用瓪瓦 40%（十分举四）。

副阶、缠腰 40% 至 50%（二分举一至十分举四）。

八、高度、檐出的比例　　图版 4、5，表 30，五章四节。

1. 房屋高度　房屋总高即柱高、铺作高、举高之和。

柱高　自地面至栌枓底。

铺作高　自栌枓底至橑檐方背。

举高　自橑檐方背至脊槫背。

2. 高度比例　柱高、铺作高、举高，在允许伸缩的幅度内，需约略达到下列比例：

四椽屋及副阶　柱高 = 铺作高 + 举高

六椽屋　柱高 + 铺作高 = 铺作高 + 举高

殿堂八椽、厅堂八至十椽　柱高 + 铺作高 = 举高

殿堂十椽以上，宜加用副阶。

3. 檐　檐高，自地面至橑檐方背。

总檐出，自檐柱心至飞子头（如不用飞子即至檐椽头）。

4. 檐出、檐高比例在允许伸缩的幅度之内，需令总檐出约为檐高的 40% 至 50%

（详见表30）。

（贰）铺作

一、通例　　图版6、12、13，四章一节、二节、四节、五节，五章三节，六章一节、四节。

1. 檐柱缝上铺作为外檐铺作，屋内柱缝上铺作为身槽内铺作。

2. 跳、铺　跳是表示铺作挑出长度的单位，从出一跳至出五跳。

铺是表示铺作高度的单位，从二铺至九铺。（补注一）

3. 跳、铺关系　标准做法规定“上跳之上横施令栱”[①]，使从出一跳高四铺作到出五跳高八铺作成为跳铺的通常关系，并简称为几铺作。

4. 铺作规模大小　习惯用铺数表示，自四铺作至八铺作。又分为两档：六铺作以上为高档，故“累铺作数多”[②]即六铺作以上；四、五铺作为低档。

5. 外跳、里跳　又称为外转、里转。铺作自栌枓中心向房屋外侧出跳的一边为外跳，向房屋中间出跳的一边为里跳。

6. 用铺作数　房屋外檐外跳最大用八铺作，外檐里跳及身槽内最大用七铺作。

平坐用铺作需减上屋一至两铺，最大七铺作。副阶用铺作需减屋身一至两铺。

楼阁上屋铺作需减下屋一铺。

平坐外檐外跳及身槽内里跳用上昂铺作，自八铺作至五铺作。

7. 朵数与间广　房屋用补间铺作最多两朵，小亭榭不限。

殿堂外檐里跳四铺作、五铺作，梢间宜用补间铺作一朵，间广250份。

外檐里跳如用六铺作以上，梢间宜用补间铺作两朵，间广375份。

8. 减高、减份　昂尾挑斡、昂上坐枓向下降低及出跳减份，是调整铺作高度、适应屋面坡度的三种互相联系的方法。

二、铺作高及减铺　　图版8～17，四章一节、二节、五节，六章一节、五节。

1. 卷头铺作高度　屋身外檐外跳铺作全卷头造，八铺作自栌枓底至橑檐方背共

---

① 李诫：《营造法式（陈明达点注本）》第一册卷四《大木作制度一·总铺作次序》，第89页。

② 李诫：《营造法式（陈明达点注本）》第一册卷四《大木作制度一·栱》，第76页。

高168份。屋身外檐里跳及身槽内铺作全卷头造，七铺作自栌枓底至平綦方背，共高132份。

平坐铺作全卷头造，七铺作自栌枓底至衬方头背，共高138份。

以上每减一铺，高度递减21份。

2. 下昂铺作高度　六铺作以上，外檐外跳用下昂，昂上坐枓向下，较卷头铺作减低铺作高度：出一下昂，减低2至5份；出两下昂，减低13至17份；出三下昂，减低25至29.5份。

3. 上昂铺作高度　各铺作出上昂，其实际铺数均增加一铺。即殿身槽内八铺作实高九铺174份，平坐外檐八铺作实高九铺180份。均每减一铺即减21份。

4. 减铺　外檐铺作里跳减少铺数。按标准做法的通常关系，一般减铺并即减跳。

外檐外跳七铺作、八铺作，里跳均可减一至二铺。其中八铺作里跳必须减一铺。

外檐外跳六铺作，里跳可减一铺或不减。

平坐外檐外跳七至五铺作，里跳可减一铺。

上昂铺作，平坐外檐外跳（或殿身槽内里跳），外跳八铺作，里跳（或殿身槽内外跳）减二铺。外跳七铺作，里跳减一铺。六铺作以下不减。

5. 身槽内铺作与外檐里跳同铺，并里外俱匀。

6. 里跳减铺后如平綦低（平綦方低于梁背），即于平綦方下加慢栱。七铺作次角补间铺作与转角铺作相犯，需从上减一跳。此两项均只减跳不减铺，即高度不减。（补注二）

三、铺作跳长及减份　图版6、8、9、16、17，四章一节、二节、四节、五节，六章一节。

1. 出跳标准份数　铺作每出一跳长30份，至出五跳共长150份。需要时可以减少跳长份数。

2. 外檐出跳减份　有下列方式：

甲、各铺作外檐外跳四至六铺作，里跳均逐跳长30份，不减。七铺作、八铺作里跳第一跳长28份，第二跳以上，逐跳各长26份。

乙、外檐五铺作至八铺作，第一跳长28份，第二跳以上各跳逐跳长25份。里外跳并同。四铺作里外跳跳长 30 份，不减。

丙、外檐四铺作、五铺作，里外跳逐跳均长 30 份，不减。六铺作以上，里跳第一跳各长 28 份。七铺作以上，里外跳第二跳各长 26 份。八铺作下两跳偷心，第二跳仍长 30 份，第三跳长 16 份。

3. 身槽内铺作减份　身槽内七铺作至五铺作，第一跳长 28 份，以上各跳逐跳长 25 份，里外跳并同。四铺作跳长 30 份，不减。

4. 上昂出跳份数　铺作出上昂各跳跳长份数（详见图版 16、17）固定不变。

5. 平坐跳长　平坐卷头铺作出跳一律逐跳长 30 份，固定不变。其各铺作外檐外跳衬方头均增长一跳长 30 份。加跳不加铺。

6. 下昂身长　外檐外跳八铺作上两昂，七铺作、六铺作上一昂，昂身里跳均长 150 份至下平槫。

7. 由昂　自八铺作至四铺作，由昂按方一百、其斜一百四十有一计，外跳均增长一跳 42.3 份。自八铺作至五铺作，由昂里跳均长 211.5 份至下平槫。四铺作由昂里跳只增长一跳。

四、用栱昂　　图版 6～9、14～18、24、26、27，四章一节、二节、四节、五节，五章一节，六章一节、三节、五节。

1. 殿堂外檐铺作外跳用卷头或下昂，里跳只用卷头。

殿堂身槽内铺作外跳只用卷头，里跳用卷头或上昂。

2. 平坐铺作外檐外跳用卷头或上昂。

平坐如彻上明造，或于铺作上安平棊，即外檐里跳，身槽内全用卷头。

如里跳在下屋平棊之上，只［挑］斡棚栿，即用方木叠垒，不用栱料。

3. 下昂用昂数　外檐外跳八铺作用双抄三下昂，七铺作用双抄双下昂，六铺作一抄两下昂或两抄一下昂，五铺作一抄一下昂，四铺作用插昂。

4. 上昂用昂数　平坐外檐及殿堂身槽内用上昂。八铺作出三抄双上昂，七铺作出双抄双上昂，六铺作出双抄一上昂，五铺作出一抄一上昂。

5. 殿堂外檐里跳及身槽内铺作，需随分槽转角增用虾须栱。

6. 厅堂铺作外檐外跳用栱昂同殿堂，里跳跳上一律不用栱方。

7. 昂尾　下昂昂尾在下平槫下，如彻上明造即挑一枓或两枓一栱。如在平棊之上，即用蜀柱叉昂尾。如当柱头即以草栿压之，厅堂即压于上架栿首之下。

8. 铺作跳上安栱为计心，不安栱为偷心。

铺作跳上安令栱素方为单栱，安瓜子栱、慢栱、素方为重栱。

9. 重栱造铺作每朵中距不宜小于 125 份，单栱造铺作中距可少至 100 份。

10. 下昂或卷头造铺作，七至五铺作可下一抄偷心，八铺作可下两抄偷心。偷心多用单栱造。

11. 上昂铺作　出上昂均用偷心单栱造，其里跳（或外跳）用计心重栱造。

12. 平坐缠柱造转角用栌枓三枚，每面互见二枚，中距 32 份。

13. 次角补间铺作里跳与转角铺作相犯，下列各项需联栱交隐：

七铺作第三跳上瓜子栱、慢栱；

六铺作第三跳上令栱；

七铺作、六铺作第二跳上慢栱；

五铺作第二跳上令栱；

五铺作第一跳上慢栱。

五、扶壁栱（纵架）　图版 7、19、28 ~ 32，四章三节、四节、五节，五章三节，六章一节。

1. 铺作柱头缝上用栱方总称为扶壁栱。檐柱及内柱缝上扶壁栱，分别沿房屋周边将各铺作连接成两个大小相套的圈状构造。

2. 用栱方数　下昂及卷头造外檐铺作，不论偷心、计心，单栱、重栱，栌枓口上扶壁栱高均为：八铺作五材四栔，七铺作四材三栔，六铺作以下三材二栔。

上昂造铺作扶壁栱高：八铺作六材五栔，七铺作、六铺作五材四栔，五铺作四材三栔。

身槽内及平坐铺作扶壁栱高：一律三材二栔。

3. 铺作重栱计心造，扶壁栱一律于重栱上用素方（一至三重）形式。单栱偷心造，一律用栱方相间形式。

4. 枓口跳、把头绞项作扶壁栱，均只在单栱上用素方一重。

5. 殿堂铺作扶壁栱缝上，用压槽方找平全部铺作。厅堂及副阶不用。

六、铺作用梁栿（横架）　图版 10～15，四章一至五节，五章三节。

1. 殿堂外檐及身槽内柱头铺作上用乳栿及栿上素方均相连制作，令内外柱头铺作成整体构造。厅堂外檐柱头铺作，里跳上用梁栿同殿堂外檐里跳，其栿尾入内柱。

2. 铺作上栿首宜与出跳华栱或华头子相列。

3. 栿下用华栱　外檐里跳及身槽内里外跳，七铺作、六铺作宜用华栱两跳承梁栿，五铺作、四铺作宜用华栱一跳承梁栿。

外檐外跳六铺作出单抄两下昂，里跳宜出华栱一跳承梁栿。外檐出双抄一下昂，里跳可出两跳承梁栿。

4. 转角用栱栿　六铺作至七铺作角内，可逐跳出角内华栱，不用角乳栿。四、五铺作角内必须用角乳栿、櫼衬角栿。

殿堂梢间间广 375 份，椽长 150 份，用补间铺作两朵，转角铺作上或用櫼衬角栿。

殿堂梢间间广 300 份或 250 份，椽长 150 份或 125 份，用补间铺作一朵，转角铺作上或用櫼衬角栿。

5. 殿堂外檐补间铺作与身槽内补间铺作分别制作，不相连属。

6. 平坐柱头铺作上用草栿（或柱脚方），转角铺作、补间铺作上用足材耍头、衬方头。均外檐与身槽内相连制作。

（叁）屋架

一、厅堂间缝用梁柱　图版 19～25，五章一节、五节。

1. 厅堂房屋每间横向柱中线上，由柱梁组成一个屋架——间缝用梁柱。同一座房屋各间屋架只需椽数和每架平长相同，可以使用不同的柱梁配合形式。

2. 间缝用梁柱有十九种常用配合形式，需要时亦可另创其他配合形式，但：

通檐用二柱最大只限八椽，亦即梁栿净跨以八椽为最大限度；

十椽、八椽屋最多可用六柱；

六椽、四椽屋最多可用四柱。

3. 十椽、八椽用四柱以上屋架，应加用顺栿串，串首出柱作华栱或楷头，在牵梁或乳栿下。

屋架用四柱，在两内柱之间用顺栿串一条。

屋架用五柱，在三内柱之间用顺栿串两条。

屋架用六柱，在最内两柱间用顺栿串一条。

4. 屋内柱随举势增高：

脊槫缝下，中柱高至平梁之下；

其他槫缝下，柱高至柱上栿首之下。

5. 各屋架之间，脊槫下蜀柱间用顺脊串。

柱头或驼峰间用屋内额。

柱身间用由额，或更加顺身串。

6. 槫缝下用襻间　脊槫下用两材襻间。

上平槫缝下用一材或两材襻间。

中平槫以下各槫缝下均用一材襻间。

凡襻间之上并需用替木。

7. 屋内栿首下均于柱头或驼峰上用栌枓承襻间与栿首相交，或更于栌枓口内加用华栱。

二、殿堂草架　　图版 19、28 ~ 32，四章二节，五章二至五节，六章一节。

1. 殿堂结构用柱额、铺作、屋架三个水平层次叠垒而成。

2. 柱额层　每坐殿堂全部檐柱、内柱高度相同，内外柱头间用阑额按分槽形式组合成整体。

3. 铺作层　铺作由扶壁栱（纵架）及柱头上用梁栿（横架）组成整体构造层。在这个意义上，柱头铺作应视为纵架、横架的结合点。铺作构造层由压槽方取平，以便在上安装屋架。

4. 屋架层　殿堂屋架仍按每一间缝用梁栿。梁栿间只用方木敦㮰，枝樘固济，不用驼峰。每间缝梁栿用槫及襻间连接成屋架构造层，安于铺作层压槽方上。

平棊以上的屋架的椽和平棊以下的间，可以不相对应。即允许柱额层进深的间，不必等于屋架层的两椽平长。

5. 槽　殿堂结构以檐柱、内柱（双排柱）及其上的铺作层组成的外槽为基本构造。而金箱斗底槽、双槽是基本的分槽形式。这种形式的内槽，可以不用联系构件，而成为空筒状。

6. 殿堂金箱斗底槽内槽，可以使用上昂造铺作。用上昂造必须省去内槽上草栿。

7. 殿堂四阿屋架需随榑转角处增用丁栿，或更增闞头栿。

8. 殿堂平棊上用草襻间：脊榑下两材襻间，上平榑（或更加中平榑）下单材襻间，中平榑以下均用实拍襻间。

三、平坐构造　　图版 14、15、17、34，四章四节，六章二至五节。

1. 平坐有叉柱造、缠柱造、永定柱造。

叉柱造柱根叉立于下屋铺作中心，栌料之上。缠柱造柱根在下屋铺作中线之内 32 份，立于下屋柱脚方上。永定柱造自地立柱。

2. 叉柱造、缠柱造平坐内部构造一般均在下屋平棊之上，只用草架不用栱枓。

3. 永定柱造只适用楼阁最下层，并宜彻上明造或于铺作平棊方上安平棊（平闇）。

4. 殿阁平坐分槽形式同殿身。

5. 平坐柱头间用搭头木，木上安普拍方，方上安铺作。

6. 平坐棚栿在铺作草栿上用地面方、铺版方。地面方在草栿上与草栿直角相交。每架下地面方一道。铺版方在地面方上与地面方直角相交，即铺作要头、衬方头的延长。在外槽与身槽内相连制作，在内槽逐架相接续。方上铺地面版。

四、楼阁构造　　图版 19、34，五章五节，六章四节。

1. 楼阁　即屋身与平坐互相重叠的构造形式，即由柱额——铺作——平坐柱额——平［坐］铺作——柱额——铺作……屋盖，重叠而成。

2. 殿阁用殿堂结构形式，堂阁用厅堂结构形式。

殿阁内部分层结构形式与外观一致，便于建造多层房屋。

厅堂结构形式屋内柱随举势增高，与外观不一致，只宜建造二、三层房屋。

3. 屋身、平坐重叠构造的方法，即叉柱造或缠柱造。

4. 楼阁如逐层间数相同，其层数视梢间间广而定。下层梢间间广 250 份，只宜二、三层；下层梢间间广 375 份，可高至五层。

五、梁栿制度　　表 10，二章三节，四章五节，五章三节。

1. 梁栿按外形分直梁、月梁，按加工情况分明栿、草栿，按受力情况分承屋盖、只承平綦等类，分别制定规格。

2. 梁栿截面按其长度分四级制定。系固定截面，予长度以伸缩幅度：

长 150 份以下（劄牵）；

长 300 至 450 份（平梁、乳栿、三椽栿）；

长 600 至 750 份（四椽栿、五椽栿）；

长 900 至 1200 份（六椽至八椽栿）。

各类截面规格详表 10。

3. 长八椽 1200 份，高四材 60 份，为梁栿最大规格。即设计屋架最大梁栿，不应超过八椽。

4. 房屋规模在一定限度以上时，需增大部分梁栿截面规格。

殿堂用六铺作以上，需增加平梁、乳栿截面。

厅堂八椽以上屋，需增加平梁截面。

牵梁如用作出跳梁，需增加截面。

5. 檐额高三材三栔即 63 份，系最大荷重构件，可用作承担屋架的大柁。

作者补注

一、每铺高 21 份（足材）。

二、或只加铺不加跳。

附 录 二

A Study on the Structural Carpentry System According to *Ying Zao Fa Shi*[1]

Chen Ming-da

Synopsis[2]

Introduction[3]

Ying Zao Fa Shi is the extant oldest book on architecture among ancient Chinese scientific literature. It was completed in 1100, and published throughout the country three years later.

This monumental work of 36 volumes consists of four parts: "Regulation"[4],"Labour"[5], "Material"[6], and "Drawings"[7]. The first part is treated in the regulations for architectural and structural design, methods of construction, working procedure, and the manufacture of bricks, tiles, and glazed tiles. The second part is treated in work norms. The third part is treated in material quota and mixing ratios of mortar, colour pigments and glaze. The last part is the graphic representations of the regulations. Each part is subdivided into the following thirteen

---

[1]《营造法式》。

[2] This synopsis is a translation of three parts of the Chinese text: Introduction, Summary and Appendix.

此英文梗概，系建筑史家孙增蕃先生据《营造法式大木作制度研究》中文文本之绪论、总结和附录等三个部分翻译。中外读者可参阅中文文本之相应部分。按孙增蕃先生（1935年毕业于中央大学建筑系，原中国建筑技术研究中心研究员）长期从事中国古代建筑典籍和研究著述的英译工作，与陈明达先生有长期的合作。

[3] 此部分内容参阅本卷“绪论”部分。

[4] 制度。

[5] 功限。

[6] 料例。

[7] 图样。

sections: Moats and Fortifications[①], Stonework[②], Structural Carpentry[③], Non-Structural Carpentry and Joinery[④], Woodcarving[⑤], Turning and Drilling[⑥], Sawing[⑦], Bamboo Work[⑧], Tiling[⑨], Plastering[⑩], Painting and Decorating[⑪], Brickwork[⑫], Tile Making[⑬].

According to the explanations given in the book, with the exceptions of Volumes 1 and 2, which deal with the terminological research on 49 architectural terms, all other 32 volumes of 308 chapters and over 3200 items were based on experiences handed down by labourers, and during the compilation of the book, had been fully discussed among the master workers before they were confirmed. It is thus obvious that the book is a faithful record of the building techniques of the time, naturally including the creations, innovations, and experiences in design and construction of the craftsmen. The book is a quite valuable reference for research on ancient Chinese architecture. It is especially so since we have already noticed from existing examples that there are great changes in appearance, structure, and style between architecture of Tang and Liao dynasties and that of Ming and Qing dynasties. Dynasties from end of Northern Song to Yuan were just in the transition period, which the book was written. The book retains some of the architectural characteristics of Tang and Liao dynasties, and also shows some of the prototypes of Ming and Qing dynasties, serving as a link between the past and future. It is an important document for research on Chinese architectural development

① 壕寨。
② 石作。
③ 大木作。
④ 小木作。
⑤ 雕作。
⑥ 旋作。
⑦ 锯作。
⑧ 竹作。
⑨ 瓦作。
⑩ 泥作。
⑪ 彩画作。
⑫ 砖作。
⑬ 窑作。

since the eighth century.

Now, how much do we understand the contents of the book? Someone says we basically understand it all: except a few particular, trifle points. The author of this paper is of the different opinion that we do understand the book literally, but quite little the essence of the contents, which should still be thoroughly studied. According to the results of former investigations, this is the only viewpoint that tallies with the actual situations. Therefore, it is not insignificant to have a review of the past research work on the book.

Although the book was published twice in 1103 and 1145 respectively, collected in *Yongle Encyclopedia*[①] in the Ming dynasty and again in *Complete Library in Four Branches of Literature*[②] in the Qing dynasty, very few copies of it prevailed and it was nearly forgotten. Until reproductions of manuscripts (Ding edition)[③] were published in 1919, the book aroused interest in the country as well as abroad. Research work on the book followed. Most of the early work was limited to the textual research among different editions, correcting many errors and omissions, thus clearing the way for, and saving much time of, later research work. In 1931, under the sponsorship of Zhu Qi-qian[④] and direction of Prof. Liang Si-cheng[⑤], and Liu Dun-zhen[⑥] that research work on the contents of the book was started.

In the beginning, the book was a hard nut to us. Nearly every line could not be read through. Except those common terms like "post" and "beam", the book was full of odd terms which we did not understand what they were. Under such conditions, the only way out was to lay out the dimensional relationships recorded in the book, to compare them with actual measurements from existing buildings, and to interrelate them on the drawingboard. Thus, the terms were clarified nearly one by one. Gradually we understood little by little. Even

① 《永乐大典》。
② 《四库全书》。
③ 丁本。
④ 朱启钤。
⑤ 梁思成。
⑥ 刘敦桢。

when the text itself was plain and concrete, however, owing to the fact that we were short of perceptual knowledge and practical experience, we were still unable to comprehend. For example, regarding the method of drawing entasis[①] (curves of a beam, a column, or at the elbow of a bracket), the text was in fact easy understood. Nevertheless, as we had not been careful enough in investigation and ignored it, we were unable to comprehend for a long time. Only after repetitive study with practice on the drawingboard, we understood that the method of entasis was not only in accord with geometrical principles, but also convenient for construction. According to that method, the desired curves could be drawn, as well as the exact cutting lines needed in carpentry. When we referred to the text at that moment, we found how naive and ridiculous we had been at first. With accumulation of experiences day by day, we were able to read literally most of the text of the book.

From 1931 to the year of liberation (1949), in a period of nearly twenty years, the research work was carried out under the direction of Prof. Liang Si-cheng and Liu Dun-zhen. Liang started to write *Annotations to "Ying Zao Fa Shi"*[②]. It is a pity that he had only finished the parts preceeding "Structural Carpentry" and a small part of "Non-structural Carpentry and Joinery" and "Painting and Decorating" during his lifetime. Most of his works had been included in his investigation reports or articles published in periodicals. A number of drawings had been reproduced for teaching in some schools. The results of his research have been widely known among Chinese architectural historians and archeologists. In summing up, what has already been done so far, including works by foreign scholars, is limited to the explanations of technical terms and dimensional regulations, and the preparation of a number of drawings in modern method of presentation. Hence, Prof. Liang mentioned in the introduction of his work *Annotations to "Ying Zao Fa Shi"* that what he had done was "translation work". In fact, he had only explained the terms literally item by item, and had not enough time to go deeper in research. Therefore, the methods and principles of design

① 卷杀。
② 《营造法式注释》。

prevailing then were not known. For example, in the first chapter on Structural Carpentry, it says: "Regarding rules for building construction, "*cai*"[①] is of prime importance..." The text had not been thoroughly comprehended by us, therefore we did not know the grades of dimensions of lumber used, neither know how to determine the number of *cai* or *fen*[②], as modules governing the width of a bay, was determined. Prof. Liang mentioned in the same introduction: "Grades of lumber dimensions should be assigned, and absolute dimensions should be assumed for the width and the depth of each bay, the height of columns, etc. All of these are neither indicated in the original drawings, nor mentioned definitely in the regulations."

Of course, such lack of thorough comprehension is the inevitable pheonmenon in a certain period in the research process. We can only gradually improve from the shallower to the deeper, in order to approach completeness and thoroughness. Toward such an ancient literature highly unintelligible, the first step could only be and must be translation work. As mentioned above, translation work has involved long and hard work, especially to foreign scholars who have to translate ancient Chinese into their own language. Not only should we not underestimate the past achievements, but also respect and value the foundation laid by our precursors who has paved the way for us to go further. We should enhance on the basis of previous work and should not remain stagnant.

It is true that our previous work has shortcomings. But they are reflected in the research of architectural history, rather than in the study of the book *Ying Zao Fa Shi* itself. We used to be influenced by the cumbersome metaphysical textual research. We only notice the superficial appearance, but not the essence, thus causing mistakes and confusion. We take the standard systems or regulations, which has room for expansion and contration, as a rigid regulation that can not be changed. We used to judge actual examples, even trying to find out the laws of development by means of some trifling regulations. For example, we used to compare

① 材。

② 分（份）。

dimensions of details of different types of brackets mentioned in the book with actual examples and take the similarities and variations as the indication of architectural development in essence. Another example is the lack of comprehensive understanding of the plans and sections shown in the book, which makes us unable to see the characteristics of beam and column construction in actual buildings as a whole and the relationship between column spacing and roof frame construction. As a result, we took a certain type of plan to be a new creation and named it "diminished-column construction" ① in spite of the fact that it was a definite type of construction that has already mentioned in the book. This kind of metaphysical method that only sees the trees but not the forest, only pays attention to the superficial appearance but not to the essence, usually leads to specious arguments which make people to be caught in confusion for a long time.

In short, we should affirm our previous achievements, and at the same time, we should examine seriously our mistakes, put them right, and replenish our deficiencies. If we think that the previous achievements are sufficient, and we have thoroughly understood *Ying Zao Fa Shi*, we are apt to make mistakes. So far as we know, what we can be sure of is only one half of the book, or even less. Hard task is still ahead.

The author of this paper made a comprehensive investigation of Sakya Pagoda, Fo Gong Temple, Yingxian, Shanxi② in 1962–1963. He discovered that dimensions of different parts of the pagoda, as well as those of the whole construction, bore certain relationships in proportion to each other. The width of bay, the height of column, and the storey height all had definite ratios. He wondered whether these relationships in proportion had anything to do with the ancient *cai-fen* system, whether solutions, or clues for solving, could be found in *Ying Zao Fa Shi*. Although it was definitely stated in the book that: in the bracketing system, sometimes

① 减柱造。

② 山西应县佛宫寺释迦塔。陈明达:《应县木塔》，文物出版社，1980。
Chen Ming-da, *Wooden Pagoda at Yingxian* (Beijing: Cultural Relies Publishing House, 1980).

down-*ang*[1] was used and sometimes up-turned brackets[2]; projection of bracket[3] was sometimes reduced; position in height of bearing block[4] on an *ang*[5] should be lowered; there are no further explanations. In the analysis of the pagoda, it showed that all these treatments had their explicit aims, and were not meaningless random measures. Many phenomena made the author realize that the study of physical research should be incorporated with that on the book *Ying Zao Fa Shi*, mutually complementing and promoting each other. On the other hand, he thought that, providing the book was the record of actual experiences for ages handed down to craftsmen of that time, it must be possible to find some clues in the text which would lead to explanations to problems for which no regulations or specifications were given in the book. Because knowledge from practical experiences can never be a matter in isolation, it must be correlated to the whole system of architecture, and in accord with the requirements as a whole. Even for the rule of making a small architectural element, it reflects at least a certain side of the other elements connected with it. We can surely enhance our understanding, provided that we take everything serious and correlate it with actual examples.

For nearly thirty years after liberation, the Communist Party of China and the Chinese Government have paid much attention to the preservation of architectural heritages, conducted a nationwide investigation and grasped the situation of extant buildings in the country. Measures for protection, maintenance and repairing of historical architecture in general have been carried out by different local cultural organizations. For buildings of great importance and those badly damaged, renovations have been scheduled, among which some are complete restorations. These works of huge scale have offered large amount of new information to the study of architectural

---

① 下昂 *xia ang*: a member cutting through bracket set, with its outer end prolonged, pointed and slanting downwards, acting as a level.

② 卷头 *juan tou*: up-turned bow-shaped bracket.

③ 出跳 *chu tiao*: transversal projection of bracket, inward or outward.

④ 枓 *dou*: a square bearing block in a bracketing set, with cuts either in one way or two ways to support bracket or lintel above.

⑤ 昂 *ang*: a slanting transversal member cutting through a bracket set, either downwards or upwards, i.e., down-*ang* or up-*ang*.

history, at the same time, a great many actual examples for reference in the research on the book *Ying Zao Fa Shi*, and more advantageous conditions to continue in-depth, and gradually solve the problems that have not be solved under the new conditions.

Judging from the conditions mentioned above, the author is keenly aware that the time has come to make further research on *Ying Zao Fa Shi*, to go another step forward basing on the previous achievements. Structural carpentry has been chosen to start with, since it is the dominating part of ancient architectural construction. This work is the continuation of previous research works and also a continuation on the base of Prof. Liang's *Annotations to* "*Ying Zao Fa Shi*". Therefore, all the issues that have been definitely affirmed in Prof. Liang's work, will not be repeated for explanations but only focus on problems which have not been solved in the past or the explanation is not clear enough, with a view to have further understanding of the structural carpentry system. It is hoped that this work would offer some concrete reference to the evaluation of "*Ying Zao Fa Shi*" and the study of the history of Chinese architectural development. However, the individual's power and condition are limited. So, first, it is impossible to solve all the problems, second, there must be mistakes and incomplete comprehensions. Readers are earnestly requested to correct and add more.

The author sincerely hopes that this preliminary work would be a first step in a new journey toward further research on *Ying Zao Fa Shi* as well as on the history of Chinese architectural development.

Summary①

The research on structural carpentry has been centred on three main sissues, which are:

1. To find out the standard dimensions, in terms of *cai/fen*, of width of bay, length of rafter, height of column, eave projection, etc., which are not clearly recorded in the original book;

2. To explore the bracketing system in detail to fill up the insufficient knowledge in the

① 此部分内容参阅本卷“总结”部分。

past;

3. To investigate the structural forms shown in the drawings: "Beams and Columns Used at *Jian Feng*[①] of *Ting Tang*[②] " and "Cross-section Shown Roof Frame of *Dian Tang*[③] with Ceiling".

In the first problem, the specific dimensions recorded in the book were first listed, then converted into *fen*, assured by checking them with regulations concerned. They were compared with numbers of *cai/fen*, found in representative actual examples, and proved to be similiar to those actually used in Tang and Song dynasties. At last, these dimensions in terms of *cai/fen* were used in the drawings showing sections of *ting tang* and *dian tang*. It was proved that these dimensions were practicable at that time.

In the second problem, drawings of bracketing systems were prepared, basing on the dimensions of brackets, *ang*, etc. stated in Chap. 17, 18 "Labour in Structural Carpentry". They were analysed and compared with original drawings in the book and regulations in Chap. 4. A better understanding of the bracketing system of that time was obtained.

In the third problem, basing on the results of the above two problems and the drawings in Chap. 31 of the book, new drawings were prepared. They had not only proved that the above results were correct, but also clarified that *ting tang* and *dian tang* were two different forms of constructions with their respective characteristics. These drawings clarify the vague views on the structural forms in the past.

The first problem is of key importance. Acquirement of the numbers of *cai/fen* for depth of bay and length of rafter gave us solutions to some related questions or clues for solving them. For example, in the latter drawing mentioned above, why did the centre line of purlin

---

① 间缝 *jian feng*: centre line of a row of columns dividing the building into bays.

② 厅堂 *ting tang*: a type of building smaller in size and lower in quality than *dian tang*, the construction being formed by columns, beams and roof frame between every two bays.

③ 殿堂 *dian tang*: a type of building largest in size and highest in quality, the construction being formed by columns, bracketing system and roof frame one upon another, and according to the division of *cao*.

not coincide with that of column below? This was due to the fact that the depth of bay was 375 *fen* and the horizontal projection of length of rafter should not exceed 150 *fen* each. Why could not the total length of bracket projections exceed 150 *fen* although there are many projections? Because it should not be larger than the horizontal projection of the length of a rafter. How did it happen that sometimes the inward projections[①] of exterior brackets were too far, or sometimes the ceiling too low? This was due to the good or bad proportion between the number of *fen* of bracket projection and that of depth of *cao*[②]. All such problems were thus readily solved.

During the course of various researches, some other problems were solved or put forward, such as, number of *pu* and number of *tiao* of bracket sets[③]; positions of outward[④] and inward projecting brackets; function and application of up-*ang*[⑤]; the relationships between number of *pu* of brackets and the size of a building; those between structural form and plan and elevation; those between the length and width of a building; those between heights of columns, bracketing system, and the slope of roof frame; etc. All these are treated in different chapters.

To sum up, we can say that now we have known and understood basically that the *cai-fen* system in *Ying Zao Fa Shi* was indeed a quite satisfactory modular system in the past, which was the basic principle of building construction and architectural design.

Why do we say that we know and understand basically? Because there are still points which we do not know and understand yet. And, on the base of understanding, there arose new questions which puzzled us and need further study. Results of research on science

---

① 里跳，里转 *li tiao, li zhuan*: inward projecting brackets (with respect to longitudinal centre line of columns).

② 槽 *cao*: the space enclosed by peripteral columns, interior columns and the bracket sets above.

③ 铺作 *pu zuo.*

④ 外跳，外转 *wai tiao, wai zhuan*: outward projecting brackets (with respect to longitudinal centre line of columns).

⑤ 上昂 *shang ang* (up-*ang*): a transversal slanting member in a bracket set, with its lower end resting on top of column and its upper end supporting lintel above.

and technology are always enhanced and accumulated step by step, and new progress in continuously made, while at the same time new problems are constantly discovered. This is inevitable in research work, otherwise we remain stagnant.

Let us quote once again the following two paragraphs about *cai* from Chap. 4 of the book:

"Regarding rules for building construction, *cai* is of prime importance, *cai* is divided into eight grades, to be used according to the size of the building."

"For each grade of *cai*, the height is divided into 15 *fen*, with 10 *fen* as the breadth. The height and depth of a building, the length of each member, straight or curved, raise and depress①, appropriate application of the regulations in an actual job, all are governed by the number of *fen* of the lumber used."

We now see these two paragraphs were the general principles of building design and also those of *cai-fen* system. By means of these two paragraphs, we can judge how much did we know before we started the research, and how much do we understand at present, and to what extent.

"The length of each member" means the length and cross-section of various components, refering to the regulations in Chap. 4, 5. "Straight or curved" refers to the contour and shape of various components, including entasis (of beams, columns, elbow of bracket), *e*②, *ao*③, point of *ang, shua tou*④, etc., while "raise and depress" means the contour or silhouette of a building, including pitch and curvature of the roof, increase in height of

---

① 举折 *ju zhe*: method to determine pitch and curvature of a roof: height of ridge purlin determined by a certain ratio (1/3 or 1/4) of the distance between front and rear purlins; height of other purlins determined by "depressing" from the straight line connecting the ridge and eave purlins by respective ratios.

② 讹 *e*: round-off at the edge of a member.

③ 鱖 *ao*: an object with a concave surface is named *ao*, e.g., at the lower part of a bearing block.

④ 耍头 *shua tou, jue tou*: a member parallel to and on the topmost transversal bracket, intersecting with eave purlin, with both front and rear ends exposed.

corner columns[①], increase in projection of eave at corner[②], etc. Before the research was carried out, we knew well most of them. For a few of them, we knew but were not sure. For example, regarding the lengths of beams of all kinds, we only knew that they were expressed in terms of number of rafters. Since we did not know the lengths of rafters in number of *cai-fen,* naturally we could not tell the actual lengths of beams, which we know exactly at present. There are elements still unknown and methods of entasis still not sure. In short, regarding these two phrases quoted above, we knew basically before the research was started. Now, we know a little more, but not all.

"Height and depth of buildings": Formerly, as we did not know the number of *cai/fen* for width of bay, length of rafter, height of column, projection of eaves, we thought that they could be chosen arbitrally without being controlled by *cai/fen*. We took this phrase to be used only to emphasize that "*cai* is of prime importance", without any concrete meaning. We were totally ignorant. Now we have found out the number of *cai/fen*, for these important dimensions, therefore we understand the concrete meaning and know how to decide on "height and depth of building".

"Appropriate application to actual job": Formerly we did not pay much attention to this phrase, and did not care to decipher it. Now we can answer it. This was due to the fact that standard number of *cai/fen* was assigned to each rule (including width of bay, length of rafter, height of column, etc.), at the same time, flexibility was also allowed within the limits of assigned numbers of *cai/fen.* Therefore, in an actual job, there arose the question of appropriateness. For example, with the width of an end bay being 250 *fen*, it is appropriate to use bracket sets of 6 or less *pu*; while with the width of other bays at 375 *fen* each, it is appropriate to use bracket sets of 6 or more *pu*. Hence, for the former case, it is desirable to

① 角柱生起 *jiao zhu sheng qi*: increase in height of a corner column over that of the central bay.
② 椽头生出 *chuan tou sheng chu*: increase in projection of eave at the corner of a building.

make the height of rough beam 2 *cai*, and for the latter case, 2 *cai* and 2 *zhi*①. Similarly, there is also choice for length and width of a building, projection of eaves, height of columns, etc., and there is always the question of appropriateness in each case. Therefore, with the rules for standardization being laid down, it is not true that the architect has nothing more to do in his design. He still has to consider within the flexibility limits and to make it "appropriate". Probably this was the duty of *Du liao jiang*② of that time. Regarding these two phrases, previously we did not understand them at all, but now we are basically clear about them.

"*Cai* is divided into eight grades, to be used according to the size of the building." Previously, we thought that we had already comprehended the contents of this sentence long ago, i.e., the actual dimensions for each grade, certain grade for building of certain number of bays, etc. In fact, it was not so. What we comprehended then was a preliminary or abstract conception. Now we know that *cai* was divided into eight grades according to their strength, the true essence of the grading system. With regard to "the size of the building", although we had then a conception of number of bays, but neither knew the actual number of *cai/fen* for the depth of each bay, nor the relationship between depth of bay and number of rafters, and that between length of rafter and number of *cai/fen*. As a result, we could not tell the actual size of the building. Hence, we had then only an abstract conception of how large a building was, which a certain grade of *cai* suited. Now, with the number of *cai/fen* clarified and also the relationship between length and width of a building according to *cai/fen* system in actual dimensions, we have therefore a clear concrete conception of the size of a building, upon which we can choose the grade of *cai*.

"For each grade of *cai*,… all are governed by the number of *fen* of the lumber used." We can say that the first thing we knew in our contact with the book was that the height of *cai* was 15 parts, breadth 10 parts, height of *zhi* 6 parts, and that all the regulations were based

---

① 栔 *zhi*: 1.The subsidiary standard timber, 6 *fen* in height and 4 *fen* in breadth, divided into 8 grades. 2. A multimodule which is 6 times the basic module *fen*, in 8 grades.

② 都料匠 *du liao jiang*: a master carpenter in charge of building construction.

on these standards. However, after the research on structural carpentry, we realize that we actually had only a hazy notion then, and at present we understand half of it, and the more important half is still not understood.

The text says clearly that "all are governed by the number of *fen* of the lumber used". However, previously we were not clear which was the governing factor among *cai*, *zhi* and *fen*. Since we know now that all regulations were based on *cai/fen*, and have worked out standard numbers of *fen*, we feel that actually we should say "*fen*" is of prime importance, instead of "*cai* ", only that the value of *fen* varies with the different grades. This brings forth an important new question: why was 1/15 of the height of a number taken as *fen*? And how?

In Chap. 4 and 5, some regulations were apparently expressed in terms of *cai* and *zhi*, actually they were *fen* in essence. For example, diameter of column for *dian ge* was 2 *cai* and 2 *zhi* to 3 *cai*, i.e., 42 to 45 *fen*; height of interior architrave 1 *cai* and 3 *fen* to 1 *cai* and l *zhi*, i.e., 18 to 21 *fen*; height of ground beam① 1 *cai* plus 2~3 *fen*, i.e., 17~18 *fen*. It was merely another way of writing number of *fen*. In other words, if the number of *fen* happened to be integral multiple of *cai/zhi*, it was written as some copies of *cai* and some copies of *zhi*; if the number of *fen* was larger than 15 and smaller than 21, it was written as 1 *cai* and several *fen*, or *cai* plus several *fen*. It was most obvious in Chap. 5 "Beams". Five rules in the beginning of the chapter were all expressed in *cai* and *zhi*, while rules for crescent beams② were all in *fen*. As a matter of fact, it was clearly stated in the text that "all are governed by the number of *fen* of the lumber used". However, previously we only paid attention to the beginning of the first quotation and ignored the last part of the second quotation. As a result, we turned a blind eye to the fact that great many rules were based on *fen*.

On the other hand, we have never ignored another implication of expressing widths of beams in terms of *cai/zhi*. All beams in conjunction with brackets should coordinate in dimension with bracket components, while there were only two kinds of dimensions for

---

① 地栿 *di fu*.

② 月梁 *yue liang*: a beam curving downwards at the ends.

bracket components, i.e., single *cai*[①] (one *cai*) and full *cai*[②] (one *cai* plus one *zhi*). As a result, beams had to be 1 *cai* and 1 *zhi*, 2 *cai* and 1 *zhi*, or 2 *cai* and 2 *zhi*. Beams of 2, 3 or 4 *cai* were only used where they did not have direct connections with bracket components. Looking at earlier actual examples like Main Hall of Fo Guang Temple[③] and Guan Yin Pavilion, Du Le Temple[④], we find that porch beams[⑤] in connection with brackets are only 1 full *cai* (21×10 *fen*) each or a little more than 1 full *cai* (21×14 *fen*). Only in later examples were such beams gradually enlarged in size. Synthesising these phenomena, it was quite possible that regulations earlier than *Ying Zao Fa Shi* took *cai* indeed as the key, thus making most of the components in single *cai* or full *cai,* with rare components in large cross sections. The practice of taking 1/15 of the height *cai* as *fen* and using it as the key might well be later innovation or development. It was probable that *Ying Zao Fa Shi* retained the traditional conception, while in reality using *fen* as the key in the rules. The phrase "*cai* is of prime importance" had led us to comprehend simply that *fen* comes from *cai* and ignore their difference for a long time. Therefore, it was quite possible that "*fen* was the predecessor of *cai*" including the source of *cai*. The origin of *cai* and the formation and development of *cai/fen* system are questions which we do not understand and are unable to answer. These questions come forth after the research on structural carpentry, the solution of which has to be obtained through further study of actual examples. Once they are solved, they will certainly be important contributions to the history of development of construction technology.

The most important question raised or newly generated in the study of structural carpentry is the nature and origin of *cai*, as mentioned above. Besides, there are questions

---

① 单材　*dan cai*: 1. The standard timber, 15 *fen* in height and 10 *fen* in breadth, divided into 8 grades. 2. A multimodule which is 15 times the basic module *fen*, in 8 grades.

② 足材　*zu cai*: 1. The subsidiary standard timber, 21 *fen* in height and 10 *fen* in breadth, divided into 8 grades. 2. A multimodule which is 21 times the basic module *fen*, in 8 grades.

③ 佛光寺大殿。

④ 独乐寺观音阁。

⑤ 乳栿　*ru fu*: a short beam connecting brackets on a peripteral column and those on an interior column in a building with porch.

such as: Why does *zhi* gradually decrease during the ages? How did the brackets come into being? What is the essence of reduction of bracket projection? What is the condition when single tier of bracket[①] be used in *tou xin*[②], and double-tiered brackets[③] be used in *ji xin*[④]? Answers to these questions can hardly be found from *Ying Zao Fa Shi* itself. Therefore, it requires analysis of actual examples and summarization of the technical developments in order to go into further study and to solve these questions one by one. This task, of course, can neither be accomplished in one day, nor be easy.

It is fortunate that the *cai/fen* system which we have just clarified has in turn become a powerful weapon in the research on the history of the devolopment of ancient architectural technique. In his study on the wooden pagoda in Yingxian county, the author has discovered the regularity of the heights of different storeys, the relationship between storey height and width of each side, and the strict proportions in dimensions of elevational composition as a whole. Applying the principles of *cai/fen* system to re-examine the principles of design of the pagoda, he has gained new results. For example, by converting the width of each side of each storey into *fen*, he has found that the width of each side on one storey differs from that on the next storey above or below by 25 *fen*. Why was the number 25 chosen as the difference? The author realized instantly that it was just the principle recorded in the book the ancient artisans used to denote the relative dimensions of the length of each side and the diagonal of a regular octagon, i.e., 25 and 60 respectively. In other words, when dimension of each side differs by 25 *fen* from that of the storey below or above, the corresponding diagonals will differ by 60 *fen*. Obviously, these are numbers very convenient to use both in design and in construction. From this example alone, it can be seen what an important role the *cai/fen* system plays in the research on actual examples, and what a help in deeper study.

---

① 单栱　*dan gong*: single tier of bracket (*ling gong*) supporting a lintel.

② 偷心　*tou xin:* use of another transversal bracket or *ang* above a transversal bracket.

③ 重栱　*chong gong*: double tiers of brackets (*gua zi gong*, and *man gong* above) supporting a lintel.

④ 计心　*ji xin*: use of a longitudinal bracket above a transversal bracket.

Actual examples have been quoted for verification in each chapter in this work. The last chapter (Chap.7) focuses on concise comprehensive analysis of 27 actual examples. The chief aim is to prove that investigation, explanation and judgement to the book *Ying Zao Fa Shi* are quite possible, and there are practical foundations for doing so, to say, to use objectively existing objects to judge the accuracy of the results of our investigation. However, this is not yet the research on the examples themselves. Nevertheless, in this concise analysis, some signs of certain construction technology development have already been involved. For example, it is possible that: in the earlier bracketing system separate units were used for length of projection and height of a bracket set; the relationship and positions of interior brackets[①] projecting outward and inward might have been reversed owing to the development of structural forms; a building type between *dian tang* and *ting tang* might be an earlier structural form, etc. Although these are only preliminary views, they are put forward just to point out the signs of inheritance and development between the book *Ying Zao Fa Shi* and the actual examples. However, in the meantime, they have brought forth problems for further study on actual examples and provide new cues to the research on the history of architectural development.

From these 27 examples only, we have already seen that from 782 A.D. to the end of 12th century, the housing construction of more than four centuries has marked signs of *cai-fen* system. Therefore, if we can find out the *cai/fen* value of each building and convert into different dimensions in terms of *fen*, we shall be in a better position to find out and comprehend the underlying principles of design. On the other hand, the variations of *cai/fen* and design principles in different periods will in turn give cues to the course of development of building technique, which will replenish the history of architectural development to a great extent.

As mentioned above, the research on the book *Ying Zao Fa Shi* and that on actual

---

① 身槽内铺作 *shen cao nei pu zuo*: bracket sets above centre lines of interior columns.

examples do have mutual inspiration and mutual promotion. Now, the research on structural carpentry according to the book has provided us a new tool and many new clues which will be helpful in the study of actual examples. Detailed investigations of existing buildings should be carried out one by one according to historical sequence.

We have basically understood the ancient *cai/fen* system at last. All the credit should be ascribed to the book *Ying Zao Fa Shi* and its author. Without the written record of the book, although it is still possible to deduce design principles from the actual measured data of the examples, it would take much more effort, and there may be more and more important rules that are not easy to be found, and it might not be possible to summarise the existing ancient modular system. In modern architecture, the modular system, standardisation and typification are all technologies that have only appeared in this century. However, *Ying Zao Fa Shi* was written in the eleventh century, with modular system as its base, had included various design principles and abundant detailed regulations for planning and construction, and has made great contribution to architecture. Structural carpentry is only a small part of the book. We should pay full attention to this heritage and carry on our efforts to comprehend thoroughly all the contents of the book.

Appendix[①]

General Rules on Structural Carpentry according to the Building Regulations of the Song Dynasty

Since we have assured that the underlying principles of *Ying Zao Fa Shi* was the modular system for building construction and architectural design, i.e., the basic principle, it should be possible to write out the building rules of the Song dynasty, basing on the book. General rules prevailing then within the scope of the present study have been drafted as follows, basing on the results of research. Rules on contents of Chap. 4 and 5 of the book are not included,

① 此部分内容参阅本卷“附录一：宋营造则例大木作总则”。

since they have been clearly stated in the text and are well known to us. Not being a complete survey, and with some problems still unsolved, the following is appended here as a trial draft for reader's reference. It may also serve as a summary and index of the present study.

Contents

---

① 间广 *jian guang*.

② 进深 *jin shen*.

③ 檐出 *yan chu*: eave projection beyond the exterior wall or peripteral columns.

④ 铺作 *pu zuo*: name for bracket set or bracketing system in the Song dynasty.

⑤ 减铺 *jian pu*.

⑥ 减份 *jian fen*.

⑦ 扶壁栱 *fu bi gong*: longitudinal brackets and lintels right above the centre lines of columns (peripteral or interior), excluding those inside or outside of the center lines and transversal brackets.

1. Beams and columns on *jian feng* of *ting tang*

2. Roof frame of *dian tang* with ceiling

3. Construction of *ping zuo*[①], or substructure

4. Construction of *lou ge*[②], or multi-storeyed building with substructure under each storey

5. Beams

I. General

1. *Cai* and *fen* (Fig 1; Table 1, 11; Chap.1, sec. 1; Chap. 2, sec. 2; Chap. 3, sec. 1, 3.)

(1) In building construction and architecture, standardization and typification are enforced in design, with *fen*, as the basic module, the number of which is fixed while the value of which is variable in different cases. Buildings of same type and different sizes, have their dimensions and forms, including those of each element, geometrically similar and in direct proportion.

(2) *Cai* (single *cai*). *Cai* is the height of a standard rectangular member 1/15 of which is *fen*, the basic module. The cross-section of the member is 15×10 *fen*.

(3) The actual dimension of *cai* varies from 4.5 to 9 *cun*[③], divided into 8 grades according to the principle of strength (Table 11). Accordingly, the basic module *fen* has eight different values. From Grade 1 to Grade 6, the main structural materials, there is certain difference in strength and an even ratio in size between every two consecutive grades, with increase or decrease of strength not exceeding 1/3. When necessary, the next grade can be substituted for the last grade.

(4) Table 1 shows the dimension, value of *fen* and scope of usage for each of the eight grades. The 3rd grade is the one most commonly used, from subsidiary buildings to *dian tang*.

(5) Cross-section of rectangular beams. The ratio of height to breadth of all structural

① 平坐 *ping zuo*.

② 楼阁 *lou* ge.

③ 寸 *cun*: a Chinese measure of length, 1-10th of a *chi*. The actual length of *chi* varied in different periods of history. In the Song dynasty, the max. value of *chi* was 32 cm.

material rectangular in section is always 3 ∶ 2, with the exception of full *cai*.

(6) Full *cai*. The ratio of height to breadth of a full *cai* is 21 ∶ 10. It is approximately double in strength compared with single *cai*.

2. Building types and forms (Chap. 2, sec. 1, 4; Chap. 5, sec. 1, 3, 5; Chap. 6, sec. 4)

(1) The types of buildings are divided into four classes: *dian tang*, *ting tang*, subsidiary building[①], and pavilion[②]. *Dian tang* is the largest in size and highest in quality, *ting tang* and subsidiary building each with diminishing size and lower quality. Pavilion is the smallest in size and optional in quality.

In structural form, there are three types accordingly: *dian tang* (rough roof frame according to division of *cao*); *ting tang* (beams and columns at *jian feng*, i.e., between bays); pavilion (beams meeting at an apex[③]).

(2) *Dian tang* (single storey) and *dian ge*[④] (multi-storey). Structural form of *dian tang* used 5~8 *pu* of transversal brackets, 1 or 2 sets of intercolumnar brackets[⑤], four-sloped roof[⑥] or nine-spined roof[⑦], with ceiling in the interior.

(3) *Ting tang* (single storey) and *tang ge*[⑧] (multi-storey). Structural form of *ting tang* used 3~6 *pu* of transversal brackets, 1 set of or no intercolumnar brackets, nine-spined roof, or two-sloped roof overhanging the gables[⑨], with or without ceiling in the interior.

(4) Subsidiary buildings (including warehouses, buildings for general use, corridor in governmental building, barracks, etc.). Structural form of *ting tang* used, single *dou* (bearing

---

① 余屋 *yu wu*.

② 亭榭 *ting xie*.

③ 簇角梁 *cu jiao liang*.

④ 殿阁 *dian ge:* a multi-storeyed *dian tang*.

⑤ 补间铺作 *bu jian pu zuo*.

⑥ 四阿 *si e*.

⑦ 九脊殿，厦两头造 *jiu ji dian, xia liang tou zao*: nine-spined roof, or hip-and-gable roof, i.e. hip roof with small gables on the two sides.

⑧ 堂阁 *tang ge*: a multi-storeyed *ting tang*.

⑨ 不厦两头造 *bu xia liang tou zao*: two-sloped roof overhanging the gables.

block) with straight bracket[①] to 4 *pu* of transversal brackets, 1 set of or no intercolumnar brackets, two-sloped roof overhanging the gables. In warehouses, four-sloped or nine-spined roofs are sometimes used. Mitered roof[②] at corner of corridor in governmental building.

(5) Pavilions. Structural form of *dian tang*, *ting tang* or beams meeting at an apex with overlapping rafters are used, number of *pu* and number of sets of brackets not limited, nine-spined, square or octagonal pyramidal roof.

(6) *Fu jies*[③] or *chan yao*[④] may be added around the outside of *dian tang*, *ting tang* or substructure resting on ground. Structural form of *ting tang* is used in *fu jie*, with or without ceiling (latticed[⑤] or panelled[⑥]).

(7) For roof frame without ceiling[⑦], all the structural members are exposed and should be finished and artistically treated. For interior with paneled ceiling, all members of the roof frame above are not finished and without treatment.

3. Width of bay (Fig. 2, 3, 12, 13; Table 3; Chap. 1, sec. 2; Chap. 2, sec. 2; Chap. 4, sec. 5; Chap. 5, sec. 2, 5; Chap. 6, sec. 4)

(1) The width of bay depends on the number of bracket sets between the centre lines of two consecutive columns. For each set of brackets the distance between centre lines of two columns is 125 *fen* ± 25 *fen*.

(2) The width of bay of *dian tang* is 250 *fen*± 50 *fen* when one intercolumnar set of brackets is used, 375 *fen* ± 75 *fen* when two such sets are used.

(3) For *dian tang*, if the width of the end bay[⑧] is 375 *fen*, then the width of each bay is 375

---

① 单枓只替 *dan dou zhi ti*: the simplest form of bracket set, with a single *dou* (bearing block) holding a straight bracket.

② 合角造 *he jiao zao*.

③ 副阶 *fu jie*: porch with lean-to roof in a double-eaved building.

④ 缠腰 *chan yao*: lower cantilevered eave in a double-eaved building.

⑤ 平闇 *ping an*: latticed ceiling, with or without coffered part.

⑥ 平棊 *ping qi*: paneled ceiling with central part coffered.

⑦ 彻上明造 *che shang ming zao*: exposed roof frame construction without ceiling.

⑧ 梢间 *shao jian*.

fen; if the width of the end bay is 250 *fen*, then the width of each inner bay may be 250 or 375 *fen*.

(4) The numbers of *pu* of exterior bracket sets for *dian tang* are as follows:

Width of end bay (in *fen*)	No. of *pu* of exterior bracket sets	
	Outward	Inward
250	5 6 7	5 5 5
375	6 7 8	6 6 6

(5) For *lou ge*, or multi-storeyed building with substructure at each storey, the width of end bay of each storey should be successively reduced following the inward inclination of axes of columns[①]. In *chan zhu* construction[②], an extra reduction of 32 *fen* should be made at each storey.

(6) Width or bay of *ting tang*: 200~300 *fen*, the central bay[③] may be increased to 375 *fen*.

(7) Width of bay of subsidiary buildings: 200~250 *fen*.

(8) Width of bay of 3-bay *dian tang*:

Large: end bay 250 *fen*, central bay 375 *fen*;

Small: end bay 250 *fen*, central bay 300 *fen*.

(9) Width of bay of 3-bay *ting tang*:

Large: end bay 200 *fen*, central bay 300 *fen*;

Small: end bay 200 *fen*, central bay 250 *fen*.

(10) Octagnal pavilion: diagonal 375~750 *fen*.

Square pavilion: each side 225~500 *fen*.

(11) *Fu jie*: width of end bay 250~300 *fen*.

---

① 侧脚 *ce jiao*: slight inward inclination of axes of peripteral columns.

② 缠柱造 *chan zhu zao*: column construction of a substructure, in which the columns rest on beams, with three seat *dou* (bearing blocks around each corner column.)

③ 明间 *ming jian*.

4. Length of rafter and depth of building (Fig. 2; Table 3; Chap. 1, sec. 3; Chap. 2,sec. 2; Chap. 4, sec. 5; Chap. 5, sec. 2, 4, 5.)

(1) Horizontal projection of length of rafter: For rafters supporting roof, 100 *fen* each, successive increase by 12.5 *fen*. max. limit 150 *fen*.

For rafters supporting only ceiling without roof load, max. limit 187.5 *fen*.

(2) Depth of building: Each bay in depth has two rafters. Max. horizontal projection of length of each rafter is 150 *fen*, i.e., max. depth of each bay is 300 *fen*.

(3) For *dian tang*, max. depth of bay under ceiling may be increased to 375 *fen*, whereas max. horizontal projection of each rafter is still 150 *fen*. Therefore, for *dian tang* 2~4 bays in depth, the number of rafters to be used and the horizontal projection of length of each rafter are as follows:

No. of bays (depth 375 *fen* each)	Total depth (in *fen*)	No. of rafter	Hor. proj. of Length of each rafter (in *fen*)
2	750	6	125
3	1125	8	140.625
4	1500	10	150

5. Plan (Fig. 1, 3, 19, 25~27; Tables 8, 29; Chap. 2, sec. 2; Chap. 4, sec. 5; Chap. 5, sec. 1, 2, 4, 5.)

(1) Plan above column-top: The plan of *dian tang* (or *dian ge*) includes construction above column-top and under-panelled ceiling.

(2) Max. size of plan:

Dian tang, 9 bays × 10 rafters, or 11 bays × 12 rafters. *Ting tang* with nine-spined roof, 7 bays × 10 rafters, or 9 bays × 10 rafters. Gatehouse, 3 bays × 6 rafters.

For *ting tang* with two-sloped roof overhanging the gables, and subsidiary buildings, there is no limit in number of bays, the size being in terms of number of rafters.

Ting tang or warehouses, 10 rafters; corridors, 6 rafters; buildings for general use, 8 rafters; barracks, 4 rafters.

(3) Ratio between depth and length of building:

For *ting tang* with 9-spined roof and *dian tang*, about 1 ∶ 1.5 to 1 ∶ 2.75 (See Table 29). If the ratio is smaller than 1 ∶ 2, the ridge purlin should be lengthened, otherwise two-sloped roof overhanging the gables should be used.

(4) For *dian tang*, four-sloped roof should be used, with depth of 2, 3, or 4 bays, and recommended length of 5, 7, or 9 bays. If the length is 3, 5, or 7 bays, the ridge purlin should be lengthened.

(5) *Cao*. (The space enclosed by peripteral columns①, interior columns② and the bracket sets above was called *cao* in the Song dynasty, and the distance between central lines of peripteral and interior columns, depth of *cao*. In later periods, the former was called outer *cao*③, and the distance between front and rear interior columns, inner *cao*④.)

A ratio between depths of outer and inner *cao* of 1:2 is recommended.

(6) There are four types of floor plans for *dian tang*:

Front and rear *cao* type⑤, depth of building 2 or 4 bays recommended.

Outer and inner *cao* type⑥, depth of building 4 bays rccommended.

Double *cao* type⑦, depth of building 4 bays recommended.

Single *cao* type⑧, depth of building 3 bays recommended.

(7) For *ting tang* with 9-spined roof or *dian tang*: the width of end bay at the front is recommended to be equal to that at the side.

---

① 檐柱 *yan zhu*: column supporting the eaves.

② 屋内柱 *wu nei zhu*: interior columns excluding those on the longitudinal axis of the building.

③ 外槽 *wai cao*.

④ 内槽 *nei cao*.

⑤ 分心斗底槽 *fen xin dou di cao*: division of the building into front and rear *cao* by columns on the longitudinal axis of the building.

⑥ 金箱斗底槽 *jin xiang dou di cao*: division of the building into outer and inner *cao*, the for-mer being the space between peripteral and interior columns.

⑦ 双槽 *shuang cao*: division of the building into two *cao*, each formed by the space between peripteral and interior columns, one in the front part of the building and the other in the rear.

⑧ 单槽 *dan cao*: building with single *cao*, formed by the space between peripteral and interior columns in the front part of the building.

Depth of outer *cao* of *dian tang* is recommended to be equal to the width of the end bay.

(8) For *ting tang* with 9-spined roof or corner of corridor building with mitered roof, modifications and/or additions should be made to the beams and columns at the end bays and corners. See Fig. 25 for plans.

6. Height of column (Fig. 4, 19; Table 3; Chap. 1, sec.4; Chap. 5, sec. 1, 3; Chap. 6, sec. 4.)

(1) For *fu jie* and single storey building, the height of column, as a rule, should not exceed the width of each bay.

(2) For columns of *dian tang* or those resting on ground① in a substructure, the height should be 250~375 *fen*.

Height of peripteral columns of *ting tang*, 200~300 *fen*. Height of columns of *fu jie* and *chan yao*, not exceeding 250 *fen*.

(3) For buildings with *fu jie*, height of columns of building proper or those resting on ground in a substructure, not exceeding 500 *fen*.

(4) The interior column of *dian tang* and the eaves column are the same height.

The increase in height of interior column of *ting tang* follows the raise of roof frame.

(5) Increase in height of corner column over that of the central bay: For 3-bay building, 5 *fen*; extra increase of 5 *fen* for each addition of 2 bays; for a 13-bay building, total increase 30 *fen*.

(6) For substructure of a storeyed building, the height of column includes the height of bracket sets below.

For superstructure of a storeyed building, the height of a column includes the height of bracket sets of the substructure below.

7. Roof (Fig. 2, 4, 5; Tables 4, 5, 6, 7; Chap. 1. sec. 5, 6; Chap. 2, sec. 4; Chap. 6, sec. 4)

(1) Rafter. Diameter of rafter: for *dian tang*, 9 or 10 *fen*; for *ting tang*, 7 or 8 *fen*; for subsidiary buildings, 6 or 7 *fen*.

---

① 永定柱　*yong ding zhu*.

Spacing of rafters: For rafters 6 *fen* in diameter, spacing at 15 *fen* on centres. Increase of 1 *fen* in spacing for each increase of 1 *fen* in diameter. In other words, the clear distance between rafters is always 9 *fen* of rafter size.

(2) Projection of eaves. For rafters 6 *fen* in diameter, eave projection (beyond exterior wall or peripteral columns) is 70 *fen*. For each increase of 1 *fen* in diameter of rafter, 2.5~5 *fen* increase in eave projection. For rafters of 10 *fen* in diameter, eave projection 80~90 *fen*.

(3) Increase of eave projection at corner bay. For 1-bay building, increase of 8 *fen*; for 3-bay building, 10 *fen*; for 5-bay building, 14 *fen*; for buildings more than 5-bay, increase optional.

(4) Increase in length of ridge purlin. For four-sloped roof, total length of ridge purlin should not be less than one half of the total length of the building, otherwise an increase of 75 *fen* at each end of the ridge purlin should be made.

(5) Nine-spined roof. For a building which plan is square or nearly square, e.g., 3-bay building 8 rafters in depth or 5-bay building 10 rafters in depth nine-spined roof is recommended.

(6) Roof overhanging the small gables in a nine-spined roof. For *dian tang* and *ting tang* with nine-spined roof, the lower part of the roof at the corner, with a depth of two rafters, is carried around by hip-rafter; while the upper part overhangs the small gable by one rafter, i.e., 150 *fen*. For pavilion with nine-spined roof, the part of roof carried around is one rafter in depth, and the overhang half rafter, i.e., 75 *fen*.

(7) Overhang of two-sloped roof at gable. For buildings 2 rafters in depth, 40~50 *fen*; 4 rafters in depth, 60~70 *fen*; 6 rafters in depth, 70~80 *fen*; 8~10 rafters in depth, 90~100 *fen*.

(8) Slope of roof.

Dian tang: height to span 1 ∶ 3 (66.66%);

Ting tang with half-cylindrical roofing tiles①: height to span 1 ∶ 4 + 8% (54%) ;

Ting tang with segmental roofing tiles② and corridor building with half-cylindrical

---

① 瓪瓦 *tong wa*.

② 瓪瓦 *ban wa*.

roofing tiles: height to span 1 ∶ 4 + 5%(52.5%);

Corridor building with segmental roofing tiles: height to span 1 ∶ 4 +2% (51%);

Pavilion with half-cylindrical roofing tiles: height to half-span 1 ∶ 2 (50%);

Pavilion with segmental roofing tiles: height to half-span 4 ∶ 10 (40%);

Fu jie and *chan yao*: height to span 1 ∶ 2 to 4 ∶ 10 (40%~50%).

8. Height of building and eave projection (Fig. 4, 5; Table 30; Chap. 5, sec. 4.)

(1) Height of building: sum of height of column, height of bracketing system and height of roof frame.

Height of column: from floor level to bottom of seat *dou* (lowest bearing block)①.

Height of bracketing system: from bottom of seat *dou* to top of eave purlin②.

Height of room-frame: from top of eave purlin to top of ridge purlin.

(2) Proportion of heights: Within the range of flexibility allowed, height of column, height of bracketing system and height of roof frame should be approximately of the following proportions:

For 4-rafter building and *fu jie*: height of column = height of bracketing system + height of roof frame;

For 6-rafter building: height of column+ height of bracketing system = height of bracketing system + height of roof frame;

For 8-rafter *dian tang* and 8-10-rafter *ting tang*: height of column + height of bracketing system = height of roof frame;

For *dian tang* 10 or more rafters in depth: *fu jie* is recommended.

(3) Eaves.

Height of eave: from floor level to top of eave purlin.

Total eave projection: from centre of eave column to end of flying rafter③ (additional rafter

① 栌枓　*lu dou*: term used in the Song dynasty for the lowest bearing block in a bracket set.

② 橑檐方　*liao yan fang*.

③ 飞子　*fei zi*.

on eave rafter); from centre of eave column to end of eave rafter[1] if no flying rafter is used.

(4) Ratio between height of eaves and eave projection. Within the range of flexibility allowed, total eave projection should approximately be 40%-50% of height of eaves. (See Table 30 for details.)

II. Bracketing System

1. General (Fig. 6, 12, 13; Chap. 4, sec. 1, 2, 4, 5; Chap. 5, sec. 3; Chap. 6, sec. 1, 4.)

(1) Brackets above centre lines of peripheral columns are called exterior brackets[2] and those above centre lines of interior columns are called interior brackets.

(2) *Tiao*[3]: Unit of length of outward or inward projections in a bracket set, from 1 *tiao* to 5 *tiao*.

Pu[4]: Unit of height of a bracket set, from 1 *pu* to 9 *pu*.

(3) Relation between *tiao* and *pu*. According to the standard stated in the regulations, from 1 *tiao* of projection and 4 *pu* in height to 5 *tiao* of projection and 8 *pu* in height. The number of *pu zuo* is always the number of *tiao* plus three. (The term *pu zuo*, when prefixed with a number, means "*pu* in a set".)

(4) Size of a bracket set. Expressed in number of *pu*, the whole range from 4 *pu* to 8 *pu* is divided into two classes: 4 and 5 *pu* as lower class and 6 *pu* to 8 *pu* as higher class.

(5) Outward and inward projections. The brackets projecting outward and inward respectively from the centre of seat *dou* (lowest bearing block).

(6) Number of *pu zuo* in use.

Outward projections of exterior brackets: max. 8 *pu zuo*;

Inward projections of exterior brackets: max. 7 *pu zuo*.

Interior brackets: max. 7 *pu zuo*.

---

① 檐椽 *yan chuan*.

② 外檐铺作 *wai yan pu zuo*.

③ 跳 *tiao*.

④ 铺 *pu*.

Brackets of the substructure should be 1~2 *pu* less than those of the superstructure, max. 7 *pu zuo*.

Brackets of *fu jie* should be 1~2 *pu* less than those of the building.

Brackets of an upper storey of a multi-storeyed building should be 1 *pu* less than those of the lower storey.

For outward projections of exterior brackets of a substructure and inward projections of interior brackets, up-*ang* should be used, 5~8 *pu zuo*.

(7) Relation between number of sets of brackets and width of bay.

Max. number of intercolumnar bracket sets in buildings: 2 sets; those in small pavilions, no limit.

For *dian tang* with 4 or 5 *pu* set of inward projections in exterior brackets, 1 set of intercolumnar brackets is recommended for the end bay, width of end bay 250 *fen*; for *dian tang* with 6 or more *pu* of inward projections in exterior brackets, 2 sets of intercolumnar brackets are recommended for the end bay, width of end bay 375 *fen*.

(8) Reduction in height and in length of projection. Three interrelated measures to adjust the height of a bracket set for adaptation to the roof slope: the posterior end of down-*ang* prolonged inward and upward to support a purlin① ; lowering of block which rests on down-*ang*; reduction in length of bracket projection.

2. Height of bracket set and reduction in height (Fig. 8~17; Chap. 4, sec. 1, 2, 5; Chap. 6, sec. 1, 5.)

(1) Height of bracket set in which all brackets are bow-shaped:

For 8-*pu* outward projecting exterior brackets in building proper, the total height, from bottom of seat *dou* to top of eave purlin, is 168 *fen*.

For 7-*pu* inward projecting exterior brackets and interior brackets (both inward and outward) in building proper, the total height, from bottom of seat *dou* to top of ceiling beam②,

---

① 挑斡　*tiao wo*.

② 平棊方　*ping qi fang*.

is 132 *fen*.

For 7-*pu* bracket set in substructure, the total height, from bottom of seat *dou* to top of *chen fang tou*[1], is 138 *fen*.

For bracket sets with less *pu* than quoted above, the height reduces 21 *fen* for each *pu* less.

(2) Height of bracket set with down-*ang*:

For exterior bracket set in 6 or more *pu*, in which down-*ang* are used in the outward projecting brackets, the bearing block on down-*ang* should be lowered, making the height of the set less than that with all brackets bow-shaped by the following amount: one down-*ang*, reduce 2~5 *fen*; two down-*ang*, reduce 13~17 *fen*; three down-*ang*, reduce 25~29.5 *fen*.

(3) Height of bracket set with up-*ang*:

For all bracket sets with up-*ang*, the total height is increased by 1 *pu*, i.e., 8-*pu* interior bracket set with up-*ang* in building proper actually has a height of 9 *pu*, which is 174 *fen*; 8-*pu* bracket set with up-*ang* in a substructure actually has a height of 9 *pu*, which is 180 *fen*. For bracket sets with less *pu*, reduce 21 *fen* for each *pu* less.

(4) Reduction in *pu* of inward projecting exterior brackets:

According to the typical practice, reduction in *pu* is generally simultaneous with reduction in *tiao*, i.e., length of projection.

For exterior brackets all bow-shaped:

Location	No. of *pu* of outward projecting brackets	Reduction in No. of *pu* of inward projecting brackets
Building proper	8	1 *pu* less compulsory, may be 2 *pu* less
	7	may be 1~2 *pu* less
	6	may be 1 *pu* less, or no reduction
Substructure	5~7	may be 1 *pu* less

[1] 衬方头 *chen fang tou*: a member supporting purlin-holding block above, with its front end concealed and rear end exposed.

For brackets with up-*ang*:

Outward projecting exterior brackets in substructure, or inward projecting interior brackets in building proper	Inward projecting exterior brackets in substructure or outward projecting brackets in building proper
8 *pu* 7 *pu* 4~6 *pu*	may be 2 *pu* less may be 1 *pu* less no reduction

(5) For interior brackets, the number of *pu* is same as the inward projections of exterior brackets, and same on both sides.

(6) With the reduction in *pu* in the inward projecting brackets, if the ceiling happens to be too low (ceiling beam lower than top of main beam), *man gong*① should be added under the ceiling beam. When the outermost② intercolumnar 7-*pu* bracket set in an end bay is in contradiction with the corner bracket set, reduction of one *pu* should be made from the top. In these two cases, reductions in number of *pu* are made, but not the height of each *pu*.

3. Length of *tiao* of bracket sets and reduction in length (Fig. 6, 8, 9, 16, 17; Chap. 4, sec. 1, 2, 4, 5; Chap. 6, sec. 1.)

(1) Standard length of each *tiao* in *fen*.

The standard length of each *tiao* of a bracket set is 30 *fen*; total length of 5 *tiao*, 150 *fen*.

The number of *fen* for each *tiao* can be reduced when necessary.

(2) Reduction in length of exterior brackets.

Three alternative methods may be used:

(a) For outward projecting exterior brackets in 4~8 *pu* set and inward projecting exterior brackets in 4~6 *pu* set, all *tiao* are 30 *fen* each without reduction.

For inward projecting brackets in 7~8 *pu* set, the length of the first *tiao* is 28 *fen*, length of second *tiao* and those above are 26 *fen* each.

① 慢栱　*man gong*: a longitudinal bow-shaped bracket above *gua zi gong*, longest in length among the brackets, to widen the support.

② 次角　*ci jiao*: nearest to the corner of a building.

(b) For exterior brackets in 5~8 *pu* set, the length of the first *tiao* is 28 *fen*, the length of second *tiao* and those above are 25 *fen* each.

Outward and inward projecting brackets are same in length.

For exterior brackets in a 4-*pu* set, both outward and inward projecting brackets are 30 *fen* each in length without reduction.

(c) For exterior brackets in a 4- or 5-*pu* set, the length of each *tiao,* either outward or inward, is 30 *fen* without reduction.

For exterior brackets in a set of 6 or more *pu*, the first inward projecting *tiao* is 28 *fen* each.

For exterior brackets in a set of 7 or more *pu*, the second *tiao* (outward or inward) is 26 *fen* each.

For exterior brackets in an 8-*pu* set, the two lower *pu* being in *tou xin*, the second *tiao* is 30 *fen*; the third *tiao*, 16 *fen*.

(3) Reduction in length of interior brackets.

For interior brackets in a 5~7 *pu* set, the length of first *tiao* is 28 *fen*, that of other *tiao* above, 25 *fen* each; same for outward and inward projecting brackets.

For brackets in a 4-*pu* set, no reduction.

(4) Length of *tiao* of up-*ang*.

For bracket sets with up-*ang*, the length of each *tiao* is fixed without alteration (See Fig. 16, 17).

(5) Length of *tiao* of brackets in substructure.

Length of each *tiao* of bow-staped brackets in a substructure is fixed at 30 *fen* each without alteration. The length of *chen fang tou* in outward projecting exterior bracket set in any number of *pu* should be increased by 1 *tiao* (30 *fen*), with no increase in height.

(6) Length of down-*ang*.

For the upper two tiers of down-*ang* in outward projecting exterior brackets in an 8-*pu* set, and the upper tier of down-*ang* in outward projecting exterior brackets in a 6- or 7-*pu* set, the lengths of inward projections of *ang* are all 150 *fen* each up to lower intermediate purlin.

(7) Topmost diagonal *ang* in a corner bracket set[①].

For corner bracket sets in 4~8 *pu*, the length of outward projection of topmost diagonal *ang* is increased by 1 *tiao*, or 42.3 *fen* (based on the ratio of 1 ∶ 1.41).

For corner bracket sets in 5~8 *pu*, the length of inward projection of topmost diagonal *ang* is 211.5 *fen* up to lower intermediate purlin[②].

For corner bracket set in 4 *pu*, the length of inward projection of topmost diagonal *ang* is increased by 1 *tiao*.

4.Use of bracket and *ang* (Fig. 6~9, 14~18, 24, 26, 27; Chap. 4, sec. 1, 2, 4, 5; Chap. 5, sec. 1; Chap. 6, sec. 1, 3, 5.)

(1) For brackets of *dian tang*:

Exterior brackets		Interior brackets	
Outward projecting	Inward projecting	Outward projecting	Inward projecting
Bow-shaped brackets or down-*ang*	Bow-shaped brackets only	Bow-shaped brackets only	Bow-shaped brackets or up-*ang*

(2) For brackets of substructure:

For outward projecting exterior brackets in substructure, either bow-shaped brackets or up-*ang* may be used.

For substructure with ceiling above the bracket sets or without ceiling, inward projecting exterior brackets and interior brackets (both outward and inward) are all bow-shaped. If the inward projections are above the ceiling of the lower storey, posterior ends of down-*ang* are prolonged inward and upward to support purlins, without brackets and blocks.

(3) Number of down-*ang*:

For outward projecting exterior bracket sets, the numbers of tiers of down-*ang* and bow-

① 由昂 *you ang*.

② 下平槫 *xia ping tuan*.

shaped brackets respectively are as follows:

Total No. of *pu* of bracket set	No. of tiers of down-*ang*	No. of tiers of bow-shaped brackets
8	3	2
7	2	2
6	2 or 1	1 or 2

(4) Number of up-*ang*:

For exterior brackets of substructure and interior brackets of *dian tang*, the numbers of tiers of up-*ang* and bow-shaped brackets are as follows:

Total No. of *pu* of bracket set	No. of tiers of up-*ang*	No. of tiers of bow-shaped brackets
8	2	3
7	2	2
6	1	2
5	1	1

(5) For interior brackets and inward projecting exterior brackets in *dian tang*, diagonal brackets[①] should be added at corners according to the division of *cao*.

(6) The outward projecting exterior brackets and *ang* in *ting tang* are the same as those used in *dian tang*; with no transverse lintels and brackets in the inward projections.

(7) Posterior end of *ang*[②]. The posterior end of a down-*ang* is under lower intermediate purlin, with one bearing block or two bearing blocks and one bracket in between when there is no ceiling. The posterior end of a down-*ang* above a ceiling supports a dwarf column[③]. In a column-head bracket set, it supports the rough main beam; or, in *ting tang*, the next beam above.

(8) *Ji xin, Tou xin*:

When a longitudinal bracket is used on the block at the end of a transverse bracket, it is called *ji xin*.

---

① 虾须栱 *xia xu gong*.

② 昂尾 *ang wei*.

③ 蜀柱 *shu zhu*: a short column not resting on floor but on a beam.

When another transversal bracket or *ang* is used, it is called *tou xin*.

Single *gong* (bracket): Single tier of *gong* (*ling gong*①) supporting a lintel.

Double *gong*: Double tiers of *gong* (*gua zi gong*②, and *man gong* above) supporting a lintel.

(9) Distance between two bracket sets on centres:

In double-*gong* bracket sets, the distance between two sets should not be less than 125 *fen*. In single-*gong* bracket sets, the smallest distance between two sets can be 100 *fen*.

(10) In bracket sets with down-*ang* or bow-shaped brackets, the lowest tier of a 5~7 *pu* set, or the lowest 2 tiers of an 8-*pu* set, may be in *tou xin*. Single *gong* is usually used for *tou xin*.

(11) Bracket sets with up-*ang*: All bracket sets with up-*ang* are in double *gong* and *tou xin*, the respective inward (or outward) projections in double *gong* and *ji xin*.

(12) When three seat blocks are used around a corner column of a substructure, it is called *chan zhu zao*. Two blocks can be seen on each side. Distance on centres between two blocks is 32 *fen*.

(13) When the outermost intercolumnar bracket set in an end bay is in contradiction with the corner bracket set, the following brackets should be crisscrossed:

Gua zi gong and *man gong* in the third *tiao* of a 7-*pu* set;

Ling gong in the third *tiao* of a 6-*pu* set;

Man gong in the second *tiao* of a 6- or 7-*pu* set;

Ling gong in the second *tiao* of a 5-*pu* set;

Man gong in the first *tiao* of a 5-*pu* set.

5. *Fu bi gong* (longitudinal frame). (Fig. 7, 19, 28~32; Chap. 4, sec. 3, 4, 5; Chap. 5, sec. 3;

---

① 令栱 *ling gong*: an outermost or innermost bow-shaped bracket, of intermediate length, supporting a lintel.

② 瓜子栱 *gua zi gong*: a longitudinal bow-shaped bracket, shortest in length, inside or outside of the centre line of perpteral columns.

Chap 6, sec. 1.)

(1) Longitudinal brackets and lintels right above the centre lines of columns (peripheral or interior): excluding those inside or outside of the centre lines and transversal brackets, are called *fu bi gong*. Those along centre lines of peripheral columns and interior columns respectively form two ring constructions one within the other, tying all the bracket sets together.

(2) Height of *fu bi gong*:

For bracket sets with down-*ang* and bow-shaped brackets, irrespective of *tou xin* or *ji xin*, single *gong* or double *gong*, the height of *fu bi gong* from the cut[①] in seat block is 5 *cai* and 4 *zhi* for 8-*pu* set, 4 *cai* and 3 *zhi* for 7-*pu* set, and 3 *cai* and 2 *zhi* for 4~6 *pu* set.

For bracket sets with up-*ang*, the height of *fu bi gong* from the cut in seat block is 6 *cai* and 5 *zhi* for 8-*pu* set, 5 *cai* and 4 *zhi* for 6~7 *pu* set, and 4 *cai* and 3 *zhi* for 5-*pu* set.

For interior bracket sets and those in a substructure, the height of *fu bi gong* from the cut in seat block is always 3 *cai* and 2 *zhi*.

(3) For bracket with double *gong* in *ji xin*, 1 to 3 tiers of lintels are used on the double *gong*; for that with single *gong* in *tou xin*, alternate tiers of brackets and lintels are used.

(4) For the simplest bracket set, *dou kou tiao* and *ba tou jiao xiang zuo*[②], only one tier of lintel is used on the single *gong*.

(5) All the bracketing system in *dian tang* is levelled along the top of *fu bi gong* by *ya cao fang*[③]. No *ya cao fang* are used in *ting tang* and *fu jie*.

6. Transverse beams used in connection with bracket sets (transverse frame) (Fig. 10~15; Chap. 4, sec. 1~5; Chap. 5, sec. 3.)

---

① 枓口 *dou kou*.

② 把头绞项作 *ba tou jiao xiang zuo*: one of the simplest forms of bracket set, in which a seat *dou* supports a single bow-shaped bracket which intersects with a beam also supported by the same seat *dou*. The end of the beam projects beyond seat *dou* and is cut pointed.

③ 压槽方 *ya cao fang*: a member on top of *fu bi gong*, which levels the whole bracketing system, and on which the end of a main beam rests.

(1) Bracket sets above peripheral columns of *dian tang* are connected with those above interior columns by porch beams and lintels above to form an integer. In *ting tang*, beams and lintels used with inward projecting brackets above peripheral columns are same as those of *dian tang*, with inner ends of beams inserted into interior columns.

(2) The projecting *hua gong*[①] or *hua tou zi*[②] recommended to be formed by the end of connecting beam, and not separately be made.

(3) *Hua gong* (transversal bow-shaped bracket) supporting beams. For 6- or 7-*pu* inward projecting exterior bracket sets and interior bracket sets (both outward and inward), 2 *tiao* of *hua gong* are recommended to support beams; for 4- or 5-*pu* sets, 1 *tiao* of *hua gong*.

When 1 *tiao* of bow-shaped brackets and 2 *tiao* of *ang* are used in a 6-*pu* outward projecting exterior bracket set, 1 *tiao* of *hua gong* is recommended in the inward projection to support beams; when 2 *tiao* of bow-shaped brackets and 1 *tiao* of *ang* are used, 2 *tiao* of *hua gong* may be used in the inward projection.

(4) Beams and brackets at the corner. For corner bracket sets in 5~7 *pu*, successive tiers of corner *hua gong* may be used without corner porch beam[③]. For those in 4~5 *pu*, corner porch beam or corner rough beam[④] must be used.

For *dian tang* with end bay 375 *fen* in width, the length of rafter in horizontal projection being 150 *fen*, two intercolumnar bracket sets should be used in the end bay. Corner rough beam may be added to the corner bracket set.

For *dian tang* with end bay 250 or 300 *fen* in width, the length of rafter in horizontal projection being 125 or 150 *fen*, one intercolumnar bracket should be used in the end bay. Corner porch beam or corner rough beam may be used in the corner bracket set.

(5) Exterior and interior intercolumnar bracket sets are separately made, with no

---

① 华栱 *hua gong*: a transversal bracket.

② 华头子 *hua tou zi*: a transversal bracket the outer end of which supports the first tier of down-*ang* in a bracket set.

③ 角乳栿 *jiao ru fu*: a diagonal porch beam at the corner of a building.

④ 槫衬角栿 *yin chen jiao fu*: a diagonal porch beam above ceiling at the corner of a building.

connections to each other.

(6) In a substructure, rough beams[①] (or beams supporting columns of upper storey[②]) are used on column-head and corner bracket sets; and *chen fang tou* in full *cai* and *shua tou* on intercolumnar sets. These beams and lintels extend from the interior to the exterior in whole pieces.

III. Roof Frame

1. Columns and beams between bays of *ting tang* (Fig. 19~25; Chap. 5, sec. 1, 5.)

(1) On each transversal centre line of columns in *ting tang*, a roof frame is made of columns and beams. Different forms of beam-column combinations can be used in different roof frames of the same building, provided that the numbers of rafters and the spans of the roof frames are respectively the same.

(2) 19 different combinations of columns and beams are generally used for roof frames between bays. Other combinations can also be used when necessary. However, the following rules should be observed:

For buildings with two columns from eave to eave in each bay, the max. number of rafters is 8, i.e., the max. clear span of beam is 8 rafters (horizontal projection) long.

Max. number of columns in each bay of a building 8 or 10 rafters in depth is 6; for building 4 or 6 rafters in depth is 4.

(3) In a roof frame 8 or 10 rafters in width and with 4 or more columns each bay, an additional transversal subsidiary tie-beam, *shun fu chuan*[③], should be used, the ends of which project beyond the columns in the form of *hua gong* or *ta tou*[④] below *qian liang*[⑤] or porch beam.

When there are 4 columns, 1 *shun fu chuan* should be used between 2 interior columns.

When there are 5 columns, 2 *shun fu chuan* should be used between every two of the

---

① 草栿 *cao fu*: rough beam above ceiling without treatment.

② 柱脚方 *zhu jiao fang*.

③ 顺栿串 *shun fu chuan*.

④ 楷头 *ta tou*: a lateral bracket at the junction of a column or strut and a beam or lintel.

⑤ 牵梁 *qian liang*: a short tie-beam.

three interior columns.

When there are 6 columns, 1 *shun fu chuan* should be used between the two innermost interior columns.

(4) Increase in height of interior column following the raise of roof frame.

The axial column[①] (interior column on the longitudinal axis of a building) under the ridge purlin should be up to the bottom of topmost transverse beam[②] of the roof frame.

The other interior columns under purlins should be up to the bottoms of ends of transverse beams which they support.

(5) Longitudinal ties between roof frames.

A longitudinal tie beam under the ridge purlin, *shun ji chuan*[③] should be used to connect the struts supporting the ridge purlin.

Interior architraves[④] should be used between tops of columns or between camelback-shaped bearing blocks[⑤] supporting ends of beams. Minor architraves[⑥] should be used between shafts of columns, or *shun shen chuan*[⑦] further added.

(6) Tie-beams under purlins[⑧] in roof frame without ceiling.

Tie-beams should be used under ridge purlin, one for each bay; under upper intermediate purlin[⑨], one for each bay (2 *cai* high)[⑩] or every other bay (1 *cai* high)[⑪]; and under middle

---

① 中柱 *zhong zhu*.

② 平梁 *ping liang*.

③ 顺脊串 *shun ji chuan*.

④ 屋内额 *wu nei e*: lintel connecting tops of interior columns.

⑤ 驼峰 *tuo feng*.

⑥ 由额 *you e*: the lower lintel connecting tops of columns when two are used.

⑦ 顺身串 *shun shen chuan*.

⑧ 襻间 *pan jian*: tie-beam under a purlin, resting on brackets above a strut, in a roof frame without ceiling.

⑨ 上平槫 *shang ping tuan*: the uppermost one of the three intermediate purlins between the ridge purlin and the eave purlin in an 8-rafter roof frame.

⑩ 两材襻间 *liang cai pan jian*.

⑪ 单材襻间 *dan cai pan jian*.

and lower intermediate purlins[①②], one for every other bay.

Straight backets[③] should be used above all tie-beams.

(7) Ends of transversal beams are connected by longitudinal tie-beams supported by seat *dou* on column-heads or camelback-shaped bearing blocks.

A single bracket may be added between seat *dou* and the tie-beam above.

2. Roof frame for *dian tang* without ceiling (Fig. 19, 28~32; Chap. 4, sec. 2; Chap. 5, sec. 2~5; Chap. 6, sec. 1.)

(1) The structure of *dian tang* is composed of three parts from bottom up, i.e., the columns with architraves, the bracketing system and the roof frame, superposed one above another.

(2) Columns with architraves. All peripheral and interior columns are same in height, connected to form an integer by major architraves[④] according to the division of *cao*.

(3) Bracketing system. The bracketing system is composed of *fu bi gong* (longitudinal frame) and beams above columns (transverse frame) to form an integral structural part. In this sense, the bracket sets on column-heads should be considered as junction points. This structural part is levelled at the top by *ya cao fang*, on which the roof frame rests.

(4) Roof frame. For roof frame of *dian tang*, transverse beams are used in each bay, with blocks and struts between the beams to keep them in place, with no direct support from columns. Beams of different bays are connected by purlins and longitudinal tie-beams under purlins, to form an integral construction, which rests on the bracketing system part.

The division of bay in depth under the ceiling need not coincide with the arrangement of rafters above the ceiling, i.e., the depth of a bay in the column-and-architrave part need not be equal to the length of two rafters in horizontal projection in the roof frame part.

---

① 中平槫　*zhong ping tuan*.

② 下平槫　*xia ping tuan*.

③ 替木　*ti mu*.

④ 阑额　*lan e*: the upper lintel connecting tops of columns when two are used.

(5) *Cao*. The basic construction of *dian tang* structure is the outer *cao*, formed by two rows of columns (peripheral and interior columns) and the bracketing system above. Outer-and-inner-*cao* type and double *cao* type are the basic forms of *cao* division, in which the inner *cao* may be an empty tube-shaped form without connecting numbers.

(6) Bracket sets with up-*ang* may be used in inner *cao* of a *dian tang* in outer-and-inner-*cao* type, in which case there will be no rough beams in the inner *cao*.

(7) For *dian tang* with four-sloped roof, a longitudinal beam *ding fu*[①] should be added under the side slope at each corner, or another lintel *qi tou fu*[②] further added.

(8) Rough tie-beams under purlins in *dian tang* with ceiling: one tie-beam (2 *cai* in height) should be used in each bay under ridge purlin; one tie-beam (1 *cai* in height) in every other bay under upper intermediate purlin (or also under middle intermediate purlin); one tie-beam without bearing block[③] under lower intermediate purlin.

3. Substructure (Fig.14, 15, 17, 34; Chap.4, sec.4; Chap.6, sec.2~5)

(1) There are three types of column constructions for substructures:

Cha zhu zao[④]: the lower end of the column is mortised into the centre of a seat block of the bracketing system below.

Chan zhu zao: the lower end of the column is mortised into a purlin of lower storey, 32 *fen* inside the axial line of bracketing system.

Yong ding zhu: the column rests on ground.

(2) For the first and second types of constructions mentioned above, *cha zhu zao* and *chan zhu zao*, the inner construction of the substructure is above the ceiling of the lower storey, with only rough woodwork and without bracketing system.

(3) *Yong ding zhu* is only used at the ground floor of a storeyed building. Exposed roof

---

① 丁栿　*ding fu*: a longitudinal beam perpendicular to the roof-frame under the side slope.

② 闞头栿　*qi tou fu*: a transversal lintel above *ding fu* under the side slope of a roof.

③ 实拍襻间　*shi pai pan jian*: a tie-beam under a purlin, without bearing block, one for every other bay.

④ 叉柱造　*cha zhu zao*.

frame without ceiling is recommended, otherwise the ceiling is fixed on longitudinal ceiling purlins of the bracketing system.

(4) The division of *cao* in a substructure of *dian ge* is the same as that of the building proper.

(5) Columns of a substructure are connected by tie-beams, *da tou mu*①, on which a plate *pu pai fang*② is laid, and in turn, the bracketing system.

(6) Beams and joists in a substructure supporting upper floor. On the rough beams above the bracketing system, floor beams *di mian fang*③ and joists, *pu ban fang*④ are laid in turn.

The floor beams are longitudinal in direction, i.e., perpendicular to the rough beams on which they rest, one under each purlin.

The floor joists are transverse in direction, i.e., perpendicular to the floor beams on which they rest.

The end of the floor joists is prolonged to form *shua tou* and *chen fang tou* in the bracket set. Floor joists extend from inner *cao* to outer *cao* in whole pieces. In inner *cao*, they are connected end to end, upon which the floorboards are laid.

4. Constructions of *lou ge* (Fig. 19, 34; Chap. 5, sec. 5; Chap. 6, sec. 4)

(1) The construction of *lou ge* is the alternate superposition of building proper and superstructure one upon another, i.e., from bottom up, columns with architraves — bracketing system — columns of substructure with architraves — bracketing system of substructure — columns with architraves — bracketing system, repeat steps above to roof frame.

(2) When the structural form of *dian tang* is used in a *lou ge*, it is called a *dian ge*; and that of *ting tang*, *tang ge*.

The interior construction of different storeys of *dian ge* is the same as the exterior, thus,

---

① 搭头木 *da tou mu*.

② 普拍方 *pu pai fang*.

③ 地面方 *di mian fang*: longitudinal floor beams on which transversal joists are laid.

④ 铺版方 *pu ban fang*.

suitable for multi-storeyed buildings.

The interior construction of *ting tang* is not the same as the exterior, with the heights of interior columns raised following the slope of the roof.

It is suitable only for 2~3 storey buildings.

(3) The methods of superposition of buildings proper and substructures are *cha zhu zao* and *chan zhu zao* mentioned above.

(4) If a *lou ge* has the same number of bays in different storeys, the number of storeys depends upon the width of end bay at the ground floor; if the width is 250 *fen*, 2 or 3 storeys are suitable; if the width is 375 *fen*, 5 storeys can be built.

5. Beams (Table 10; Chap. 2, sec. 3; Chap. 4, sec. 5; Chap. 5, sec. 3)

(1) Different types of beams:

Straight beam①, crescent beam, according to shape;

Exposed beam②, rough beam, according to finishing;

Roof-bearing beam, ceiling-bearing beam, according to load;

Separate regulations are given for each type.

(2) Cross-sections of beams. Beams of same cross-section are divided into four grades for different uses according to their lengths:

Length under 150 *fen*, for eave beam③;

Length 300~450 *fen*, for topmost beam of roof frame, porch beam, and three-rafter beam④;

Length 600~750 *fen*, for four-rafter and five-rafter beams;

Length 900~1200 *fen*, for six-rafter to eight-rafter beams.

---

① 直梁 *zhi liang*: beam of uniform cross-section, in opposition to crescent beam.

② 明栿 *ming fu*: beam in an open roof frame construction without ceiling, finished and with treatments.

③ 劄牵 *zha qian*: a short beam with its outer end resting on a peripheral column and its inner end inserted into an interior column in a building without brackets.

④ 三椽栿 *san chuan fu*: a porch beam supporting 4 purlins above, in a building with deep porch.

For cross-sections of beams, see Table 10.

(3) The largest size of a beam is 8 rafter (1200 *fen*) in length and 4 *cai* (60 *fen*) in height, i.e., the largest beam in a roof frame design should not exceed 8 rafters.

(4) Cross-sections of some of the beams should be enlarged when the scale of a building exceeds certain limits.

For *dian tang* with bracket sets of 6 or more *pu*, cross-sections of the topmost beam of the roof frame and porch beam should be enlarged.

For *ting tang* with 8 or more rafters in depth, cross-section of the topmost beam of the roof frame should be enlarged.

If the end of a tie-beam projects beyond the support to serve as a bracket, its cross-section should be enlarged.

(5) *Yan e*[①], with a height of 3 *cai* and 3 *zhi*, i.e., 63 *fen*, is the largest loadbearing member, and can be used as the lowest beam in a roof frame.

① 檐额 *yan e*.